U0691078

石油和化工行业"十四五"规划教材

应用型人才培养教材

钢结构

第二版

燕　兰　主编

武建东　张永生　副主编

曹玉生　主审

化学工业出版社

·北京·

内容简介

为实施科教兴国战略，强化现代化建设人才支撑，扎实推动党的二十大精神融入教材建设，本书依据最新钢结构相关规范编写，主要包括钢结构概述、建筑钢材、钢结构施工图识读、钢结构的连接、轴心受力构件的计算与构造要求、受弯构件（梁）的计算与构造要求、拉弯和压弯构件的计算与构造要求、钢屋盖结构、钢结构的生产及安装、钢结构工程事故分析与处理以及钢结构在桥梁中的应用等内容。

本书的编写尽量做到图文并茂、条理清晰、深入浅出，以便于教学与自学。本书的编写注重理论与实践相结合，着重对实践技能进行培养，并特别增加了钢结构施工图识读以及钢结构的制作、加工等内容，帮助读者快速理解钢结构施工图的设计意图，以期培养读者处理施工问题的能力。

本书开发了丰富的数字教学资源，方便师生线上线下教学互动，可通过扫描书中二维码查看。

本书可作为应用型本科和高等职业院校建筑工程技术等土建类相关专业的教材，也可作为成人教育土建类及相关专业的教材，还可供土建类设计、制造、施工、管理和研究等方面的工程技术人员参考使用。

图书在版编目（CIP）数据

钢结构 / 燕兰主编. -- 2版. -- 北京：化学工业
出版社，2025. 5. -- ISBN 978-7-122-45879-7

Ⅰ. TU391

中国国家版本馆 CIP 数据核字第 2024FN1886 号

责任编辑：李仙华　　　　　　　　　　文字编辑：郝　悦　王　硕
责任校对：李雨晴　　　　　　　　　　装帧设计：张　辉

出版发行：化学工业出版社（北京市东城区青年湖南街 13 号　邮政编码 100011）
印　　装：三河市君旺印务有限公司
787mm×1092mm　1/16　印张 17¾　字数 460 千字　2025 年 9 月北京第 2 版第 1 次印刷

购书咨询：010-64518888　　　　　　　售后服务：010-64518899
网　　址：http://www.cip.com.cn

定　　价：49.80 元

第二版前言

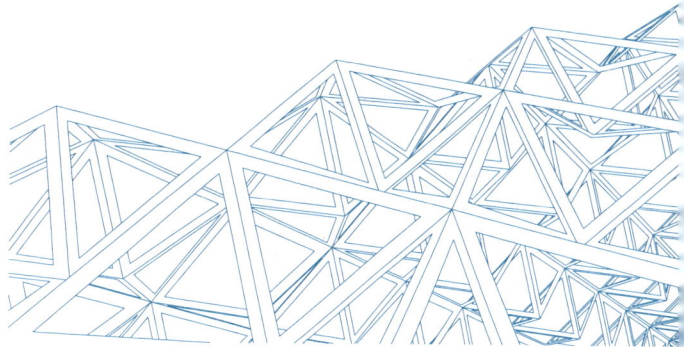

随着我国经济建设的飞速发展，钢结构建筑以其强度高、抗震性能好、施工周期短、工业化程度高且材料可回收利用等优点，在我国大中型工程建设中得到广泛应用。但目前掌握钢结构技术的技术人员匮乏，在此背景下，为适应我国高等职业教育土建类专业教育的发展和变化，教育部提出"以综合素质培养为基础，以能力培养为主线"。同时，党的二十大报告也指出："必须坚持科技是第一生产力、人才是第一资源、创新是第一动力，深入实施科教兴国战略、人才强国战略、创新驱动发展战略，开辟发展新领域新赛道，不断塑造发展新动能新优势。"因此结合高等职业教育的教学培养目标，依据国家现行标准《钢结构设计标准》（GB 50017—2017）、《建筑结构荷载规范》（GB 50009—2012）、《钢结构工程施工质量验收标准》（GB 50205—2020）等修订了本书。

本书共分十一个项目，主要包括以下几方面的内容：钢结构概述，建筑钢材，钢结构施工图识读，钢结构的连接，轴心受力构件的计算与构造要求，受弯构件（梁）的计算与构造要求，拉弯和压弯构件的计算与构造要求，钢屋盖结构，钢结构的生产及安装，钢结构工程事故分析与处理以及钢结构在桥梁中的应用等。

本书在编写过程中，全面贯彻职业素质教育思想，注重理论与实践相结合，在保持经典理论的基础上，突出对工程应用能力的培养。在内容的构建上结合专业岗位群对职业能力的需要来确定教材的知识点、技能点和素质要求点，对公式的来源与推导不作过多的叙述，着重介绍各理论公式的意义与应用以及如何利用公式解决实际问题。并特别增加了钢结构施工图识读、钢结构生产及安装、钢结构工程事故分析与处理等内容，帮助读者快速理解钢结构施工图的设计意图，培养读者处理施工问题的能力。本书在理论体系、组织结构等方面作了新的调整，在内容编写上尽量做到图文并茂、条理清晰、深入浅出，以便于教学与自学。为便于读者更好地理解所学知识，能够学以致用，本书结合工程实际编写例题，且每个项目后都有能力训练题。

本书由燕兰担任主编，武建东、张永生担任副主编，武玉梅、南雪兰、谢凤华也参与了编写。参加编写的人员及分工如下：呼和浩特职业学院武玉梅编写项目一，呼和浩特职业学院燕兰编写项目二、项目七、项目十、项目十一和附录，中锦冠达工程顾问集团有限公司武建东编写项目三、项目九，山西工程技术学院张永生编写项目四，内蒙古大学南雪兰编写项目五、项目六，呼和浩特职业学院谢凤华编写项目八。全书由燕兰统稿，由内蒙古工业大学曹玉生教授主审。曹教授在审阅过程中，对全书文稿进行了细致的修改，并提出许多宝贵意见，在此表示衷心感谢！

同时，在本书编写过程中得到了化学工业出版社的大力支持和帮助，在此一并表示衷心的感谢！

本书开发了丰富的数字教学资源，可通过扫描书中二维码查看。同时提供了附图（某钢结构精加工车间施工图）图纸、电子课件，可登录 www.cipedu.com.cn 免费获取。

限于编者水平，不足之处在所难免，敬请读者批评指正。

编者

2025 年 2 月

目录

项目十一 钢结构在桥梁中的应用 ……………………………………………… 232

附录 ……………………………………………………………………………………… 250

参考文献 …………………………………………………………………………………… 274

二维码
资源目录

项目一
钢结构概述

素质目标

- 能把所学知识应用到工程实际中

知识目标

- 掌握钢结构的特点及应用范围
- 了解钢结构在我国的发展概况
- 理解钢结构按极限状态的设计方法

能力目标

- 能正确应用钢结构按极限状态的设计方法的公式

任务一　钢结构的类型及组成

钢结构是钢材制成的工程结构，通常由型钢和钢板等制成梁、柱、板、桁架、拉杆（还包括钢索）、压杆等基本构件，各部分之间再用焊缝、螺栓或铆钉将其连接成可承受各种荷载作用的几何不变体系。

在土木工程中，钢结构应用非常广泛，由于使用功能不同，采用的结构形式及组成也不同。钢结构类型主要有：用于厂房的排架结构，用于民用建筑中多层、高层建筑的框架结构、框架-剪力墙结构、框-筒结构，用于大跨度空间的网架结构、穹顶网壳结构和幕墙钢结构等。钢结构除了在高层建筑、大型厂房、大跨度空间结构、轻钢住宅建筑中大量采用外，在其他行业中也大量采用，如广泛用于公路和铁路桥梁、火电主厂房、输变电铁塔、广播电视通信塔、地下基础钢板桩、海洋石油平台、水利建设等结构中。由于钢材可以回收冶炼而重复利用，所以钢结构是一种节能环保并能循环使用的建筑结构。

所有这些钢结构尽管使用功能、结构形式各不相同，但它们都由钢板和型钢经过加工制成各种基本构件，如梁、柱、桁架、拉杆（还包括钢索）、压杆等。这些构件或杆件按一定方式通过焊接和螺栓等连接起来组成结构。

下面就常见的单层、多高层房屋的钢结构组成作一些简单介绍。

钢结构中较多是以杆件体系为主的结构，其中梁、桁架和框架类比较常见。图 1-1 为一单层房屋钢结构组成示意图。其主要承重结构为由柱和横梁（常用桁架）组成的平面承重结构 ［图 1-1(a)］。作用于屋盖的垂直荷载由横梁传到柱，为了传递水平力，保证平面承重结构的稳定和使用房屋有较好的整体刚性，在平面承重结构之间以及柱之间设置纵向构件和各种支撑，如图 1-1(b) 所示的上弦横向支撑、垂直支撑及柱间支撑等，这样就保证了整个结构在空间各个方向都成为一个几何不变体系。

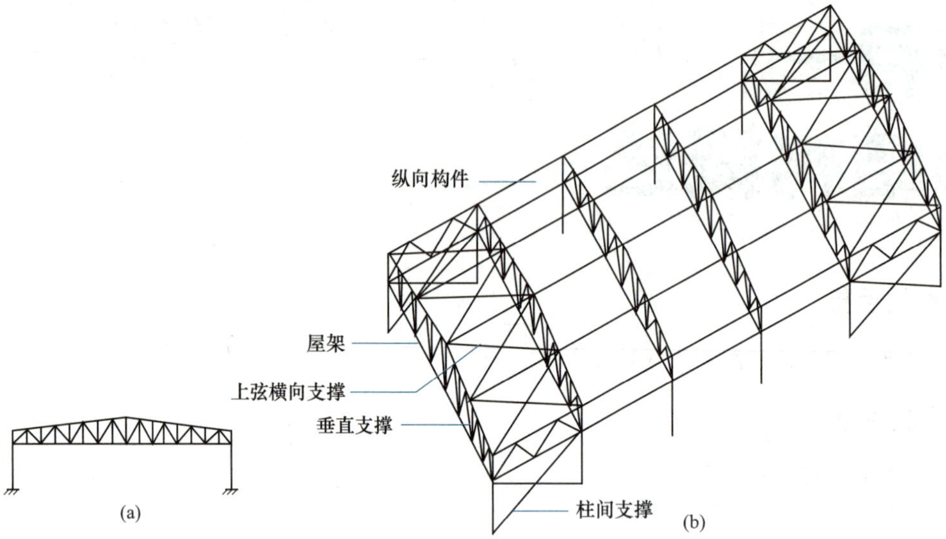

纵向构件

屋架
上弦横向支撑
垂直支撑
柱间支撑

(a)　　　　(b)

图 1-1　单层房屋钢结构组成

单层房屋的平面承重结构除由桁架和柱组成之外，还可以由实腹梁和柱组成框架或拱。框架和拱可以做成三铰、两铰或无铰，跨度大的还可以用框架拱，如图 1-2 所示。

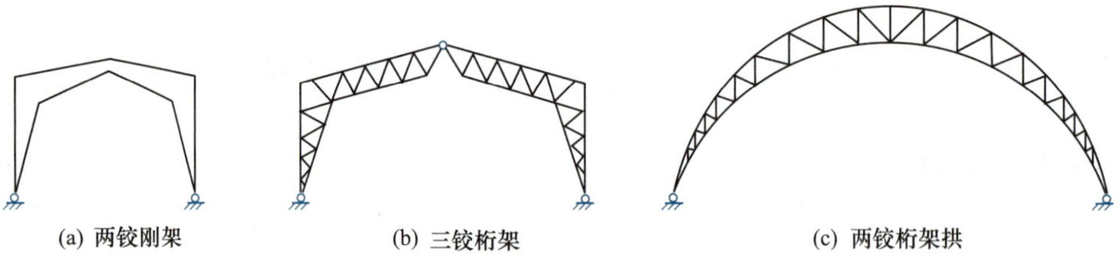

(a) 两铰刚架　　　　(b) 三铰桁架　　　　(c) 两铰桁架拱

图 1-2　几种平面承重结构的形式

如图 1-3 所示为一多层房屋框架结构，它由梁和柱组成多层多跨框架，共同抵抗竖向及水平荷载作用。框架中的梁主要是受弯构件，轴力较小，柱则是压力和弯矩都可能很大的压弯构件。

在高层建筑钢结构中，由于水平风荷载的作用，需设置抗侧力构件，以减小侧向位移。图 1-4 为带支撑的框架结构，即在框架中设置垂直支撑桁架作为抗侧力结构，以增大侧向刚度。组成其的构件有梁、柱和支撑桁架。

在高层建筑结构中，还常采用筒式结构体系，即沿框架四周用密集排列的柱形成空间刚架式的筒体，它能更有效地抵抗水平荷载。如果不用密集排列的柱，也可以在建筑表面附加斜支撑。斜支撑与梁、柱组成桁架，这样房屋四周就形成了刚度很大的空间桁架——支撑筒，这也是一种筒式结构体系，如图 1-5 所示。

图 1-6 所示的北京长富宫饭店，为纯框架结构；图 1-7 所示的北京京广大厦，为框架-剪力墙结构。随着工程技术的不断发展以及对结构组成规律研究的不断深入，将会创造和开发出更多的新型结构体系。

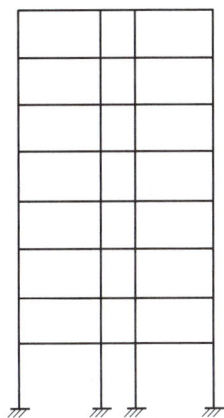

图 1-3 多层房屋框架结构　　　图 1-4 带支撑的框架结构　　　图 1-5 钢支撑筒结构

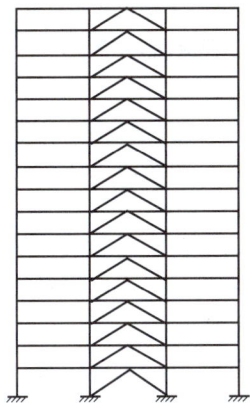

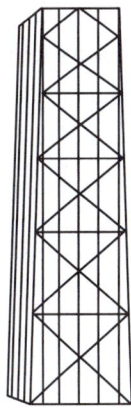

图 1-6 北京长富宫饭店　　　　图 1-7 北京京广大厦　　　　二维码 1-1

任务二　钢结构的特点、应用范围及发展概况

钢结构在土木工程中得到广泛应用和发展，不仅是由于钢结构可再次利用，是环保型材料，也因为与其他钢筋混凝土结构、砌体结构、木结构等相比，它还有以下一些特点。

一、钢结构的特点

1. 强度高，重量轻

与混凝土、砖石、木材及铝合金材料等相比，钢材具有很高的强度。钢材的密度比混凝土大，但由于强度高，做成的结构却比较轻。结构的轻质性可以用材料的密度 ρ 和强度 f 的比值 α 来衡量，α 值越小，结构相对越轻。钢材的 α 值在 $(1.7\sim3.7)\times10^{-4}\,\mathrm{m}^{-1}$；木材为 $5.4\times10^{-4}\,\mathrm{m}^{-1}$；钢筋混凝土约为 $18\times10^{-4}\,\mathrm{m}^{-1}$。在跨度及承载力相同的条件下，普通钢屋架的重量仅是钢筋混凝土屋架的 $1/4\sim1/3$，冷弯薄壁型钢屋架甚至接近 $1/10$。由于钢结构强度高、重量轻、刚度大、便于运输和安装，因此，钢结构特别适用于跨度大、高度高、荷载大的结构，也适用于可移动、有装拆要求的结构。此外，由于钢结构重量轻，还可减轻下部结构和基础的负担，降低地基、基础部分的造价。

2. 塑性、韧性好

钢材质地均匀，有较好的塑性和韧性。由于钢材塑性好，在承受静力荷载时，能吸收和消耗很大的能量，因此，钢结构在一般情况下不会因偶然超载或局部超载而突然断裂，而是在事先有较大变形，易于被发现。

钢材的韧性好坏反映了承受动力荷载时材料吸收能量的多少。韧性好，说明材料具有良好的动力工作性能，适宜在动力荷载下工作，因此在地震区采用钢结构较为有利。

3. 材质均匀，物理力学性能可靠

钢材的内部组织比较均匀，其材质接近于匀质体和各向同性体。而钢材的力学性能在一定的应力范围内接近于理想的弹性体，因此，钢结构在设计中采用的经验公式不多，计算上的不确定性较小，计算结构准确可靠。钢结构在实际工程中的受力情况和力学计算结果比较符合。

4. 工业化程度高，施工周期短

钢结构所用材料皆已轧制成各种型材。钢结构所用钢构件是用各种型材（H型钢、T型钢、工字钢、槽钢、角钢）和钢板，经切割、焊接等工序制造成的。钢构件一般在专业加工厂制作，然后运至现场安装，因此，准确度和精密度较高，质量也易于控制，制造周期短。对一些轻型屋面结构（压型钢板屋面、彩板拱形波纹屋面等），甚至可在工地现场边轧制边安装。钢构件较轻，连接简单，运输及安装方便，效率高，施工周期短，发挥投资效益快。

同时，采用螺栓连接的钢结构，在结构加固、改建和拆卸中，也具有其他结构不可替代的优势。

5. 密闭性好

钢材本身组织非常致密，当采用焊接连接时，钢结构可以做到完全密闭，不易渗漏，适用于水密性、气密性要求较高的结构。因此，钢材是制造各种压力容器，特别是高压容器、大型油库、油罐、气柜、输油管道的良好材料。

6. 耐腐蚀性差，应采取防护措施

钢材在潮湿环境中，特别是处于有腐蚀性介质的环境中容易锈蚀，必须采取定期除锈和刷油漆或镀锌等方法加以保护，以提高其耐久性，这也造成了钢结构的维护费用较高，因此，处于强腐蚀性介质内的建筑不宜采用钢结构。

7. 耐热但不耐火

钢结构耐热但不耐火，当辐射热温度低于100℃时，即使长期作用，钢材主要的性能均降低不多（屈服点和弹性模量无太大变化），因此其耐热性能较好。但当温度达到300℃以后，强度逐渐下降；达到450～650℃时，钢材进入塑性状态，强度降为零，已不能继续承载。因此，《钢结构设计标准》规定，当结构表面温度超过150℃时，必须进行隔热防护，采取遮挡措施。

8. 易发生脆性断裂

钢材在低温工作环境和其他条件下易发生脆性断裂（脆断），设计中应特别注意。

二、钢结构的应用范围

钢结构的合理应用范围不仅取决于材料及结构本身的特性，还与国家经济发展水平紧密相连。过去由于我国钢产量少，钢结构的应用受到一定的限制。近几十年来我国钢产量有了很大发展，钢产量由 1978 年的 3000 万吨增长到 2023 年的 13.6 亿吨左右，成为世界产钢大国，钢结构的应用得到了很大的发展。钢结构在工业与民用建筑领域的应用范围大致如下。

1. 多层和高层建筑

过去我国钢材比较短缺，多层和高层建筑的骨架大多采用钢筋混凝土结构。近年来，钢结构在此领域已逐步得到发展，特别是在高层建筑领域。如深圳地王大厦（图 1-8，69 层，高 383.95m），上海环球金融中心（图 1-9，101 层，高 492m）。

图 1-8　深圳地王大厦

图 1-9　上海环球金融中心

此外，钢结构自重轻，可显著减少地震作用，降低震害损失。又由于钢材具有良好的弹塑性，因此钢结构在地震作用下具有良好的延性。

2. 大跨度及大悬挑结构

对于公共建筑中的影剧院、体育馆、大会堂、展览馆、飞机库等要求空间较大的重要性建筑，常需要采用大跨度或大悬挑钢结构。

大跨度结构建筑如：为 2008 年北京奥运会修建的国家体育场"鸟巢"（图 1-10，跨度 290m×340m）、国家游泳中心"水立方"（图 1-11，最大跨度 125m）；而天津奥林匹克中心体育场挑棚则采用了大悬挑结构。

图 1-10　国家体育场"鸟巢"

图 1-11 国家游泳中心"水立方"

3. 工业厂房

吊车起重量较大或其工作较繁重的车间，如冶金工厂的炼钢车间、轧钢车间，重型机械厂的铸钢车间、水压机车间等。这类厂房的主要承重骨架及吊车梁大多采用钢结构。

近年来，一般的工业厂房也越来越多地采用网架结构及轻型门式刚架结构。

4. 高耸结构

它包括塔架和桅杆结构，如电视塔、微波塔、钻井塔、输电线塔、环境大气监测塔、无线电天线桅杆、广播发射桅杆等，如上海东方明珠电视塔（高 468m）、广州新电视塔（高 610m）。这些结构除了自重轻，便于安装外，还因构件截面小而大大减小了风荷载。高耸结构有时候也用于一些城市巨型雕塑及纪念性建筑，如法国巴黎的埃菲尔铁塔等。对于高耸结构来说，除了应具备较强的抗风及抗震能力外，同时也希望有较轻的结构自重。

5. 轻型结构

轻型结构通常指由圆钢、小角钢、薄壁型钢或薄钢板焊接而成的结构。其特点是：主要承重结构为单跨或多跨单层门式刚架，刚架由实腹工字形变截面的横梁和立柱组成，其余支撑、檩条、墙架等均采用冷弯薄壁型钢，并采用轻型屋面和轻型墙体（一般用彩色压型钢板制成）。这类结构主要用于荷载较轻或跨度较小的建筑。近年来轻型钢结构已广泛应用于工业厂房、仓库、体育场雨篷、办公室、住宅等。

6. 板壳结构

由于钢材本身具有良好的密闭性能，因此常用于制作各种板壳结构，如高炉、热风炉、大型油库、燃气库、烟囱、水塔以及各种管道等。

7. 可拆卸或移动的结构

采用螺栓连接的钢结构通常拆卸方便。如商业、旅游业和建筑工地的生产、生活附属用房，临时展览馆等。

8. 桥梁结构

如大跨度桥梁，尤其是铁路桥和公路铁路两用桥。

9. 其他特种结构

如栈桥、管道支架、井架、海上石油平台等。

三、钢结构在我国的发展概况

我国是最早用钢铁建造承重结构的少数几个国家之一。从钢结构的形式看，早期的钢结构主要用于桥梁和铁塔等。据历史记载，公元 60 年前后（汉明帝时）我国开始在高山峡谷地区建造铁链桥。其中以明代云南的沅江桥、清代贵州的盘江桥及四川的泸定桥最为著名。

除铁链桥外，我国古代还建造了许多纪念性建筑，如建于公元1061年（宋代）湖北荆州的13层玉泉寺铁塔、山东济宁的铁塔寺铁塔和江苏镇江的甘露寺铁塔等。

近百年来，钢结构在欧洲各国的应用逐渐增多并不断扩大，而我国钢结构在新中国成立前发展却极其缓慢。1949年新中国成立以后，随着国家经济的飞速发展，钢结构在桥梁、较大跨度的重型厂房、大型公共建筑、高耸结构和高层建筑等方面得到了较多的应用，如1957年建成的武汉长江大桥。在公共建筑方面，有1954年建成的北京体育馆（跨度为57m的两铰拱结构）、1956年建成的天津体育馆（52m跨，圆柱面联方网壳）、1959年建成的北京人民大会堂钢屋架（跨度为60.9m，高7m）等。所有这些，都标志着我国钢结构的设计理论、学术水平、结构制造和安装水平都迈入了一个新的发展阶段。

进入20世纪80年代后，随着改革开放的政策的实施，钢的产量和品种大大增加，这些为钢结构发展提供了物质基础。此后我国积极、合理、快速地发展钢结构。钢结构进入了一个突飞猛进、蓬勃发展的时期，逐步发展并广泛

图1-12　中央电视台新台址

应用到工业与民用建筑、水工结构以及板壳结构，如高炉、储液库等。在房屋建筑方面，在北京、上海、深圳等地，陆续兴建了一批高层和超高层建筑，如中央电视台新台址（斜楼，图1-12）以其独特的造型和超高的施工难度成为钢结构的代表作之一。另外，我国在大跨度建筑方面也取得了很大成绩，如图1-13所示为国家大剧院（网壳，212.24m×143.64m）。

图1-13　国家大剧院

二维码1-2

上述工程结构的建成表明了我国钢结构发展的新趋势。

任务三　钢结构的基本设计原理

一、概述

结构设计的基本目的是使结构和结构构件在施工期间以及建成后的使用过程中能满足预

期的安全性、适用性、耐久性要求，并做到技术先进、经济合理。

1. 结构的功能要求

按《建筑结构可靠性设计统一标准》的规定，结构的功能应符合下列要求。

（1）安全性　结构在正常设计、正常施工和正常使用条件下，应该能够承受可能出现的各种作用（包括直接作用和间接作用）。在偶然荷载的作用下，或偶然事件发生时或发生后，结构应能保持必要的整体性（如建筑结构仅产生局部的损坏而不是发生连续倒塌）。

（2）适用性　结构在正常使用时，应能满足预定的使用要求，具有良好的工作性能，其变形、裂缝或振动等均不超过规定的限度。

（3）耐久性　结构在正常使用、正常维护的情况下，应有足够的耐久性能，不因材料变化或外界侵蚀而影响预期的使用年限。

2. 结构的可靠性和可靠度

结构设计必须足够可靠。结构的安全性、适用性和耐久性的功能总称为结构的可靠性。结构的可靠性用可靠度来度量，我国《建筑结构可靠性设计统一标准》（GB 50068—2018）规定：结构在规定的时间（设计使用年限，见表1-1）内、规定的条件（正常设计、正常施工、正常使用、正常维护）下，完成预定功能（安全性、适用性、耐久性）的概率，称结构可靠度。

表 1-1　设计使用年限分类

类　别	设计使用年限/年	示　　　例
1	5	临时性结构
2	25	易于替换的结构构件
3	50	普通房屋和构筑物
4	100	标志性建筑和特别重要的建筑结构

二、钢结构的设计方法

（一）结构的极限状态

我国现行《建筑结构可靠性设计统一标准》给出了极限状态的概念：若整个结构或结构的一部分在承载力、变形、稳定、裂缝宽度等方面超过某一特定状态，以致不能满足设计规定的某一功能要求，此特定状态就称为该功能的极限状态。

结构的极限状态可分为承载能力极限状态、正常使用极限状态和耐久性极限状态。

1. 承载能力极限状态

这种极限状态对应于结构或结构构件（包括连接）达到最大承载力或达到不适于继续承载的过大变形。

当结构或结构构件出现下列状态之一时，即认为超过了承载能力极限状态。

（1）整个结构或结构的一部分作为刚体失去平衡（如倾覆等）。

（2）结构构件或连接因超过材料强度而破坏（包括疲劳破坏），或因过度的塑性变形而不适于继续承载。

（3）结构转变为机动体系。

（4）结构或结构构件丧失稳定（如压屈等）。

（5）地基丧失承载力而破坏（如失稳等）。

2. 正常使用极限状态

这种极限状态对应于结构和结构构件达到正常使用或耐久性能的某项规定限值的情况。当结构或结构构件出现下列状态之一时，即认为超过了正常使用极限状态。

（1）影响正常使用或外观的变形。

（2）影响正常使用或耐久性能的局部损坏（包括裂缝）。

（3）影响正常使用的振动。

（4）影响正常使用的其他特定状态。

当达到此限值时，虽然结构或结构构件仍具备继续承载的能力，但在正常荷载作用下产生的变形已使结构或结构构件不适于继续使用，故正常使用极限状态也称为变形极限状态。

3. 耐久性极限状态

当结构或结构构件出现下列状态之一时，应认定为超过了耐久性极限状态。

（1）影响承载能力和正常使用的材料性能劣化。

（2）影响耐久性能的裂缝、变形、缺口、外观、材料削弱等。

（3）影响耐久性能的其他特定状态。

（二）概率极限状态设计方法

结构或构件的工作状态 Z 可由该结构构件所承受的作用效应 S 和结构抗力 R 的关系来表示。

$$Z=R-S=g\ (R,S) \tag{1-1}$$

式(1-1) 称为结构功能函数。

结构抗力 R——结构或结构构件本身所具有的总的承受荷载作用的能力，如承载力、刚度、抗裂度等。它受材料性能、结构构件的几何特征（构件截面尺寸等）、计算模式(计算简图、公式等) 等多因素的影响。

作用效应 S——作用对结构或结构构件产生的荷载效应，如内力的总和、变形等。

组成结构抗力 R 的各种因素和产生作用效应 S 的各种作用，都是独立的随机变量，当然，结构抗力 R 和作用效应 S 也是独立的随机变量。

结构满足功能要求为可靠或有效，反之为不可靠或失效。可靠与失效状态的区分标志为极限状态。随着条件的变化，结构的工作状态有下列三种可能。

① $Z>0$，即 $R>S$，结构能完成预定功能，结构处于可靠状态；

② $Z<0$，即 $R<S$，结构不能完成预定功能，结构处于失效状态；

③ $Z=0$，即 $R=S$，结构处于极限状态。

因此，结构能够完成预定功能的概率，称为可靠概率 P_s；反之，称为失效概率 P_f。显然，$P_s+P_f=1$。

结构或构件的失效概率 P_f，可用下列公式表示。

$$P_f=P(Z<0)=P(R-S<0) \tag{1-2}$$

因此，结构可靠度的计算可以转换为结构失效概率的计算。而可靠的结构设计则是指设计控制目标要使结构的失效概率"足够小"，小到人们普遍可以接受的程度。实际上，绝对安全可靠的结构，即可靠概率 $P_s=1$ 或失效概率 $P_f=0$ 的结构是没有的。

（三）设计表达式

现行《钢结构设计标准》（GB 50017—2017），采用以概率理论为基础的极限设计方法并以应力形式表达的分项系数设计表达式进行设计计算。根据使用过程中在结构上可能同时出现的荷载，按承载能力极限状态和正常使用极限状态分别进行荷载组合，并应取各自的最不利的组合进行设计。

对于承载能力极限状态，应按荷载的基本组合或偶然组合计算荷载组合的效应设计值，并应采用下列设计表达式进行设计：

$$\gamma_0 S_d \leqslant R_d \tag{1-3}$$

式中　γ_0——结构重要性系数，应按有关建筑结构设计规范的各规定采用；

　　　S_d——荷载组合的效应设计值；

　　　R_d——结构构件抗力的设计值，应按有关建筑结构设计规范的各规定确定。

荷载组合的效应设计值 S_d，应从下列荷载组合中取用最不利的效应设计值确定：

（1）由可变荷载控制的效应设计值，应按下式进行计算：

$$S_d = \sum_{j=1}^{m} \gamma_{G_j} S_{G_{jk}} + \gamma_{Q_1} \gamma_{L_1} S_{Q_{1k}} + \sum_{i=2}^{n} \gamma_{Q_i} \gamma_{L_i} \psi_{c_i} S_{Q_{ik}} \tag{1-4}$$

式中　γ_{G_j}——第 j 个永久荷载的分项系数，当永久荷载效应对结构不利时，对由可变荷载效应控制的组合应取 1.2，对由永久荷载控制的组合应取 1.35，当永久荷载效应对结构有利时不应大于 1.0；

　　　γ_{Q_i}——第 i 个可变荷载的分项系数，其中 γ_{Q_1} 为主导可变荷载 Q_1 的分项系数，对标准值大于 4.0kN/m^2 的工业房屋楼面结构的活荷载应取 1.3，其他情况下取 1.4；

　　　γ_{L_i}——第 i 个可变荷载考虑设计使用年限的调整系数，其中 γ_{L_1} 为主导可变荷载 Q_1 考虑设计使用年限的调整系数；

　　　$S_{G_{jk}}$——按第 j 个永久荷载标准值 G_{jk} 计算的荷载效应值；

　　　$S_{Q_{ik}}$——按第 i 个可变荷载标准值 Q_{ik} 计算的荷载效应值，其中 $S_{Q_{1k}}$ 为诸可变荷载效应中起控制作用者；

　　　ψ_{c_i}——第 i 个可变荷载 Q_i 的组合值系数；

　　　m——参与组合的永久荷载数；

　　　n——参与组合的可变荷载数。

（2）由永久荷载控制的效应设计值，应按下式进行计算：

$$S_d = \sum_{j=1}^{m} \gamma_{G_j} S_{G_{jk}} + \sum_{i=2}^{n} \gamma_{Q_i} \gamma_{L_i} \psi_{c_i} S_{Q_{ik}} \tag{1-5}$$

式中，基本组合中的效应设计值仅适用于荷载与荷载效应为线性的情况。当对 $S_{Q_{1k}}$ 无法明显判断时，应依次以各可变荷载效应作为 $S_{Q_{1k}}$，并选取其中最不利的荷载组合的效应设计值。

（3）楼面和屋面活荷载考虑设计使用年限的调整系数 γ_L 应按表 1-2 采用。

表 1-2　楼面和屋面活荷载考虑设计使用年限的调整系数 γ_L

结构设计使用年限/年	5	50	100
γ_L	0.9	1.0	1.1

注：1. 当设计使用年限不为表中数值时，调整系数 γ_L 可按线性内插确定。

2. 对于荷载标准值可控制的活荷载，设计使用年限调整系数 γ_L 取 1.0。

（4）荷载偶然组合的效应设计值 S_d 可按下列规定采用：

① 用于承载能力极限状态计算的效应设计值，应按下式进行计算：

$$S_d = \sum_{j=1}^{m} S_{G_{jk}} + S_{A_d} + \psi_{f_1} S_{Q_{1k}} + \sum_{i=2}^{n} \psi_{qi} S_{Q_{ik}} \tag{1-6}$$

式中　S_{A_d}——按偶然荷载标准值 A_d 计算的荷载效应值；

ψ_{f_1}——第 1 个可变荷载的频遇值系数；

ψ_{qi}——第 i 个可变荷载的准永久值系数。

② 用于偶然事件发生后受损结构整体稳定性验算的效应设计值，应按下式进行计算：

$$S_d = \sum_{j=1}^{m} S_{G_{jk}} + \psi_{f_1} S_{Q_{1k}} + \sum_{i=2}^{n} \psi_{qi} S_{Q_{ik}} \tag{1-7}$$

注：组合中的设计值仅适用于荷载与荷载效应为线性的情况。

任务四　钢结构课程的主要内容、特点和学习方法

1. 钢结构课程的主要内容

钢结构是建筑工程专业的一门主要课程，钢结构的主要内容包括钢结构的特点及应用、钢结构设计基本原理、钢结构识图、钢材的基本性能、钢结构连接及基本构件（梁、柱、拉杆、压杆等）的设计原理及方法、钢屋架（桁架）的设计以及钢结构加工制作等。

2. 钢结构课程的特点和学习方法

钢结构是一门理论性较强的课程，理论体系完善；内容多、涉及面广；要求材料力学、结构力学等基础知识扎实；钢结构的构造形式复杂，要求空间想象能力强。

学习时一方面要掌握基本概念及设计计算方法，同时还要注意联系工程实践。对材料、连接、基本构件和结构设计等内容善于归纳、分析和比较，并不断加深理解，抓住基本分析方法，要注重各个章节之间的联系，应有完整的系统概念。另外，解题时，要注意分析，熟练运用各种理论和公式。通过做习题可以巩固和加深对所学理论的理解，并培养分析问题、解决问题的能力。

📝 项目小结

钢结构概述	钢结构的类型及组成	排架结构；多、高层建筑的框架结构、框架－剪力墙结构、框－筒结构；用于大跨度空间的网架结构；穹顶网壳结构和幕墙钢结构等。
	钢结构的特点、应用范围及在我国的发展概况	1.特点 ① 强度高，重量轻；② 塑性、韧性好； ③ 材质均匀，物理力学性能可靠；④ 工业化程度高，施工周期短； ⑤ 密闭性好；⑥ 耐腐蚀性差，应采取防护措施；⑦ 耐热但不耐火； ⑧ 易发生脆性断裂。 2.应用范围 ① 多层和高层建筑； ② 大跨度及大悬挑结构； ③ 工业厂房； ④ 高耸结构； ⑤ 轻型结构； ⑥ 板壳结构； ⑦ 可拆卸或移动的结构； ⑧ 桥梁结构； ⑨ 其他特种结构。 3.钢结构在我国的发展概况
	钢结构的基本设计原理	1.概述 2.钢结构的设计方法

能力训练题

一、问答题

1. 钢结构具有哪些特点？

2. 钢结构课程有哪些主要内容和特点？

3. 承载能力极限状态和正常使用极限状态怎样区别？在计算时两种极限状态为什么要采用不同荷载值？

4. 什么是结构的可靠性和可靠度？

5. 钢结构的应用范围与钢结构的特点有何关系？

二、单选题

1. 由可变荷载控制的效应设计值，应按下式进行计算：

$$S_d = \sum_{j=1}^{m} \gamma_{G_j} S_{G_{jk}} + \gamma_{Q_1} \gamma_{L_1} S_{Q_{1k}} + \sum_{i=2}^{n} \gamma_{Q_i} \gamma_{L_i} \psi_{c_i} S_{Q_{ik}}$$

式中，γ_{G_j} 是第 j 个永久荷载的分项系数，当永久荷载效应对结构不利时，对由可变荷载效应控制的组合应取（　　　）。

A. 1.0   B. 1.2   C. 1.35   D. 1.4

2. 下列哪种状态不属于正常使用极限状态？（　　　）

A. 结构或结构构件丧失稳定（如压屈等）

B. 影响正常使用或外观的变形

C. 影响正常使用或耐久性能的局部损坏（包括裂缝）

D. 影响正常使用的振动

3. 目前，除疲劳计算外，建筑结构均采用（　　　）设计方法，用分项系数设计表达式进行计算。

A. 非概率   B. 容许应力

C. 最大荷载   D. 以概率理论为基础的极限状态

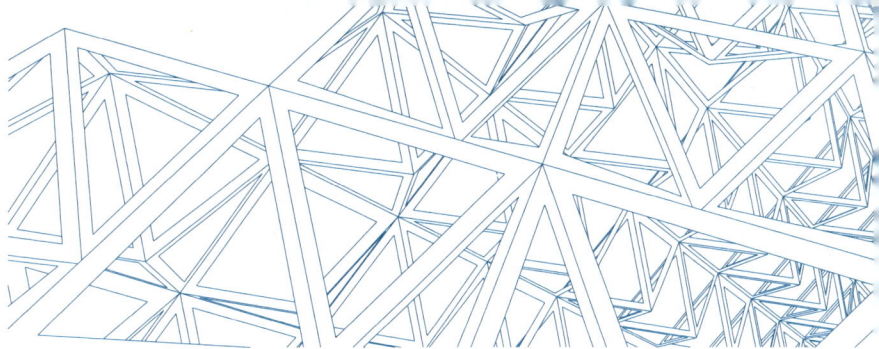

项目二
建筑钢材

📝 素质目标

• 通过对钢材力学性能的学习，培养积极探索工程中的新工艺、新材料的精神和善于思考问题的能力

📄 知识目标

• 掌握：钢材的力学性能及工艺性能，钢材的化学成分对钢材性能的影响；碳素结构钢牌号与性能的关系
• 熟悉建筑钢材的检验与评定
• 了解钢材的分类及建筑钢材的类型

🎯 能力目标

• 通过本项目的学习，应熟练掌握建筑钢材的力学性能及工艺性能，能正确选择建筑结构用钢和合理地使用建筑钢材

任务一　钢结构用钢的要求

钢材是建筑工程中不可缺少的重要材料之一。建筑钢材包括各类钢结构用的型钢（圆钢、角钢、槽钢和工字钢等）、钢板、钢管，和用于钢筋混凝土结构中的各种钢筋、钢丝、钢绞线等。虽然钢的种类繁多，但是适用于钢结构的钢只是其中的一小部分。用作钢结构的钢必须符合下列要求。

1. 具有较高的抗拉强度 f_u 和屈服强度 f_y

f_y 是衡量结构承载能力的指标，f_y 高则可减轻结构自重，节约钢材并降低造价。f_u 是衡量钢材经过较大变形后的抗拉能力的指标，它直接反映钢材内部组织的优劣，同时 f_u 高可增加结构的安全保障。

2. 具有较高的塑性和韧性

塑性和韧性好，结构在静载和动载作用下有足够的应变能力，既可降低结构发生脆性破坏的可能性，又能通过较大的塑性变形调整局部应力，同时具有较好的抵抗重复荷载作用的能力。

3. 具有良好的加工性能

主要包括冷加工、热加工和可焊性能，一方面使钢材易于加工成形，另一方面保证钢材不因加工而对结构的强度、塑性、韧性等造成较大的不利影响。

4. 具有较好的环境适应能力

在低温下工作的结构，要求钢材在低温下也能保持较好的韧性。在易受大气侵蚀的露天环境下工作的结构，要求钢材具有较好的抗腐蚀能力。

本项目针对上述内容，介绍建筑钢材的破坏形式、钢材的主要力学性能及影响钢材力学性能的各种因素，并介绍建筑钢材的常用规格品种及其选用，使读者掌握合理选择和使用钢材的基本知识。

任务二　建筑钢材的破坏形式

钢材有两种性质完全不同的破坏形式，即塑性破坏和脆性破坏。建筑钢结构所选用的钢材虽具有较好的塑性和韧性，但在一定条件下仍然有发生脆性破坏的可能。

材料在破坏之前如有显著的变形，并吸收很大的能量，从发生变形到最后破坏要持续较长的时间，这种破坏称为塑性破坏；反之，材料在破坏之前没有显著变形，吸收能量很少，破坏突然发生，这种破坏称为脆性破坏。塑性破坏由于破坏前变形大，持续时间长，易于发现和补救，因此危险性相对较小；而脆性破坏由于事先无显著变形，不易引起人们警觉，破坏突然发生，造成的危害和损失往往比塑性破坏大得多。

《钢结构设计标准》（GB 50017—2017）所推荐的几种建筑钢材，均有较好的塑性和韧性。在正常情况下，不会发生脆性破坏。但是，钢材的破坏形式，除与钢材的品种有关以外，还与钢结构的工作环境、结构形式、加工条件等多种因素有关。对此，在对钢结构进行设计、施工和使用时，要特别注意采取适当的措施，防止出现脆性破坏。

任务三　建筑钢材的主要性能

一、强度和塑性

建筑钢材的强度和塑性一般是通过常温静载条件下单向均匀拉伸试验测定的。该试验是将钢材加工成标准试件装在拉伸试验机上，在常温下按规定的加荷速度逐渐施加拉力荷载，使试件逐渐伸长，直至拉断为止，然后根据加载过程中所测得的数据画出其应力-应变曲线（即 σ-ε 曲线）。图 2-1 是低碳钢在常温静载下的单向拉伸 σ-ε 曲线，图中纵坐标为应力 σ（按试件变形前的截面积计算），横坐标为试件的应变 ε：

二维码 2-1

$$\varepsilon = \Delta L / L_0$$

式中，L_0 为试件原有标距长度，对于标准试件，L_0 取试件直径的 10 倍或 5 倍；ΔL 为标距的伸长量。

从图 2-1 可以看出，低碳钢受力拉伸至拉断，全过程可划分为以下四个阶段。

1. 弹性阶段（OA 段）

OA 段是一条直线，应力很小，不超过 A 点，应力与应变成正比。这时如果试件卸荷，σ-ε 曲线将沿着原来的线段下降，至应力为 0

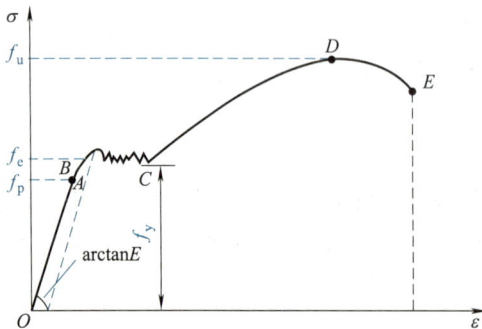

图 2-1　低碳钢拉伸曲线

时，应变也为 0，即没有残余的永久变形。这时，钢材处于弹性工作阶段，直线段的应变随应力增加成比例地增长，即应力应变关系符合胡克定律，应力与应变的比值为常数，即弹性模量 $E=\sigma/\varepsilon$，因为应变 ε 没有量纲，故 E 的量纲与 σ 相同，常用单位为 GPa（$1\mathrm{GPa}=10^{9}\mathrm{Pa}$）。各类建筑钢材的弹性模量 $E=2.06\times10^{5}\mathrm{N/mm^{2}}$（$1\mathrm{N/mm^{2}}=1\mathrm{Pa}$）。弹性模量反映钢材抵抗弹性变形的能力，是钢材在受力条件下计算结构变形的重要指标。直线段的终点处的应力称为钢材的比例极限 f_{p}。显然，只有应力低于比例极限时，应力才与应变成正比，材料才服从胡克定律，这时材料是线弹性的。

超过比例极限后，从 A 点到 B 点，σ 与 ε 之间的关系不再是直线，但解除拉力后变形仍可完全消失，这种变形称为弹性变形，与 B 点对应的应力 f_{e} 是材料只出现弹性变形的极限值，称为弹性极限。在 σ-ε 曲线上，由于 A、B 两点非常接近，所以工程上对弹性极限和比例极限并不严格区分，一般认为两者相同。在应力大于弹性极限后，如再解除拉力，则试件变形的一部分随之消失，这就是上面提到的弹性变形；但还遗留下一部分不能消失的变形，这种变形称为塑性变形或残余变形。

2. 屈服阶段（BC 段）

低碳钢在应力达到屈服强度（屈服点）f_{y} 后，拉力不再增加，应变却可以继续增加，应力、应变不再成正比关系，开始出现塑性变形，拉伸曲线上出现了平台或锯齿。这种在荷载不增加或减小的情况下，试样还继续伸长的现象叫作屈服，这一阶段曲线保持水平，故又称为屈服台阶。在屈服阶段内的最高应力和最低应力分别称为上屈服极限和下屈服极限。上屈服极限的数值与试件形状、加载速度等因素有关，一般是不稳定的；下屈服极限则有比较稳定的数值，能够反映材料的性能，通常把下屈服极限称为屈服极限或屈服点，用 f_{y} 来表示。

屈服强度对钢材的使用有着重要的意义。当构件的实际应力达到屈服强度时，将产生不可恢复的永久性变形，已不能满足使用要求，因此屈服强度是设计中钢材强度取值的主要依据。对于材料厚度（直径）不大于 16mm 的 Q235 钢，$f_{\mathrm{y}}\approx235\mathrm{N/mm^{2}}$。

建筑中有时也使用强度很高的钢材，如用于制造高强度螺栓的经过热处理的钢材。这类钢材没有明显的屈服点和屈服台阶。其屈服点是根据试验分析结果而人为规定的，故称为条件屈服点（或屈服强度）。工程上常规定以卸荷后产生 0.2% 残余应变时所对应的应力值为条件屈服点，用 $f_{0.2}$ 表示，见图 2-2。

3. 强化阶段（CD 段）

超过屈服台阶，材料又恢复了抵抗变形的能力，要使它继续变形就必须增加拉力，即材料出现应变硬化，曲线上升，直至曲线最高处 D 点，应力达到最大值，即抗拉强度 f_{u}，这一阶段也称为应变硬化阶段。钢的抗拉强度 f_{u} 也是衡量钢材强度的一项重要指标。在强化阶段中，试件的横向尺寸有明显的缩小。对于 Q235 钢，f_{u} 为 375～460N/mm^{2}。

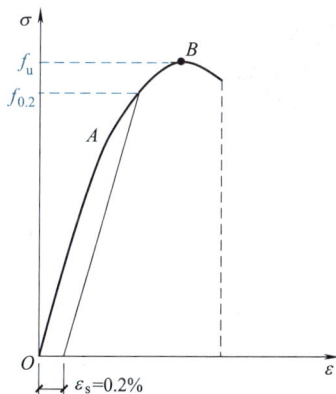

图 2-2　高强度钢的 σ-ε 曲线

4. 颈缩阶段（DE 段）

当试件的应力达到抗拉强度 f_{u} 时，试件的某一部分横截面开始急剧变细收缩，试件被拉长，出现了"颈缩"现象，随后 σ-ε 曲线下降直到试件被拉断（E 点）。

试件被拉断后标距长度的伸长量与原标距长度比值的百分数称为钢材的伸长率，用 δ 表示，如图 2-3 所示，伸长率的计算式如下：

$$\delta = \frac{L_1 - L_0}{L_0} \times 100\%$$

式中　δ——伸长率；

　　　L_0——试件原标距长度；

　　　L_1——试件被拉断后标距间的长度。

当试件标距长度与试件直径 d（圆形试件）之比为 10 时，以 δ_{10} 表示；当该比值为 5 时，以 δ_5 表示。对于同一种钢材，其 δ_5 大于 δ_{10}。钢材的伸长率 δ 是反映钢材塑性（或延性）的指标之一：δ 愈大，表示钢材被拉断前产生永久塑性变形的能力愈强，钢材的塑性就愈好。建筑用钢不仅要求强度高，还要求塑性好，能够调整局部高应力，提高结构抗脆断的能力。

图 2-3　钢材拉伸试件

反映钢材塑性（或延性）的另一个指标是断面收缩率，其值为试件发生颈缩拉断后，断口处横截面面积的缩小值与原截面面积的百分比，用 ψ 表示，即

$$\psi = \frac{A_0 - A_1}{A_0} \times 100\%$$

式中　ψ——断面收缩率；

　　　A_0——试件原来的横截面面积；

　　　A_1——试件被拉断后断口处的横截面面积。

断面收缩率 ψ 标志着钢材在颈缩区的三向同号拉应力状态下可能产生的最大塑性变形的能力。断面收缩率 ψ 愈大，钢材的塑性就愈好。

二、冷弯性能

钢材的冷弯性能是衡量钢材在常温下弯曲加工产生塑性变形时对产生裂纹的抵抗能力的一项指标。建筑上常把钢筋、钢板弯成要求的形状，因此要求钢材有较好的冷弯性能。

冷弯性能是由冷弯试验来确定的（图 2-4）。试验时按照规定的弯心直径在试验机上用冲头加压，使试件弯成 180°，如果试件外表面不出现裂纹和分层，即为合格。冲头的弯心直径 d 根据试件厚度和钢种确定，一般厚度愈大，d 也愈大。同时钢种不同，d 也有区别。

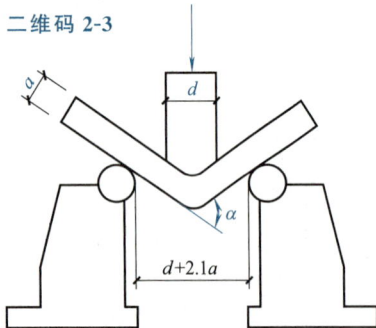

冷弯试验不仅能直接检验钢材的弯曲变形能力或塑性，还能考察钢材能否适应构件加工制作，暴露钢材内部的冶金缺陷，如硫、磷偏析和硫化物与氧化物的掺杂情况，这些都将降低钢材的冷弯性能。因此，冷弯性能是鉴定钢材在弯曲状态下的塑性应变能力和钢材质量的综合指标。

图 2-4　钢材冷弯试验示意图

三、韧性

韧性是指钢材抵抗冲击或振动荷载的能力，它用材料在断裂时所吸收的总能量（包括弹性和非弹性能）来度量，其衡量指标称为冲击韧性值。

冲击韧性值由冲击试验求得，即在冲击试验机上通过动摆施加冲击荷载，使标准试件（中部加工有 V 形或 U 形缺口）断裂（图 2-5），由此测出试件受冲击荷载发生断裂所吸收的冲击功（能量），即材料的冲击韧性值，用 A_{KV} 表示，单位为 J。A_{KV} 是衡量材料冲击韧性的力学性能指标。A_{KV} 值愈高，表明材料破坏时吸收的能量愈多，因而抵抗脆性破坏的能

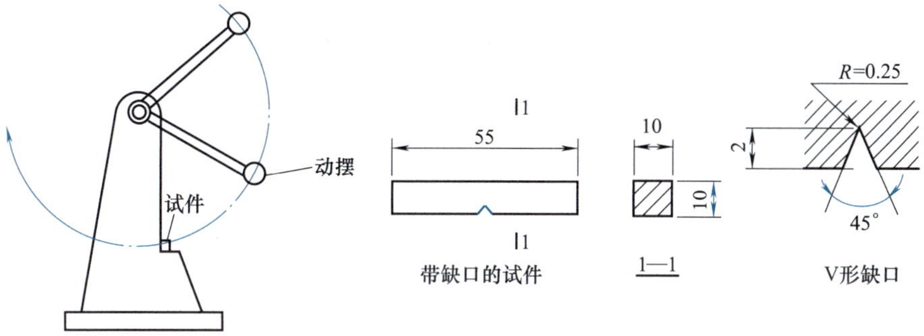

图 2-5 冲击韧性试验示意图

力愈强，韧性愈好。通常钢材强度提高，韧性降低，则表示钢材趋于脆性。

冲击韧性值的大小与钢材的轧制方向有关：顺着轧制方向（纵向），由于钢材经受碾压次数多，内部结晶构造细密，性能好。故沿纵向切取的试件冲击韧性值较高，横向切取的则较低。冲击韧性值的大小还与试验温度有关，试验温度愈低，其值愈低。由于低温对于钢材的脆性破坏有显著影响，在寒冷地区建造的结构不但要求钢材具有常温（20℃）冲击韧性指标，还要求具有负温（−20℃或−40℃等）冲击韧性指标，以保证结构具有足够的抗脆性破坏能力。

四、焊接性能

建筑结构中，钢材间的连接绝大多数采用焊接方式来完成，因此要求钢材具有良好的可焊性。钢材的可焊性，指钢材适应用常规的方法与工艺进行焊接的性能，并能反映钢材焊接后的力学性能是否良好。可焊性好的钢材，用普通的焊接方法焊接后焊接金属及其附近热影响区的金属不产生裂纹，并且其力学性能不低于母材的力学性能。

钢材的化学成分、冶炼质量及冷加工等都可能影响焊接性能。含碳量小于 0.25% 的碳素钢具有良好的可焊性。含碳量超过 0.3% 的碳素钢，可焊性变差。硫、磷及气体和杂质会使可焊性降低，加入过多的合金元素也将降低可焊性。

选择焊接结构用钢时，应注意选含碳量较低的平炉镇静钢等。对于高碳钢及合金钢，为了改善可焊性，焊接时一般需要采用焊前预热及焊后热处理等措施。钢筋焊接应注意的问题是：冷拉钢筋的焊接应在冷拉之前进行；钢筋焊接之前，焊接部位应清除铁锈、熔渣、油污等；应尽量避免不同国家的进口钢筋之间或进口钢筋与国产钢筋之间的焊接。

五、硬度

硬度是衡量钢材软硬程度的一种性能指标，它指材料对局部塑性变形的抗力。测定钢材硬度最常用的方法是布氏硬度法和洛氏硬度法。

1. 布氏硬度法

布氏硬度的测定原理是用一定大小的荷载 P（单位 N），把直径为 D（单位 mm）的淬火钢球压入被测金属表面（图 2-6），保持一定时间后卸载，即得直径为 d 的压痕。荷载除以表面积所得的商即为布氏硬度值 HB。布氏硬度值的大小就是压痕单位面积上所承受的压力，一般不标出单位。硬度值越高，表示材料越硬。

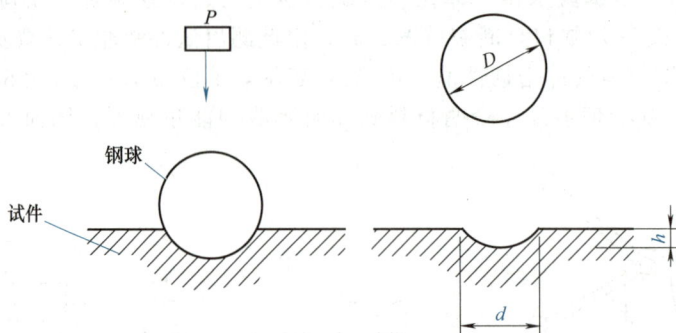

图 2-6 布氏硬度试验原理图

P—施加于钢球上的荷载；D—钢球直径；d—压痕直径；h—压痕深度

2. 洛氏硬度法

洛氏硬度试验是在洛氏硬度机上进行的，根据测量的压痕深度来计算硬度值。钢材越硬，压痕深度越小；反之，钢材越软，压痕深度越大。为了与习惯上"数值愈大，硬度愈高"的概念相一致，采用一常数 k 减去压痕深度 h 的差表示硬度值，并规定每 0.002mm 压入深度为一个洛氏硬度单位，洛氏硬度用符号 HR 表示，其值为

$$HR = \frac{k-h}{0.002}$$

式中　k——常数，采用金刚石圆锥压头时 $k=0.2$（用于 HRA、HRC），采用钢球压头时 $k=0.26$（用于 HRB）。

洛氏硬度有 HRA、HRB 和 HRC 三种，这三种洛氏硬度的压头、荷载及使用范围列于表 2-1 中。

表 2-1　洛氏硬度试验规范

符号	压头	荷载/kgf	表盘刻度	硬度值	使用范围
HRA	120°金刚石圆锥	60	黑色	75～85	硬质合金及很薄的淬火件
HRB	1.588mm 钢球	100	红色	25～100	退火钢、铸铁及有色金属等较软材料
HRC	120°金刚石圆锥	150	黑色	20～67	调质钢、淬火钢

注：1kgf=9.80665N。

洛氏硬度法操作迅速、简便，能直接从试验机的刻度盘上读出硬度值，测量范围广，在零件表面上留下的压痕小，基本不损伤零件表面。但由于压痕小，对于内部组织不均匀的材料，则测量的硬度不准确。

任务四　影响钢材性能的主要因素

影响钢材性能的因素很多，在此介绍钢材的化学成分，钢材的冶炼、浇铸、轧制等生产工艺过程，钢材的硬化，复杂应力和应力集中以及残余应力等各种因素对钢材性能的影响。

一、钢的化学成分、冶金缺陷及浇铸、轧制的影响

1. 钢的化学成分的影响

钢中除基本元素铁和碳外，常有硅、锰、硫、磷、氮、氧、氢等元素，它们的含量决定

了钢材的质量和性能。尤其是某些有害元素（如硫、磷等），在冶炼时，应通过控制和调节、限制其含量，以保证钢的质量。此外，在低合金高强度结构钢中，除铁、碳元素之外，冶炼时还特意加入少量合金元素，如钒（V）、铜（Cu）、铬（Cr）、钼（Mo）等，这些合金元素通过冶炼工艺以一定的结晶形态存在于钢中，可以改善钢材的性能。下面分别叙述各种元素对钢材性能的影响。

（1）碳　钢中含碳量增加，会使钢的强度增加，塑性降低，冷弯性能及冲击韧性降低，尤其是低温下的冲击韧性，还会使钢的可焊性及抗锈蚀性能变差。碳素结构钢按含碳量分为三类：低碳钢（含碳量 $<0.25\%$）；中碳钢（含碳量为 $0.25\%\sim0.60\%$）；高碳钢（含碳量 $>0.60\%$）。建筑钢材要求强度高、塑性好。《钢结构设计标准》所指定的碳素结构钢 Q235，其含碳量为 $0.12\%\sim0.22\%$，属低碳钢，其强度、塑性适中，有明显的屈服台阶。

（2）锰　锰是炼钢过程中加入的脱氧剂，它可去除钢液中的氧，还能与钢液中的硫结合成 MnS，从而在很大程度上消除硫的有害影响，消除钢的热脆性，改善热加工性能。当锰含量为 $0.8\%\sim1\%$ 时，可显著提高钢的强度和硬度，几乎不降低塑性和韧性，所以它也是钢中主要的合金元素之一。

（3）硅　硅是钢中的有益元素，是为了脱氧而加入的。硅是钢的主要合金元素。含量常在 1% 以内，可提高强度，对塑性和韧性没有明显影响，但含硅量超过 1% 时，冷脆性增加，可焊性变差。

（4）钒、钛、铜　钒、钛、铜作为合金元素加入钢中，其强度显著高于相同含碳量的普通碳钢，并具有较好的塑性、韧性及良好的焊接性和耐大气腐蚀性。所以，在建筑、桥梁、车辆、船舶、锅炉、石油工业及机械制造工业中应用甚广，可以显著减轻构件重量，节约钢材，并保证使用安全可靠性。

（5）硫和磷　它们是冶炼过程中留在钢中的杂质，是有害元素。硫能使钢的塑性及冲击韧性降低，并使钢材在高温时出现裂纹，称为"热脆"现象，这对钢材热加工不利。磷使钢在低温下的冲击韧性降低很多，称为"冷脆"现象，这对低温下工作的结构不利。硫和磷一般作为杂质，其含量均应严格控制。

（6）氧、氮　也是钢中的有害元素，它们显著降低钢的塑性、韧性、冷弯性能以及可焊性能。

2. 冶金缺陷的影响

常见的冶金缺陷有偏析、非金属夹杂、气孔、裂纹及分层等。偏析是钢中化学成分不一致和不均匀，特别是硫、磷偏析，严重恶化钢材的性能。非金属夹杂是钢中含有硫化物与氧化物等杂质。气孔是浇铸钢锭时，由氧化铁与碳作用所产生的一氧化碳气体不能充分逸出而形成的。这些缺陷都将影响钢材的力学性能。浇铸时的非金属夹杂物在轧制后能造成钢材的分层，会严重降低钢材的冷弯性能。

3. 浇铸、轧制的影响

建筑所用的钢材一般由平炉和氧气转炉炼成。目前用这两种方法冶炼的钢材质量相当，但氧气转炉钢成本较低。按照浇铸过程脱氧程度的不同，钢可分为沸腾钢、镇静钢、半镇静钢和特殊镇静钢。

沸腾钢是以脱氧能力较弱的锰作为脱氧剂，因而脱氧程度不够充分，在浇铸过程中，有大量气体逸出，钢液表面剧烈沸腾（故称为沸腾钢）。沸腾钢铸锭时冷却快，钢液中的气体（氧、氮、氢等）来不及逸出，在钢中形成气孔。同时沸腾钢结晶构造粗细不匀、偏析严重，常有夹层，塑性、韧性及可焊性相对较差。

镇静钢所用脱氧剂除锰之外，还用一定量的硅。由于硅的脱氧能力较强，所以脱氧充分。同时脱氧过程中产生很多热量，使钢液冷却缓慢，气体容易逸出，浇铸时没有沸腾现象，钢锭模内钢液表面平静（故称为镇静钢）。这种钢生产工艺简单，成本较低。其塑性、冲击韧性和可焊性较好，同时其冷脆及时效敏感性也低，钢结晶构造细密，杂质、气泡少，偏析程度低。这种钢常用于承受冲击或振动荷载、在低温条件下工作的焊接结构以及较重要的其他结构中。

半镇静钢的情况介于沸腾钢及镇静钢之间。

特殊镇静钢是在用锰和硅脱氧之后，再加铝或钛进行补充脱氧，其性能得到明显改善，尤其是可焊性显著提高。

轧制钢材是指在轧机压力作用下，钢材的结晶晶粒会变得更加细密、均匀，钢材内部的气泡、裂缝可以得到压合，因此轧制钢材的性能比铸钢优越。轧制次数多的钢材比轧制次数少的钢材性能改善程度要好些，一般薄的钢材的强度及冲击韧性优于厚的钢材。此外，钢材性能与轧制方向也有关，一般钢材顺轧制方向的强度和冲击韧性比横方向的要好。

二、钢材的冷作硬化及时效硬化的影响

如图 2-7 所示，当钢材受荷超过弹性范围以后，若重复地卸载、加载，将使钢材弹性极限提高，塑性降低，这种现象称为应变硬化或冷作硬化。将钢材在常温下进行冷拉、冷拔、冷轧、冷扭、刻痕等，使之产生一定的塑性变形，强度和硬度明显提高，塑性和韧性有所降低，这个过程称为钢材的冷加工。轧制钢材放置一段时间后，其力学性能也会发生变化，钢材的 σ-ε 曲线会由原来的图 2-7(a) 中的实线变成虚线所示的曲线。比较实线和虚线，可以看出钢材放置一段时间后，强度提高，塑性降低。这种钢材随时间的延长，强度、硬度提高，而塑性、冲击韧性下降的现象叫时效硬化。钢材在自然条件下时效的过程是非常缓慢的，如果将经过冷加工后的钢材，在常温下存放 15～20 天，时效过程会加快 [图 2-7(b)]；如果冷加工后又将钢材加热（例如，加热到 100～200℃并保持 2h 左右），其时效过程就更加迅速，这个过程称为时效处理。前者称为自然时效，后者称为人工时效。

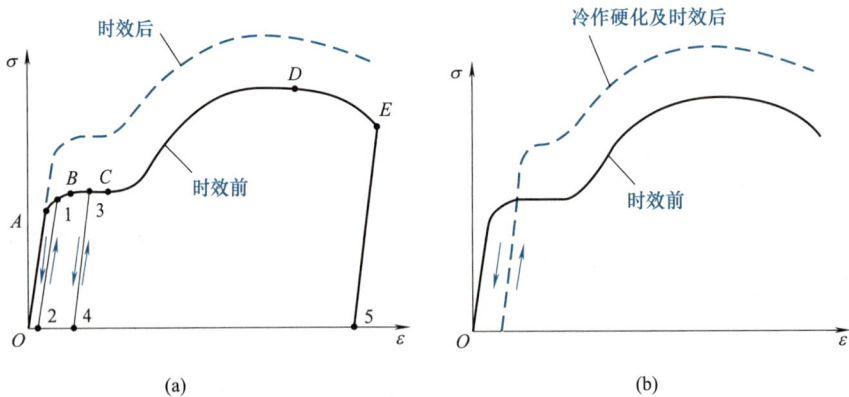

图 2-7　钢材的冷作硬化与时效硬化

建筑工程中大量使用的钢筋，往往是冷加工和时效处理同时采用，以提高钢筋承载力，节约钢材。但是，在一般的由热轧型钢和钢板组成的钢结构中，不利用冷加工来提高钢材强度。对于直接承受动荷载的结构，还要求采取措施消除冷加工后钢材硬化的影响，防止钢材性能变脆。例如，经过剪切机剪断的钢板，为消除剪切边缘冷作硬化的影响，常常用火焰烧烤使之"退火"，或者将剪切边缘部分钢材用刨、削的方法除去（刨边）。

三、复杂应力、应力集中及残余应力的影响

1. 复杂应力的影响

在实际钢结构中，钢材常在复杂应力（图 2-8）状态下工作，此时，钢材的塑性条件就要用所谓的折算应力 σ_{eq} 来判断，即当 $\sigma_{eq} < f_y$ 时，钢材处于弹性工作状态，而 $\sigma_{eq} \geq f_y$ 时，钢材处于塑性工作状态。

折算应力 σ_{eq} 由材料力学强度理论导出，其计算公式如下。

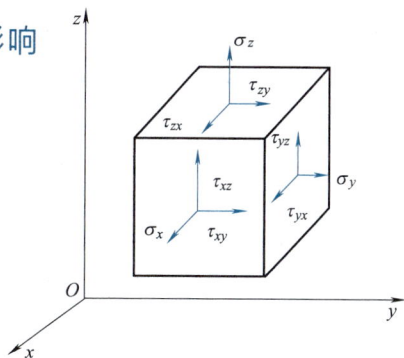

图 2-8　复杂应力

当三向受力时：

① 用主应力 σ_1、σ_2、σ_3 表示：

$$\sigma_{eq} = \sqrt{\frac{1}{2}\left[(\sigma_1 - \sigma_2)^2 + (\sigma_2 - \sigma_3)^2 + (\sigma_3 - \sigma_1)^2\right]} \tag{2-1}$$

② 用应力分量表示：

$$\sigma_{eq} = \sqrt{\sigma_x^2 + \sigma_y^2 + \sigma_z^2 - (\sigma_x\sigma_y + \sigma_y\sigma_z + \sigma_z\sigma_x) + 3(\tau_{xy}^2 + \tau_{yz}^2 + \tau_{zx}^2)} \tag{2-2}$$

当二向受力（平面应力状态）时（即 $\sigma_3 = 0$ 或 $\sigma_z = \tau_{xz} = \tau_{yz} = 0$）：

$$\sigma_{eq} = \sqrt{\sigma_x^2 + \sigma_y^2 - \sigma_x\sigma_y + 3\tau_{xy}^2} \tag{2-3}$$

或

$$\sigma_{eq} = \sqrt{\sigma_1^2 + \sigma_2^2 - \sigma_1\sigma_2} \tag{2-4}$$

对于单向受弯的实腹梁的腹板（一般只存在正应力 σ 和剪应力 τ）：

$$\sigma_{eq} = \sqrt{\sigma^2 + 3\tau^2} \tag{2-5}$$

当受纯剪切时（只有剪应力 τ，即 $\sigma = 0$）：

$$\sigma_{eq} = \sqrt{3\tau^2} = \sqrt{3}\,\tau \tag{2-6}$$

若令 $\sigma_{eq} = \sqrt{3}\,\tau = f_y$，则 $\tau = \dfrac{1}{\sqrt{3}}f_y = 0.58f_y = f_v$，因此当纯剪切时，剪应力 τ 达到 $0.58f_y$，钢材即进入塑性状态。规范取钢材抗剪强度设计值 $f_v = 0.58f$ 的整数值（f 为钢材抗拉强度设计值，见附表 1-1）。

当钢材所受的三个主应力同号，而它们的绝对值又接近时，即使 σ_1、σ_2、σ_3 的绝对值很大，大大超过屈服点，但由于其差值不大，折算应力并不大，材料就不易进入塑性状态，有可能直至材料破坏时，还未进入塑性状态。相反，当主应力中有异号应力，而同号的两个应力差又较大时，当最大的应力尚未达到 f_y 时，折算应力就已达到 f_y 而进入塑性状态了。

2. 应力集中的影响

钢材的工作性能和力学性能指标都是以轴心受拉杆件中应力沿截面均匀分布的情况作为基础的。但实际上，钢结构构件经常不可避免地因构造而存在孔洞、缺口、凹角以及截面的厚度或宽度的变化，这些构件受外力作用后，在截面的突变处，特别是孔洞的边缘，将出现局部高峰应力，而在其他部位，则应力相对较低，从而使应力分布很不均匀（图 2-9），这种现象即为应力集中。

一般情况下，当构件只承受静荷载作用时，建筑钢材塑性较好，在一定程度上能促使应

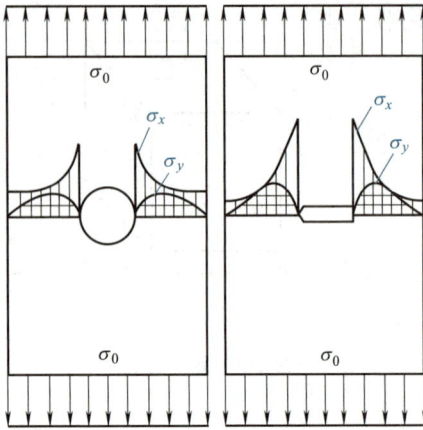

图 2-9　构件孔洞处的应力集中现象

力进行重分配，使应力分布严重不均的现象趋于平缓，因而受静荷载作用的构件在常温下工作时，在计算中可不考虑应力集中的影响。但在低温环境下或动力荷载作用下工作的结构，应力集中的不利影响将十分突出，往往是引起脆性破坏的根源，故在设计中，应采取合理设计构件形状，避免构件截面急剧变化等构造措施降低应力集中程度，并选用质量优良的钢材，防止钢材脆性破坏。

3. 残余应力的影响

残余应力是钢材在热轧、焊接、气割等不均匀冷却和不均匀加热过程中，由于截面上各部分散热速度不同而引起的内部不同步收缩所产生的在截面内自相平衡的内应力。例如，钢板截面两端接触空气表面积大，散热快先冷却；而截面中央部分则因接触空气表面积小，散热慢后冷却。同样工字钢翼缘端部及腹板中央部分一般冷却较快，腹板与翼缘相交部分则冷却较慢。先冷却的部分恢复弹性较早，它将阻止后冷却部分自由收缩，从而引起后冷却部分受拉，先冷却部分则受后冷却部分收缩的牵制而受压。这种作用和反作用最后导致截面内形成自相平衡的内应力。钢材中的残余应力的特点是应力自相平衡且与外荷载无关。

残余应力一般对构件的静力计算强度没有影响，在计算中不予考虑。但是，由于残余应力使截面提前进入塑性区，从而使弹性区减小，引起构件的刚度和稳定性降低。此外，残余应力与外荷载应力叠加常常产生二向或三向应力，将使钢材抗冲击断裂能力及抗疲劳破坏能力降低。尤其是低温下受冲击荷载的结构，残余应力存在更容易引起低工作应力状态下的脆性断裂。对钢材进行"退火"热处理，可以消除残余应力。

四、温度的影响

钢材性能随温度变动而有所变化。总的趋势是：温度升高，强度降低，应变增大；反之，温度降低，强度会略有增加，塑性和韧性却会降低而使钢材变脆。

温度升高，在 200℃ 以内钢材性能没有很大变化，430～540℃ 之间强度急剧下降，600℃ 时强度很低，不能承担荷载。但在 250℃ 左右，钢材的强度反而略有提高，同时塑性和韧性均下降，材料有转脆的倾向，钢材表面氧化膜呈现蓝色，称为蓝脆现象。钢材应避免在蓝脆温度范围内进行热加工。当温度在 260～320℃ 时，在应力持续不变的情况下，钢材以很缓慢的速度继续变形，此种现象称为蠕变现象。

当温度从常温下降时，钢材的强度虽略有提高，但塑性和韧性降低，脆性增大，尤其是当温度下降到负温的某一区间时，其冲击韧性急剧降低，破坏特征明显地由塑性破坏转为脆性破坏，这种现象称为低温冷脆现象。规范要求在低温下工作的结构，尤其是焊接结构，应保证钢材在低温（如 0℃、−20℃）下冲击韧性值合格。

五、反复荷载作用的影响

钢材在反复荷载作用下，结构的抗力及性能都会发生重要变化，甚至发生疲劳破坏。生活中常有这样的经验，一根细小的铁丝，要拉断它很不容易，但将它弯折几次就折断了。根据试验，在直接的连续反复的动力荷载作用下，钢材的强度将降低，即低于一次静力荷载作用下的拉伸试验的极限强度 f_u，这种现象称为钢的疲劳。

疲劳破坏的特点是：强度降低，材料转为脆性，破坏突然发生。

钢材发生疲劳一般认为是由于钢材内部有微观细小的裂纹，在连续反复变化的荷载作用下，裂纹端部产生应力集中，交变的应力使裂纹逐渐扩展，这种累积的损伤最后导致突然断裂。因此钢材发生疲劳对应力集中也最为敏感。

实践证明，应力水平不高的构件或反复次数不多的钢材一般不会发生疲劳破坏，计算中不必考虑疲劳的影响。但是，长期承受频繁的反复荷载的结构及其连接，例如，承受重级工作制吊车的吊车梁等，在设计中就必须考虑结构的疲劳问题。《钢结构设计标准》（GB 50017—2017）规定：直接承受动力荷载重复作用的钢结构构件及其连接，当应力变化的循环次数 n 等于或大于 $5×10^4$ 次时，应进行疲劳计算。

任务五　钢材的种类与牌号、规格及选择

一、钢材的种类与牌号

钢材的种类繁多，按化学成分可分为碳素钢和低合金钢；按用途可分为结构钢、工具钢和特殊用途钢；按冶炼方法可分为平炉钢、氧气转炉钢、电炉钢等；按浇铸方法可分为沸腾钢、半镇静钢、镇静钢和特殊镇静钢。在建筑工程中采用的钢材主要有碳素结构钢、低合金高强度结构钢和优质碳素结构钢。

1. 碳素结构钢

《碳素结构钢》（GB/T 700—2006）是参照国际标准化组织 ISO 630《结构钢》制定的。按质量等级将钢材分为 A、B、C、D 四级，其中，A 级最差，D 级最优。A 级钢只保证抗拉强度、屈服点、伸长率，必要时尚可附加冷弯试验的要求，化学成分对碳、锰可以不作为交货条件。B、C、D 级钢均保证抗拉强度、屈服点、伸长率、冷弯和冲击韧性（分别为20℃、0℃、−20℃）等力学性能。化学成分对碳、硫、磷的极限含量比旧标准要求更加严格。

钢的牌号由代表屈服点的字母 Q、屈服点数值、质量等级符号（A、B、C、D）、脱氧方法符号（F、b、Z、TZ）四个部分按顺序组成。F、b、Z、TZ 分别是"沸""半""镇""特镇"汉语拼音的首字母，分别代表沸腾钢、半镇静钢、镇静钢及特殊镇静钢。其中代号Z、TZ 可以省略。其中，Q235 的 A、B 级有沸腾钢、半镇静钢及镇静钢，C 级全部为镇静钢，D 级全部为特殊镇静钢。

根据钢材厚度（直径）≤16mm 时的屈服点数值，分为 Q195、Q215、Q235、Q255、Q275。钢结构一般仅用 Q235，因此钢的牌号根据需要可为 Q235A、Q235B、Q235C、Q235D 等。

2. 低合金高强度结构钢

它采用与碳素结构钢相同的钢的牌号表示方法，钢的牌号仍有质量等级符号，除与碳素结构钢 A、B、C、D 四个等级相同外，增加一个等级 E，主要要求−40℃的冲击韧性。低合金高强度结构钢一般为镇静钢，根据钢材厚度（直径）≤16mm 时的屈服点数值，分为Q295、Q345、Q390、Q420、Q460。钢的牌号中不注明脱氧方法，冶炼方法也由供方自行选择。

这样按照国家标准，钢号的代表意义如下。

Q235A：代表屈服点为 235N/mm^2 的 A 级镇静碳素结构钢；

Q235BF：代表屈服点为 235N/mm^2 的 B 级沸腾碳素结构钢；

Q235D：代表屈服点为 235N/mm² 的 D 级特殊镇静碳素结构钢；

Q345E：代表屈服点为 345N/mm² 的 E 级低合金高强度结构钢。

各个质量等级的低合金高强度结构钢均应保证抗拉强度、屈服点、伸长率、冷弯性能满足标准要求，其中 B、C、D、E 级还应保证冲击韧性值满足标准要求。低合金高强度结构钢中的 A 级钢应进行冷弯检验，其他质量级别的钢，如供方能保证冷弯试验符合规定要求，可不做检验。

承重结构所用的钢材应具有屈服强度、抗拉强度、断后伸长率和硫、磷含量的合格保证，对焊接结构尚应具有碳当量的合格保证。焊接承重结构以及重要的非焊接承重结构采用的钢材应具有冷弯试验的合格保证；对直接承受动力荷载或需验算疲劳的构件所用钢材尚应具有冲击韧性的合格保证。

各个牌号的质量等级主要以对冲击韧性值的要求不同来区别。A 级钢不要求保证冲击韧性，B、C、D 级要求冲击韧性 A_{KV} 值不低于 27J（Q235）和 34J（Q345、Q390、Q420），E 级要求 A_{KV} 不低于 27J（Q345、Q390、Q420）。同时各级冲击韧性的试验温度也不同，B 级为常温 20℃，C 级为 0℃，D 级为 −20℃，E 级为 −40℃。为保证上述冲击韧性值达到要求，同一牌号不同质量等级钢材的化学成分也略有区别，如质量等级高的钢材，硫、磷含量限制更为严格。

此外，钢材质量等级的选用还应符合下列规定：

① A 级钢仅可用于结构工作温度高于 0℃ 的不需要验算疲劳的结构，且 Q235A 钢不宜用于焊接结构。

② 需验算疲劳的焊接结构用钢材应符合下列规定：

a. 当工作温度高于 0℃ 时，其质量等级不应低于 B 级；

b. 当工作温度不高于 0℃ 但高于 −20℃ 时，Q235、Q345 钢不应低于 C 级，Q390、Q420 及 Q460 钢不应低于 D 级；

c. 当工作温度不高于 −20℃ 时，Q235 钢和 Q345 钢不应低于 D 级，Q390、Q420、Q460 钢应选用 E 级。

表 2-2～表 2-4 分别摘自 GB/T 700—2006 和 GB/T 1591—2018。标准对表中各项数据取值还有一些详细规定和注释，例如，Q345 和 Q390 钢拉伸试验及冷弯试验的取样方向规定、合金元素含量的规定等。这些规定和注释此处从略，读者可参阅上述标准。

表 2-2　钢牌号与化学成分

牌号	等级	化学成分/%					脱氧方法
		C	Mn	Si	S	P	
					不大于		
Q195	—	0.06～0.12	0.25～0.50	0.30	0.050	0.045	F、b、Z
Q215	A	0.09～0.15	0.25～0.55	0.30	0.050	0.045	F、b、Z
	B				0.045		
Q235	A	0.14～0.22	0.30～0.65①	0.30	0.50	0.045	F、b、Z
	B	0.12～0.20	0.30～0.70①		0.045		
	C	≤0.18	0.35～0.80		0.040	0.040	Z
	D	≤0.17			0.035	0.035	TZ
Q255	A	0.18～0.28	0.40～0.70	0.30	0.050	0.045	F、b、Z
	B				0.045		
Q275	—	0.28～0.38	0.50～0.80	0.35	0.050	0.045	b、Z

①Q235A、B 级沸腾钢 Mn 的含量上限为 0.6%。

表 2-3　钢材拉伸与冲击试验指标

牌号	等级	屈服点 f_y/(N/mm²)						抗拉强度 f_u/(N/mm²)	伸长率 δ_5/%						温度/℃	V形试样冲击功(纵向)/J
		钢材厚度(直径)/mm							钢材厚度(直径)/mm							
		≤16	>16~40	>40~60	>60~100	>100~150	>150		≤16	>16~40	>40~60	>60~100	>100~150	>150		
		不小于							不小于							不小于
Q195	—	(195)	(185)	—	—	—	—	315~430	33	32	—	—	—	—	—	—
Q215	A	215	205	195	185	175	165	335~450	31	30	29	28	27	26	—	—
	B														20	27
Q235	A	235	225	215	205	195	185	375~500	26	25	24	23	22	21	—	—
	B														20	27
	C														0	
	D														−20	
Q255	A	255	245	235	225	215	205	410~550	24	23	22	21	20	19	—	—
	B														20	27
Q275	—	275	265	255	245	235	225	490~630	20	19	18	17	16	15	—	—

表 2-4　钢材抗弯试验指标

牌号	试样方向	冷弯试验(试样宽度 $B=2a$)(试件弯成180°)		
		钢材厚度(直径)/mm		
		60	>60~100	>100~200
		弯心直径 d		
Q195	纵	0	—	—
	横	0.5a	—	—
Q215	纵	0.5a	1.5a	2a
	横	a	2a	2.5a
Q235	纵	a	2a	2.5a
	横	1.5a	2.5a	3a
Q255	—	2a	3a	3.5a
Q275	—	3a	4a	4.5a

3. 优质碳素结构钢

优质碳素结构钢对有害杂质含量（S＜0.035％，P＜0.035％）控制严格、质量稳定、性能优于碳素结构钢。优质碳素结构钢按含锰量的不同，分为普通含锰量（0.35％～0.80％）和较高含锰量（0.70％～1.20％）两大组。后者具有较好的力学性能和加工性能。

优质碳素结构钢以不热处理或热处理（退火、正火或高温回火）状态交货，要求热处理状态交货的应在合同中注明，未注明者，按不热处理交货。在钢结构中常用作高强度螺栓的螺母及垫圈等。

二、钢材的规格

我国钢结构采用的钢材品种主要为热轧型钢、冷弯薄壁型钢、热（冷）轧钢板和钢管等，其中型钢可直接用作构件，减少制作工作量，因此在设计中应优先选用。

（一）热轧型钢

常用的热轧型钢有工字钢、角钢、槽钢和 H 型钢等，如图 2-10 所示。

| 钢板 | | H型钢 | 工字钢 | 槽钢 | 不等边角钢 | 等边角钢 |

图 2-10　热轧型钢

1. 热轧工字钢

热轧工字钢翼缘内表面是斜面，斜度成 1∶6，它的翼缘厚度比腹板厚度大，翼缘宽度比截面高度小很多，因此截面对弱轴的惯性矩较小。热轧工字钢又分普通工字钢和轻型工字钢，后者与前者相比，截面高度相同时，翼缘和腹板厚度要小些，翼缘宽度也大一些。普通工字钢和轻型工字钢的代号分别为 I 和 QI，其规格以"代号×截面高度（mm）×腹板厚度（mm）"表示，工字钢的规格也可以用型号表示，如 I16 或 QI16。截面高度相同的工字钢，可能有几种不同的腹板厚度和翼缘宽度，需在型号后加 a、b、c 予以区别，如 I32a、I32b、I32c 等。一般按 a、b、c 的顺序，腹板厚度及翼缘宽度依次递增 2mm。我国生产的普通工字钢规格有 10～63 号，轻型工字钢规格有 10～70 号。轻型工字钢现在已极少生产，工程中不宜再使用。

2. 热轧 H 型钢

热轧 H 型钢分为宽翼缘 H 型钢、中翼缘 H 型钢和窄翼缘 H 型钢，此外还有 H 型钢柱，其代号分别为 HW、HM、HN 和 HP（W、M、N 和 P 分别为英文 wide、middle、narrow 和 pile 的首字母）。它们的规格标记采用"高度 H（mm）×宽度 B（mm）×腹板厚度 t_1（mm）×翼缘厚度 t_2（mm）"表示，如 H340×250×9×14。H 型钢是一种经工字钢发展而来的经济断面型材，与普通工字钢相比，它的翼缘内外表面平行，内表面无斜度，翼缘端部为直角，与其他构件连接方便。同时它的截面材料分布更向翼缘集中，截面力学性能优于普通工字钢，在截面面积相同的条件下，H 型钢的实际承载力比普通工字钢大。其中HW 型钢又由于翼缘宽，对弱轴（平行于腹板的轴）惯性矩较大，倾向稳定性好。因此现在许多国家大都用 H 型钢代替普通工字钢，我国也正在积极推广采用 H 型钢。H 型钢的腹板厚度较大，与翼缘厚度相同，常用作柱构件。

除热轧 H 型钢外，还有普通焊接 H 型钢和轻型焊接 H 型钢。前者是将钢板裁剪、组合后再用自动埋弧焊制成；后者一般采用手工焊、二氧化碳气体保护焊或高频电焊工艺焊接而成。这类型钢由于焊接残余应力较大，力学性能不如热轧 H 型钢。

3. 热轧角钢

角钢由两个互相垂直的肢组成。若两肢长度相等，称为等边角钢；若不相等则为不等边角钢。角钢的代号为 L，其规格用"代号和长肢宽度（mm）×短肢宽度（mm）×肢厚度（mm）"表示，例如，L90×90×6、L125×80×8 等。角钢的规格有 L20×20×3 至

∟200×200×24，∟25×16×3 至 ∟200×125×18。

4. 冷弯薄壁型钢

冷弯薄壁型钢一般由厚度为 1.5～6mm 的钢板或钢带（成卷供应的薄钢板）经冷弯或模压制成，其截面各部分厚度相同，转角处均呈圆弧形。冷弯薄壁型钢有多种截面形式，图 2-11 是几种截面示例。冷弯薄壁型钢的特点是壁薄，截面几何形状开展，因而与面积相同的热轧型钢相比，其截面惯性矩大，是一种高效、经济的截面；缺点是因为壁薄，对锈蚀影响较为敏感。冷弯薄壁型钢多用于跨度小、荷载轻的轻型钢结构中。

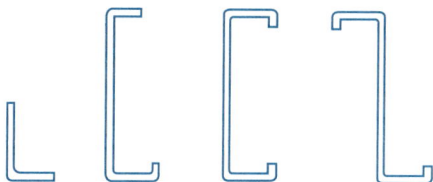

图 2-11 冷弯薄壁型钢

5. 钢板、压型钢板

用光面轧辊轧制而成的扁平钢材，以平板状态供货的称钢板；以卷状供货的称钢带。建筑用钢板及钢带主要是碳素结构钢。一些重型结构、大跨度桥梁、高压容器等也采用低合金钢板。一般厚度可用于焊接结构；薄板可用作屋面或墙面等围护结构，或用作涂层钢板的原材料。钢板按轧制温度不同，分为热轧和冷轧两种。热轧钢板按厚度分为厚板（厚度大于 4mm）和薄板（厚度为 0.35～4mm）两种；冷轧钢板只有薄板（厚度为 0.2～4mm）一种。

钢板规格用"宽（mm）×厚（mm）×长（mm）"及其前面附加钢板横截面"—"来表示，如 −500×8×2400；扁钢的表示方法是"宽（mm）×厚（mm）"，如 −200×4。

薄钢板经冷压或冷轧成波形、双曲形、V 形等形状，称为压型钢板，厚度一般为 0.4～2mm，波纹高度为 10～200mm（图 2-12）。钢板表面涂漆、镀锌、涂有机层（又称彩色压型钢板）以防止锈蚀，因而耐久性较好。压型钢板常用作屋面板、墙板及楼板等，其优点是轻质、高强、美观、施工快。

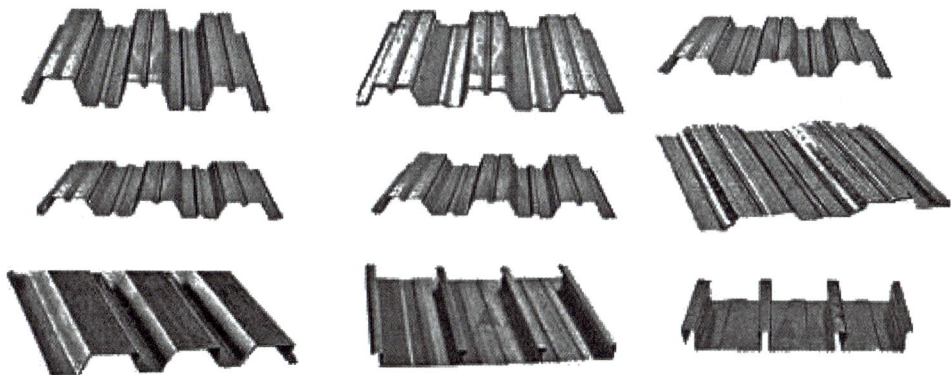

图 2-12 压型钢板

（二）专门结构用钢材

1. 桥梁结构钢

铁路和公路的桥梁除了承受静载外，还要直接承受动载，其中某些部位还承受交变荷载的作用，桥梁是全天候的基础设施，它们应能长期在受力状态下经受气候变化和腐蚀介质的严峻考验。因此与一般结构钢相比，桥梁结构钢除了必须具有较高的强度外，还要求有良好的塑性、韧性、可焊性及较高的疲劳强度，具有良好的抗大气腐蚀性。桥梁结构钢是专用钢，在牌号后面加一个 q 以示区别，该类钢有四个牌号 Q235q、Q345q、Q370q、Q420q，质量等级有 C、D、E 三等。

Q235q 是专用于焊接桥梁的钢，这种钢不仅含碳量及硫、磷杂质含量都较一般碳素结构钢低，而且氮、氧等气体杂质含量也少，具有优良的可焊性。Q345q、Q370q 和 Q420q 是低合金钢，经过完全脱氧，杂质含量控制较严，具有良好的综合力学性能，不仅强度高，而且塑性、韧性、可焊性等较好，目前应用很广，特别是 Q345q，已经成为我国建造钢梁主体结构的基本钢材。

2. Z 向钢

在实际的钢结构中，尤其是层数较高的建筑和跨度较大的结构，常常会有沿钢板厚度方向受拉的情况，例如，梁与柱的连接处。钢板沿厚度方向塑性较差以及有夹渣、分层现象，常常造成钢板沿厚度方向受拉时发生层状撕裂。为了保证安全，要求采用一种能抗层状撕裂的钢，称为厚度方向性能钢板，或称 Z 向钢（Z 向是指钢材厚度方向）。

Z 向钢是在某一级结构钢（称为母级钢）的基础上，经过特殊冶炼、处理的钢材。其含硫量控制更严，为一般钢材的 1/5 以下，断面收缩率 ψ 在 15% 以上。因此 Z 向钢沿厚度方向有较好的延性。我国生产的 Z 向钢板的技术指标符合国家标准《厚度方向性能钢板》（GB/T 5313—2023）的规定，其标记是在母级钢牌号后面加上 Z 向钢板等级标记 Z15、Z25、Z35。Z 后面的数字为断面收缩率 ψ 的指标，Z 向钢板厚度方向性能级别及其断面收缩率的平均值和单个值见表 2-5。

表 2-5　Z 向钢板厚度方向性能级别及其断面收缩率的平均值和单个值（GB/T 5313—2023）

等级	含硫量/%	板厚方向断面收缩率 ψ/%	
		3 个试样的最小平均值	单个试样最小值
Z15	≤0.01	≥15	≥10
Z25	≤0.007	≥25	≥15
Z35	≤0.005	≥35	≥25

三、钢材的选择

钢材的选择是钢结构设计的一个重要环节，选择钢材应遵循技术可靠、经济合理的原则，综合考虑结构的重要性、荷载特征、结构形式、应力状态、连接方法、工作环境、钢材厚度和价格等因素，选用合适的钢材牌号和质量等级保证项目。选择钢材时应考虑以下因素。

1. 结构的重要性

根据建筑结构重要等级、安全等级的不同，要求的钢材质量也应不同。对重型工业建筑结构、大跨度结构、高层或超高层的民用建筑结构或构筑物等重要结构，应考虑选用质量好的钢材，对于一般工业与民用建筑结构，可按工作性质分别选用普通质量的钢材。

2. 荷载情况

荷载可分为静态荷载和动态荷载两种。直接承受动态荷载的结构和强烈地震区的结构，应选用综合性能好的钢材；一般承受静态荷载的结构则可选用价格较低的 Q235 钢。

3. 连接方法

钢结构的连接方法有焊接和非焊接（螺栓连接或铆钉连接）两种。对于焊接结构，应选用塑性、韧性好，特别是可焊性好，碳、硫、磷含量较低的钢材；而对于非焊接结构，这些要求可适当放宽。

4．结构的工作环境温度

钢材处于低温时容易冷脆，因此在低温条件下工作的结构，尤其是焊接结构，应选用具有良好的抗低温脆断性能的镇静钢。在露天工作或在有害介质环境中工作的结构，应考虑结构要有较好的防腐性能，必要时，应采用耐候钢。

5．钢材厚度

厚度大的钢材强度较低，其塑性、冲击韧性较差，焊接性能较差，焊接残余应力较严重，因此应选用材质较好的钢材。

对于具体的钢结构工程，选用哪一种钢材应根据上述原则结合工程实际情况及钢材供货情况进行综合考虑。需要注意的是：对于 Q235A 牌号的钢，碳含量不作为交货条件，因此这类钢材只能用于非焊接结构；此外还应注意，Q235A 牌号的钢供货时，冷弯试验不是必要条件，因此选用 Q235A 时，必要时应将冷弯试验合格作为附加条件。

📝 项目小结

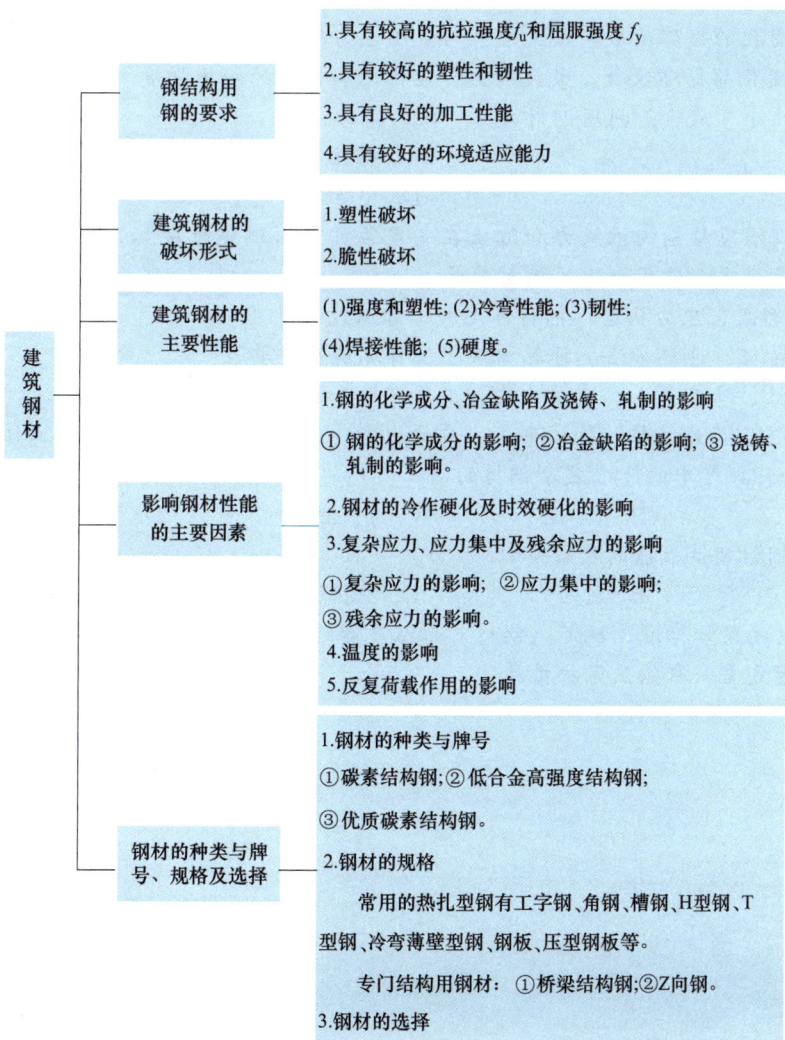

能力训练题

一、问答题

1. 钢结构对钢材性能有哪些要求？这些要求用哪些指标来衡量？
2. 钢材受力有哪两种破坏形式？它们对结构安全有何影响？
3. 影响钢材力学性能的主要因素有哪些？它们对钢材的性能有何影响？
4. 钢结构中常用的钢材有哪几种？钢材牌号的表示方法是什么？
5. 选用钢材应考虑哪些因素？

二、单选题

1. 在碳素结构钢中，（   ）不能用于焊接承重结构。

A. Q235A   B. Q235B   C. Q235C   D. Q235D

2. 直接承受重复荷载作用的焊接结构，影响其疲劳强度的最主要因素是（   ）。

A. 应力变化的循环次数，最大应力与最小应力的代数差（应力幅）和钢材的静力强度

B. 应力变化的循环次数，最大应力与最小应力的应力比和构造细部

C. 应力变化的循环次数，最大应力与最小应力的代数差（应力幅）和构造细部

D. 应力变化的循环次数，最大应力、应力比和钢材的静力强度

3. 钢材的冷弯试验是判别钢材（   ）的指标。

A. 强度   B. 塑性及冶金质量

C. 塑性   D. 塑性及可焊性

4. 为保证承重结构的承载力和防止在一定条件下出现脆性破坏，应根据（   ）等综合因素考虑，选用合适的钢材牌号。

A. 结构形式、应力状态、钢材厚度和工作温度

B. 荷载特征、连接方法、计算方法、工作环境及重要性

C. 重要性、跨度大小、连接方法、工作环境和加工方法

D. 重要性、荷载特征、结构形式、应力状态、连接方法、钢材厚度和工作环境

5. 钢号 Q345A 中的 345 表示钢材的（   ）。

A. f_p 值   B. f_u 值   C. f_y 值   D. f_v 值

6. 体现钢材塑性性能的指标是（   ）。

A. 屈服点   B. 屈强比   C. 抗拉强度   D. 延伸率

7. 《钢结构设计标准》规定，钢材表面温度超过（   ）℃，即需要加以隔热防护，对有防护要求者更需采取隔热保护措施。

A. 150   B. 50   C. 250   D. 300

项目三
钢结构施工图识读

素质目标

- 培养治学严谨的素质，细心能吃苦的特质，持之以恒的开拓能力以及系统的思维能力

知识目标

- 理解钢结构施工图的基本表达方式
- 掌握钢结构图形的表示方法及详图识读，包括型钢与螺栓的表示方法、焊缝符号及其标注方法
- 了解钢结构节点详图

能力目标

- 能结合房屋构造正确识读钢结构施工图
- 能应用钢结构制图的相关知识绘制简单的钢结构节点详图

任务一　钢结构施工图的基本知识

本项目介绍的钢结构施工图是指钢结构工程的建筑及结构施工图，就图纸构成而言，它与其他土建施工图类似，也是由总图、平面图、立面图、剖面图、详图等组成，所不同的是一些图例符号、表示方法、尺寸标注、构件代号及图纸编制方法的差别，下面在工程识图的基础上介绍钢结构施工图。

一、钢结构施工图两阶段设计

钢结构施工图设计分两个阶段进行，设计图阶段和施工详图阶段。两阶段设计法最早是在新中国成立初期由苏联引进的，经过几十年的工程实践证明，该方法分工明确、方便施工，有利于保证工程质量，因此一直应用到现在。

设计图由设计单位编制完成，内容有设计总说明、设计依据、荷载资料（包括地震作用）、技术数据、材料选用及材质要求、设计要求（包括制造和安装、焊缝质量检验的等级、涂装及运输等）、结构布置、构件截面选用以及结构的主要节点构造等。有了设计图并不能立即进行施工（个别全焊接结构除外），还需要对设计图进行深化。这就进入到施工详图阶段，施工详图由钢结构制作安装单位来编制，他们需要对每一个构件进行放样，对每个节点进行深化，细到对每个焊缝、每个细部尺寸、每个螺栓孔和构件进行详细编号而形成施工详图。施工单位依据施工详图进行预制和安装。当然这些都是以设计图为依据的。最后进入竣

工图的也是完成版的施工详图。钢结构设计图与施工详图的主要区别如表 3-1 所示。一般施工详图包括了设计图的全部内容，因此在这里只介绍施工详图的识读。

表 3-1　设计图与施工详图的主要区别

设　计　图	施　工　详　图
(1)在施工工艺、建筑要求及初步设计的基础上,根据施工方案与设计计算等工作而编制的较高阶段施工设计图; (2)目的、深度及内容仅为编制详图提供依据; (3)由设计单位编制; (4)图纸表示较简明,图纸质量较好,其内容一般包括设计总说明与布置图、构件图、节点图、钢材订货表	(1)直接根据设计图编制的工程施工及安装详图(可含有少量连接、构造计算),只对深化设计负责; (2)目的是为制造、加工及安装直接提供施工用图; (3)一般应由制造厂或施工单位编制; (4)图纸表示详细,数量多,内容包括构件安装布置图及构件详图

二、施工详图编制的基本规定

详图所用的图线、字体、比例、符号、图样、尺寸标注及图例等，均按照现行国家标准《房屋建筑制图统一标准》（GB/T 50001—2017）和《建筑结构制图标准》（GB/T 50105—2010）的有关规定执行。

1. 图幅规定

钢结构详图常用图幅符合《房屋建筑制图统一标准》（GB/T 50001—2017）的规定，图幅及图框尺寸见表 3-2，在同一套图纸中，不宜使用超过两种的图幅（不包括目录及表格的A4 幅面）。

表 3-2　常用图幅、图框尺寸　　　　　　　　　　　　　　单位：mm

尺寸代号	幅面代号				
	A0	A1	A2	A3	A4
$b \times l$	841×1189	594×841	420×594	297×420	210×297
c	10			5	
a	25				

注：$b \times l$ 指的是图纸的宽（短边）×长（长边）；c 指的是图框距图纸边的距离；a 指的是图框距图纸装订边的距离。

图纸可以横式（短边竖直）布置，也可以立式（短边水平）布置，视方便制图及阅读而定。

2. 常用线型、线宽

常用基本线宽 b 有如下几种：0.35mm，0.5mm，0.7mm，1.0mm，1.4mm，2.0mm。它根据比例大小及内容复杂程度选用。钢结构详图中常用的线型及线宽见表 3-3。

表 3-3　常用线型、线宽

种　　类		线　型	线宽	一　般　用　途
实线	粗	———	b	螺栓、用单线表示的实腹构件,如实腹柱、支撑、系杆等及图名下横线、剖切线等
	中	———	0.5b	钢构件轮廓线
	细	———	0.25b	尺寸线、引出线、标高线等

种　类		线　型	线宽	一般用途
虚线	粗		b	不可见螺栓、不可见单线构件线
	中		$0.5b$	不可见钢构件轮廓线
	细		$0.25b$	局部放大范围边界线、预埋不可见构件轮廓线
单点长画线	粗		b	垂直支撑、柱间支撑、格构式梁等
	细		$0.25b$	中心线、对称线、定位轴线等
双点长画线	粗		b	屋架梁线
	细		$0.25b$	原结构轮廓线
折断线			$0.25b$	断开界线
波浪线			$0.25b$	断开界线

项目三

3. 字体及计量单位

钢结构详图中所使用的文字为简化汉字且均为仿宋体,计量单位采用国家法定单位,图纸上字体及符号等应书写端正、排列整齐、清楚明了,字体高宽见表3-4。

表 3-4　字体高宽　　　　　　　　　　　　　　　　单位:mm

字高	20	14	10	7	5	3.5
字宽	14	10	7	5	3.5	2.5

4. 比例

平面图、立面图的比例一般采用1:100、1:200,也可用1:150;结构构件图一般采用1:50,也可用1:30、1:40;节点详图一般采用1:10、1:20。如果需要时,同一图形也可在纵、横两个方向上采用两种比例,但必须明确表示。

5. 符号

(1) 剖面符号、剖切符号　剖面、剖切符号如图3-1所示。

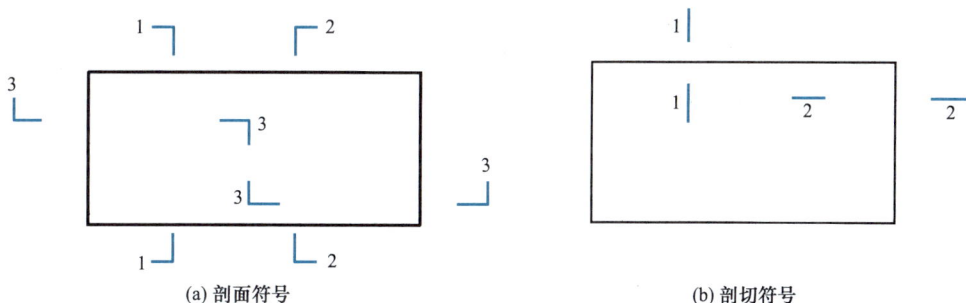

(a) 剖面符号　　　　　　　　　　　(b) 剖切符号

图 3-1　剖面、剖切符号

① 剖面符号是用来表示构件主视图中无法看到或表达不清的截面形状及投影层次关系的符号,剖视的剖面符号应由剖切位置及投射方向线组成,均应以粗实线绘制。剖切位置线的长度宜为6~10mm;投射方向线应垂直于剖切位置线,长度应短于剖切位置线,宜为4~6mm。绘制时,剖视的剖面符号不应与其他图线接触。

② 剖切符号图形只表示剖切处的截面形状,不作投影,断面的剖切符号应只用剖切位

置线表示，并应以粗实线绘制，长度宜为 6～10mm，断面剖切符号应标在所在的剖视方向的一侧。

（2）索引符号　为了表示图中某一部位的节点大样或连接详图，可用索引符号索引，并将节点放大表示，索引符号是由直径为 10mm 的圆和水平直径组成，圆及水平直径均应以细实线绘制。索引出的详图，如与被索引的详图同在一张图纸内，应在索引符号的上半圆中用阿拉伯数字注明该详图的编号，并在下半圆中间画一段水平细实线。若详图不在同一张图纸内，应在索引符号的上半圆中用阿拉伯数字注明该详图的编号，在索引符号的下半圆中用阿拉伯数字注明该详图所在图纸的编号。数字较多时，可加文字注明索引出的详图，如采用标准图，应在索引符号水平直径的延长线上加注该标准图册的编号。索引符号如用于索引剖视详图，应在被剖切的部位绘制剖切位置线，并以引出线引出索引符号，引出线所在的一侧应为投射方向，见图 3-2。

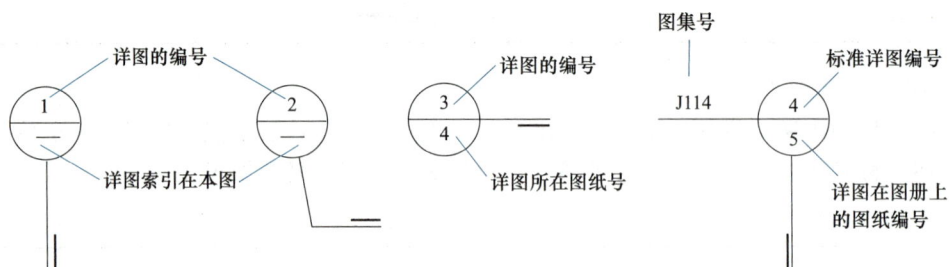

图 3-2　索引符号

6. 尺寸标注

尺寸标注的基本规定不在这里赘述，此处主要介绍尺寸的简化标注及特殊构件的标注。

（1）单线尺寸标注和等长尺寸简化标注　见图 3-3。桁架简图、杆件的长度等，可直接将尺寸数字沿杆件一侧注写，连续排列的等长尺寸，可用"等长尺寸×个数＝总长"的形式标注。

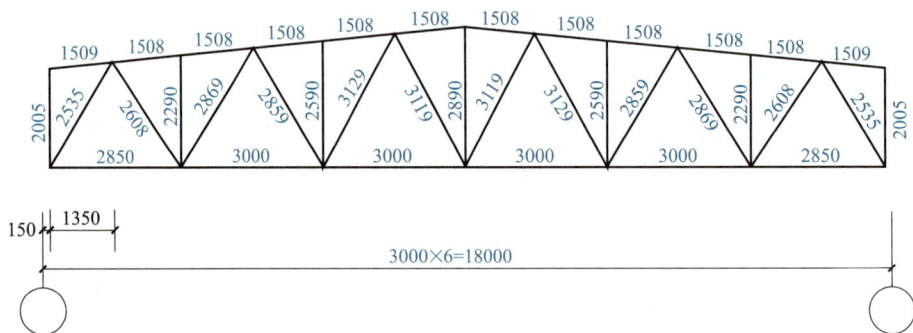

图 3-3　单线尺寸标注和等长尺寸简化标注

（2）相同要素构件尺寸标注　见图 3-4。经常有一些构造因素（如孔、槽等）相同的构配件出现，对于此类构件可仅标注其中的一个要素的尺寸。

（3）对称构件尺寸标注　见图 3-5。对称构配件采用对称省略画法时，该对称构配件的尺寸线应略超过对称符号，仅在尺寸线的一端画尺寸起止符号，尺寸数字应按整体全尺寸注写，其注写位置宜与对称符号对齐。

（4）相似构件尺寸标注　见图 3-6。两个构配件，如个别尺寸数字不同，可在同一图样中将其中一个构配件的不同尺寸数字注写在括号内，该构配件的名称也应注写在相应的括号内。

（5）相似构件尺寸表格标注　见图3-7。如果有多个构配件，仅某些尺寸不同，这些有变化的尺寸数字，可用拉丁字母注写在同一图样中，另列表格写明其具体尺寸。

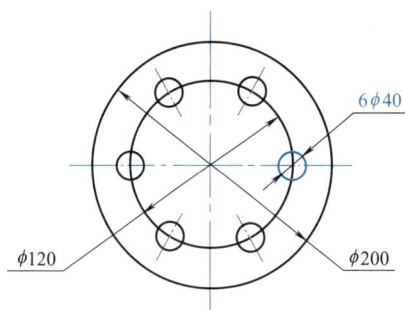

图 3-4　相同要素构件尺寸标注

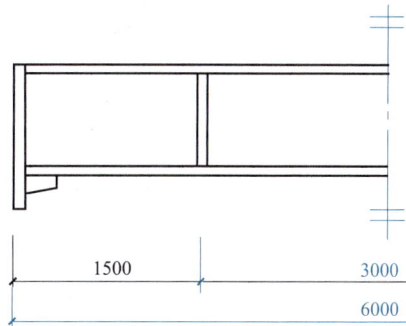

图 3-5　对称构件尺寸标注

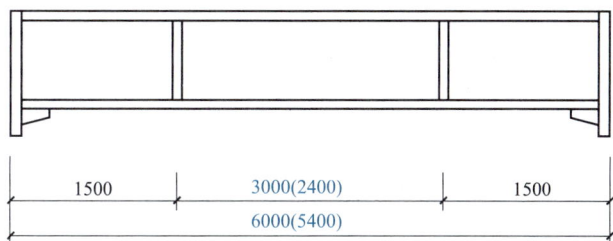

图 3-6　相似构件尺寸标注

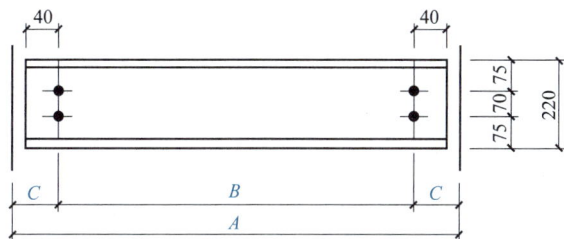

构件	A/mm	B/mm	C/mm
L_1	3200	3080	60
L_2	3000	2900	50
L_3	4500	4400	50

图 3-7　相似构件尺寸表格标注

（6）弯曲构件尺寸标注　见图3-8。弯曲构件的尺寸应沿其弧度的曲线标注弧的轴线长度。

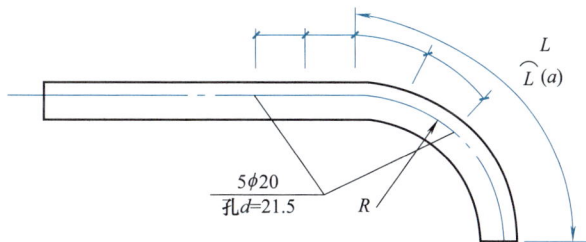

图 3-8　弯曲构件尺寸标注

（7）不等边角钢、节点板尺寸的标注　不等边角钢的构件，必须标注出角钢一肢的尺寸；在进行节点尺寸标注时，应注明节点板的尺寸，以及杆件端部至几何中心线交点的距离

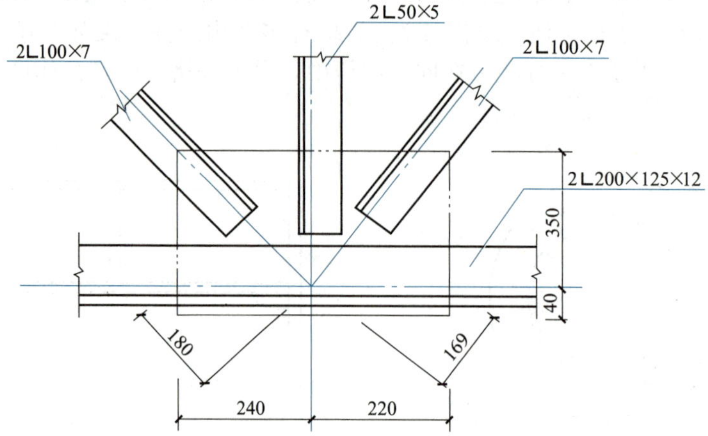

图 3-9　不等边角钢的尺寸标注

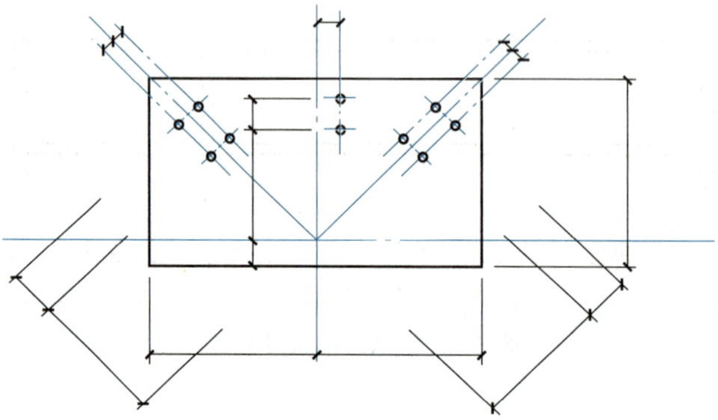

图 3-10　非焊接节点板的尺寸标注

（图 3-9），对非焊接的节点板，应注明节点板的尺寸和螺栓孔中心与几何中心线交点的距离（图 3-10）。

（8）缀板尺寸的标注　双型钢组合截面的构件，应注明缀板的数量及尺寸，引出线上方标注缀板的数量及缀板的宽度、厚度，下方标注缀板的长度尺寸。

（9）常用型钢的标注　方法如表 3-5 所示。

表 3-5　常用型钢标注方法

名　称	截　面	标　注	说　明
等边角钢	∟	∟ $b \times t$	b 为肢宽 t 为壁厚
不等边角钢	B	∟ $B \times b \times t$	B 为长肢宽 b 为短肢宽 t 为肢厚
热轧工字钢	I	IN　　Q IN	Q 为轻型工字钢 N 为工字钢型号

名　　称	截　　面	标　　注	说　　明
槽钢	[	$\boxed{\text{N}}$　Q$\boxed{\text{N}}$	Q 为轻型槽钢 N 为槽钢型号
扁钢	$\overset{b}{\longleftrightarrow}$	$— b \times t$	b 为扁钢宽度 t 为扁钢厚度
方钢	▨ b	$□ b$	b 为方钢边长
钢板	—	$— L \times B \times t$	L 为钢板长度 B 为钢板宽度 t 为钢板厚度
圆钢	⊘	ϕd	d 为圆钢直径
钢管	○	$DN \times \times$ $d \times t$	DN 为公称直径 $d \times t$ 为外径×壁厚
薄壁方钢管	□	$B □ b \times t$	B 表示薄壁型钢 b 为肢宽 t 为肢厚 a 为卷边长度
薄壁等肢角钢	L	$B \llcorner b \times t$	
薄壁等肢卷边角钢	⌐a	$B \llcorner b \times a \times t$	
薄壁槽钢	[h	$B \llbracket h \times b \times t$	B 表示薄壁型钢 b 为肢宽 t 为肢厚 a 为卷边长度 h 为截面高度
薄壁卷边槽钢	[a	$B \llbracket h \times b \times a \times t$	
薄壁直卷边 Z 形槽钢	h ⌐a	$B \llbracket h \times b \times a \times t$	
薄壁斜卷边 Z 形槽钢	h a	$B \llbracket h \times b \times a \times t$	
热轧 H 型钢	H	$HW\ h \times b \times t_1 \times t_2$ $HM\ h \times b \times t_1 \times t_2$ $HN\ h \times b \times t_1 \times t_2$	HW 为宽翼缘 HM 为中翼缘 HN 为窄翼缘 h 为 H 型钢的高度 b 为翼缘板的宽度 t_1 为腹板的厚度 t_2 为翼缘板的厚度

名　　　称	截　　　面	标　　　注	说　　　明
T 型钢		$\text{TW } h \times b \times t_1 \times t_2$ $\text{TM } h \times b \times t_1 \times t_2$ $\text{TN } h \times b \times t_1 \times t_2$	TW 为宽翼缘 TM 为中翼缘 TN 为窄翼缘 h 为 T 型钢的高度 b 为翼缘板的宽度 t_1 为腹板的厚度 t_2 为翼缘板的厚度
普通焊接 H 型钢	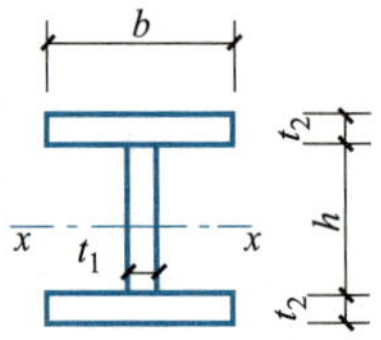	$\text{H} h \times b \times t_1 \times t_2$	h、b、t_1、t_2 的意义同热轧 H 型钢
起重机钢轨		QU××	×× 为起重机钢轨型号
轻轨及钢轨		××kg/m钢轨	×× 为轻轨或钢轨型号

三、钢结构常用构件代号

为了书写简便，结构施工图中，构件的梁、柱、板等一般用汉语拼音字母代表构件名称，常用构件代号见表 3-6。

表 3-6　钢结构常用构件代号

名　　　称	代号	名　　　称	代号	名　　　称	代号
板	B	圈梁	QL	承台	CT
屋面板	WB	过梁	GL	设备基础	SJ
空心板	KB	连续梁	LL	桩	ZH
槽形板	CB	基础梁	JL	挡土墙	DQ
折板	ZB	楼梯梁	TL	地沟	DG
密肋板	MB	框架梁	KL	柱间支撑	ZC
楼梯板	TB	框支梁	KZL	垂直支撑	CC
盖板	GB	屋面框架梁	WKL	水平支撑	SC
檐口板	YB	檩条	LT	梯	T
吊车安全走道板	DB	屋架	WJ	雨篷	YP
墙板	QB	托架	TJ	阳台	YT
天沟板	TGB	天窗架	CJ	梁垫	LD
梁	L	框架	KJ	预埋件	M—
屋面梁	WL	刚架	GJ	天窗端壁	TD
吊车梁	DL	支架	ZJ	钢筋网	W
单轨吊车梁	DDL	柱	Z	钢筋骨架	G
轨道连接	DGL	框架柱	KZ	基础	J
车挡	CD	构造柱	GZ	暗柱	AZ

任务二 钢结构连接的表示方法

一、常用焊缝表示方法

焊缝符号的表示方法应按《建筑结构制图标准》（GB/T 50105—2010）及《焊缝符号表示法》（GB/T 324—2008）执行，焊缝符号一般由引出线和基本符号组成，必要时还可以加上辅助符号、补充符号和焊缝尺寸符号，其主要规定及示例如下。

1. 基本符号

基本符号表示焊缝横截面的基本形式和特征，见表 3-7；标注双面焊缝或接头时，基本符号可以组合使用，见表 3-8。

表 3-7　焊缝基本符号

序号	名　　称	示　意　图	符　号
1	卷边焊缝（卷边完全熔化）		
2	I 形焊缝		
3	V 形焊缝		
4	单边 V 形焊缝		
5	带钝边 V 形焊缝		
6	带钝边单边 V 形焊缝		
7	带钝边 U 形焊缝		
8	带钝边 J 形焊缝		
9	封底焊缝		
10	角焊缝		

序 号	名 称	示 意 图	符 号
11	塞焊缝或槽焊缝	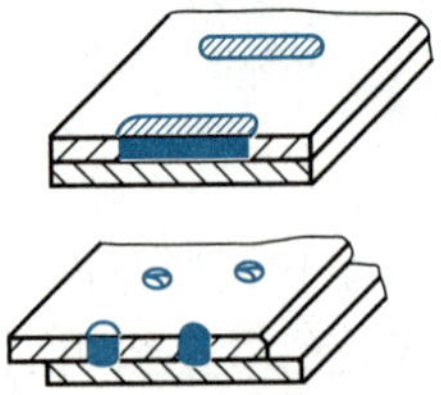	 ⊔

表 3-8　基本符号组合

序 号	名 称	示 意 图	符 号
1	双面 V 形焊缝（X 焊缝）	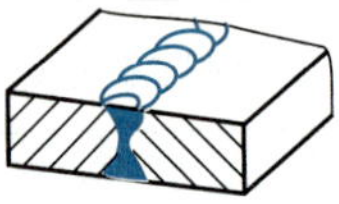	 X
2	双面单 V 形焊缝（K 焊缝）	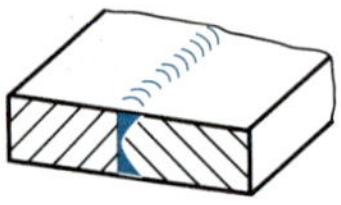	 K
3	带钝边双面 V 形焊缝	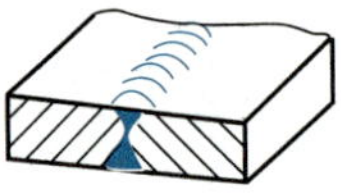	 Y
4	带钝边双面单 V 形焊缝	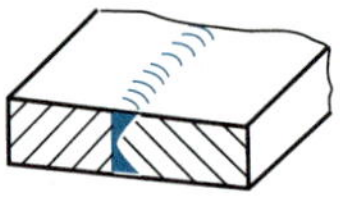	 K
5	双面 U 形焊缝	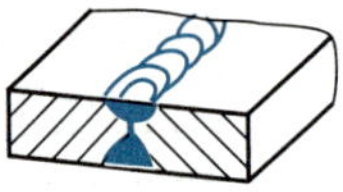	 ⅄

2. 补充符号

补充符号用来补充说明有关焊缝或接头的某些特征（如表面形状、衬垫、焊缝分布、施焊地点等），见表 3-9。

表 3-9　补充符号

序 号	名 称	符 号	说 明
1	平面	 ──	焊缝表面通常经过加工后平整
2	凹面	 ⌣	焊缝表面凹陷
3	凸面	 ⌢	焊缝表面凸起
4	圆滑过渡		焊趾处过渡圆滑

序号	名　称	符　号	说　明
5	永久衬垫	M	衬垫永久保留
6	临时衬垫	MR	衬垫在焊接完后拆除
7	三面焊缝		三面有焊缝(开口方向与工件实际方向一致)
8	周围焊缝	○	沿工件周边施焊的焊缝标准位置为基准线与箭头线的交点处
9	现场焊缝		在现场焊接的焊缝
10	尾部		可表示所需的信息

项目三

3. 引出线

引出线由带箭头的指引线和两条基准线（一条细实线，一条细虚线）组成。基准线中的虚线可以在实线的上侧或下侧，见图 3-11。

若焊缝在接头的箭头侧，则将基本符号标注在基准线的实线侧（与符号标准位置的上下无关）；若焊缝在接头的非箭头侧，则将基本符号标注在基准线的虚线侧（与符号标准位置的上下无关），见图 3-12。当为双面对称焊缝时，基准线可不加虚线，见图 3-13。

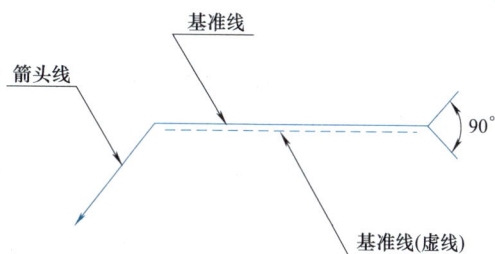

图 3-11　焊缝标准引出线

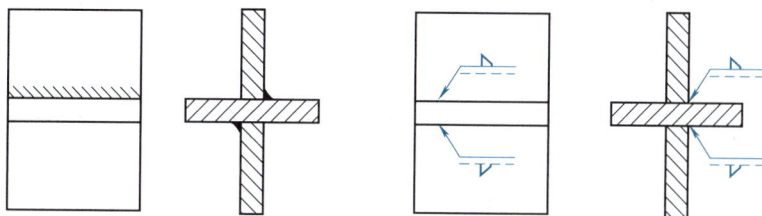

图 3-12　基本符号的位置表示

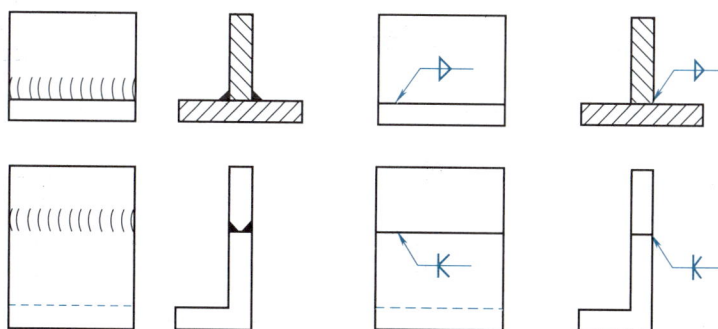

图 3-13　双面对称焊缝的标注

在同一图形上，当焊缝形式、剖面尺寸和辅助要求均相同时，可只选择一处标注代号，并加注"相同符号焊缝"，相同符号焊缝为¾圆弧，必须画在钝角侧，见图 3-14(a)。

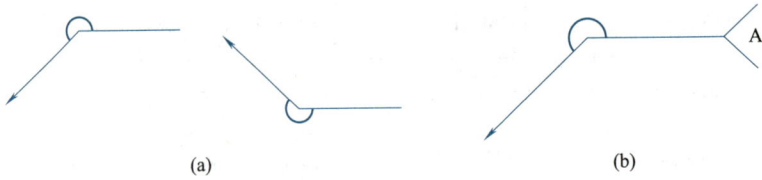

(a)   (b)

图 3-14 相同焊缝的指引线及符号

在同一图形上，当有数种相同焊缝时，可将焊缝分类编号，标注在尾部符号内，分类编号采用 A、B、C、……，在同一类焊缝中可选择一处标注代号，见图 3-14(b)。

图形中较长的贴角焊缝，可不用引出线标注，而直接在角焊缝旁边标注焊脚尺寸值即可，见图 3-15。

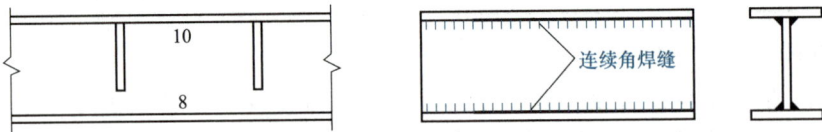

图 3-15 较长贴角焊缝的表示方法

当焊缝分布不规则时，在标注焊缝符号的同时，宜在焊缝处加粗线（表示可见焊缝）或栅线（表示不可见焊缝），见图 3-16。

图 3-16 不规则焊缝的表示方法

箭头线相对焊缝的位置一般无特殊要求，但在标注单边型焊缝时，箭头应指向带有坡口的工件一侧。钢结构常用焊缝代号标注示例，见表 3-10。

表 3-10 焊缝代号

焊缝名称	形　式	标准标注法
对接焊缝		
塞焊缝		

焊缝名称		形 式	标准标注法
三面围焊		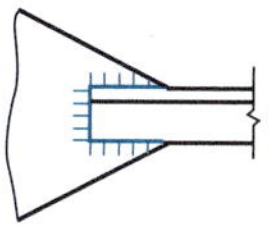	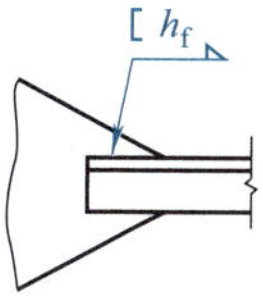 h_f
角焊缝	单面焊缝		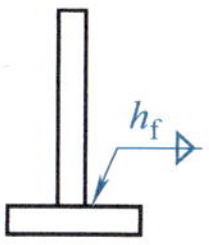 h_f
	双面焊缝	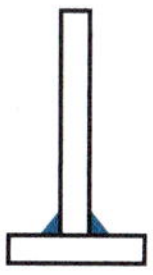	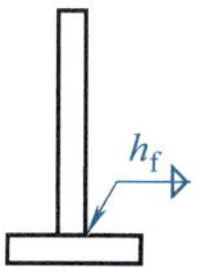 h_f
	安装焊缝		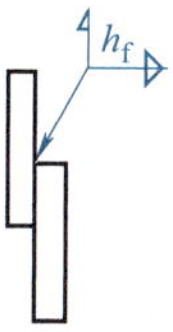 h_f
	相同焊缝		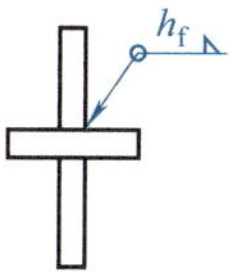 h_f

二、螺栓、栓孔、电焊铆钉的表示方法

螺栓、栓孔、电焊铆钉的表示方法见表 3-11。

表 3-11　螺栓、栓孔及电焊铆钉的表示方法

名　称	图　例	说　明
永久螺栓		(1)细"＋"线表示定位线；
		(2)M 表示螺栓型号；
		(3)ϕ 表示螺栓孔直径；
安装螺栓		(4)d 表示膨胀螺栓、电焊铆钉直径；
		(5)采用引出线标注螺栓时,横线上标注螺栓规格,横线下标注螺栓孔直径

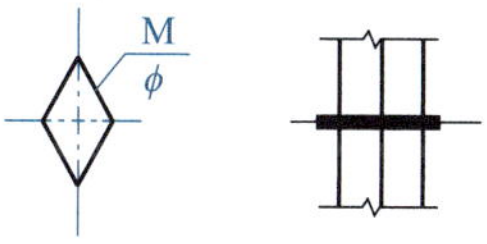

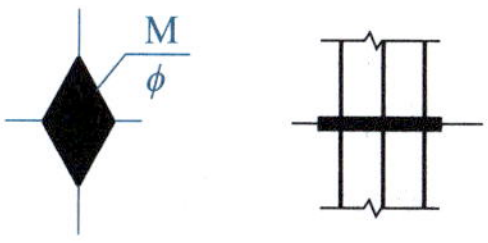

名　　称	图　　例	说　　明
高强螺栓	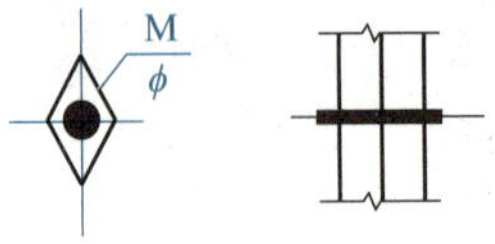	
膨胀螺栓	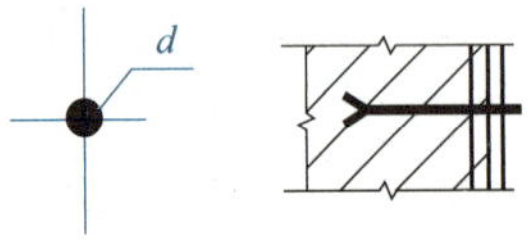	
圆形螺栓孔	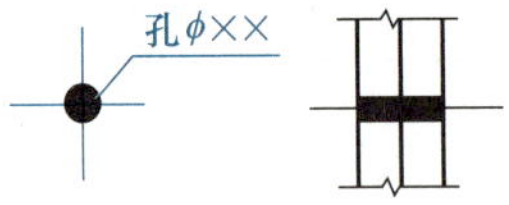	(1)细"＋"线表示定位线； (2)M 表示螺栓型号； (3)ϕ 表示螺栓孔直径； (4)d 表示膨胀螺栓、电焊铆钉直径； (5)采用引出线标注螺栓时,横线上标注螺栓规格,横线下标注螺栓孔直径
长圆形螺栓孔	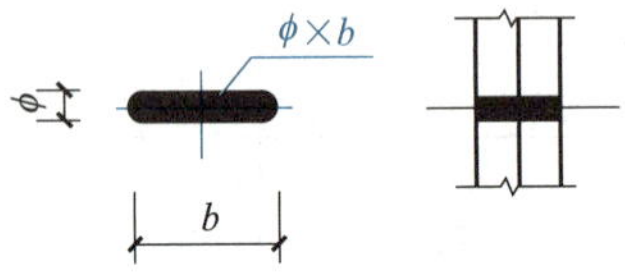	
电焊铆钉	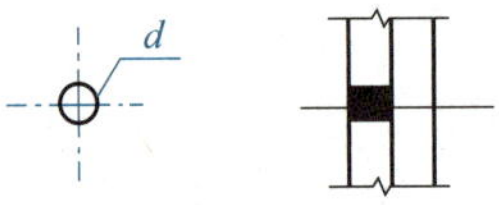	

任务三　钢结构节点详图的识读

钢结构连接主要包括焊缝连接、螺栓连接和铆钉连接，连接部位统称为节点。节点连接设计是否合理，直接影响到结构的使用安全、施工工艺和工程造价，所以钢结构节点设计同构件或结构本身的设计一样重要。

在识读钢结构节点施工详图时，先看图下方的连接详图名称，然后再看节点立面图、平面图和侧面图，要特别注意连接件（螺栓、铆钉和焊缝）和辅助件（节点板、拼接板、垫块等）的型号、尺寸和位置的标注。在节点详图上要了解螺栓（或铆钉）的个数、类型、大小和排列。钢结构节点详图相对而言较难理解，工作人员应具备钢结构施工图基本知识，能看懂节点详图。

一、柱拼接连接

柱的拼接有多种形式：按连接方法分为螺栓和焊接拼接，按构件截面分为等截面拼接和变截面拼接，按构件位置分为中心和偏心拼接。

图 3-17 即为等截面柱双盖板拼接连接图，其中 t 为盖板厚度。

变截面柱详图主要是了解 H 型钢变截面处采用的钢板与连接方式，见图 3-18（t_1 为翼缘厚度、t_2 为腹板厚度）。

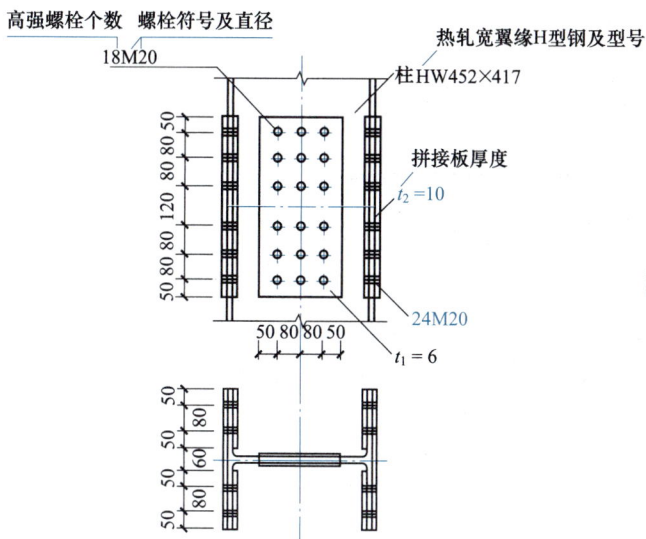

图 3-17　等截面柱双盖板拼接连接图

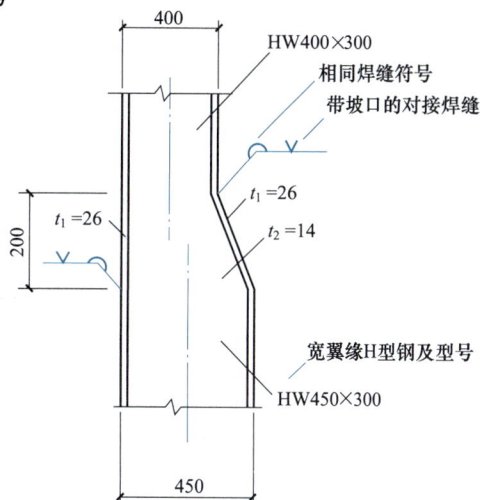

图 3-18　变截面柱偏心拼接连接详图

二、梁拼接连接

梁的拼接形式与柱类似，其拼接详图的关键是了解高强度螺栓的数量与连接节点板的做法，见图 3-19。

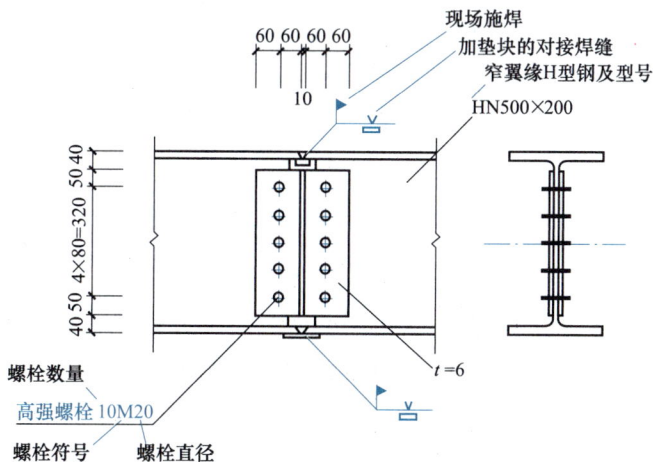

图 3-19　梁拼接连接详图（刚性连接）

三、主次梁侧向连接

主次梁侧向连接采用节点板与高强螺栓，应从详图中了解高强螺栓的型号和做法。主次梁侧向连接详图见图 3-20。

四、梁柱连接

梁柱连接形式多种多样：以连接方法分为螺栓、焊缝和混合连接；以传递弯矩分为刚性、半刚性和铰接连接。在梁柱连接中，必须注意，柱构件应贯通而梁构件断开。梁柱刚性连接详图见图 3-21，梁柱铰接连接见图 3-22。

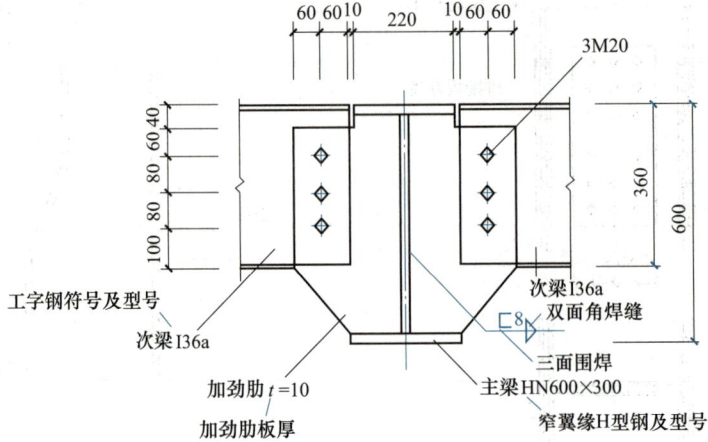

图 3-20 主次梁侧向连接详图

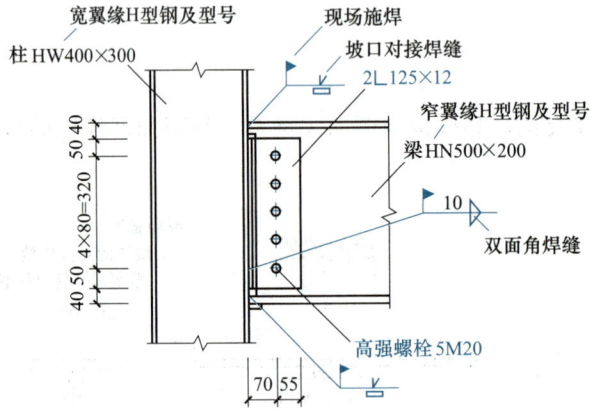

图 3-21 梁柱刚性连接详图

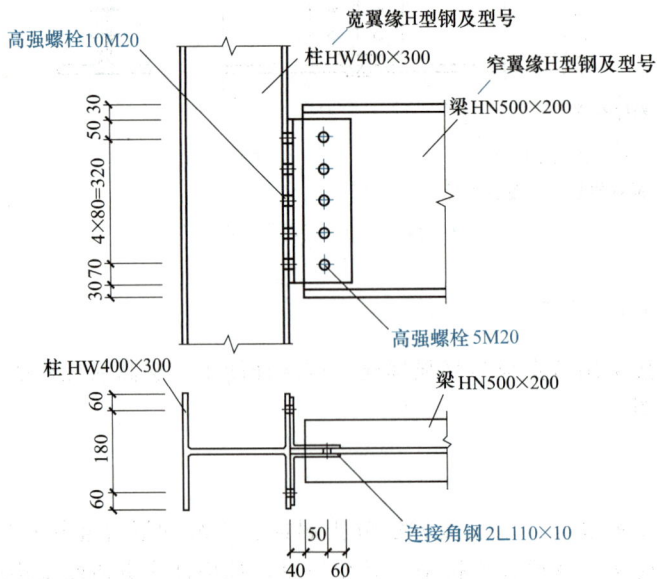

图 3-22 梁柱铰接连接详图

任务四 钢结构施工详图编制内容

施工详图是在经过初步设计、技术设计以后，将结构物转化为用详图表达的工序。一般详图是由加工厂负责绘制的，其原因主要是绘图工作量大，又必须结合工厂的具体加工条件和操作惯例进行，以便达到较好的工艺可行性，提高经济效益。详图内容包括以下方面。

（1）图纸目录。

（2）钢结构设计总说明。内容一般为工程概况、设计依据、材料选用、加工制作安装要求等。

（3）布置图。主要包括平面、立面、剖面布置图，以构件为对象，将各个构件编号，分别表明各自的定位尺寸、轴线关系、标高等。

（4）构件详图。表达构成各构件的零配件的形状及组装关系、材料表及加工说明等，主要用来指导加工厂家的加工装配。

（5）节点详图。当构件连接处较复杂，在构件详图中无法表达清楚时，绘制节点详图进行更加详细的说明。

详图的绘制必须依据设计图（技术设计）和它所规定的技术条件，以及采用的有关规范和标准进行，详图必须经过原设计单位审批通过之后才能施工。目前，为了满足市场快速、多变的要求，钢结构施工详图的绘制一般均采用计算机辅助建筑设计。

📝 项目小结

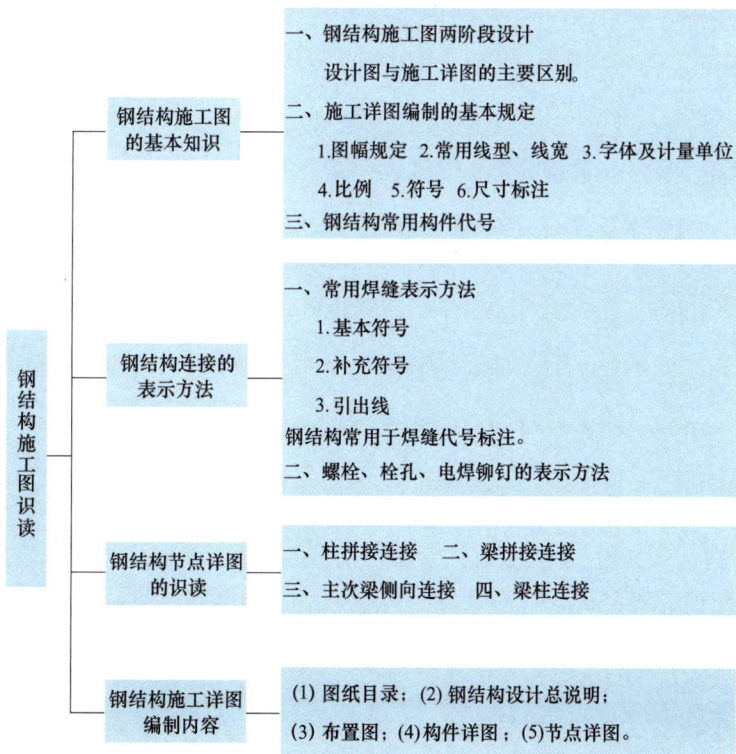

✏️ 能力训练题

一、问答题

1. 简述钢结构设计详图与施工图的主要区别。
2. 简述钢结构焊缝符号的组成。

二、识图练习题

1. 识读本书附图（前言已给出获取方式）的钢结构施工图。
2. 选取本书附图（前言已给出获取方式）中的一幅施工图进行绘图练习，通过绘图进一步熟悉钢结构施工图的作图要求。

项目四
钢结构的连接

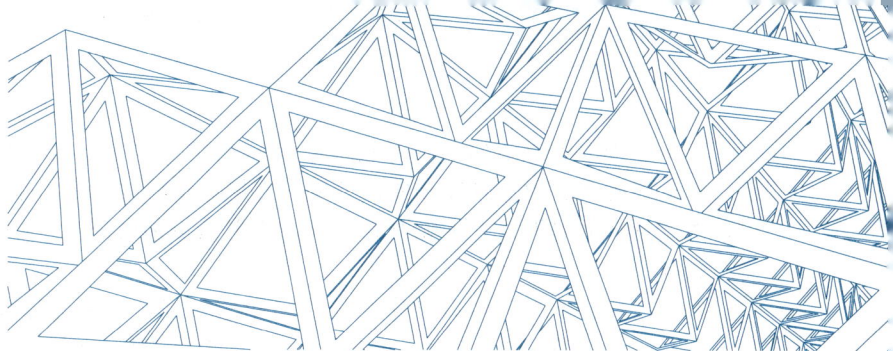

📝 素质目标

• 培养逻辑思考能力，提高数学计算能力和绘图能力，逐步养成工程技术人员的基本素质——善思考、会计算

📋 知识目标

• 了解钢结构的连接方法
• 掌握对接焊缝的构造和计算、角焊缝的构造和计算、普通螺栓连接的构造与计算、高强螺栓连接的构造与计算

🎯 能力目标

• 能说明钢结构连接方法的种类及特点
• 能读懂钢结构连接的施工图
• 能进行钢结构连接的设计与计算

任务一　钢结构的连接方法和特点

对于钢结构建筑或大多数钢结构构件而言，连接通常是在传力的关键部位。连接构造不合理，将使结构的计算简图与真实情况相差很远；连接强度不足，将使连接破坏，导致整个结构迅速破坏。因此连接在钢结构中占有很重要的地位，连接设计是钢结构设计的重要环节。

钢结构中所用的连接方法有焊缝连接（焊接连接）、铆钉连接和螺栓连接，见图 4-1。

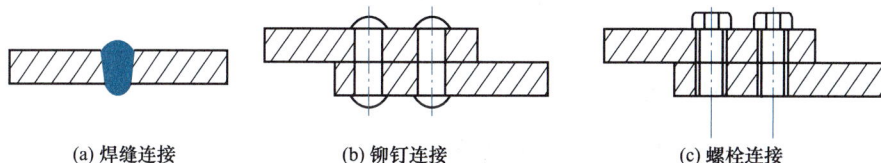

(a) 焊缝连接　　　　(b) 铆钉连接　　　　(c) 螺栓连接

图 4-1　钢结构的连接方法

焊接是现代钢结构最主要的连接方式，它的优点是：对钢材的任何方位、角度和形状都可直接连接，不削弱构件截面，节约钢材，构造简单，制造方便，连接刚度大，密封性能好。焊接连接一般不需拼接材料，省钢省工，而且能实现自动化操作，生产效率较高。目

前，土木工程中焊接结构占绝对优势。其缺点是：焊接过程中所产生的残余应力和残余变形，对结构的承载力、刚度和使用性能有一定影响；焊缝局部裂纹一经产生很容易扩展到整体，尤其是在低温下易发生脆断；另外，焊缝质量易受材料、操作的影响，因此对钢材质量要求较高。

铆钉连接刚度大，传力可靠，韧性和塑性较好，质量易于检查，对经常受动力荷载作用、承受较大荷载和跨度较大的结构，可采用铆钉连接。但是，铆钉连接构造复杂，用钢量大，施工技术要求高，劳动强度大，打铆时噪声大，施工条件恶劣，施工速度慢，目前已极少采用。

螺栓连接分普通螺栓连接和高强度螺栓连接。其中普通螺栓分 A、B、C 三级。A、B 级螺栓统称精制螺栓，C 级螺栓称为粗制螺栓，A、B 级螺栓材料的性能等级为 8.8 级，C 级螺栓材料性能等级为 4.6 级或 4.8 级。螺栓性能等级用"$m.n$ 级"表示，小数点前的数字表示螺栓成品的抗拉强度不小于 $m \times 100 \mathrm{N/mm}^2$，小数点及小数点后的数字表示螺栓材料的屈强比，即屈服点（高强度螺栓取材料条件屈服点）与抗拉强度的比值。

A、B 级精制螺栓是由毛坯在车床上经过切削加工精制而成，表面光滑，尺寸准确，对成孔质量要求高。由于具有较高的精度，因而受剪性能好。但制作和安装复杂，价格较高，故较少在钢结构中采用。

C 级螺栓由未经加工的圆钢压制而成。由于螺栓表面粗糙，一般是在单个零件上一次冲成而不用钻模钻成。螺栓孔的直径 d_0 比螺栓杆的直径 d 大 1.5～2.0mm。采用 C 级螺栓的连接，由于螺栓杆与孔壁之间有较大的间隙，承受剪力时，将会产生较大的剪切滑移，连接变形大。但采用 C 级螺栓的连接，便于安装，且能有效地传递拉力，故一般可用于沿螺栓杆轴受拉的连接，以及次要结构和可装拆结构的抗剪连接或安装时的临时连接。

高强度螺栓分高强度螺栓摩擦型连接、高强度螺栓承压型连接两种，一般采用 45 号钢、40B 钢和 20MnTiB 钢加工而成，性能等级包括 8.8 级和 10.9 级两种，即经热处理后，螺栓抗拉强度应分别不低于 $800 \mathrm{N/mm}^2$ 和 $1000 \mathrm{N/mm}^2$。摩擦型连接的螺栓孔径 d_0 比螺栓公称直径 d 大 1.5～2.0mm，承压型连接的螺栓孔径 d_0 比螺栓公称直径 d 大 1.0～1.5mm。

摩擦型连接只依靠被连接板件间强大的摩擦阻力来承受外力，以摩擦阻力被克服作为连接承载能力的极限状态。为了提高摩擦阻力，对被连接件的摩擦面应进行处理。摩擦型连接的剪切变形小，弹性性能好，施工较简单，可拆卸，耐疲劳，特别适用于承受动力荷载的结构。承压型连接允许被连接件的接触面发生相对滑移，以栓杆被剪断或承压破坏作为连接承载能力的极限状态。承压型连接的承载力比摩擦型连接高，可节约螺栓，但剪切变形大，故不能用于承受动力荷载的结构中。

任务二　焊接连接

一、钢结构焊接方法

钢结构的焊接方法最常用的有三种：电弧焊、电阻焊和气焊。

（一）电弧焊

电弧焊的焊缝质量比较可靠，是最常用的一种焊接方法，电弧焊分为手工电弧焊（图 4-2）和自动或半自动电弧焊（图 4-3）。

手工电弧焊在通电后，在涂有焊药的焊条与焊件之间产生电弧。电弧的温度可高达 3000℃。在高温作用下，电弧周围的金属变成液态，形成熔池；同时，焊条中的焊丝熔化，

图 4-2　手工电弧焊

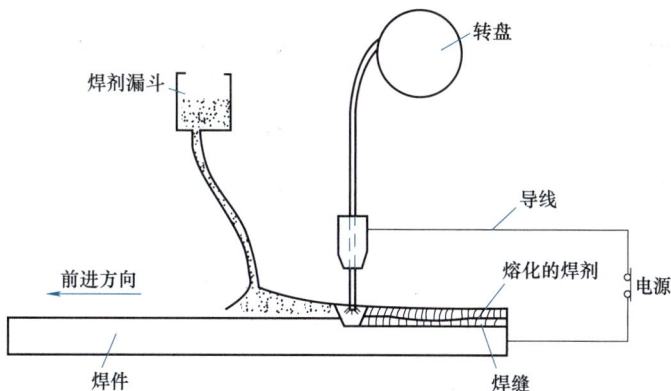

图 4-3　自动电弧焊

滴入熔池，与焊件的熔融金属相互结合，冷却后即形成焊缝。焊药则随焊条熔化而形成熔渣覆盖在焊缝上，同时产生一种气体，隔离空气与熔化的液体金属，使它不与外界空气接触，保护焊缝不受空气中有害气体影响。

手工电弧焊焊条应与焊件的金属强度相适应。一般情况下，对 Q235 钢采用 E43 型焊条；对 Q345 钢采用 E50 型焊条；对 Q390 钢和 Q420 钢采用 E55 型焊条。当对不同强度的两种钢材进行连接时，宜采用与低强度钢材相适应的焊条。

自动或半自动电弧焊采用没有涂层的焊丝，插入从漏斗中流出的覆盖在被焊金属上面的焊剂中，通电后由于电弧作用，焊剂熔化，熔化后的焊剂浮在熔化金属表面保护熔化金属，使之不与外界空气接触。焊接时，焊接设备或焊体自行移动，焊剂不断由漏斗漏下，绕在转盘上的焊丝也不断自动熔化和下降以进行焊接。自动或半自动电弧焊所用焊丝和焊剂还应与主体金属强度相适应，即要求焊缝与主体金属等强度。

（二）电阻焊

电阻焊利用电流通过焊件接触点表面产生的热量来熔化金属，再通过压力使其焊合。薄壁型钢的焊接常采用电阻焊。电阻焊适用于板叠厚度不超过 12mm 的焊接。

（三）气焊

气焊是利用乙炔在氧气中燃烧而形成的火焰来熔化焊条，形成焊缝。但是，气焊的生产效率较低，焊接后工件变形和热影响区较大，且较难实现自动化，因此气焊多用于薄钢板或小型结构中。

二、焊缝连接形式及焊缝形式

焊缝连接形式按被连接钢材的相互位置可以分为对接、搭接、T 形连接和角部连接四种

（图 4-4）。这些连接所采用的焊缝主要有对接焊缝和角焊缝。

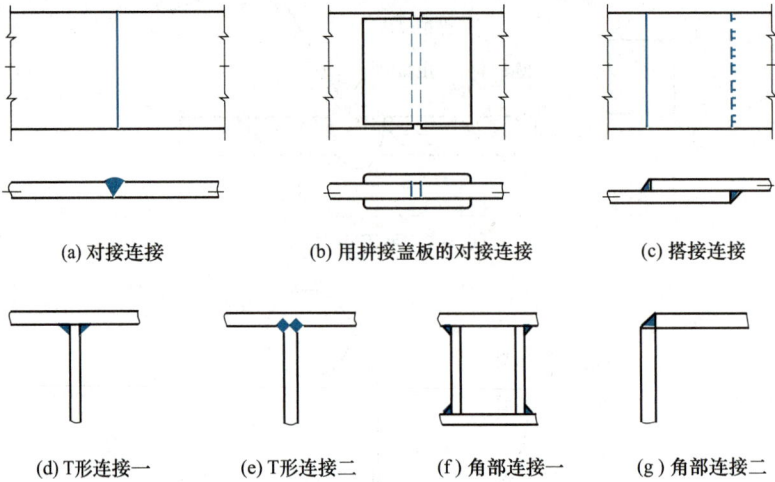

(a) 对接连接　　　　(b) 用拼接盖板的对接连接　　　　(c) 搭接连接

(d) T形连接一　　(e) T形连接二　　(f) 角部连接一　　(g) 角部连接二

图 4-4　焊缝连接的形式

对接焊缝按受力方向分为正对接焊缝［图 4-5(a)］和斜对接焊缝［图 4-5(b)］。角焊缝［图 4-5(c)］可分为正面角焊缝、侧面角焊缝和斜焊缝。

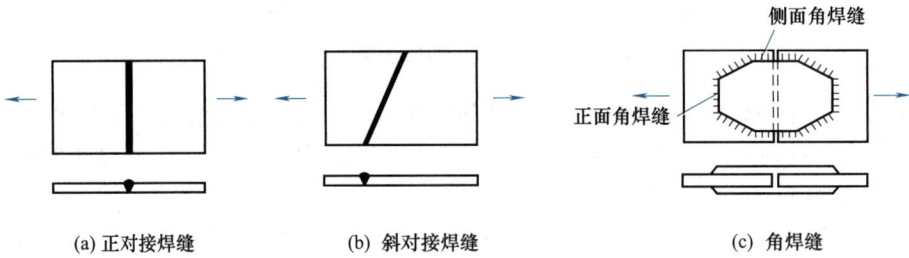

(a) 正对接焊缝　　　　(b) 斜对接焊缝　　　　(c) 角焊缝

图 4-5　焊缝形式

焊缝沿长度方向的布置分为连续角焊缝和间断角焊缝两种（图 4-6）。连续角焊缝的受力性能良好，为主要的角焊缝形式。间断角焊缝容易引起应力集中现象，重要结构应避免采用，但可用于一些次要的构件或次要的焊接连接中。一般在受压构件中应满足 $l \leqslant 15t_w$；在受拉构件中 $l \leqslant 30t_w$，t_w 为较薄焊件的厚度。

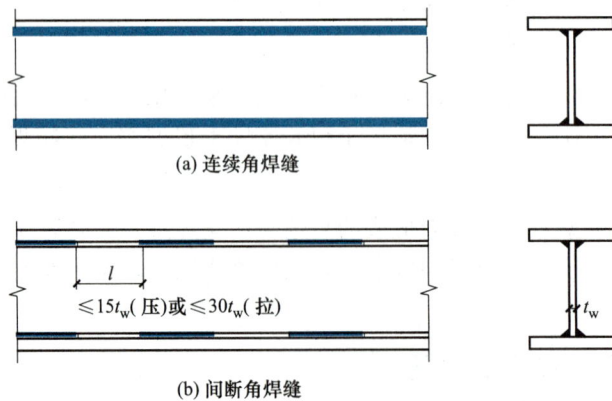

(a) 连续角焊缝

$\leqslant 15t_w$(压) 或 $\leqslant 30t_w$(拉)

(b) 间断角焊缝

图 4-6　连续角焊缝和间断角焊缝示意图

焊缝按施焊位置分为平焊、横焊、立焊及仰焊（图4-7）。平焊的焊接工作最方便，质量也最好，应尽量采用；立焊和横焊的质量及生产效率比平焊差一些；仰焊的操作条件最差，焊缝质量不易保证，因此应尽量避免采用。

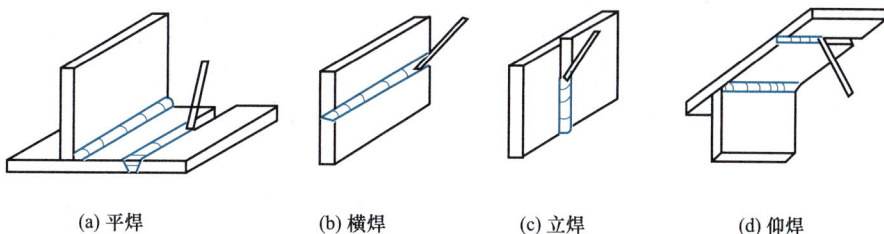

(a) 平焊　　　　(b) 横焊　　　　(c) 立焊　　　　(d) 仰焊

图4-7　焊缝施焊位置

三、焊缝缺陷和质量检验

（一）焊缝缺陷

焊缝缺陷指焊接过程中产生于焊缝金属或附近热影响区钢材表面、内部的缺陷。常见的缺陷有裂纹、焊瘤、烧穿、弧坑、气孔、夹渣、咬边、未熔合、未焊透（图4-8）以及焊缝尺寸不符合要求、焊缝成形不良等。裂纹是焊缝连接中最危险的缺陷。产生裂纹的原因很多，如钢材的化学成分不当、焊接工艺条件（如电流、电压、焊速、施焊次序等）选择不合适、焊件表面油污未清除干净等。

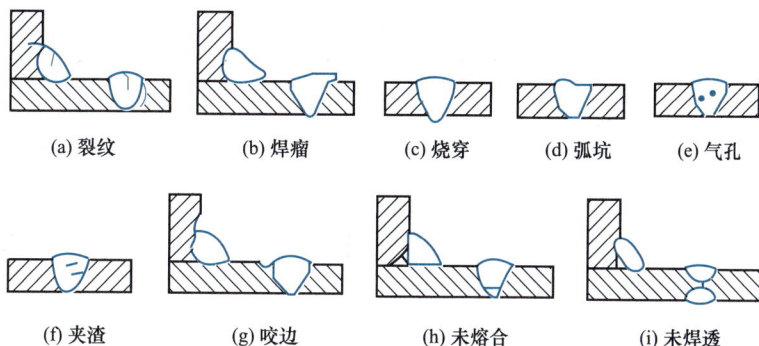

(a) 裂纹　　　(b) 焊瘤　　　(c) 烧穿　　　(d) 弧坑　　　(e) 气孔

(f) 夹渣　　　(g) 咬边　　　(h) 未熔合　　　(i) 未焊透

图4-8　焊缝缺陷

（二）焊缝质量检验

焊缝缺陷的存在将削弱焊缝的受力面积，在缺陷处引起应力集中，故对连接的强度、冲击韧性及冷弯性能等均有不利影响。因此，焊缝质量检验极为重要。

焊缝质量检验一般可用外观检查及内部无损检验，前者检查外观缺陷和几何尺寸，后者检查内部缺陷。内部无损检验目前广泛采用超声波检验。该方法使用灵活、经济，对内部缺陷反应灵敏，但不易识别缺陷性质。有时还用磁粉检验，此外还可采用X射线检测。

《钢结构工程施工质量验收标准》（GB 50205—2020）规定焊缝按其检验方法和质量要求分为一级、二级和三级。三级焊缝只要求对全部焊缝做外观检查且符合三级质量标准；设计要求全焊透的一级、二级焊缝则除外观检查外，还要求用超声波探伤进行内部缺陷的检验，超声波探伤不能对缺陷作出判断时，应采用X射线探伤检验，并应符合国家相应质量标准的要求。

四、焊缝代号图例

《焊缝符号表示法》(GB/T 324—2008) 规定：焊缝代号由引出线、图形符号和辅导符号三部分组成。引出线由横线和带箭头的斜粗线组成，箭头指到图形上的相应焊缝处，横线的上面和下面用来标注图形符号和焊缝尺寸。当引出线的箭头指向焊缝所在的一面时，应将图形符号和焊缝尺寸等标注在水平横线的上方；当引出线的箭头指向焊缝所在的另一面时，应将图形符号和焊缝尺寸等标注在水平横线的下方，具体焊缝代号见表 3-10。

任务三　对接焊缝的构造和计算

一、对接焊缝的构造

(一) 坡口形式

对接焊缝的焊件常需做成坡口，故又叫坡口焊缝。坡口形式与焊件的厚度有关。当焊件厚度 $t \leqslant 6$mm 时，可用直边缝；当 6mm$< t \leqslant 20$mm 时，对于一般厚度的焊件可采用具有斜坡口的单边 V 形或 V 形焊缝；当焊件厚度 $t > 20$mm 时，采用 U 形、K 形和 X 形坡口（图 4-9）。p 为焊件开坡口时，沿焊件厚度方向未开坡口的端面部分，也称为钝边。通常情况下，钢结构焊接，全熔透要求坡口留 2mm 钝边，部分熔透坡口留 $\frac{1}{3}t$ mm 钝边（t 为板厚）。

图 4-9　对接焊缝的坡口形式

(二) 引弧板

对接焊缝的起点和终点，常因不能熔透而出现凹形的焊口，受力后易出现裂缝及应力集中。为此，施焊时常采用引弧板。一般在工厂焊接时可采用引弧板，而在工地焊接时，除了受动力荷载的结构外，多不用引弧板，而是在计算时扣除焊缝两端板厚的长度。

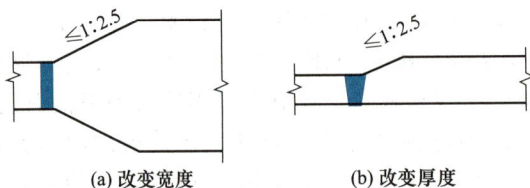

图 4-10　截面的改变

（三）截面的改变

在对接焊缝的拼接中，当焊件的宽度不同或厚度相差 4mm 以上时，应分别在宽度或厚度方向从一侧或两侧做成坡度不大于 1：2.5 的斜角（图 4-10），以使截面缓和过渡，减小应力集中。

二、对接焊缝的计算

对接焊缝的强度与所用钢材的牌号、焊条型号及焊缝质量的检验标准等因素有关。由于对接焊缝是焊接截面的组成部分，焊缝中的应力分布情况与焊件原来的情况基本相同，故计算方法与构件的强度计算一样。

由钢材的强度设计值（见附表 1-1）和焊缝的强度设计值（见附表 1-2）比较可知，对接焊缝的抗压强度和抗剪强度设计值均不低于母材的强度。对于一、二级检验的焊缝的抗拉强度可认为与母材强度相等，而对于三级检验的焊缝，允许存在较多缺陷，因此其抗拉强度为母材强度的 85%。

1. 轴心受力的对接焊缝计算

对接焊缝受轴力 N 是指作用力通过焊件截面形心，且垂直焊缝长度方向（图 4-11），其计算公式为

$$\sigma = \frac{N}{l_w t_{min}} \leqslant f_t^w \quad 或 \quad f_c^w \qquad (4\text{-}1)$$

式中　t_{min}——对接连接中较小的厚度，在 T 形接头中为腹板厚度；

f_t^w——对接焊缝抗拉强度，由附表 1-2 查得；

f_c^w——对接焊缝抗压强度，由附表 1-2 查得；

l_w——焊缝的计算长度（板宽减去 $2t$），若加引弧板，则焊缝的计算长度即为板宽。

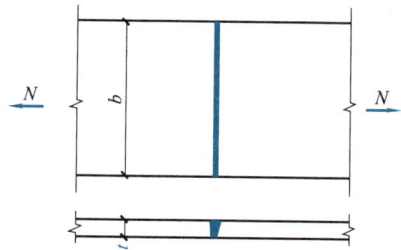

图 4-11　轴心受力的对接焊缝

由于一、二级检验的焊缝与母材强度相等，故只有三级检验的焊缝才需按式(4-1)进行抗拉强度验算。如果用直缝不能满足强度需要，可采用斜对接焊缝。计算证明，焊缝与作用力间的夹角 θ 满足 $\tan\theta \leqslant 1.5$ 时，斜焊缝的强度不低于母材强度，可不再进行验算。

2. 弯矩和剪力共同作用的对接焊缝计算

在弯矩 M 作用下，焊缝产生正应力，在剪力作用下焊缝产生剪应力，其应力分布见图 4-12，弯矩作用下焊缝截面上 A 点正应力最大，其计算公式为

$$\sigma_{max} = \frac{M}{W_w} = \frac{6M}{l_w^2 t} \leqslant f_t^w \qquad (4\text{-}2)$$

式中　W_w——焊缝计算截面的截面模量。

在剪力 V 作用下，焊缝截面上 C 点处剪应力最大，其计算公式为

$$\tau_{max} = \frac{VS_w}{I_w t_w} \leqslant f_v^w \qquad (4\text{-}3)$$

式中　S_w——焊缝计算截面在计算剪应力处以上或以下部分截面对中和轴的面积矩；

I_w——焊缝截面惯性矩；

f_v^w——对接焊缝的抗剪强度设计值，按附表 1-2 采用。

图 4-12(b) 是工字形截面梁的接头，采用对接焊缝，除应分别验算最大正应力和剪应力外，对于同时受较大正应力和较大剪应力处，例如，腹板与翼缘的交接点（B 点），还应

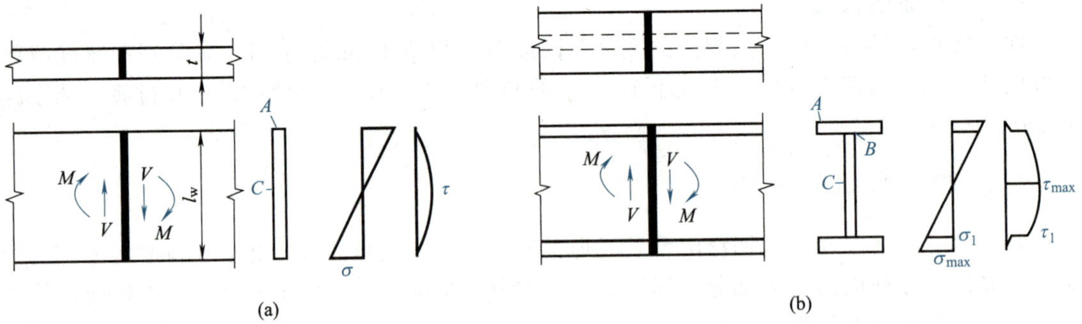

图 4-12 弯矩和剪力共同作用下的对接焊缝

按下式验算折算应力 σ_f:

$$\sigma_f = \sqrt{\sigma_1^2 + 3\tau_1^2} \leqslant 1.1 f_t^w \tag{4-4}$$

式中 σ_1——腹板与翼缘交接处焊缝正应力;

τ_1——腹板与翼缘交接处焊缝剪应力。

考虑到最大折算应力只在局部出现,而焊缝强度最低限值与最不利应力同时存在的概率较小,故将其强度设计值适当提高 10%。

3. 轴力、弯矩和剪力共同作用下的对接焊缝计算

如图 4-13 所示,在轴力和弯矩作用下,焊缝产生正应力,在剪力作用下,焊缝产生剪应力,其计算公式为

$$\sigma_{max} = \sigma_N + \sigma_M = \frac{N}{A_w} + \frac{M}{W_w} \leqslant f_t^w \tag{4-5}$$

$$\tau_{max} = \frac{V S_{wmax}}{I_w t_w} \leqslant f_v^w \tag{4-6}$$

式中 σ_N——轴力作用下焊缝产生的正应力;

σ_M——弯矩作用下焊缝产生的正应力;

A_w——焊缝计算面积。

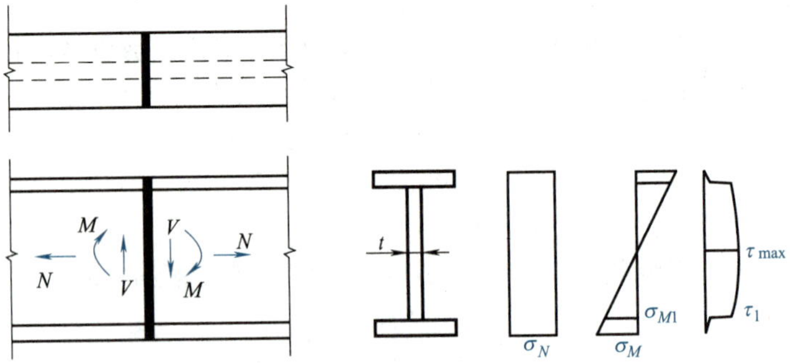

图 4-13 轴力、弯矩和剪力共同作用下的对接焊缝

对于工字形、箱形截面,还要计算腹板与翼缘交界处的折算应力,其公式为

$$\sigma_f = \sqrt{(\sigma_N + \sigma_{M1})^2 + 3\tau_1^2} \leqslant 1.1 f_t^w \tag{4-7}$$

式中 σ_{M1}——在腹板与翼缘交界处 1 点的弯矩作用下焊缝产生的正应力。

【例 4-1】 计算工字形截面牛腿与钢柱连接的对接焊缝强度（图 4-14）。$F=550$kN（设计值），偏心距 $e=300$mm。钢材为 Q235B，焊条为 E43 型，手工焊。焊缝为三级检验标准，上、下翼缘加引弧板和引出板施焊。

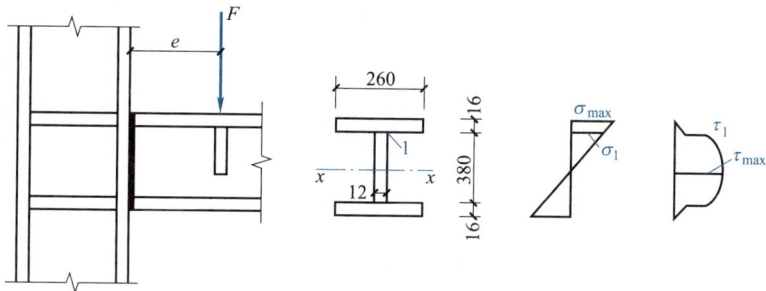

图 4-14 例 4-1 图

解 截面几何特征值和内力为

$$I_x=\frac{1}{12}\times1.2\times38^3+2\times1.6\times26\times19.8^2\approx38105\ (\text{cm}^4)$$

$$S_{x1}=26\times1.6\times19.8\approx824\ (\text{cm}^3)$$

$$V=F=550\text{kN},\ M=550\times0.3=165\ (\text{kN}\cdot\text{m})$$

（1）最大正应力为

$$\sigma_{max}=\frac{M}{I_x}\times\frac{h}{2}=\frac{165\times10^6\times206}{38105\times10^4}=89.2\ (\text{N/mm}^2)<f_t^w=185\ (\text{N/mm}^2)$$

（2）最大剪应力为

$$\tau_{max}=\frac{VS_x}{I_xt}=\frac{550\times10^3}{38105\times10^4\times12}\times\left(260\times16\times198+190\times12\times\frac{190}{2}\right)$$

$$\approx125.1\ (\text{N/mm}^2)\approx f_v^w=125\ (\text{N/mm}^2)$$

（3）"1"点的折算应力为

$$\sigma_1=\sigma_{max}\times\frac{190}{206}=89.2\times\frac{190}{206}\approx82.3\ (\text{N/mm}^2)$$

$$\tau_1=\frac{VS_{x1}}{I_xt}=\frac{550\times10^3\times824\times10^3}{38105\times10^4\times12}\approx99.1\ (\text{N/mm}^2)$$

$$\sqrt{\sigma_1^2+3\tau_1^2}=\sqrt{82.3^2+3\times99.1^2}\approx190.4\ (\text{N/mm}^2)\leqslant1.1f_t^w=1.1\times185=203.5\ (\text{N/mm}^2)$$

任务四 角焊缝的构造和计算

一、角焊缝的构造

（一）角焊缝的形式

角焊缝按其与作用力的关系可分为正面角焊缝、侧面角焊缝和斜焊缝。正面角焊缝的焊缝长度方向与作用力垂直；侧面角焊缝的焊缝长度方向与作用力平行；斜焊缝的焊缝长度方向与作用力倾斜。按其截面形式可分为直角角焊缝和斜角角焊缝。

直角角焊缝通常做成表面微凸的等腰直角三角形截面 [图 4-15(a)]。在直接承受动力荷载的结构中，正面角焊缝的截面常采用图 4-15(b) 的形式。侧面角焊缝的截面则做成凹面

式 [图 4-15(c)]。

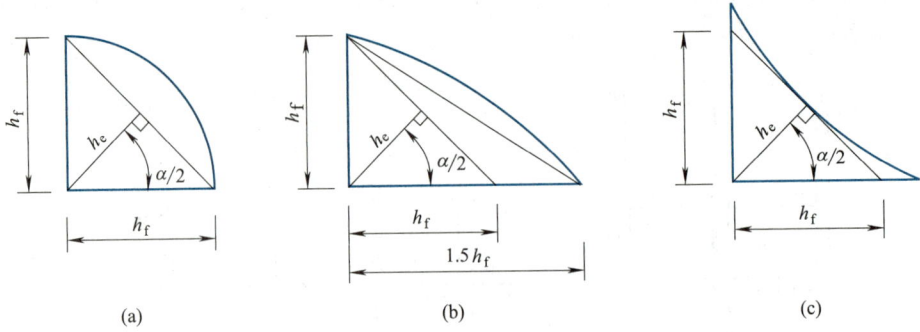

图 4-15　角焊缝截面

两焊角边的夹角 $\alpha > 90°$ 或 $\alpha < 90°$ 的焊角称为斜角角焊缝，斜角角焊缝常用于钢漏斗和钢管结构中。对于夹角 $\alpha > 135°$ 或 $\alpha < 60°$ 的斜角角焊缝，除钢管结构外，不宜用作受力焊缝。

(二) 角焊缝的构造要求

1. 最小焊脚尺寸 $h_{f,min}$

角焊缝的焊脚尺寸 h_f 不能过小，否则焊接时产生的热量较小，而焊件厚度较大，致使施焊时冷却速度过快，产生淬硬组织，导致母材开裂。《钢结构设计标准》规定：

$$h_{f,min} \geqslant 1.5\sqrt{t_{max}} \tag{4-8}$$

式中　t_{max}——较厚焊件厚度，mm。

焊脚尺寸取毫米的整数，小数点以后都进为 1。当焊件厚度小于或等于 4mm 时，取与焊件厚度相同的焊脚尺寸。

2. 最大焊脚尺寸 $h_{f,max}$

为了避免焊缝收缩时产生较大的焊接残余应力和残余变形，且热影响区扩大，容易产生热脆，较薄焊件容易烧穿，《钢结构设计标准》规定，除钢管结构外，角焊缝的最大焊脚尺寸 [图 4-16(a)] 应满足：

$$h_{f,max} \leqslant 1.2t_{min} \tag{4-9}$$

式中　t_{min}——较薄焊件厚度，mm。

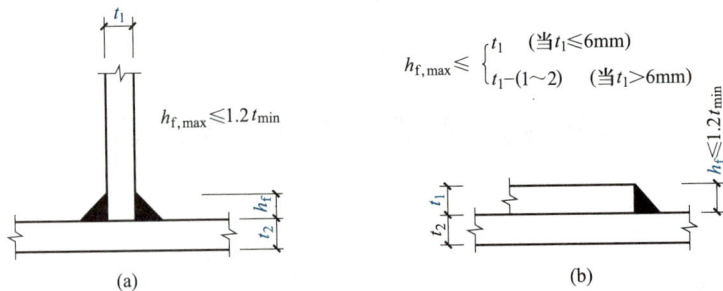

图 4-16　最大焊脚尺寸

对板件边缘的角焊缝 [图 4-16 (b)]，当板件厚度 $t_1 > 6$mm 时，根据焊工的施焊经验，不易焊满全厚度，故取 $h_{f,max} \leqslant t_1 - (1\sim2)$mm；当 $t_1 \leqslant 6$mm 时，通常采用小焊条施焊，易于焊满全厚度，则取 $h_{f,max} \leqslant t_1$。

3. 角焊缝的最小计算长度

角焊缝的焊脚尺寸大而长度较小时，焊件的局部加热严重，焊缝起灭弧所引起的缺陷相距太近，加之焊缝中可能产生的其他缺陷（气孔、非金属夹杂等）使焊缝不够可靠。因此，为了使焊缝能够具有一定的承载能力，根据使用经验，侧面角焊缝或正面角焊缝的计算长度不得小于 $8h_f$ 和 40mm。

4. 侧面角焊缝的最大计算长度

侧面角焊缝在弹性阶段沿长度方向受力不均匀，两端大而中间小。焊缝越长，应力集中越明显。如果焊缝长度超过某一限值，有可能首先在焊缝的两端破坏，故一般规定侧面角焊缝的计算长度 $l_w \leqslant 60h_f$。当实际长度大于上述限值时，其超过部分在计算中不予考虑。

5. 搭接连接的构造要求

当板件端部仅有两条侧面角焊缝连接时（图 4-17），为使连接强度不过分降低，应使焊缝长度 $l_w \geqslant b$。两侧面角焊缝之间的距离 b 也不宜大于 $16t$（$t > 12mm$）或 200mm（$t \leqslant 12mm$）（t 为较薄焊件的厚度，即 t_1 与 t_2 中的较小者），以免因焊缝横向收缩，引起板件向外发生较大拱曲。在搭接连接中，当仅采用正面角焊缝时（图 4-18），其搭接长度不得小于焊件较小厚度的 5 倍，也不得小于 25mm。

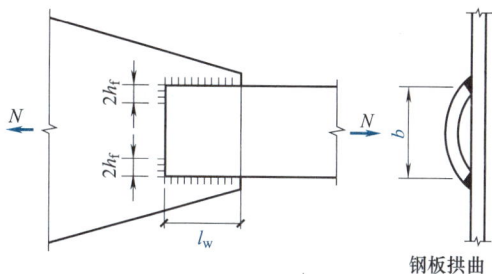

图 4-17 焊缝长度及两侧焊缝间距

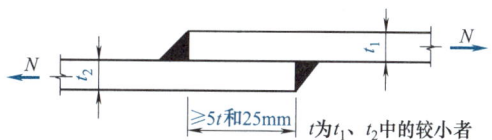

图 4-18 搭接连接

6. 减小角焊缝应力集中的措施

杆件端部搭接采用三面围焊时，在转角处截面突变，会产生应力集中，如在此处起灭弧，可能出现弧坑或咬肉等缺陷，从而加大应力集中的影响。故所有围焊的转角处必须连续施焊。对于非围焊情况，当角焊缝的端部在构件转角处时，可连续地实施长度为 $2h_f$ 的绕角焊（图 4-17）。

二、角焊缝的计算

（一）焊缝破坏面及应力分布

不论端缝或侧缝，角焊缝假定沿焊脚 $\dfrac{\alpha}{2}$ 面破坏（α 为焊脚边的夹角）。破坏面上焊缝厚度称为有效厚度 h_e，其值为

$$h_e = 0.7h_f \tag{4-10}$$

焊缝的破坏面又称为角焊缝的有效截面。

（二）直角角焊缝的计算

1. 直角角焊缝强度计算的基本公式

直角角焊缝在各种应力综合作用下，σ_f（垂直于焊缝长度方向的应力）和 τ_f（平行于焊缝长度方向的应力）共同作用处的计算式为

$$\sqrt{\left(\dfrac{\sigma_f}{\beta_f}\right)^2 + \tau_f^2} \leqslant f_f^w \tag{4-11}$$

式中 β_f——正面角焊缝的强度设计增大系数，对承受静力荷载和间接承受动力荷载的结构，$\beta_f = 1.22$，对直接承受动力荷载的结构，$\beta_f = 1$；

f_f^w——角焊缝强度设计值，按附表 1-2 取用。

对正面角焊缝，此时 $\tau_f = 0$，得

$$\sigma_f = \frac{N}{h_e l_w} = \beta_f f_f^w \tag{4-12}$$

对侧面角焊缝，此时 $\sigma_f = 0$，得

$$\tau_f = \frac{N}{h_e l_w} \leqslant f_f^w \tag{4-13}$$

式(4-11)～式(4-13) 即为角焊缝的基本计算公式。只要将焊缝应力分解为 σ_f 和 τ_f，上述基本公式就可适用于任何受力状态。

2. 轴力作用的角焊缝连接计算

(1) 采用盖板的角焊缝连接计算。

当轴力通过连接焊缝中心时，可认为焊缝应力是均匀分布的。图 4-19 的连接中，当只有侧面角焊缝时，按式(4-13) 计算；当只有正面角焊缝时，按式(4-12) 计算。

当采用三面围焊时，先按式(4-12) 计算正面角焊缝所承受的内力 N_1。

$$N_1 = \beta_f f_f^w \sum h_e l_{w1} \tag{4-14}$$

式中 $\sum h_e l_{w1}$——连接一侧正面角焊缝有效面积的总和。

再由式(4-13) 计算侧面角焊缝的强度。

$$\tau_f = \frac{N - N_1}{\sum h_e l_w} \leqslant f_f^w \tag{4-15}$$

式中 $\sum h_e l_w$——连接一侧侧面角焊缝有效面积的总和。

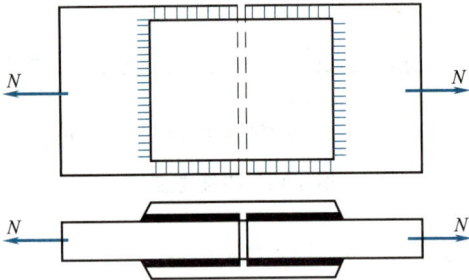

图 4-19 受轴力的盖板连接

【例 4-2】 试设计用拼接盖板的对接连接 (图 4-20)。已知钢板宽 $B = 270\text{mm}$，厚度 $t_1 = 28\text{mm}$，拼接盖板厚度 $t_2 = 16\text{mm}$。该连接承受静态轴力 $N = 1400\text{kN}$ (设计值)，钢材为 Q235B，手工焊，焊条为 E43 型。

解 角焊缝的焊脚尺寸 h_f 应根据板件厚度确定：

$$h_{f,\max} = t_2 - (1 \sim 2) = 16 - (1 \sim 2) = 14 \sim 15 \text{ (mm)}$$

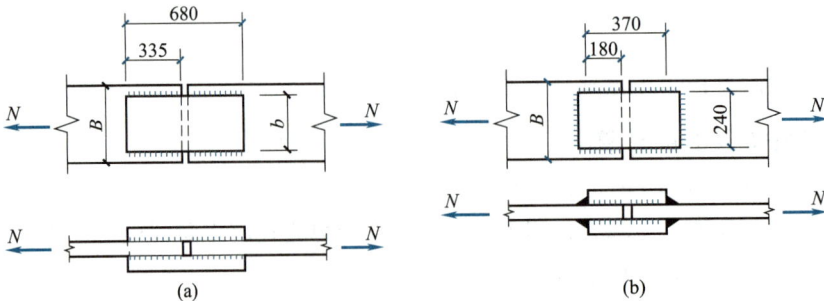

图 4-20 例 4-2 图

$$h_{\mathrm{f,min}}=1.5\sqrt{t_1}=1.5\sqrt{28}\approx 7.9 \ (\mathrm{mm})$$

取 $h_{\mathrm{f}}=10\mathrm{mm}$，查附表 1-2 得角焊缝强度设计值 $f_{\mathrm{f}}^{\mathrm{w}}=160\mathrm{N/mm}^2$。

（1）采用两面侧焊时［图 4-20(a)］。

① 焊缝总长度：

$$\sum l_{\mathrm{w}}=\frac{N}{h_{\mathrm{e}}f_{\mathrm{f}}^{\mathrm{w}}}=\frac{1400\times 10^3}{0.7\times 10\times 160}=1250 \ (\mathrm{mm})$$

② 一条焊缝的实际长度：

$$l_{\mathrm{w}}'=\frac{\sum l_{\mathrm{w}}}{4}+2h_{\mathrm{f}}=\frac{1250}{4}+20\approx 333 \ (\mathrm{mm})<60h_{\mathrm{f}}=60\times 10=600 \ (\mathrm{mm})$$

③ 盖板长度：

$$L=2l_{\mathrm{w}}'+a=2\times 333+10=676 \ (\mathrm{mm})(a \ \text{为两个钢板中间的缝宽})$$

取 680mm。

④ 选定拼接盖板宽度 $b=240\mathrm{mm}$，则

$$A'=240\times 2\times 16=7680 \ (\mathrm{mm}^2)>A=270\times 28=7560 \ (\mathrm{mm}^2)$$

满足强度要求。

⑤ 根据构造要求可知：

$$b=240\mathrm{mm}<l_{\mathrm{w}}=\frac{1250}{4}\approx 313(\mathrm{mm})$$

且

$$b<16t_2=16\times 16=256 \ (\mathrm{mm})$$

满足要求，故选定拼接盖板尺寸为 680mm×240mm×16mm。

（2）采用三面围焊时［图 4-20(b)］。

① 端面角焊缝承担 N'：

$$N'=2\beta_{\mathrm{f}}f_{\mathrm{f}}^{\mathrm{w}}h_{\mathrm{e}}l_{\mathrm{w}}'=2\times 0.7\times 10\times 1.22\times 240\times 160=655872 \ (\mathrm{N})$$

侧面角焊缝承担 N_1，$N_1=N-N'$。

② 焊缝长度计算：

$$\sum l_{\mathrm{w}}=\frac{N_1}{0.7h_{\mathrm{f}}f_{\mathrm{f}}^{\mathrm{w}}}=\frac{1400000-655872}{0.7\times 10\times 160}\approx 664 \ (\mathrm{mm})$$

③ 一条焊缝长度：

$$l_{\mathrm{w}}'=\frac{\sum l_{\mathrm{w}}}{4}+h_{\mathrm{f}}=\frac{664}{4}+10=176 \ (\mathrm{mm})$$

取 180mm。

④ 盖板长度：

$$L_{\text{板}}=2l_{\mathrm{w}}'+a=2\times 180+10=370 \ (\mathrm{mm})$$

选定拼接盖板尺寸为 370mm×240mm×16mm。

（2）承受斜向轴力的角焊缝连接计算。

如图 4-21 所示，通过焊缝重心作用一斜向力 F，F 与焊缝长度方向夹角为 θ。将力 F 分解为垂直和平行于焊缝长度方向的分力 $N=F\sin\theta$，$V=F\cos\theta$，则

$$\sigma_{\mathrm{f}}=\frac{F\sin\theta}{\sum h_{\mathrm{e}}l_{\mathrm{w}}} \tag{4-16}$$

$$\tau_{\mathrm{f}}=\frac{F\cos\theta}{\sum h_{\mathrm{e}}l_{\mathrm{w}}} \tag{4-17}$$

将式(4-16) 和式(4-17) 代入式(4-11) 来验算角焊缝的强度。

（3）轴力作用下，角钢与其他构件连接的角焊缝计算。

角钢用侧缝连接时（图 4-22），由于角钢截面形心到肢背和肢尖的距离不相等，靠近形心的肢背焊缝承受较大的内力。设 N_1 和 N_2 分别为角钢肢背与肢尖焊缝承担的内力，由平衡条件可知：

$$N_1 + N_2 = N$$
$$N_1 e_1 = N_2 e_2$$
$$e_1 + e_2 = b$$

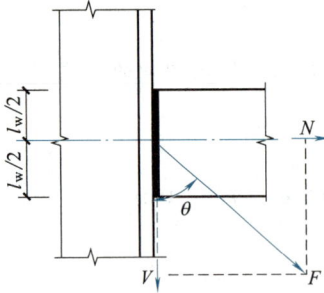

图 4-21　斜向轴力作用　　　　　　　图 4-22　角钢的侧缝连接

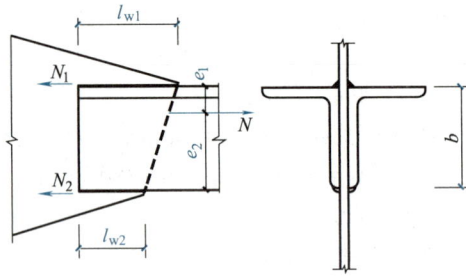

解上式得肢背和肢尖受力为

$$N_1 = \frac{e_2}{b} N = k_1 N$$

$$N_2 = \frac{e_1}{b} N = k_2 N$$

式中　N——角钢承受的轴心力；

k_1，k_2——角钢角焊缝的内力分配系数，按表 4-1 采用。

表 4-1　角钢角焊缝的内力分配系数

角钢类型	连接形式	角钢肢背	角钢肢尖
等肢		0.70	0.30
不等肢 （短肢相连）		0.75	0.25
不等肢 （长肢相连）		0.65	0.35

在 N_1 和 N_2 作用下，侧缝的直角角焊缝计算公式为

$$\left. \begin{aligned} \frac{N_1}{\sum 0.7 h_{f1} l_{w1}} &\leqslant f_f^w \\ \frac{N_2}{\sum 0.7 h_{f2} l_{w2}} &\leqslant f_f^w \end{aligned} \right\} \tag{4-18}$$

式中　h_{f1}，h_{f2}——分别为肢背、肢尖的焊脚尺寸；

l_{w1}，l_{w2}——分别为肢背、肢尖的焊缝计算长度。

角钢用三面围焊时［图 4-23(a)］，既要照顾到焊缝形心线基本与角钢形心线一致，又要考虑到侧缝与端缝计算的区别。计算时先选定端焊缝的焊脚尺寸 h_{f3}，并算出它所能承受的内力 N_3。

$$N_3 = \beta_{\text{f}} \times \sum 0.7 h_{\text{f3}} l_{\text{w3}} f_{\text{f}}^{\text{w}} \tag{4-19}$$

式中　h_{f3}——端缝的焊脚尺寸；

　　　l_{w3}——端缝的焊缝计算长度。

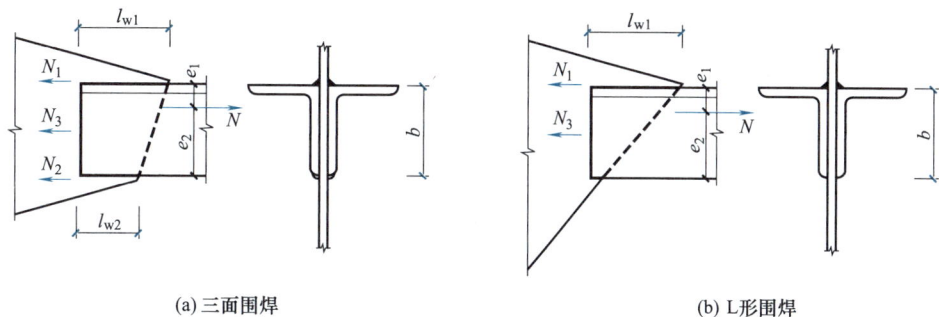

(a) 三面围焊　　　　　　　　　　　　　　(b) L形围焊

图 4-23　角钢角焊缝围焊的计算

通过平衡关系得肢背和肢尖侧焊缝受力为

$$N_1 = k_1 N - \frac{1}{2} N_3 \tag{4-20}$$

$$N_2 = k_2 N - \frac{1}{2} N_3 \tag{4-21}$$

在 N_1 和 N_2 作用下，侧焊缝的计算公式与式(4-13) 相同。

当采用 L 形围焊时 ［图 4-23(b)］，令 $N_2 = 0$，由式(4-20) 和式(4-21) 得

$$\left. \begin{array}{l} N_3 = 2 k_2 N \\ N_1 = k_1 N - k_2 N = (k_1 - k_2) N \end{array} \right\} \tag{4-22}$$

L 形围焊角焊缝计算公式为

$$\left. \begin{array}{l} \dfrac{N_3}{\sum 0.7 h_{\text{f3}} l_{\text{w3}}} \leqslant f_{\text{f}}^{\text{w}} \\[3mm] \dfrac{N_1}{\sum 0.7 h_{\text{f1}} l_{\text{w1}}} \leqslant f_{\text{f}}^{\text{w}} \end{array} \right\} \tag{4-23}$$

【例 4-3】　试确定如图 4-24 所示承受静态轴力作用的三面围焊连接的承载力及肢尖焊缝的长度。已知角钢为 $2 \llcorner 125 \times 10$，与厚度为 8mm 的节点板连接，其肢背搭接长度为 300mm，焊脚尺寸 h_{f} 均为 8mm，钢材为 Q235B，手工焊，焊条为 E43 型。

解　已知角焊缝强度设计值 $f_{\text{f}}^{\text{w}} = 160\text{N/mm}^2$，焊缝内力分配系数肢背 0.7，肢尖 0.3。

正面角焊缝的长度等于相连角钢肢的宽度，即 $l_{\text{w3}} = b = 125\text{mm}$，则正面角焊缝所能承受的内力 N_3 为

$$N_3 = 2 h_{\text{e}} l_{\text{w3}} \beta_{\text{f}} f_{\text{f}}^{\text{w}} = 2 \times 0.7 \times 8 \times 125 \times 1.22 \times 160 \approx 273.3 \text{ (kN)}$$

肢背角焊缝所能承受的内力 N_1 为

$$N_1 = 2 h_{\text{e}} l_{\text{w}} f_{\text{f}}^{\text{w}} = 2 \times 0.7 \times 8 \times (300 - 5) \times 160 = 528.64 \text{ (kN)}$$

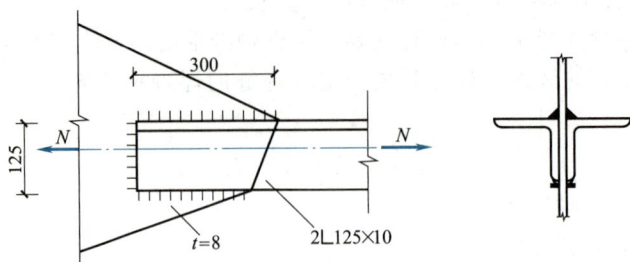

图 4-24　例 4-3 图

又因

$$N_1 = k_1 N - \frac{N_3}{2} = 0.7N - \frac{273.3}{2} = 528.64 \ (\text{kN})$$

所以 $N = 950.4$ kN。

则

$$N_2 = k_2 N - \frac{N_3}{2} = 0.3N - \frac{273.3}{2} = 0.3 \times 950.4 - \frac{273.3}{2} \approx 148.5 \ (\text{kN})$$

由此可以算出肢尖焊缝的计算长度:

$$l_{w2} = \frac{N_2}{2h_e f_f^w} + 5 = \frac{148.5 \times 10^3}{2 \times 0.7 \times 8 \times 160} + 5 \approx 87.8 \ (\text{mm})$$

取 $l_{w2} = 90$ mm。

(4) 在弯矩、轴力和剪力共同作用下的角焊缝计算。

① 如图 4-25 所示,在轴力 N 作用下,在焊缝有效截面上产生均匀应力,即

$$\sigma_N = \frac{N}{A_e} \tag{4-24}$$

式中　σ_N——由轴力 N 在端缝中产生的应力;

　　　　A_e——焊缝有效截面面积。

② 在剪力 V 作用下,在受剪截面上应力分布是均匀的,即

$$\tau_V = \frac{V}{A_e} \tag{4-25}$$

式中　τ_V——剪力 V 产生的应力。

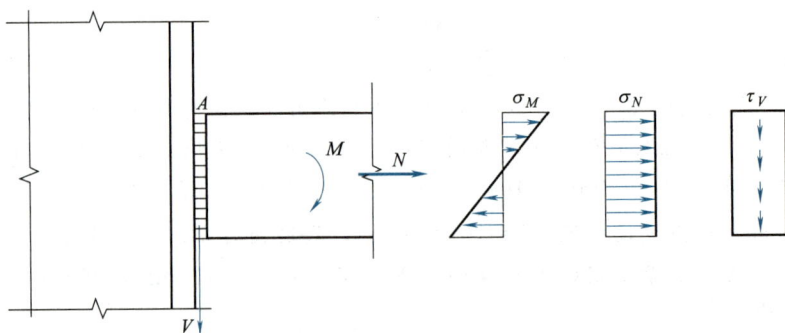

图 4-25　弯矩、轴力和剪力共同作用的角焊缝应力

③ 在弯矩 M 作用下,焊缝应力按三角形分布,即

$$\sigma_M = \frac{M}{W_e} \tag{4-26}$$

式中　σ_M——弯矩 M 在焊缝中产生的应力；

　　　W_e——焊缝计算截面对形心的截面模量。

将弯矩和轴力产生的应力在 A 点叠加，得

$$\sigma_f = \sigma_N + \sigma_M$$

剪力 V 在 A 点的应力为

$$\tau_f = \tau_V$$

焊缝的强度验算公式同式(4-11)。

当连接直接承受动力荷载时，取 $\beta_f = 1.0$。

如图 4-26 所示的工字形或 H 形截面梁与钢柱翼缘的角焊缝连接，通常承受弯矩 M 和剪力 V 的共同作用。计算时通常假设腹板焊缝承受全部剪力，弯矩则由全部焊缝承受。

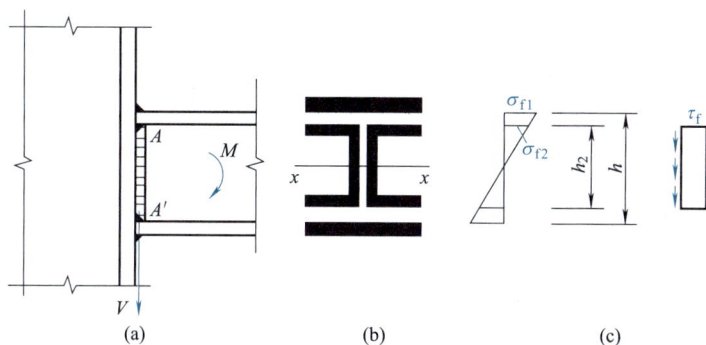

图 4-26　工字形或 H 形截面梁与钢柱翼缘的角焊缝连接

为了焊缝的分布较合理，宜在每个翼缘的上、下两侧施焊，由于翼缘焊缝只承受垂直于焊缝长度方向的弯曲应力，此弯曲应力沿梁高呈三角形分布 [图 4-26(c)]，最大应力发生在翼缘焊缝的最外纤维处。为了保证此焊缝的正常工作，应使翼缘焊缝最外纤维处的应力 σ_{f1} 满足：

$$\sigma_{f1} = \frac{M}{I_w} \times \frac{h}{2} \leqslant \beta_f f_f^w$$

式中　M——全部焊缝所承受的弯矩；

　　　I_w——全部焊缝有效截面对中心轴的惯性矩。

腹板焊缝承受两种应力共同作用，即垂直于焊缝长度方向且沿梁高呈三角形分布的弯曲应力和平行于焊缝长度方向且沿焊缝截面均匀分布的剪应力的作用，设计控制点为翼缘焊缝与腹板焊缝的交点 A 处。此处的弯曲应力 σ_{f2} 和剪应力 τ_f 分别按下式计算：

$$\sigma_{f2} = \frac{M}{I_w} \times \frac{h_2}{2}$$

$$\tau_f = \frac{V}{\sum h_{e2} l_{w2}}$$

式中　$\sum h_{e2} l_{w2}$——腹板焊缝有效面积之和。

腹板焊缝在点 A 处的强度验算式为

$$\sqrt{\left(\frac{\sigma_{f2}}{\beta_f}\right)^2 + \tau_f^2} \leqslant f_f^w \tag{4-27}$$

【例 4-4】　试验算如图 4-27 所示牛腿与钢柱连接角焊缝的强度。钢材为 Q235，焊条为

E43 型，手工焊，荷载设计值 $N=365\mathrm{kN}$，偏心矩 $e=350\mathrm{mm}$，焊脚尺寸 $h_{\mathrm{f1}}=8\mathrm{mm}$，$h_{\mathrm{f2}}=6\mathrm{mm}$。图 4-27（b）为有效截面。

解 N 在角焊缝形心处引起剪力。

$$V=N=365\ (\mathrm{kN})$$

N 在角焊缝形心处引起弯矩。

$$M=Ne=365\times0.35\approx127.8\ (\mathrm{kN\cdot m})$$

全部焊缝有效截面对中和轴的惯性矩为

$$I_{\mathrm{w}}=2\times\frac{0.42\times34^{3}}{12}+2\times20.4\times0.56\times20.28^{2}+4\times9.2\times0.56\times17.28^{2}\approx18302\ (\mathrm{cm}^{2})$$

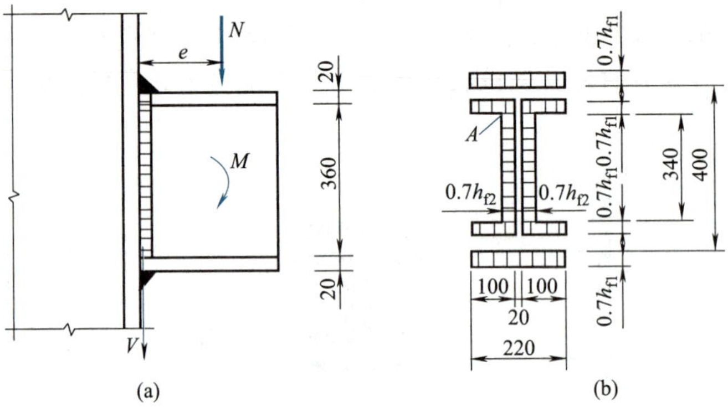

图 4-27 例 4-4 图

翼缘焊缝的最大应力：

$$\sigma_{\mathrm{f1}}=\frac{M}{I_{\mathrm{w}}}\times\frac{h}{2}=\frac{127.8\times10^{6}}{18302\times10^{4}}\times205.6\approx143.6\ (\mathrm{N/mm}^{2})<\beta_{\mathrm{f}}f_{\mathrm{f}}^{\mathrm{w}}=1.22\times160=195.2\ (\mathrm{N/mm}^{2})$$

满足要求。

腹板焊缝由弯矩 M 引起的最大应力：

$$\sigma_{\mathrm{f2}}=143.6\times\frac{170}{205.6}\approx118.7\ (\mathrm{N/mm}^{2})（170为腹板和翼缘相交处距离腹板中心的距离）$$

剪力 V 在腹板焊缝产生的平均剪应力：

$$\tau_{\mathrm{f}}=\frac{V}{\sum h_{\mathrm{e2}}l_{\mathrm{w2}}}=\frac{365\times10^{3}}{2\times0.7\times6\times340}\approx127.8\ (\mathrm{N/mm}^{2})$$

则腹板焊缝的强度（A 点为设计控制点）为

$$\sqrt{\left(\frac{\sigma_{\mathrm{f2}}}{\beta_{\mathrm{f}}}\right)^{2}+\tau_{\mathrm{f}}^{2}}=\sqrt{\left(\frac{118.7}{1.22}\right)^{2}+127.8^{2}}\approx160.6\ (\mathrm{N/mm}^{2})\approx f_{\mathrm{f}}^{\mathrm{w}}=160\ (\mathrm{N/mm}^{2})$$

满足要求。

任务五　焊接应力和变形

一、焊接残余应力和残余变形的概念

在焊接过程中，由于不均匀的加热以及焊件各部分之间热胀冷缩的不同步，结构在受外力作用之前就在焊接区局部形成了变形和应力，称为焊接残余变形和焊接残余应力。当冷却时焊接区要在纵向和横向收缩，势必导致构件产生局部鼓曲、弯曲、歪曲和扭转等。焊接残余变形包括纵、横向收缩，弯曲变形，角变形和扭曲变形等（图4-28），且通常是几种变形的组合。任一焊接变形超过验收规范的规定时，必须进行校正，以免影响构件在正常使用条件下的承载能力。

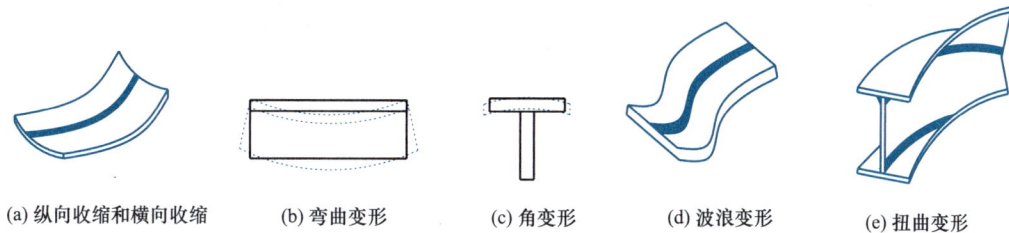

(a) 纵向收缩和横向收缩   (b) 弯曲变形   (c) 角变形   (d) 波浪变形   (e) 扭曲变形

图 4-28   焊接残余变形

二、焊接应力和变形对结构工作性能的影响

（一）焊接应力的影响

1. 对结构静力强度的影响

对在常温下工作并具有一定塑性的钢材，在静荷载作用下，由于钢材塑性较好，最后全截面应力都可达到 f_y，因此，焊接应力是不会影响结构强度的。

2. 对结构刚度的影响

由于焊接残余应力存在，杆件的抗拉刚度降低，在外力作用下其变形将会较无残余应力的大，对结构工作不利。

3. 对低温冷脆的影响

焊接残余应力对低温冷脆的影响经常是决定性的，必须引起足够的重视。在厚板和具有严重缺陷的焊缝中，以及在交叉焊缝的情况下，产生了阻碍塑性变形的三向焊接拉应力，使裂纹容易发生和发展。

4. 对疲劳强度的影响

在焊缝及其附近的主体金属残余拉应力通常达到钢材屈服点，此部位正是形成和发展疲劳裂纹最为敏感的区域。因此，焊接残余应力对结构的疲劳强度有明显不利影响。

（二）焊接变形的影响

焊接变形是焊接结构中经常出现的问题。焊接构件出现了变形，就需要花许多工时去矫正。比较复杂的变形，矫正的工作量可能比焊接的工作量还要大。有时变形太大，甚至无法矫正，变成废品。焊接变形不但影响结构的尺寸和外形美观，而且有可能降低结构的承载能力，引起事故。

三、减少焊接应力和变形的措施

可通过合理的焊缝设计和焊接工艺措施来控制焊接结构焊接应力和变形。

（一）合理的焊缝设计

（1）合理地选择焊缝的尺寸和形式。在保证结构的承载能力的条件下，应该尽量采用较小的焊缝尺寸。因为焊缝尺寸大，不但焊接量大，而且焊缝的焊接变形和焊接应力也大。

（2）合理地安排焊缝的位置。安排焊缝时尽可能对称于截面中性轴，或者使焊缝接近中性轴［图 4-29(a)、(c)］，而图 4-29 中的（b）、(d) 是不正确的。

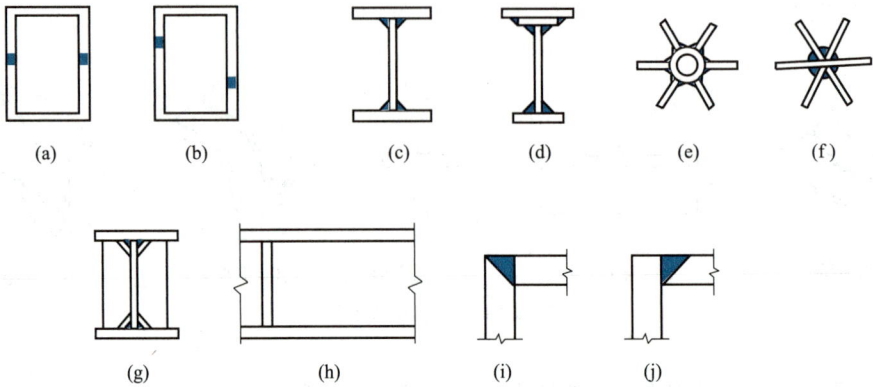

图 4-29　焊缝布置

（3）尽量避免焊缝的过分集中和交叉。如对几块钢板交汇处进行连接，应采用图 4-29(e) 的方式，避免采用图 4-29(f) 的方式，以免热量集中，引起过大的焊接变形和应力，恶化母材的组织结构。又如图 4-29(g) 所示，为了让腹板与翼缘的纵向连接焊缝连续通过，对加劲肋进行切角，其与翼缘和腹板的连接焊缝均在切角处中断，避免了三条焊缝的交叉。

（4）尽量避免在母材厚度方向的收缩应力。如图 4-29(i) 的构造措施是正确的，而图 4-29(j) 的构造常引起厚板的层状撕裂（由约束收缩焊接应力引起）。

（二）合理的工艺措施

（1）采用合理的焊接顺序和方向。尽量使焊缝能自由收缩，先焊受力较大或收缩量较大的焊缝，如图 4-30、图 4-31 所示。

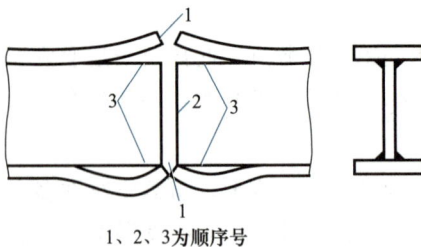

1、2、3为顺序号

图 4-30　按受力大小确定焊接顺序

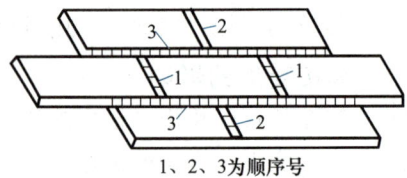

1、2、3为顺序号

图 4-31　按焊缝布置确定焊接顺序

（2）采用反变形法减小焊接变形或焊接应力。事先估计好结构变形的大小和方向，然后在装配时给予一个相反方向的变形与焊接变形相抵消，使焊接后的构件保持设计要求。

（3）对于小尺寸焊件，焊前预热，或焊后回火加热至 600℃ 左右，然后缓慢冷却，可以消除焊接应力和焊接变形，也可采用刚性固定法将构件加以固定来限制焊接变形，但却增加了焊接残余应力。

任务六　螺栓连接的排列和其他构造要求

一、螺栓连接的排列

螺栓在构件上的排列应简单、统一、整齐且紧凑，通常分为并列和错列两种形式（图 4-32）。并列比较简单、整齐，所用连接板尺寸小，但由于螺栓孔的存在，对构件截面的削弱较大；错列可以减小螺栓孔对截面的削弱，但孔排列不如并列紧凑，连接板尺寸较大。

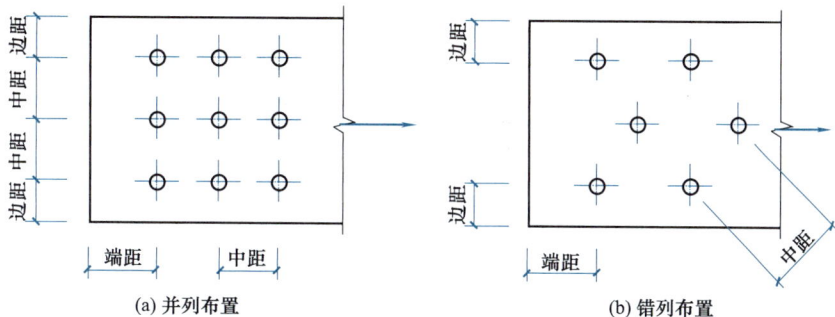

图 4-32　钢板的螺栓排列

螺栓在构件上的排列应符合最小距离要求，以便用扳手拧紧螺母时有一定的空间，并避免受力时钢板在孔之间以及孔与板端、板边之间发生剪断、截面过分削弱等现象。

螺栓在构件上的排列也应符合最大距离要求，以避免受压时被连接的板件间发生张口、鼓曲或被连接的构件因接触面不够紧密，潮气进入缝隙而产生腐蚀等现象。

根据上述要求，钢板上螺栓的排列规定见图 4-32 和表 4-2。型钢上的螺栓的排列除应满足表 4-2 的最大容许和最小容许距离外，尚应充分考虑拧紧螺栓时的净空要求。在角钢、普通工字钢、槽钢、型钢截面上排列螺栓的线距应满足图 4-33 及表 4-3～表 4-5 的要求。在 H型钢截面上排列螺栓的线距 ［图 4-33(d)］，腹板上的 c 值可参照普通工字钢；翼缘上的 e 值或 e_1、e_2 值可根据其外伸宽度参照角钢。

表 4-2　螺栓或铆钉的最大、最小容许距离

名　称	位置和方向			最大容许距离	最小容许距离
中心线距	外排（垂直或顺内力方向）			$8d_0$ 或 $12t$	$3d_0$
	中间排	垂直内力方向		$16d_0$ 或 $24t$	
		顺内力方向	压力	$12d_0$ 或 $18t$	
			拉力	$16d_0$ 或 $24t$	
	沿对角线方向			—	
中心至构件边缘距离	顺内力方向			$4d_0$ 或 $8t$	$2d_0$
	垂直内力方向	剪切边或手工气割边			$1.5d_0$
		轧制边自动气割或锯割边	高强度螺栓		$1.2d_0$
			其他螺栓或铆钉		

注：1. d_0 为螺栓孔或铆钉孔直径，t 为外层较薄板件的厚度。
　　2. 钢板边缘与刚性构件（如角钢、槽钢等）相连的螺栓或铆钉的最大间距，可按中间排的数值采用。

为了使连接紧凑，节省材料，上述间距一般宜按最小间距采用，且应取 5mm 的倍数，并按等距离布置。此外，在钢结构施工图上需要将螺栓及其孔眼的施工要求用图形表示清

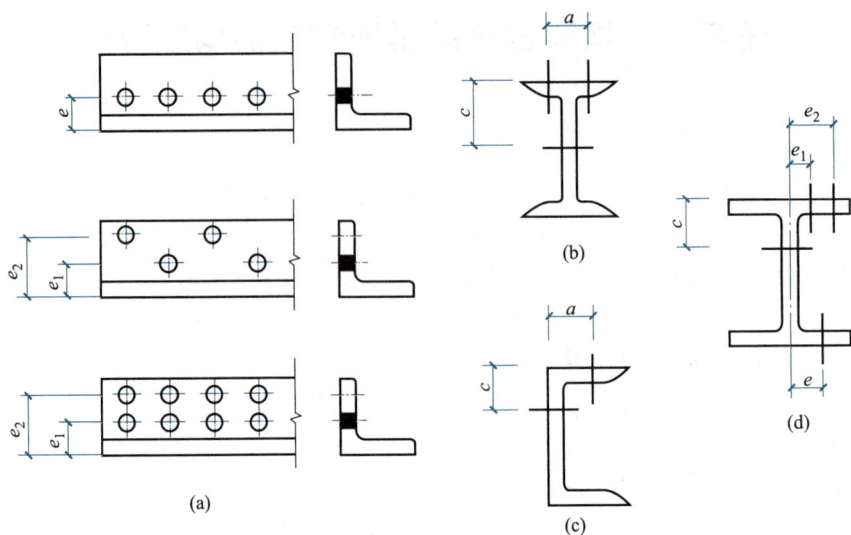

图 4-33 型钢的螺栓（铆钉）排列

楚，以免引起混淆。常用的螺栓和螺栓孔图例表示方法详见表 3-11。

表 4-3 角钢上螺栓或铆钉线距表 单位：mm

单行排列	角钢肢宽	40	45	50	56	63	70	75	80	90	100	110	125
	线距 e	25	25	30	30	35	40	40	45	50	55	60	70
	钉孔最大直径	11.5	13.5	13.5	15.5	17.5	20	22	22	24	24	26	26

双行错排	角钢肢宽	125	140	160	180	200	双行排列	角钢肢宽	160	180	200
	e_1	55	60	70	70	80		e_1	60	70	80
	e_2	90	100	120	140	160		e_2	130	140	160
	钉孔最大直径	24	24	26	26	26		钉孔最大直径	24	24	26

表 4-4 工字钢和槽钢腹板上的螺栓线距表 单位：mm

工字钢型号	12	14	16	18	20	22	25	28	32	36	40	45	50	56	63
线距 c_{min}	40	45	45	45	50	50	55	60	60	65	70	75	75	75	75
槽钢型号	12	14	16	18	20	22	25	28	32	36	40	—	—	—	—
线距 c_{min}	40	45	50	50	55	55	55	60	65	70	75	—	—	—	—

表 4-5 工字钢和槽钢翼缘上的螺栓线距表 单位：mm

工字钢型号	12	14	16	18	20	22	25	28	32	36	40	45	50	56	63
线距 a_{min}	40	40	50	55	60	65	65	70	75	80	80	85	90	95	95
槽钢型号	12	14	16	18	20	22	25	28	32	36	40	—	—	—	—
线距 a_{min}	30	35	35	40	40	45	45	45	50	56	60	—	—	—	—

二、螺栓连接的其他构造要求

螺栓连接除了满足上述螺栓排列的容许距离外，根据不同情况尚应满足下列构造要求。

（1）为了使连接可靠，每一杆件在节点上以及拼接接头的一端，永久性螺栓数不宜少于两个。但根据实践经验，对于组合构件的缀条，其端部连接可采用一个螺栓。

（2）对直接承受动力荷载的普通螺栓连接应采用双螺母或其他防止螺母松动的有效措施。例如，采用弹簧垫圈，或者将螺母或螺杆焊死等方法。

任务七　普通螺栓连接的计算

普通螺栓按受力情况可以分为螺栓只承受剪力，螺栓只承受拉力，螺栓承受剪力和拉力的共同作用。

一、普通螺栓的抗剪连接

（一）普通螺栓的抗剪破坏形式

剪力螺栓的破坏可能出现五种破坏形式。

（1）螺杆剪切破坏［图 4-34(a)］；

（2）钢板孔壁挤压破坏［图 4-34(b)］；

（3）构件本身由于截面开孔削弱过多而破坏［图 4-34(c)］；

（4）钢板端部螺孔端距太小而被剪坏［图 4-34(d)］；

（5）钢板太厚，螺杆直径太小，发生螺杆弯曲破坏［图 4-34(e)］。

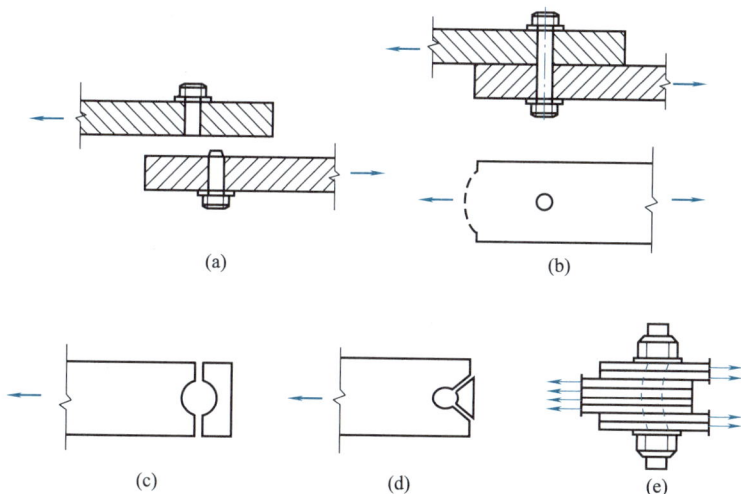

图 4-34　剪力螺栓的破坏形式

以上五种可能破坏形式的前三种通过相应的强度计算来防止，后两种破坏用限制螺距和螺杆杆长 $l \leqslant 5d$（d 为螺杆直径）等构造措施来防止。

（二）单个普通螺栓的抗剪承载力

普通螺栓连接的抗剪承载力，应考虑螺栓杆受剪和孔壁承压两种情况。假定螺栓受剪面上的剪应力是均匀分布的，则单个螺栓的受剪承载力 N_v^b 为

$$N_v^b = n_v \frac{\pi d^2}{4} f_v^b \tag{4-28}$$

承压承载力 N_c^b 为

$$N_c^b = d \sum t \cdot f_c^b \tag{4-29}$$

取二者中最小值，即

$$[N]_v^b = \min\{N_c^b, N_v^b\} \tag{4-30}$$

式中 $[N]_v^b$ ——单个剪力螺栓的承载力；

n_v ——每个螺栓受剪面数目，单剪 $n_v = 1$ [图 4-35(a)]，双剪 $n_v = 2$ [图 4-35(b)]；

d ——螺杆直径；

t ——在同一受力方向的承压构件的较小总厚度，单剪时 [图 4-35(a)]，$\sum t$ 取承压构件较小的厚度，双剪时 [图 4-35(b)]，$\sum t = \min\{b, a+c\}$；

f_v^b，f_c^b ——螺栓的抗剪、承压强度设计值，按附表 1-3 取用。

(a) 单剪   (b) 双剪

图 4-35 剪力螺栓的受剪面数目和承压厚度   二维码 4-6

（三）普通螺栓群抗剪连接计算

在轴向力作用下的螺栓群同时承压和受剪。由于拉力 N 通过螺栓中心，为计算方便，假定每个螺栓的受力完全相同，则连接一侧所需的螺栓数，由下式确定：

$$n \geqslant \frac{N}{[N]_v^b} \tag{4-31}$$

式中 N ——连接件中的轴心受力；

$[N]_v^b$ ——单个螺栓抗剪承载力设计值。

由于螺栓孔削弱了构件的截面，因此在排列好所需的螺栓后，还需验算构件净截面强度（图 4-36），其表达式为

$$\sigma = \frac{N}{A_n} \leqslant f \tag{4-32}$$

式中 A_n ——构件净截面面积，根据螺栓排列形式取Ⅰ—Ⅰ或Ⅱ—Ⅱ截面最小值进行计算（图 4-36）；

f ——钢材的抗拉（或抗压）强度设计值，按附表 1-1 选用。

图 4-36 轴向力作用下的剪力螺栓群

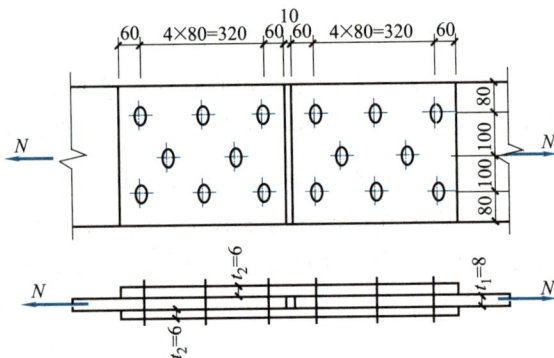

【例 4-5】 设计两块钢板用普通螺栓的盖板拼接（图 4-37）。已知轴心拉力的设计值 $N = 325\text{kN}$，钢材为 Q235A，螺栓直径 $d = 20\text{mm}$（粗制螺栓）。

解 受剪承载力设计值为

$$N_v^b = n_v \frac{\pi d^2}{4} f_v^b = 2 \times \frac{3.14 \times 20^2}{4} \times 140$$

$$\approx 87.9 \text{ (kN)}$$

承压承载力设计值为

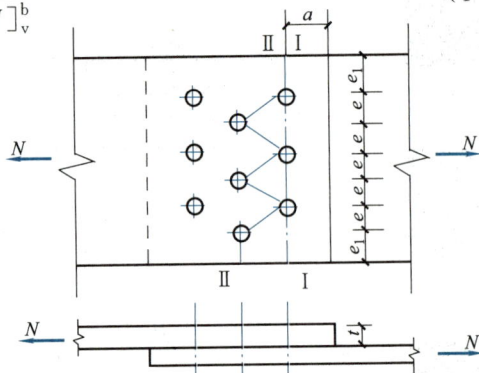

图 4-37 例 4-5 图

$$N_c^b = d \sum t \cdot f_c^b = 20 \times 8 \times 305 = 48.8 \text{ (kN)}$$

一侧所需螺栓数 n 为

$$n = \frac{325}{48.8} \approx 6.7$$

取8个。

二、普通螺栓的抗拉连接

（一）单个螺栓的抗拉承载力的计算

单个拉力螺栓承载力设计值 N_t^b 为

$$N_t^b = \frac{\pi d_e^2}{4} f_t^b \tag{4-33}$$

式中　　f_t^b——螺栓抗拉强度设计值，按附表 1-3 采用；

　　　　d_e——螺栓有效直径，查附表 11 或按 $d_e = d - 0.9382t$ 采用；

　　　　t——螺栓螺距，查附表 11。

（二）受拉螺栓群的计算

1. 螺栓群受轴心拉力作用

如图 4-38 所示，螺栓群在轴力作用下的抗拉连接，通常假定每个螺栓平均受力，则连接所需螺栓数为

$$n \geqslant \frac{N}{N_t^b} \tag{4-34}$$

式中　　N_t^b——一个螺栓的抗拉承载力设计值，按式（4-33）计算。

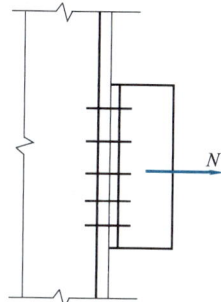

图 4-38　螺栓群承受轴心拉力

2. 螺栓群受弯矩作用

如图 4-39 所示为螺栓群在弯矩作用下的抗拉连接（剪力 V 由承托板承担）。按弹性设计法，在弯矩的作用下，离中和轴越远的螺栓所受拉力越大，而压应力则由弯矩指向一侧的部分端板承担，设中和轴到端板受压边缘的距离（受压区高度）为 c，见图 4-39(a)。这种连接的受力有如下特点：受拉螺栓截面只是孤立的几个螺栓点；而端板受压区则是宽度较大的实体矩形截面，如图 4-39(b)、(c) 所示。当计算其形心位置作为中和轴时，所求得的端板受压区高度 c 总是很小，中和轴通常在弯矩指向一侧最外排螺栓附近的某个位置。故实际计算时，常近似地取中和轴位于最下排螺栓 O 处，在如图 4-39(a) 所示弯矩作用下，认为连接变形为绕 O 处水平轴转动，螺栓拉力与从 O 点算起的纵坐标 y 成正比，于是对 O 点列弯矩平衡方程，且忽略

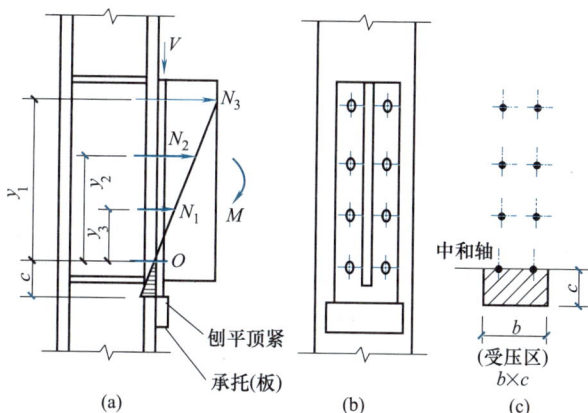

图 4-39　普通螺栓群弯矩受拉

力臂很小的端板受压区部分的力矩而只考虑受拉螺栓部分，则得

$$\frac{N_1}{y_1} = \frac{N_2}{y_2} = \cdots = \frac{N_i}{y_i} = \cdots = \frac{N_n}{y_n}$$

$$M = m(N_1y_1 + N_2y_2 + \cdots + N_iy_i + \cdots + N_ny_n)$$
$$= m\left[\left(\frac{N_1}{y_1}\right)y_1^2 + \left(\frac{N_2}{y_2}\right)y_2^2 + \cdots + \left(\frac{N_i}{y_i}\right)y_i^2 + \cdots + \left(\frac{N_n}{y_n}\right)y_n^2\right]$$
$$= m\left(\frac{N_i}{y_i}\right)\sum_{i=1}^{n}y_i^2$$

由此可得螺栓 i 的拉力为

$$N_i = \frac{My_i}{m\sum y_i^2} \tag{4-35}$$

所以设计时，使受力最大的螺栓的拉力不超过单个螺栓的抗拉承载力设计值，即

$$N_{max} = \frac{My_{max}}{m\sum y_i^2} \leqslant N_t^b \tag{4-36}$$

式中　m——螺栓的纵向排列数。

【例 4-6】　牛腿用 C 级普通螺栓以及承托与柱连接，如图 4-40 所示，承受竖向荷载（设计值）$F = 220\text{kN}$，偏心距 $e = 200\text{mm}$。试设计其螺栓连接。已知构件和螺栓均用 Q235 钢材，螺栓为 M20，孔径 21.5mm。

解　查附表 11，M20 螺栓，$A_e = 244.8\text{mm}^2$，取 245mm^2。

承托传递全部剪力 V：

$$V = F = 220\text{kN}$$

弯矩由螺栓连接传递：

$$M = Ve = 220 \times 0.20 = 44 \text{ (kN·m)}$$

单个螺栓最大拉力为

$$N_1 = \frac{My_1}{m\sum y_i^2} = \frac{44 \times 80 \times 4 \times 10^{-3}}{2 \times [(80 \times 10^{-3})^2 + (80 \times 2 \times 10^{-3})^2 + (80 \times 3 \times 10^{-3})^2 + (80 \times 4 \times 10^{-3})^2]}$$
$$= 36.7 \text{ (kN)}$$

单个螺栓的抗拉承载力设计值为

$$N_t^b = A_e f_t^b = 245 \times 170 = 41.7 \text{ (kN)} > N_1 = 36.7 \text{ (kN)}（满足要求）$$

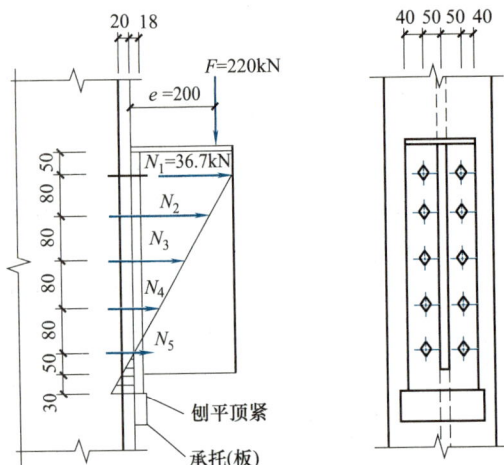

图 4-40　例 4-6 图

3. 螺栓群的偏心受拉

（1）小偏心受拉　对于小偏心受拉 [图 4-41(b)]，所有的螺栓都承受拉力的作用，端板与柱翼缘有分离趋势，所以计算时，拉力 N 由各螺栓均匀承担；而弯矩 M 则引起以螺栓群形心 O 处水平轴为中和轴的三角形应力分布 [图 4-41(b)]，使上部螺栓受拉，下部螺栓受压；叠加后全部螺栓均受拉 [图 4-41(b)]。这样螺栓群的最大和最小螺栓受力为

$$N_{max} = \frac{N}{n} + \frac{Ney_1}{m\sum y_i^2} \leqslant N_t^b \tag{4-37}$$

$$N_{min} = \frac{N}{n} - \frac{Ney_1}{m\sum y_i^2} \geqslant 0 \tag{4-38}$$

式(4-38) 表示全部螺栓受拉，不存在受压区。由此可知 $N_{min} \geqslant 0$ 时，偏心矩 $e \leqslant \dfrac{m\sum y_i^2}{ny_1}$。

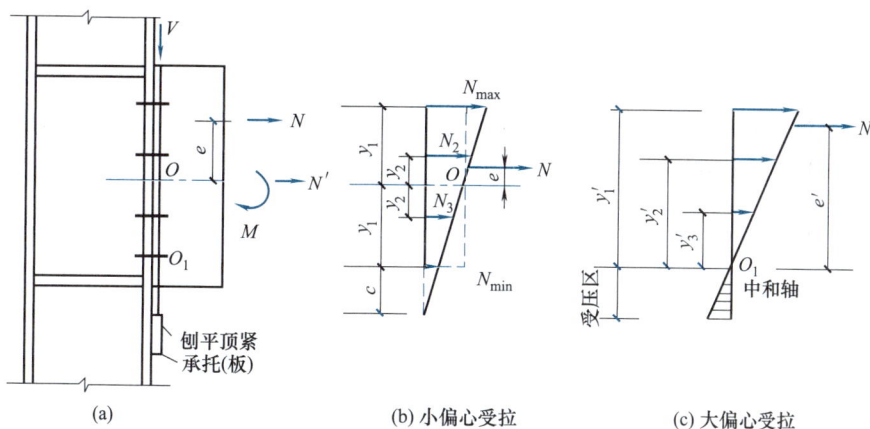

图 4-41 螺栓群偏心受拉

（2）大偏心受拉　当 $e>\dfrac{m\sum y_i^2}{ny_1}$ 时，端板底部将出现受压区［图 4-41（c）］。近似并偏安全地取中和轴位于最下排螺栓 O_1 处，可列出对 O_1 处水平轴的弯矩平衡方程，得

$$\frac{N_1}{y_1'}=\frac{N_2}{y_2'}=\cdots=\frac{N_i}{y_i'}=\cdots=\frac{N_n}{y_n'}$$

$$Ne'=m(N_1y_1'+N_2y_2'+\cdots+N_iy_i'+\cdots+N_ny_n')=m\left[(N_i/y_i')\sum y_i'^2\right]$$

$$N_1=\frac{Ne'y_1'}{m\sum y_i'^2}\leqslant N_t^b \tag{4-39}$$

【例 4-7】　如图 4-42 所示为一刚接屋架下弦节点，竖向力由承托承受。螺栓为 C 级，只承受偏心拉力。设 $N=250\text{kN}$，$e=100\text{mm}$。螺栓布置如图 4-42（a）所示。

解　$\dfrac{m\sum y_i^2}{ny_1}=\dfrac{4\times(50^2+150^2+250^2)}{12\times250}\approx117\ (\text{mm})>e=100\ (\text{mm})$

即偏心力作用在核心距以内，属小偏心受拉，如图 4-42（c）所示，则

$$N_1=\frac{N}{n}+\frac{Ney_1}{m\sum y_i^2}=\frac{250}{12}+\frac{250\times100\times250}{4\times(50^2+150^2+250^2)}\approx38.7\ (\text{kN})$$

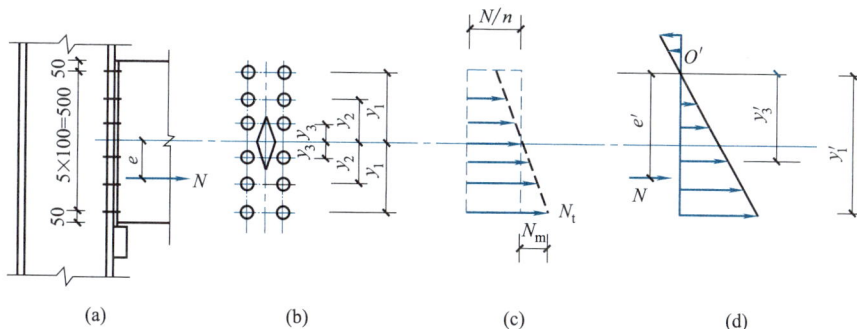

图 4-42　例 4-7、例 4-8 图

需要的有效面积为

$$A_e=\frac{N_1}{f_t^b}=\frac{38.7\times10^3}{170}\approx227.6\ (\text{mm}^2)$$

采用 M20 螺栓，查附表 11，$A_e = 244.8 \mathrm{mm}^2$，取 $A_e = 245 \mathrm{mm}^2$。

【例 4-8】 同例 4-7，但取 $e = 200 \mathrm{mm}$。

解 由于 $e = 200 \mathrm{mm} > 117 \mathrm{mm}$，所以应按大偏心受拉计算螺栓的最大拉力。设螺栓的直径为 M22（查附表 11 得 $A_e = 303.4 \mathrm{mm}^2$），并假定中和轴在上面第一排螺栓处，则以下螺栓均为受拉螺栓 [图 4-42 (d)]。

$$N_1 = \frac{Ne'y_1'}{m\sum y_i'^2} = \frac{250 \times (200 + 250) \times 500}{2 \times (500^2 + 400^2 + 300^2 + 200^2 + 100^2)} \approx 51.1 \ (\mathrm{kN})$$

需要的螺栓有效面积为

$$A_e = \frac{N_1}{f_t^b} = \frac{51.1 \times 10^3}{170} \approx 300.6 \ (\mathrm{mm}^2) < 303.4 \ (\mathrm{mm}^2)$$

则

$$N_1 = \frac{Ne'y_1'}{m\sum y_i'^2} \leqslant N_t^b \quad (\text{满足要求})$$

三、普通螺栓受剪力和拉力的共同作用

如图 4-43 所示连接，螺栓群承受剪力 V、偏心拉力 N 共同作用。

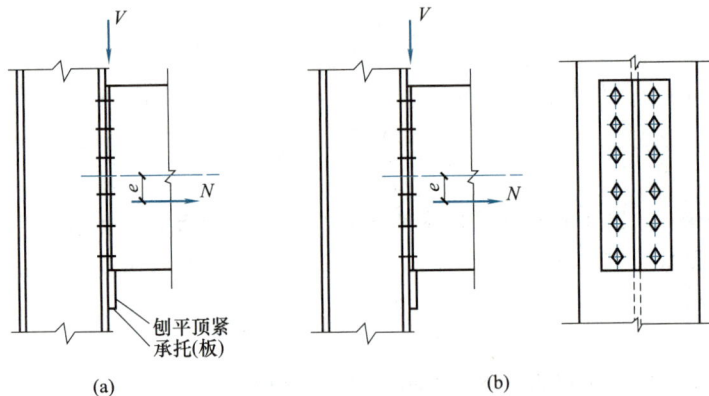

图 4-43　螺栓群受剪力和拉力共同作用

承受剪力和偏心拉力共同作用的普通螺栓应考虑两种破坏形式：一是螺栓受剪兼受拉破坏；二是孔壁承压破坏。

当剪-拉螺栓群下设支托 [图 4-43(a)] 时，可认为剪力由支托承受，螺栓只承受弯矩和轴力引起的拉力，按式(4-37) 和式(4-38) 或式(4-39) 计算。

当剪-拉螺栓群下不设支托 [图 4-43(b)] 时，螺栓不仅承受拉力，还承受由剪力 V 引起的剪力 N_V。此时可按下式计算：

$$\sqrt{\left(\frac{N_V}{N_v^b}\right)^2 + \left(\frac{N_t}{N_t^b}\right)^2} \leqslant 1 \tag{4-40}$$

$$N_V = \frac{V}{n} \leqslant N_c^b \tag{4-41}$$

式中　N_t——单个螺栓最大拉力；

$\quad\quad N_v^b$——单个剪力螺栓的抗剪承载力设计值；

$\quad\quad N_t^b$——单个拉力螺栓的承载力设计值；

$\quad\quad N_c^b$——单个剪力螺栓的承压承载力设计值。

【例 4-9】 设图 4-44 为短横梁与柱翼缘的连接，剪力 $V=250\text{kN}$，$e=120\text{mm}$，螺栓为 C 级，梁端竖板下有承托。钢材为 Q235B，手工焊，焊条为 E43 型，试按考虑承托传递全部剪力 V 以及不承受剪力 V 两种情况设计此连接。

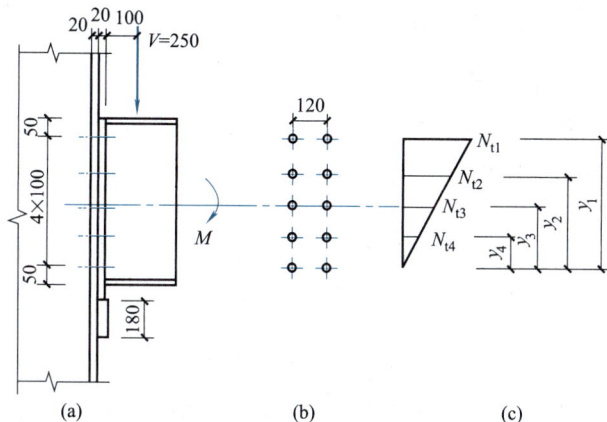

图 4-44　例 4-9 图

解　（1）承托传递全部剪力 V，螺栓群受弯矩作用。

$$V=250\text{kN}, \quad M=Ve=250\times0.12=30 \text{ (kN·m)}$$

设螺栓为 M20（$A_e=244.8\text{mm}^2$，取 245mm^2），$n=10$。

① 单个螺栓抗拉承载力为

$$N_t^b=A_e f_t^b=245\times170\approx41.7 \text{ (kN)}$$

② 单个螺栓最大拉力为

$$N_t=\frac{My_1}{m\sum y_i^2}=\frac{30\times10^3\times400}{2\times(100^2+200^2+300^2+400^2)}=20 \text{ (kN)}<N_t^b=41.7 \text{ (kN)}$$

③ 承托焊缝验算：

$$h_f=10\text{mm}$$

$$\tau_f=\frac{1.35V}{h_e\sum l_w}=\frac{1.35\times250\times10^3}{2\times0.7\times10\times(180-2\times10)}\approx150.7 \text{ (N/mm}^2)<f_f^w=160 \text{ (N/mm}^2)$$

（2）不考虑承托传递剪力 V。

① 一个螺栓承载力为

$$N_v^b=n_v\frac{\pi d^2}{4}f_v^b=1\times\frac{3.14\times20^2}{4}\times140\approx44.0 \text{ (kN)}$$

$$N_c^b=d\sum t\cdot f_c^b=20\times20\times305=122 \text{ (kN)}$$

$$N_t^b=41.7\text{kN}$$

② 一个螺栓受力为

$$N_t=20\text{kN}, N_V=\frac{V}{n}=\frac{250}{10}=25 \text{ (kN)}<N_c^b=122 \text{ (kN)}$$

③ 剪力和拉力共同作用下：

$$\sqrt{\left(\frac{N_V}{N_v^b}\right)^2+\left(\frac{N_t}{N_t^b}\right)^2}=\sqrt{\left(\frac{25}{44.0}\right)^2+\left(\frac{20}{41.7}\right)^2}\approx0.744<1 \text{ （满足要求）}$$

任务八　高强度螺栓连接的计算

一、高强度螺栓连接的构造要求

（一）高强度螺栓的预拉力

高强度螺栓分大六角头型和扭剪型两种，都是通过拧紧螺母，使螺杆受到拉伸作用产生预拉力，而被连接板件间产生压紧力。

1. 预拉力的控制方法

（1）扭矩法　初拧后，使用一种能直接显示所施加扭矩大小的定扭扳手，将螺母拧至预定的终拧扭矩值，终拧扭矩由试验测定。应注意施拧时误差不超过10％。

（2）转角法　初拧后，用电动或风动扳手继续转动螺母1/3～2/3圈，终拧角度与板叠厚度和螺栓直径等有关，可测定。这种方法不需要专用扳手，操作简单，但不够精确。

（3）扭断螺栓尾部法　适用于扭剪型高强度螺栓。用特制电动扳手的两个套筒分别套住螺母和螺栓尾部（正、反转），由于螺栓尾部槽口深度按拧断和预拉力之间的关系确定，故所得预拉力值能得到保证。

2. 预拉力的确定

高强度螺栓的预拉力值应尽可能高些，但必须保证螺栓在拧紧过程中不会屈服或断裂。为了保证连接质量，必须控制预拉力。预拉力值的大小与螺栓材料的强度和有效截面有关，规范规定按下式计算，即

$$P = \frac{0.9 \times 0.9 \times 0.9}{1.2} A_e f_u \tag{4-42}$$

式中　P——预拉力值；

A_e——螺栓的有效截面面积；

f_u——螺栓材料经热处理后的最低抗拉强度，对于 8.8 级螺栓，$f_u = 830\text{N/mm}^2$，对于 10.9 级螺栓，$f_u = 1040\text{N/mm}^2$。

式（4-42）中的系数 1.2 是考虑拧紧时螺栓内将产生扭矩剪应力的不利影响。3 个 0.9 系数则是分别考虑：①螺栓材质的不定性；②补偿螺栓紧固后有一定松弛引起预拉力损失；③式中未按 f_y 计算预拉力，而是按 f_u 计算，取值应适当降低。

各种规格高强度螺栓预拉力的取值见表 4-6。

表 4-6　一个高强度螺栓的设计预拉力值　　　　　　　　单位：kN

螺栓的性能等级	螺栓公称直径/mm					
	M16	M20	M22	M24	M27	M30
8.8 级	80	125	150	175	230	280
10.9 级	100	155	190	225	290	355

（二）高强度螺栓摩擦面抗滑移系数

高强度螺栓摩擦面抗滑移系数 μ 的大小与连接处构件接触面的处理方法和构件的钢号有关。试验表明，此系数值有随连接构件接触面间的压紧力减小而降低的现象，故与物理学中的摩擦系数有区别。我国规范推荐采用的接触面处理方法有：喷砂、喷砂后涂无机富锌漆、喷砂后生赤锈和钢丝刷消除浮锈或对干净轧制表面不作处理等。各种处理方法相应的 μ

值详见表 4-7。

表 4-7　摩擦面的抗滑移系数 μ 值

在连接处构件接触面的处理方法	构件的钢号		
	Q235 钢	Q345 钢	Q420 钢
喷砂(丸)	0.45	0.50	0.50
喷砂(丸)后涂无机富锌漆	0.35	0.40	0.40
喷砂(丸)后生赤锈	0.45	0.50	0.50
钢丝刷清除浮锈或对干净轧制表面不作处理	0.30	0.35	0.40

试验证明，摩擦面涂红丹后，即使经处理后抗滑移系数仍然很低（$\mu<0.15$），故严禁在摩擦面上涂刷红丹。另外，连接在潮湿或淋雨条件下拼装，也会降低 μ 值，故应采取有效措施保证连接处表面的干燥。

（三）其他构造要求

高强度螺栓连接除需满足与普通螺栓连接相同之排列布置要求外，尚须注意以下两点。

（1）当型钢构件拼接采用高强度螺栓连接时，其拼接件宜采用钢板，以使被连接部分能紧密贴合，保证预拉力的建立。

（2）在高强度螺栓连接范围内，构件接触面的处理方法应在施工图中说明。

二、单个高强度螺栓的承载力

（一）单个摩擦型高强度螺栓的承载力

1. 受剪连接承载力

摩擦型连接的承载力取决于构件接触面的摩擦力，而此摩擦力的大小与螺栓所受预拉力和摩擦面的抗滑移系数以及连接的传力摩擦面数有关。因此，单个摩擦型连接高强度螺栓的受剪承载力设计值为

$$N_v^b = 0.9 n_f \mu P \tag{4-43}$$

式中　n_f——传力摩擦面数目，单剪时，$n_f=1$，双剪时，$n_f=2$；

　　　P——单个高强度螺栓的设计预拉力，按表 4-6 采用；

　　　μ——摩擦面抗滑移系数，按表 4-7 采用。

其中，0.9 为螺栓抗力分项系数 γ_R（取值 1.111）的倒数。

2. 受拉连接承载力

如前所述，为提高高强度螺栓连接在承受拉力作用时被连接板间保持的一定压紧力，规范规定在沿杆轴方向承受拉力的摩擦型高强度螺栓连接中，单个摩擦型高强度螺栓受拉承载力设计值为

$$N_t^b = 0.8P \tag{4-44}$$

3. 同时承受剪力和拉力连接的承载力

规范规定，当高强度螺栓摩擦型连接同时承受摩擦面间的剪力和螺栓杆轴方向的外拉力时，其承载力应按下式计算：

$$\frac{N_V}{N_v^b} + \frac{N_t}{N_t^b} \leqslant 1 \tag{4-45}$$

式中　N_V，N_t——单个螺栓所承受的剪力和拉力；

N_v^b——单个螺栓的抗剪承载力设计值；

N_t^b——单个螺栓的承载力设计值。

（二）单个承压型高强度螺栓的承载力

1. 受剪连接承载力

高强度螺栓承压型连接的计算方法与普通螺栓连接相同，仍可用式（4-28）和式（4-29）计算单个螺栓的抗剪承载力设计值，只是应采用承压型连接高强度螺栓的强度设计值。

2. 受拉连接承载力

承压型连接高强度螺栓抗拉承载力的计算公式与普通螺栓相同，只是抗拉强度设计值不同。

3. 同时承受剪力和拉力连接的承载力

同时承受剪力和杆轴方向拉力的承压型连接高强度螺栓的计算方法与普通螺栓相同，即

$$\sqrt{\left(\frac{N_v}{N_v^b}\right)^2 + \left(\frac{N_t}{N_t^b}\right)^2} \leqslant 1$$

$$N_v \leqslant \frac{N_c^b}{1.2} \tag{4-46}$$

式中　N_v，N_t——单个螺栓所承受的剪力和拉力；

N_v^b——单个剪力螺栓的抗剪承载力设计值；

N_t^b——单个拉力螺栓的承载力设计值；

N_c^b——单个剪力螺栓的承压承载力设计值。

根据以上分析，现将各种受力状态下的单个螺栓（包括普通螺栓和高强度螺栓）承载力设计值的计算式列于表 4-8 中，方便读者对照与应用。

三、高强度螺栓群的计算

（一）高强度螺栓群轴心受剪

高强度螺栓连接所需螺栓数目应由式（4-47）确定：

$$n \geqslant \frac{N}{[N_v^b]} \tag{4-47}$$

式中，$[N_v^b]$ 是单个高强度螺栓的抗剪承载力设计值的最小值，摩擦型高强度螺栓按式（4-43）计算，承压型高强度螺栓取式（4-28）和式（4-29）中的较小值。

表 4-8　单个螺栓承载力设计值

序号	螺栓种类	受力状态	计 算 式	备 注
1	普通螺栓	受剪	$N_v^b = n_v \frac{\pi d^2}{4} f_v^b$ $N_c^b = d \sum t \cdot f_c^b$	取两者中的较小值
		受拉	$N_t^b = \frac{\pi d_e^2}{4} f_t^b$	
		兼受剪拉	$\sqrt{\left(\frac{N_v}{N_v^b}\right)^2 + \left(\frac{N_t}{N_t^b}\right)^2} \leqslant 1$ $N_v = \frac{V}{n} \leqslant N_c^b$	

序号	螺栓种类	受力状态	计 算 式	备 注
2	摩擦型连接 高强度螺栓	受剪	$N_v^b = 0.9 n_f \mu P$	
		受拉	$N_t^b = 0.8P$	
		兼受剪拉	$\dfrac{N_v}{N_v^b} + \dfrac{N_t}{N_t^b} \leqslant 1$	
3	承压型连接 高强度螺栓	受剪	$N_v^b = n_v \dfrac{\pi d^2}{4} f_v^b$ $N_c^b = d\sum t \cdot f_c^b$	当剪切面在螺纹处时， $N_v^b = n_v \dfrac{\pi d_e^2}{4} f_v^b$
		受拉	$N_t^b = \dfrac{\pi d_e^2}{4} f_t^b$	
		兼受剪拉	$\sqrt{\left(\dfrac{N_v}{N_v^b}\right)^2 + \left(\dfrac{N_t}{N_t^b}\right)^2} \leqslant 1$ $N_v \leqslant \dfrac{N_c^b}{1.2}$	

（二）高强度螺栓群受拉

1. 轴心受拉

高强度螺栓群连接所需螺栓数目为

$$n \geqslant \frac{N}{N_t^b} \tag{4-48}$$

式中　N_t^b——在杆轴方向受拉力时，一个高强度螺栓的抗拉承载力设计值，根据类型按表4-8取值。

2. 受弯矩作用

高强度螺栓（摩擦型和承压型）的外拉力总是小于 $N_t^b = 0.8P$，在承受弯矩而使螺栓沿栓杆方向受力时，被连接构件的接触面一直保持紧密贴合；因此，可认为中和轴在螺栓群的形心轴上（图4-45），最外排螺栓受力最大。最大拉力及其验算式为

$$N_1 = \frac{My_1}{\sum y_i^2} \leqslant N_t^b = 0.8P \tag{4-49}$$

式中　y_1——螺栓群形心轴到螺栓的最大距离；
　　　$\sum y_i^2$——形心轴上、下各螺栓到形心轴距离的平方和。

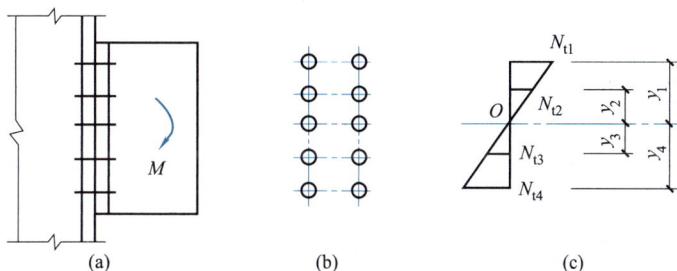

图 4-45　承受弯矩的高强度螺栓连接

3. 偏心受拉

高强度螺栓偏心受拉时，螺栓的最大拉力不得超过 $0.8P$，这样能够保证板层之间始终

保持紧密贴合，端板不会拉开，故摩擦型连接高强度螺栓和承压型连接高强度螺栓均可按普通螺栓小偏心受拉计算，即

$$N_1 = \frac{N}{n} + \frac{Ne}{\sum y_i^2} y_1 \leqslant N_t^b = 0.8P$$

（三）高强度螺栓群承受拉力、弯矩和剪力的共同作用

1. 摩擦型连接的计算

如图 4-46 所示为摩擦型连接高强度螺栓承受拉力、弯矩和剪力共同作用时的情况。由于螺栓连接板层间的压紧力和接触面的抗滑移系数，随外拉力的增加而减小，故同时受剪和受拉的摩擦型高强度螺栓，其抗剪承载力将会降低，根据研究，同时受剪和受拉的摩擦型高强度螺栓，其抗剪承载力设计值可用式（4-50）表达：

$$N_v^b = 0.9 n_f \mu (P - 1.25 N_t) \tag{4-50}$$

式（4-50）中的 N_v^b 是同时作用剪力和拉力时，单个螺栓所能承受的最大剪力（设计值）。

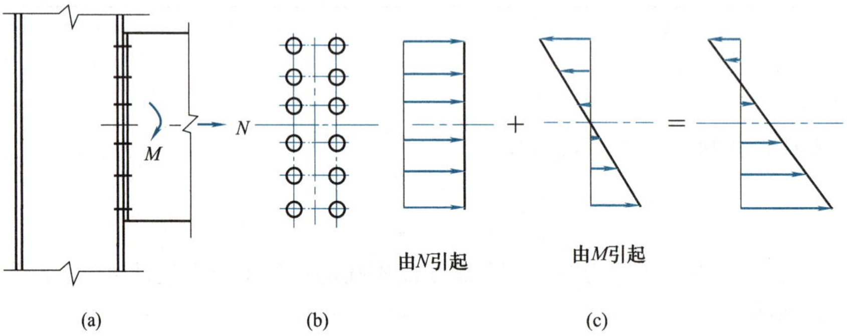

由N引起　　由M引起

图 4-46　摩擦型连接高强度螺栓的应力

在弯矩和拉力共同作用下，高强度螺栓群中的拉力各不相同，即

$$N_{ti} = \frac{N}{n} \pm \frac{My_i}{\sum y_i^2} \leqslant N_t^b \tag{4-51}$$

则剪力 V 的验算应满足下式，即

$$V \leqslant \sum_{i=1}^{n} 0.9 n_f \mu (nP - 1.25 N_{ti}) \tag{4-52}$$

或

$$V \leqslant 0.9 n_f \mu (nP - 1.25 \sum N_{ti}) \tag{4-53}$$

式中，当 $N_{ti} < 0$，取 $N_{ti} = 0$。

2. 承压型连接的计算

对于承压型高强度螺栓，应按式（4-40）和式（4-46）验算拉剪的共同作用。各种承压型高强度螺栓承载力设计值见表 4-8。

【例 4-10】　如图 4-47 所示，钢材为 Q235B，高强度螺栓为 8.8 级的 M20，连接处构件接触面用喷砂处理，作用在螺栓群形心处的轴心拉力设计值 $N = 800\text{kN}$，试设计一双盖板拼接的钢板连接。

解　（1）采用摩擦型连接时：

查表 4-6、表 4-7 得 8.8 级的 M20 高强度螺栓 $P = 125\text{kN}$，$\mu = 0.45$，$f_v^b = 250\text{N/mm}^2$，$f_c^b = 470\text{N/mm}^2$。

单个螺栓承载力设计值：

$$N_v^b = 0.9 n_f \mu P = 0.9 \times 2 \times 0.45 \times 125$$
$$\approx 101.3 \ (\text{kN})$$

一侧所需螺栓数 n：

$$n = \frac{N}{N_v^b} = \frac{800}{101.3} \approx 7.9$$

取 9 个，如图 4-47(a)、(b) 右边所示。

（2）采用承压型连接时：

单个螺栓承载力设计值：

$$N_v^b = n_v \frac{\pi d^2}{4} f_v^b = 2 \times \frac{3.14 \times 20^2}{4} \times 250$$
$$= 157 \ (\text{kN})$$

$$N_c^b = d \sum t \cdot f_c^b = 20 \times 20 \times 470 = 188 \ (\text{kN})$$

一侧所需螺栓数：

$$n = \frac{N}{N_v^b} = \frac{800}{157} \approx 5.1$$

取 6 个，如图 4-47(a)、(b) 左边所示。

图 4-47 例 4-10 图

【例 4-11】 如图 4-48 所示为高强度螺栓摩擦型连接，被连接构件的钢材为 Q235B。螺栓为 10.9 级，直径 20mm，接触面采用喷砂处理，图中内力均为设计值，试验算此连接的承载力。

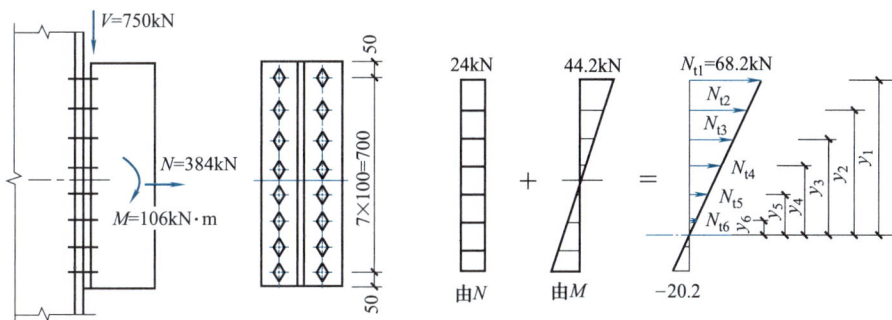

图 4-48 例 4-11 图

解 由表 4-6 和表 4-7 查得预拉力 $P = 155$kN，抗滑移系数 $\mu = 0.45$。

单个螺栓的最大拉力为

$$N_{t1} = \frac{N}{n} + \frac{My_1}{m \sum y_i^2} = \frac{384}{16} + \frac{106 \times 10^3 \times 350}{2 \times 2 \times (350^2 + 250^2 + 150^2 + 50^2)}$$
$$= 24 + 44.2 = 68.2 \ (\text{kN}) < 0.8P = 0.8 \times 155 = 124 \ (\text{kN})$$

连接的受剪承载力设计值应按下式计算：

$$\sum N_{v,t}^b = 0.9 n_f \mu (nP - 1.25 \sum N_{ti})$$

按比例关系可求得

$$N_{t2}=55.6\text{kN}, \ N_{t3}=42.9\text{kN}, \ N_{t4}=30.3\text{kN}, \ N_{t5}=17.7\text{kN}, \ N_{t6}=5.1\text{kN}$$

故有

$$\sum N_{ti}=(68.2+55.6+42.9+30.3+17.7+5.1)\times2=439.6\ (\text{kN})$$

验算受剪承载力设计值：

$$\sum N_{v,t}^{b}=0.9n_{f}\mu(nP-1.25\sum N_{ti})$$

$$=0.9\times1\times0.45\times(16\times155-1.25\times439.6)$$

$$\approx781.9\ (\text{kN})>V=750\ (\text{kN})$$

📝 项目小结

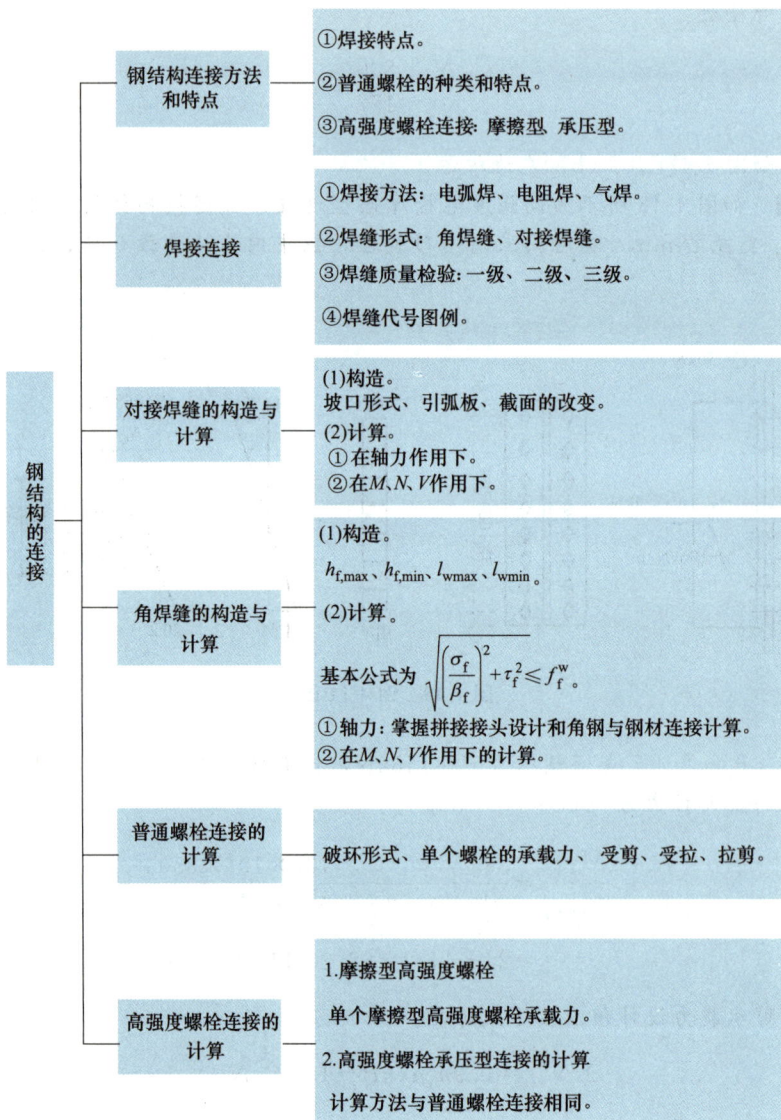

```
                        ┌─ 钢结构连接方法    ┌ ①焊接特点。
                        │  和特点          ┤ ②普通螺栓的种类和特点。
                        │                 └ ③高强度螺栓连接：摩擦型 承压型。
                        │
                        │                 ┌ ①焊接方法：电弧焊、电阻焊、气焊。
                        ├─ 焊接连接        ┤ ②焊缝形式：角焊缝、对接焊缝。
                        │                 │ ③焊缝质量检验：一级、二级、三级。
                        │                 └ ④焊缝代号图例。
```

钢结构的连接

焊接连接：①焊接方法：电弧焊、电阻焊、气焊。②焊缝形式：角焊缝、对接焊缝。③焊缝质量检验：一级、二级、三级。④焊缝代号图例。

对接焊缝的构造与计算：(1)构造。坡口形式、引弧板、截面的改变。(2)计算。①在轴力作用下。②在M、N、V作用下。

角焊缝的构造与计算：(1)构造。$h_{f,max}$、$h_{f,min}$、l_{wmax}、l_{wmin}。(2)计算。基本公式为 $\sqrt{\left(\dfrac{\sigma_{f}}{\beta_{f}}\right)^{2}+\tau_{f}^{2}}\leqslant f_{f}^{w}$。①轴力：掌握拼接接头设计和角钢与钢材连接计算。②在M、N、V作用下的计算。

普通螺栓连接的计算：破环形式、单个螺栓的承载力、受剪、受拉、拉剪。

高强度螺栓连接的计算：1.摩擦型高强度螺栓 单个摩擦型高强度螺栓承载力。2.高强度螺栓承压型连接的计算 计算方法与普通螺栓连接相同。

✏️ 能力训练题

一、问答题

1. 焊缝连接有哪些基本形式？有何优缺点？

2. 对接焊缝与角焊缝在施工、焊缝剖面形态及其分析计算上有何区别？

3. 何为焊接应力、焊接变形？其存在对结构有何影响？有何工程措施？

4. 高强度螺栓连接与普通螺栓连接有何区别？

5. 高强度螺栓连接中摩擦型连接与承压型连接有何区别？

二、单选题

1. 在承受动力荷载的结构中，垂直于受力方向的焊缝不宜采用（   ）。

A. 角焊缝　　　　 B. 焊透的对接焊缝　　　 C. 不焊透对接焊缝　　　 D. 斜对接焊缝

2. 排列螺栓时，若螺栓孔直径为 d_0，螺栓的最小端距应为（   ）。

A. $1.5d_0$　　　 B. $2d_0$　　　　　　 C. $3d_0$　　　　　　 D. $8d_0$

3. 采用手工电弧焊焊接 Q235 钢材时应选用（   ）焊条。

A. E43 型　　　 B. E50 型　　　　　 C. E55 型　　　　　 D. 以上三种均可

4. 对于对接焊缝，当焊缝与作用力间的夹角 θ 满足 $\tan\theta \leqslant$（   ）时，该对接焊缝可不进行验算。

A. 1　　　　　 B. 1.5　　　　　　 C. 2　　　　　　 D. 0.5

5. 某承受轴心拉力的钢板用摩擦型高强度螺栓连接，接触面摩擦系数（μ）是 0.5，栓杆中的预拉力为 155kN，栓杆的受剪面是一个，钢板上作用的外拉力为 180kN，该连接所需螺栓个数为（   ）。

A. 1 个　　　　 B. 2 个　　　　　 C. 3 个　　　　　 D. 4 个

三、说明下列符号的含义

1. H340×250×9×14。

2. 螺栓 4.6 级。

四、判断题

1. 在静荷载作用下，焊接应力不影响结构强度。（   ）

2. 疲劳破坏往往很突然，事先没有明显征兆，破坏形式类似于脆性断裂。（   ）

3. 冷加工硬化，使钢材强度提高，塑性和韧性下降，所以普通钢结构中常用冷加工硬化来提高钢材强度。（   ）

4. 在焊接结构中，角焊缝的焊脚尺寸 h_f 愈大，连接的承载力就愈高。（   ）

5. 三级焊缝的抗拉强度为母材强度的 80%。（   ）

五、计算题

1. 已知 Q235 钢板截面 500mm×20mm 用对接直焊缝拼接，采用手工焊，焊条 E43 型，用引弧板，按Ⅲ级焊缝质量检验，试求焊缝所能承受的最大轴心拉力设计值。

2. 如图 4-49 所示，焊接工字形截面梁，设一道拼接的对接焊缝，拼接处作用荷载设计值，弯矩 $M = 1122$ kN·mm，剪力 $V = 374$ kN，钢材为 Q235B，焊条为 E43 型，半自动焊，Ⅲ级检验标准，试验算该焊缝的强度。

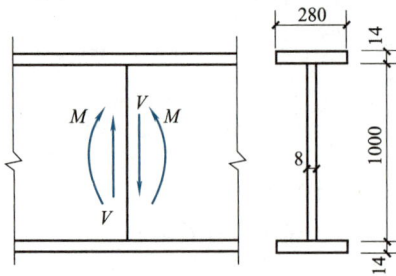

图 4-49　计算题 2 图

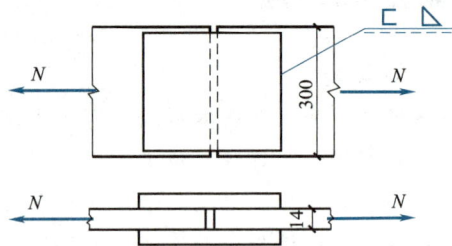

图 4-50　计算题 3 图

3. 设计一双盖板的钢板对接接头（图 4-50）。已知钢板截面为 $300mm \times 14mm$，承受轴心拉力设计值 $N = 800kN$（静力荷载）。钢材为 Q235，焊条为 E43 型，手工焊。

4. 如图 4-51 所示，角钢与连接板的三面围焊连接中，轴力设计值 $N = 800kN$（静力荷载），角钢为 2∠110×70×10（长肢相连），连接板厚度为 12mm，钢材 Q235，焊条 E43 型，手工焊。试确定所需焊脚尺寸和焊缝长度。

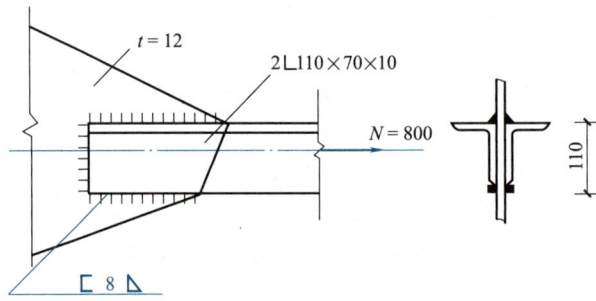

图 4-51　计算题 4 图

5. 如图 4-52 所示为一钢板拼接，M20、C 级普通螺栓，钢材 Q235。试计算此拼接所能承受的最大轴心拉力设计值 N。

6. 如图 4-53 所示的普通螺栓连接，材料为 Q235 钢，螺栓直径 20mm，承受的荷载设计值 $V = 240kN$。试按下列条件验算此连接是否安全：①假定支托不承受剪力；②假定支托承受剪力。

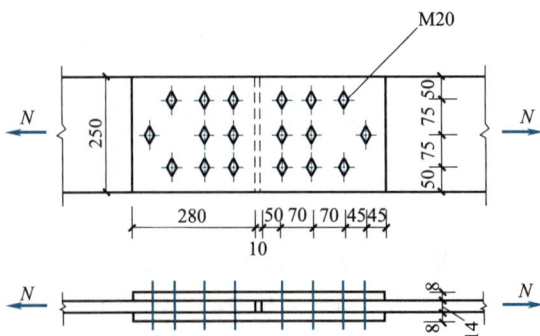

图 4-52　计算题 5 图

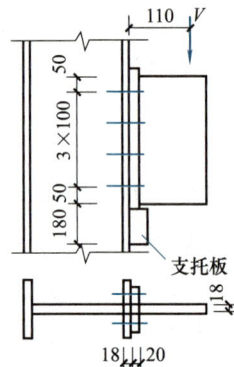

图 4-53　计算题 6 图

7. 某双盖板高强度螺栓摩擦型连接如图 4-54 所示。构件材料为 Q345 钢，螺栓采用 M20，强度等级为 8.8 级，接触面喷砂处理。试确定此连接所能承受的最大拉力 N。

8. 如图 4-55 所示，牛腿采用摩擦型高强度螺栓连接，$\mu = 0.45$，$P = 125\text{kN}$，$N = 20\text{kN}$，$F = 280\text{kN}$，验算螺栓的连接强度。

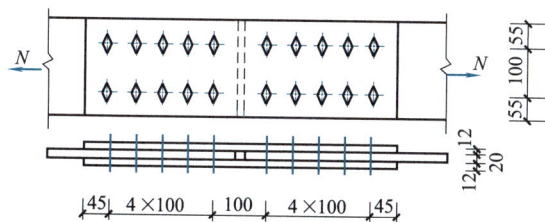

图 4-54　计算题 7 图

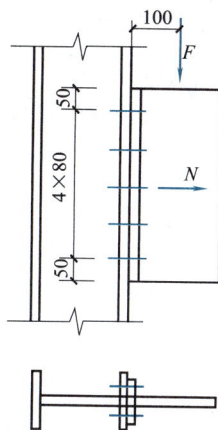

图 4-55　计算题 8 图

项目五
轴心受力构件的计算与构造要求

素质目标

- 培养在实际工作中能够综合运用所学知识的能力，从而进一步培养严谨求实的工作作风

知识目标

- 掌握轴心受力构件的强度、刚度、稳定性要求
- 理解轴心受力构件的破坏形式，轴心受力构件稳定性的设计原理和设计计算公式
- 了解轴心受力构件的截面形式，轴心受力构件柱头和柱脚的常用构造形式，以及柱脚计算要点

能力目标

- 能正确应用公式进行轴心受力构件强度、刚度验算
- 能进行轴心受压构件截面设计

任务一 轴心受力构件的特点和截面形式

轴心受力构件是指承受通过截面形心的轴向力作用的一种受力构件。当轴力为拉力时，称为轴心受拉构件或轴心拉杆；当轴力为压力时，称为轴心受压构件或轴心压杆。

轴心受力构件在钢结构工程中应用比较广泛，如桁架、塔架、网架、网壳等结构均由杆件连接而成，在进行结构受力分析时，常将这些杆件节点假设为铰接。各杆件在节点荷载作用下均承受轴心拉力或轴心压力，因此称为轴心受力构件。各种索结构中的钢索也是一种轴心受力构件。

轴心受力构件的截面形式很多，常用的分为型钢截面和组合截面两种。

1. 型钢截面

实腹式构件制作简单，与其他构件连接也较方便，是常用的截面形式，因此可直接选用单个热轧型钢截面，如圆钢、钢管、角钢、T 型钢、槽钢、工字钢、H 型钢等，如图 5-1 (a) 所示；在轻型结构中则可采用冷弯薄壁型钢截面，如图 5-1(b) 所示。

2. 组合截面

组合截面通常由型钢和钢板组成，包括实腹式组合截面 [图 5-1(c)] 和格构式组合截面 [图 5-1(d)]。

对轴心受力构件截面形式的共同要求是：①能提供强度所需要的截面积；②截面宽大而壁厚较薄（宽肢薄壁），以满足刚度的要求；③便于和相邻的构件连接；④制作比较

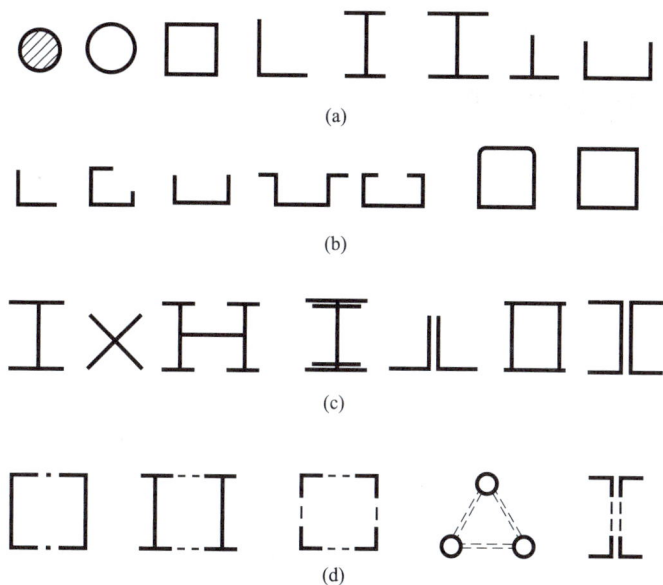

图 5-1　轴心受力构件的截面形式

简便。

以上这些截面中，紧凑者（如圆钢和板件宽厚比较小的截面）或对两主轴刚度相差悬殊者（如单槽钢、工字钢），一般只能用于轴心受拉构件。

对于轴心受压构件，宽肢薄壁具有重要意义，因为构件的稳定性直接取决于它的整体刚度，整体刚度大，则构件的稳定性好，用料比较经济。当然，对截面的两个主轴都应如此要求，并且两主轴刚度不应相差太大。根据以上情况，轴心压杆除经常采用双角钢和宽翼缘工字钢截面外，有时要采用实腹式或格构式组合截面。轮廓尺寸宽大的四肢或三肢格构式组合截面可以用于轴心压力不太大但比较长的构件，以便节省钢材。

任务二　轴心受力构件正常工作的基本要求

在进行轴心受力构件的设计时，应同时满足承载能力极限状态和正常使用极限状态的要求。对于承载能力极限状态，受拉构件一般用强度控制，而受压构件需同时满足强度和稳定性的要求。对于正常使用极限状态，往往是通过保证构件的刚度（即限制其长细比）来达到的。因此，按其受力性质的不同，轴心受拉构件的设计需分别进行强度和刚度的验算，而轴心受压构件的设计需分别进行强度、稳定性和刚度的验算。

一、轴心受力构件的强度

轴心受力构件在轴力作用下，在截面内产生均匀的正应力。《钢结构设计标准》规定强度极限状态是全截面的平均应力达到钢材的屈服强度 f_y。对于有孔洞的轴心受力构件，在孔洞附近存在应力集中现象，因此规范规定，构件正常工作强度条件为：构件净截面的平均应力不应超过钢材的强度设计值，即轴心受拉构件的强度计算公式为

$$\sigma = \frac{N}{A_n} \leqslant f \tag{5-1}$$

式中　N——构件的轴力设计值；

f——钢材的抗拉、抗压强度设计值，见附表 1-1；

A_n——构件净截面面积。

二、轴心受力构件的刚度

为满足结构的正常使用要求，轴心受力构件不应做得过分柔细，而应具有一定的刚度，以保证构件不会产生过度的变形。轴心受力构件的刚度是以保证其长细比限值 λ 来实现的，即

$$\lambda = \frac{l_0}{i} \leqslant [\lambda] \tag{5-2}$$

式中　λ——构件的最大长细比；

　　　l_0——构件的计算长度；

　　　i——截面的回转半径；

　　　$[\lambda]$——构件的容许长细比。

当构件的长细比太大时，会产生下列不利影响：①在运输和安装过程中产生弯曲或过大的变形；②使用期间因其自重而产生明显的向下挠度变形；③在动力荷载作用下发生较大的振动。

《钢结构设计标准》在总结了钢结构长期使用经验的基础上，根据构件的重要性和荷载情况，对受拉构件的容许长细比规定了不同的要求和数值，见表 5-1。对于受压构件，长细比更为重要。长细比过大，会使其稳定承载力降低太多，在较小荷载下就会丧失整体稳定，因而其容许长细比 $[\lambda]$ 限值应更严格，轴心受压构件的容许长细比要求见表 5-2。

表 5-1　受拉构件的容许长细比

项次	构件名称	承受静力荷载或间接承受动力荷载的结构		直接承受动力荷载的结构
		一般建筑结构	有重级工作制吊车的厂房	
1	桁架的杆件	350	250	250
2	吊车梁或吊车桁梁以下的柱间支撑	300	200	—
3	其他拉杆、支撑、系杆等（张紧的圆杆除外）	400	350	—

注：1. 承受静力荷载的结构中，可仅计算受拉构件在竖向平面内的长细比。

　　2. 在直接或间接承受动力荷载的结构中，计算单角钢受拉构件的长细比时，应采用角钢的最小回转半径；在计算单角钢交叉受拉杆件平面外的长细比时，应采用与角钢肢边平行轴的回转半径。

　　3. 中、重级工作制吊车桁架下弦杆的长细比不宜超过 200。

　　4. 在设有夹钳吊车或刚性料耙吊车的厂房中，支撑（表中第二项除外）的长细比不宜超过 300。

　　5. 受拉构件在永久荷载与风荷载组合作用下受压时，其长细比不宜超过 250。

　　6. 跨度等于或大于 60m 的桁架，其受拉弦杆和腹杆的长细比不宜超过 300（承受静力荷载）或 250（承受动力荷载）。

表 5-2　受压构件的容许长细比

项次	构件名称	容许长细比
1	柱、桁架和天窗架中的杆件	150
	柱的缀条、吊车梁或吊车桁架以下的柱间支撑	
2	支撑（吊车梁或吊车桁架以下的柱间支撑除外）	200
	用以减小受压构件长细比的构件	

注：1. 桁架（包括空间桁架）的受压腹杆，当其内力等于或小于承载能力的 50% 时，容许长细比可取 200。

　　2. 计算单角钢受压构件的长细比时，应采用角钢的最小回转半径，但计算在交叉点相互连接的交叉构件平面外的长细比时，可采用与角钢肢边平行轴的回转半径。

　　3. 跨度等于或大于 60m 的桁架，其受压弦杆和端压杆的容许长细比宜取 100，其他受压腹杆可取 150（承受静力荷载或间接承受动力荷载）或 120（直接承受动力荷载）。

　　4. 由容许长细比控制截面的构件，在计算其长细比时，可不考虑扭转效应。

【例 5-1】 试确定如图 5-2 所示截面的轴心受拉杆的最大承载能力设计值和最大容许计算长度，钢材为 Q235，容许长细比为 350。

解 查附表 1-1 得 $f = 215 \text{N/mm}^2$，

查附表 5 得 ∟100×10 的截面几何特征值为

$A_n = 19.3 \text{cm}^2$，$i_x = 3.05 \text{cm}$，$i_y = 4.52 \text{cm}$

该轴心拉杆最大承载能力设计值为

$N = A_n f = 2 \times 19.3 \times 215 \times 10^2 = 829900 \ (\text{N}) = 829.9 \ (\text{kN})$

该轴心拉杆的长度为

$$l_{0x} = [\lambda] \times i_x = 350 \times 3.05 = 1067.5 \ (\text{cm})$$

$$l_{0y} = [\lambda] \times i_y = 350 \times 4.52 = 1582 \ (\text{cm})$$

则该杆的最大允许计算长度为 1067.5cm。

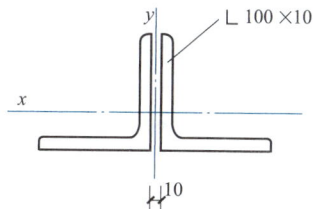

图 5-2 例 5-1 图

三、轴心受压构件的整体稳定

失稳破坏是钢结构工程的一种重要破坏形式，国内外压杆失稳破坏导致钢结构倒塌的事故已有多起。特别是近年来，随着钢结构构件截面形式的不断丰富和高强度钢材的应用，使得受压构件向着轻型、薄壁的方向发展，更容易引起压杆失稳。因此，对受压构件稳定性的研究也就显得更加重要。

理想轴心受力构件是指杆件为等截面理想直杆，压力作用线与杆件形心轴重合，材料为均质、各向同性，无初始应力影响，符合胡克定律。在实际工程中，轴心压杆并不完全符合以上条件，且它们都受初始缺陷（初始应力、初始偏心、初始弯曲等）的影响。因此把符合以上条件的轴心受压构件称为理想轴心受压构件。

当轴心压力达到某临界值时，理想轴心受压构件可能发生三种形式的屈曲变形。一种是弯曲屈曲，构件的截面只绕一个主轴旋转，构件的纵轴由直线变为曲线，这是双轴对称截面构件最常见的屈曲形式，如图 5-3（a）所示就是两端铰接工字形截面构件发生的绕弱轴的弯曲屈曲；一种是扭转屈曲，失稳时，构件除支撑端外的各截面均绕纵轴扭转，图 5-3（b）为长度较小的十字形截面构件可能发生的扭转屈曲；还有一种是弯扭屈曲，

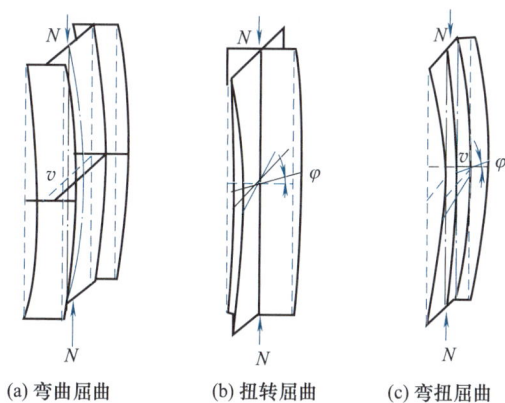

图 5-3 轴心受压构件的屈曲形式

(a) 弯曲屈曲　(b) 扭转屈曲　(c) 弯扭屈曲

二维码 5-1

二维码 5-2

单轴对称截面构件绕对称轴屈曲时，发生弯曲变形的同时伴随着扭转，图 5-3(c) 即 T 形截面构件发生的弯扭屈曲。轴心受压构件以何种形式屈曲，主要取决于截面的形式和尺寸、杆件的长度和杆端的支撑条件。

1. 理想弹性、弹塑性压杆弯曲失稳的临界应力

对于理想的等截面细长直杆，杆端铰接，其临界力 N_{cr} 和临界应力 σ_{cr} 的表达式分别为

$$N_{cr} = N_E = \frac{\pi^2 EI}{l_0^2} = \frac{\pi^2 EA}{\lambda^2} \tag{5-3}$$

$$\sigma_{cr} = \sigma_E = \frac{\pi^2 E}{\lambda^2} \qquad (5\text{-}4)$$

二维码 5-3

二维码 5-4

式中　I——截面绕屈曲轴的惯性矩；

　　　E——材料弹性模量；

　　　l_0——对应方向的杆件计算长度，$l_0 = \mu l$，其中 l 为杆件的计算长度，μ 为杆件的计算长度系数（由端部约束决定），见表 5-3；

　　　λ——与回转半径 i 相对应的压杆长细比；

　　　N_E——欧拉临界力；

　　　A——构件的毛截面面积；

　　　σ_E——欧拉临界应力；

　　　i——截面绕屈曲方向主轴的回转半径，$i = = \sqrt{\dfrac{I}{A}}$。

2. 实际影响轴心受压构件整体稳定性能的其他因素

式(5-3)、式(5-4) 表明了理想轴心受压构件的稳定性能及其影响因素。实际的受压杆件与理想直杆完全不同，它存在不可避免的几何缺陷和残余应力、杆件轴线的初弯曲以及轴向力的初始偏心等因素。这些因素的存在都使轴心受压构件的承载能力降低。

3. 实际轴心受压构件整体稳定性的实用计算方法

表 5-3　轴心受压杆件的计算长度系数

杆件的屈曲形式						
理论 μ 值	0.5	0.7	1.0	1.0	2.0	2.0
建议 μ 值	0.65	0.08	1.2	1.0	2.1	2.0
端部条件示意	无转动、无侧多	无转动、自由侧移	自由转动、无移侧		自由转动、自由侧移	

由上可知，轴心压杆的极限承载力 N_u 将取决于杆的初始弯曲、荷载的初始偏心、材料的不均匀性、截面的形状和尺寸以及残余应力的分布峰值等因素。而这些影响因素不会同时出现，在压杆承载力计算中主要考虑初始弯曲和残余应力两个最不利因素的影响：①初始弯曲的影响可以按杆长的 1/1000 考虑；②残余应力的影响根据不同的加工条件及其截面的不同形式和尺寸确定。

这样，轴心压杆可以视为压弯杆件计算其极限承载力，《钢结构设计标准》综合考虑了以上不利因素的影响，结合大量数据，确定了承载力曲线图（图 5-4），即给出了确定轴心受压构件的稳定系数 φ 值的依据。图 5-4 又称为柱子曲线，图中的 a、b、c、d 四条曲线是将诸多工程数据归纳总结分成四组，每组柱子曲线的平均值，即分别为四组的代表曲线。

另外，轴心压杆所受应力应不大于整体稳定的临界应力，同时考虑抗力分项系数 γ_R，则

$$\sigma = \frac{N}{A} \leqslant \frac{\sigma_u}{\gamma_R} = \frac{N_u}{A f_y} \cdot \frac{f_y}{\gamma_R} = \varphi f \qquad (5\text{-}5)$$

式中　　N——轴心压力；

　　　　A——构件的毛截面面积；

　　　　f——钢材的抗压强度设计值（按附表 1-1 采用），$f = \dfrac{f_y}{\gamma_R}$，其中 γ_R 为抗力分项

　　　　　　系数；

　　　　φ——轴心受压构件的稳定系数，$\varphi = \dfrac{N_u}{A f_y} = \dfrac{\sigma_u}{f_y}$。

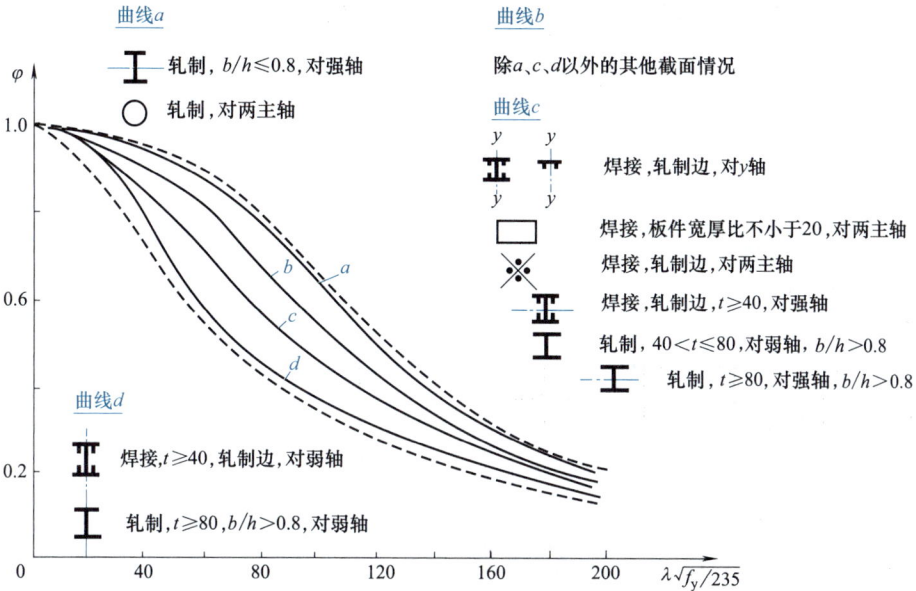

图 5-4　柱子曲线

　　整体稳定系数 φ 值，应根据表 5-4、表 5-5 的截面分类，构件长细比 λ 与 $\sqrt{f_y/235}$ 的乘积，按附表 2-1～附表 2-4 查出。N_u 是轴心受力杆件处于临界失稳极限状态时所受的力，此时杆件内部的应力就是 σ_u。

　　因此，《钢结构设计标准》规定轴心受压构件的整体稳定计算公式为

$$\sigma = \frac{N}{A\varphi} \leqslant f \tag{5-6}$$

表 5-4　轴心受压构件的截面分类（板厚 $t < 40\text{mm}$）

截　面　形　式	对 x 轴	对 y 轴
轧制	a 类	a 类
轧制，$b/h \leqslant 0.8$	a 类	b 类

截 面 形 式			对 x 轴	对 y 轴
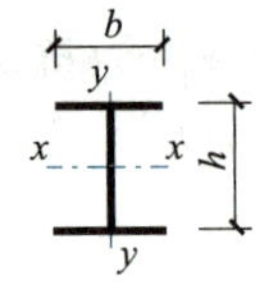 轧制,$b/h > 0.8$ 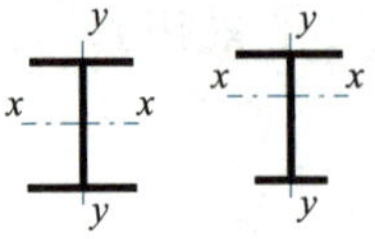	焊接,翼缘为焰切边 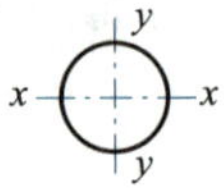	焊接	b 类	b 类
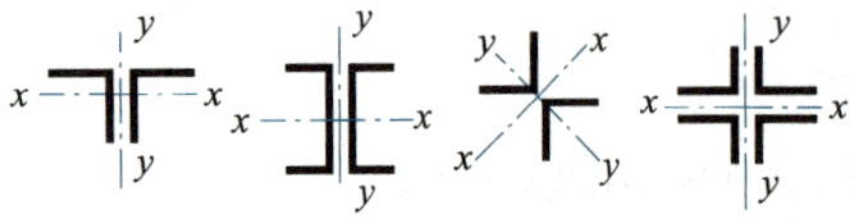 轧制 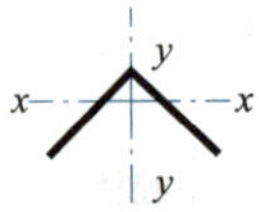		轧制等边角钢		
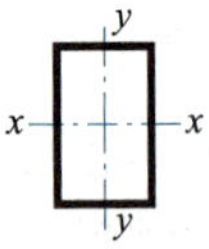 轧制、焊接(杆件宽厚比 20) 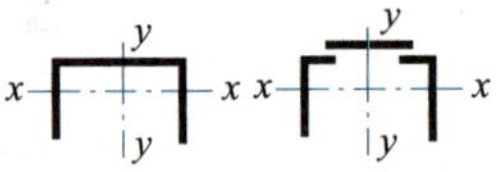		轧制或焊接		
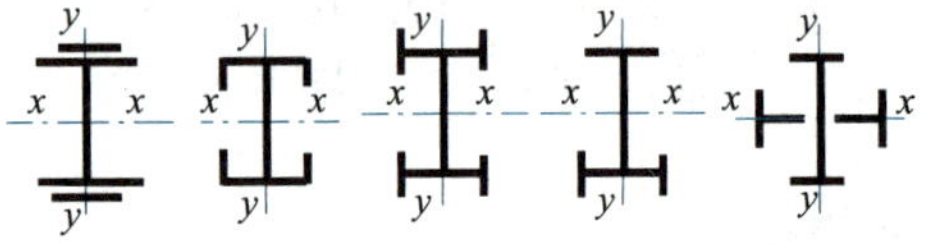 焊接 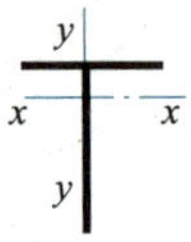		轧制截面或翼缘为焰切边的焊接截面		
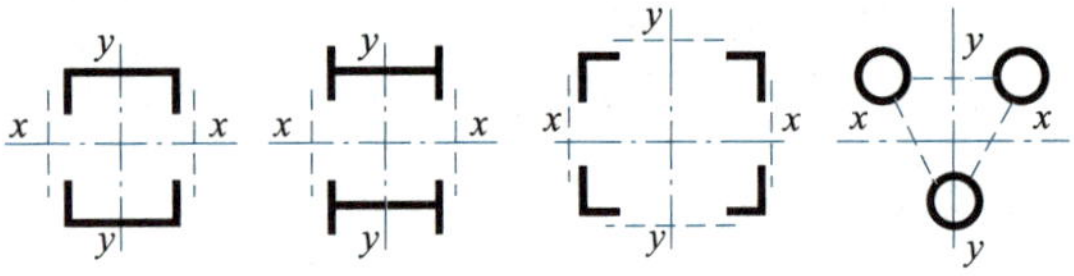 格构式 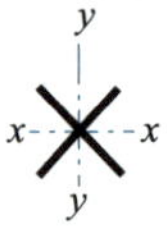		焊接,焰切边		
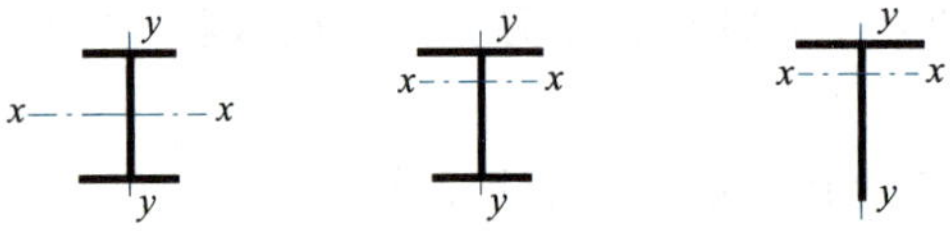 焊接,翼缘为轧制或剪切边			b 类	c 类
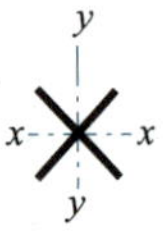 焊接,板件边缘为轧制或剪切边		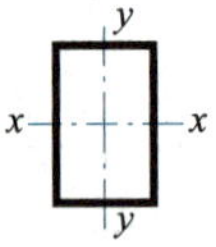 焊接,板件宽厚比≤20	c 类	c 类

表 5-5 轴心受压构件的截面分类（板厚 $t \geqslant 40\text{mm}$）

截 面 形 式			对 x 轴	对 y 轴
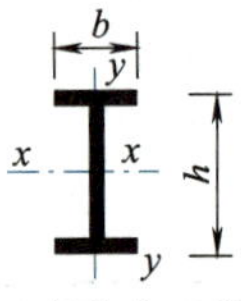 轧制工字形或 H 形截面	$b/h \leqslant 0.8$		b 类	b 类
	$b/h > 0.8$	$t < 80\text{mm}$	b 类	c 类
		$t \geqslant 80\text{mm}$	c 类	d 类

截 面 形 式		对 x 轴	对 y 轴
焊接工字形截面	翼缘为焰切边	b 类	b 类
	翼缘为轧制或剪切边	c 类	d 类
焊接箱形截面	板件宽厚比>20	b 类	b 类
	板件宽厚比≤20	c 类	c 类

对长细比 λ 的计算规定如下。

（1）截面为双轴对称或极对称的杆件：

$$\lambda_{0x}=l_{0x}/i_x \,,\lambda_{0y}=l_{0y}/i_y$$

l_0 和 i 分别为相应方向的计算长度和回转半径。

（2）单轴对称截面实腹式柱，绕对称轴失稳时，其长细比 λ_x 应取计算扭转效应的换算长细比 λ_{yx}。λ_{yx} 的计算方法可参见《钢结构设计标准》的相关规定。格构式构件长细比计算可参见本项目任务四的相关内容。

四、轴心受压构件的局部稳定

为提高轴心受压构件的稳定承载力，设计时实腹式轴心受压构件常选用肢宽壁薄的截面，因而其大都由若干矩形平面的板件组成。在轴心压力作用下，如果这些板件的平面尺寸很大，而厚度又相对很薄（宽厚比较大），板件有可能在达到极限承载力之前不能维持平面平衡状态而产生凹凸鼓曲变形，这种现象称为板件丧失稳定，对整个构件来说，此种失稳是局部现象，因此称为局部失稳。如图 5-5 所示，在轴心压力作用下，腹板和翼缘发生侧向鼓曲的失稳现象。因此，轴心受压构件的截面设计除考虑强度、刚度和整体稳定外，还应考虑局部稳定。

1. 轴心受压构件的局部稳定

（1）实腹式轴心受压构件在轴心压力作用下，可计算出其构件屈曲时的临界应力 σ_{cr} 为

$$\sigma_{cr}=\frac{\sqrt{\eta}\,\chi\beta\pi^2 E}{12(1-\mu^2)}\times\left(\frac{t}{b'}\right)^2 \tag{5-7}$$

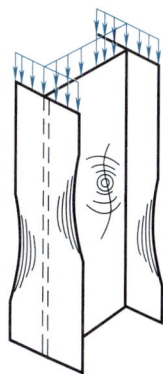

图 5-5　轴心受压构件的局部失稳

式中　χ——板边缘的弹性约束系数，对外伸翼缘取 1.0；

β——屈曲系数，对外伸翼缘取 0.425；

η——弹性模量折减系数，η＝切线模量 E_t／弹性模量 E；

μ——材料的泊松比，取 0.3；

b'——工字形或箱形翼缘板的自由外伸宽度；

t——腹板的厚度。

（2）通常采用限制其板件宽（高）厚比的办法来保证其局部稳定性。确定板件宽（高）

厚比限值所采用的原则有两种：一种是使构件应力达到屈服前其板件不发生局部屈曲，即局部屈曲临界应力不低于屈服应力；另一种是使构件整体屈曲前其板件不发生局部屈曲，即局部屈曲临界应力不低于整体屈曲临界应力，常称作等稳定性准则。规范在规定轴心受压构件宽（高）厚比限值时，主要采用后一准则，在长细比很小时参照前一准则予以调整，即

$$\frac{\sqrt{\eta}\chi\beta\pi^2 E}{12(1-\mu^2)} \times \left(\frac{t}{b'}\right)^2 \geqslant \varphi f_y \tag{5-8}$$

式中整体稳定系数 φ 与构件的长细比有关，因此，可用以上准则限制其板件宽（高）厚比的办法来保证构件的稳定性。

2. 轴心受压构件板件宽（高）厚比的限值

一般的轧制型钢（如工字钢、槽钢、角钢等）的腹板和翼缘的宽（高）厚比相对都较小，能满足局部稳定要求，可不进行验算。但对焊接组合截面（图 5-6）来说，为保证其局部稳定，一般需限制板件的宽（高）厚比。

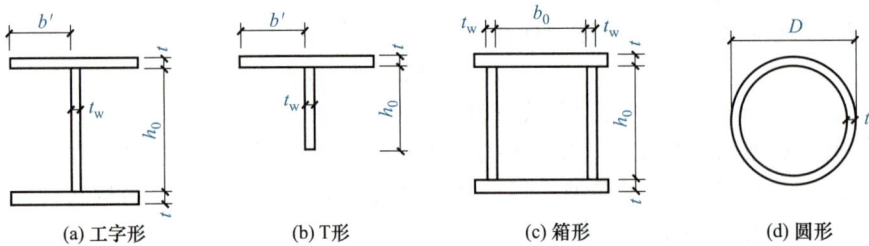

图 5-6 工字形、T 形、箱形、圆形截面

(1) 工字形截面 如图 5-6(a) 所示。

翼缘：
$$\frac{b'}{t} \leqslant (10+0.1\lambda)\sqrt{\frac{235}{f_y}} \tag{5-9}$$

腹板：
$$\frac{h_0}{t_w} \leqslant (25+0.5\lambda)\sqrt{\frac{235}{f_y}} \tag{5-10}$$

式中　h_0，t_w——腹板宽度和厚度；
　　　　λ——构件两方向长细比的较大值，当 $\lambda<30$ 时，取 $\lambda=30$，当 $\lambda>100$ 时，取 $\lambda=100$。

(2) T 形截面 如图 5-6(b) 所示，腹板宽厚比限值采用如下公式。

热轧 T 型钢：
$$\frac{h_0}{t_w} \leqslant (15+0.2\lambda)\sqrt{\frac{235}{f_y}} \tag{5-11}$$

焊接 T 型钢：
$$\frac{h_0}{t_w} \leqslant (13+0.17\lambda)\sqrt{\frac{235}{f_y}} \tag{5-12}$$

(3) 箱形截面 如图 5-6(c) 所示，箱形截面轴心受压构件的宽厚比限值为

$$\frac{b_0}{t} 或 \frac{h_0}{t_w} \leqslant 40\sqrt{\frac{235}{f_y}} \tag{5-13}$$

式中　b_0——箱形截面轴心受压构件的宽度。

(4) 圆形截面 如图 5-6(d) 所示，圆形截面的管壁缺陷如局部凹凸对屈曲应力的影响很大，管壁越薄，这种影响越大。因此，要求圆管的径厚比 $\frac{D}{t}$ 满足下式要求，即

$$\frac{D}{t} \leqslant 100 \times \frac{235}{f_y} \qquad (5\text{-}14)$$

3. 加强局部稳定的措施

当所选截面不满足板件宽（高）厚比规定要求时，一般通过调整其厚度或宽（高）度使其满足要求。对工字形截面的腹板，也可在其中部设置纵向加劲肋，以缩减腹板的计算高度，即取翼缘与纵向加劲肋之间的距离，如图 5-7 所示。加劲肋一般宜在腹板两侧成对配置，其一侧外伸宽度 $b_s \geqslant 10t_w$，厚度 $t_s \geqslant 0.75t_w$。除上述方法之外，还可采用有效截面的概念进行计算。

计算时，腹板截面面积仅考虑两侧宽度各为 $20t_w\sqrt{235/f_y}$ 的部分，但计算构件稳定系数 φ 时仍可用全截面。

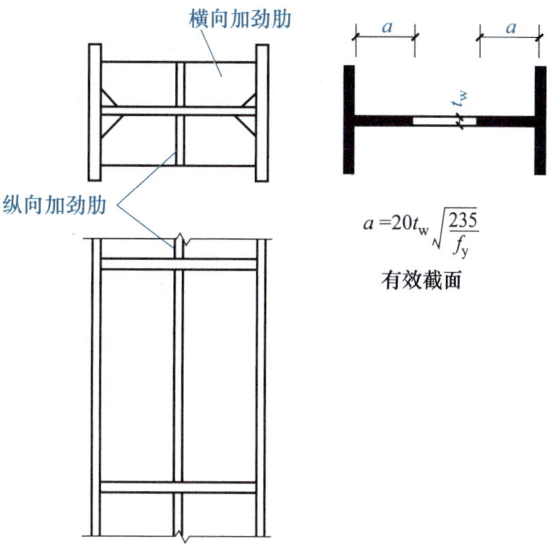

图 5-7　腹板纵向加劲肋及有效截面

任务三　实腹式轴心受压构件的设计

一、设计原则

为避免弯扭失稳，实腹式轴心受压构件一般采用双轴对称截面形式，如轧制普通工字钢、H 型钢、焊接工字形截面、型钢和钢板的组合截面、圆管和方管等。

在设计实腹式轴心受压构件时，为达安全、合理和经济的设计效果，应考虑以下原则。

（1）等稳定性。使两个主轴方向的稳定承载力相同，以充分发挥其承载能力。也就是尽可能地使两个方向上的稳定系数或长细比相等，即 $\varphi_x = \varphi_y$ 或 $\lambda_x = \lambda_y$。

（2）宽肢薄壁。在满足板件宽厚比限值的前提下，尽量展开其面积的分布，使其尽量远离形心轴，以增大截面的惯性矩和回转半径，提高杆件整体稳定承载力和刚度。

（3）制造省工。使构造尽量简单，充分利用现代化的制造能力和减少制造工作量，以降低材料造价。

（4）连接方便。

二、截面设计

实腹式轴心受压构件的设计应包括以下主要内容。

1. 截面选择

首先，根据截面设计的原则和使用要求、轴力大小、两主轴方向上杆件的计算长度 l_{0x} 和 l_{0y} 等确定截面的形式和钢材标号。然后按以下步骤选择型钢或确定组合截面尺寸。

（1）假定长细比 λ，一般可取 $\lambda = 50 \sim 100$。当轴力较大而计算长度较小时，取小值；反之，取大值。根据经验，对计算长度在 6m 左右的构件，$N \leqslant 1500\text{kN}$ 时，可假定 $\lambda = 80 \sim 100$；$N = 3000 \sim 3500\text{kN}$ 时，可假定 $\lambda = 50 \sim 70$。

（2）求出所需截面面积 A。

根据假定的 λ 值，查稳定系数 φ_x、φ_y，取其中的较小值 $\varphi_{\min}$，则所需截面面积为

$$A = \frac{N}{\varphi_{\min} f}$$

（3）计算两主轴所需回转半径，即

$$i_x = \frac{l_{0x}}{\lambda}, \ i_y = \frac{l_{0y}}{\lambda}$$

（4）由计算所得截面面积 A 和两个主轴的回转半径 i_x、i_y 优先选用轧制型钢，如普通工字钢、H 型钢等。当现有型钢规格不满足所需截面尺寸时，可采用组合截面，此时需先初步定出截面的轮廓尺寸，然后按下式确定所需截面的高度 h 和宽度 b，即

$$h \approx \frac{i_x}{a_1}, \ b \approx \frac{i_y}{a_2} \tag{5-15}$$

式中，a_1、a_2 为系数，表示 h、b 和回转半径 i_x、i_y 之间的近似数值关系，常用截面可由附表 4 查得。

（5）确定型钢型号或组合截面各板件尺寸。

对于型钢，根据 A、i_x 和 i_y，查型钢表中相近数值，即可选择到合适型钢。

对于组合截面，由 A、h 和 b，再考虑构造要求、局部稳定及钢材规格等，即可选定截面尺寸。

2. 截面验算

对选定的截面，进行如下验算。

（1）强度验算。按式（5-1）计算，其中取 $A_n = A$，若截面无削弱现象，可不验算；若有削弱现象，应按构件净截面积计算。

（2）刚度验算。按式（5-2）计算，并应按两主轴方向进行，其中 i 为 i_x 或 i_y。

（3）整体稳定。按式（5-6）计算，需同时考虑两个主轴方向，但一般取长细比较大值进行计算。

（4）局部稳定。轴心受压构件的局部稳定是以限制其组成板件的宽厚比来保证的。对于热轧型钢截面，由于其板件的宽厚比较小，一般能满足要求，可不进行验算。对于组合截面，应分别根据式（5-9）～式（5-14）对板件的宽厚比进行验算。

如果截面满足以上验算，即可确定为设计截面尺寸，否则通过重新假定 λ 或修改截面后再重复以上验算，直到满足为止。

三、构造要求

当 H 形或箱形截面柱的翼缘自由外伸宽厚比不满足要求时，可增大翼缘板厚。但对于腹板，当其宽厚比不满足要求时，常沿腹板腰部两侧对称设置纵向加劲肋，其厚度 t 不小于 $0.75t_w$，外伸宽度 b 不小于 $10t_w$，设置纵向加劲肋后，应根据新的腹板高度重新验算腹板的宽厚比。

当实腹式 H 形截面柱腹板宽厚比大于或等于 80 时，为防止在运输和安装过程中可能产生扭转变形，常在腹板两侧上下翼缘间对称设置横向加劲肋，其间距不得大于 $3h_0$。其截面尺寸要求为双侧加劲肋的外伸宽度 b_s 应不小于 $\left(\frac{h_0}{30} + 40\right)$ mm，厚度 t_s 应大于外伸宽度的 $1/15$。

轴心受压构件在承受集中水平荷载及运输单元端部等处，应设置横隔，其间距不大于 $9h$ 和 8m 的较小值。

实腹式轴心受压柱的纵向焊缝（腹板与翼缘之间的连接焊缝）主要起连接作用，受力很

小，一般不进行强度验算，可按构造要求确定焊缝尺寸。

【例 5-2】 如图 5-8 所示，支柱 AB 的设计压力为 $N=1780$kN（设计值），柱两端铰接，钢材为 Q235，截面无孔眼削弱。试按要求设计此柱的截面：①用普通轧制工字钢；②用焊接工字形截面，翼缘板为焰切边。

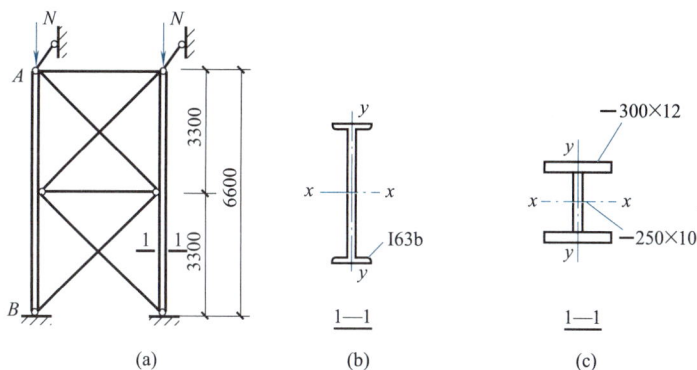

图 5-8　例 5-2 图

解　由于 AB 柱两个方向的计算长度不相等，故取图 5-8（b）的截面朝向，将强轴顺 x 轴方向，弱轴顺 y 轴方向。由于 AB 柱两端铰接，则柱在两个方向的计算长度分别为

$$l_{0x}=660\text{cm},\ l_{0y}=330\text{cm}$$

（1）普通轧制工字钢。

① 截面选择。

a. 假定 $\lambda=90$，根据表 5-4 可知，普通轧制工字钢绕 x 轴失稳时属 a 类截面，由附表 2 可查得 $\varphi_x=0.714$；绕 y 轴失稳时属 b 类截面，由附表 2 可查得 $\varphi_y=0.621$。

b. 所需截面的面积和回转半径分别为

$$A=\frac{N}{\varphi_{\min}f}=\frac{1780\times10^3}{0.621\times215\times10^2}\approx133.3\ (\text{cm}^2)$$

$$i_x=\frac{l_{0x}}{\lambda}=\frac{660}{90}\approx7.33\ (\text{cm})$$

$$i_y=\frac{l_{0y}}{\lambda}=\frac{330}{90}\approx3.67\ (\text{cm})$$

c. 确定工字钢型号。

由于在轧制工字钢型钢表中不可能选出同时满足 A、i_x 和 i_y 的型号，故可适当照顾 A 和 i_y 来进行选择。如图 5-8（b）所示，现试选 I63b，$A=167\text{cm}^2$，$i_x=24.2$cm，$i_y=3.25$cm。

② 截面验算。

a. 强度：因截面无削弱，可不验算强度。

b. 刚度：由表 5-2 可知，$[\lambda]=150$。

$$\lambda_x=\frac{l_{0x}}{i_x}=\frac{660}{24.2}\approx27.3<[\lambda]=150\ (\text{满足要求})$$

$$\lambda_y=\frac{l_{0y}}{i_y}=\frac{330}{3.25}\approx101.5<[\lambda]=150\ (\text{满足要求})$$

c. 整体稳定：由于 $\lambda_y>\lambda_x$，故由 λ_y 查附表 2-2，得 $\varphi=0.546$。

$$\frac{N}{\varphi A}=\frac{1780\times10^3}{0.546\times167\times10^2}\approx195.2\ (\text{N/mm}^2)<f=215\ (\text{N/mm}^2)\ (\text{满足要求})$$

d. 局部稳定：因工字钢的翼缘和腹板均较厚，可不验算。

因此，所选 I63b 符合要求。

（2）焊接工字形。

① 截面选择。

a. 假定 $\lambda=60$，查表 5-4 可知，对焊接工字形，翼缘为焰切边的截面，对 x 轴和 y 轴都属于 b 类截面，查附表 2-2 可得 $\varphi=0.807$。

b. 所需截面的面积和回转半径为

$$A=\frac{N}{\varphi f}=\frac{1780\times10^3}{0.807\times215\times10^2}\approx102.6\ (\text{cm}^2)$$

$$i_x=\frac{l_{0x}}{\lambda}=\frac{660}{60}=11.0\ (\text{cm})$$

$$i_y=\frac{l_{0y}}{\lambda}=\frac{330}{60}=5.5\ (\text{cm})$$

选用如图 5-8（c）所示尺寸：翼缘—300×12；腹板—250×10。

截面几何量为

$$A=2\times30\times1.2+25\times1.0=97\ (\text{cm}^2)$$

$$I_x=\frac{1}{12}\times1.0\times25^3+2\times30\times1.2\times18.5^2\approx25944\ (\text{cm}^4)$$

$$I_y=2\times\frac{1}{12}\times1.2\times30^3=5400\ (\text{cm}^4)$$

$$i_x=\sqrt{\frac{I_x}{A}}=\sqrt{\frac{25944}{97}}\approx16.35\ (\text{cm})$$

$$i_y=\sqrt{\frac{I_y}{A}}=\sqrt{\frac{5400}{97}}\approx7.46\ (\text{cm})$$

② 截面验算。

a. 强度：因截面无削弱，可不验算强度。

b. 刚度：

$$\lambda_x=\frac{l_{0x}}{i_x}=\frac{660}{16.35}\approx40.4<[\lambda]=150\ (\text{满足要求})$$

$$\lambda_y=\frac{l_{0y}}{i_y}=\frac{330}{7.46}\approx44.2<[\lambda]=150\ (\text{满足要求})$$

c. 整体稳定：因对 x 轴和 y 轴都属于 b 类截面，故由长细比较大值 $\lambda_y=44.2$ 查表，并由内插法得 $\varphi=0.881$。

$$\frac{N}{\varphi A}=\frac{1780\times10^3}{0.881\times97\times10^2}\approx208.3\ (\text{N/mm}^2)<f=215\ (\text{N/mm}^2)\ (\text{满足要求})$$

d. 局部稳定：取长细比的较大值 λ_y 进行验算。

翼缘：$\dfrac{b'}{t}=\dfrac{\frac{1}{2}\times(300-10)}{12}\approx12.08<(10+0.1\lambda)\sqrt{\dfrac{235}{f_y}}\approx14.4\ (\text{满足要求})$

腹板：$\dfrac{h_0}{t_w} = \dfrac{25}{1.0} = 25 < (25 + 0.5\lambda)\sqrt{\dfrac{235}{f_y}} = 47.1$（满足要求）

因此，所选焊接工字形（翼缘—300×12，腹板—250×10）截面符合要求。

任务四　格构式轴心受压构件的设计

一、格构式轴心受压构件的截面形式

格构式轴心受压构件也称格构柱，一般采用双轴对称截面，如用两根槽钢［图 5-9(a)］或 H 型钢［图 5-9(b)］作为肢件，两肢间用缀条［图 5-10(a)、(b)］或缀板连成整体。调整格构柱两肢间的距离很方便，易于实现对两个主轴的等稳定性。

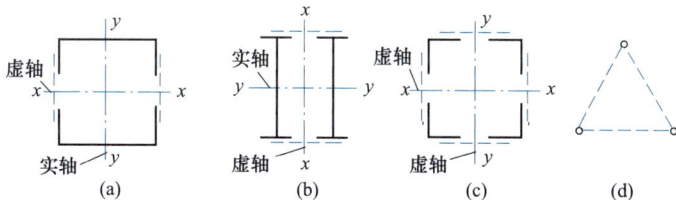

图 5-9　格构式轴心受压构件截面形式

在柱的横截面上穿过肢件腹板的轴称为实轴［图 5-9(a)、(b) 中的 y 轴］，穿过两肢之间缀材面的轴称为虚轴［图 5-9(a)、(b) 中的 x 轴］。

用四根角钢组成的四肢柱［图 5-9(c)］适用于长度较大而受力不大的构件，其四面皆以缀材相连，两个主轴 x 和 y 轴都为虚轴。三面用缀材相连的三肢柱［图 5-9(d)］一般用圆管作肢件，其截面是几何不变的三角形，受力性能较好，两个主轴也都为虚轴。四肢柱和三肢柱的缀材一般采用缀条而不用缀板。

如图 5-10 所示，缀条一般用单根角钢做成，而缀板通常用钢板做成。缀条和缀板统称缀材。缀材主要保证分肢间的整体工作，并可以减少分肢的计算长度。

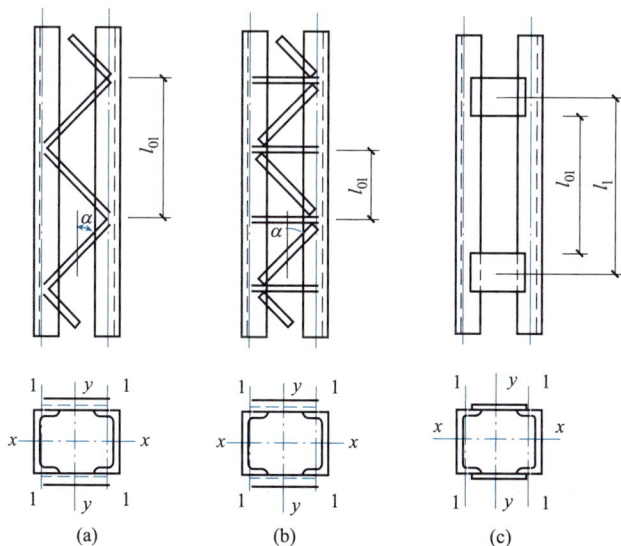

图 5-10　格构式构件的组成

二、格构式轴心受压构件的稳定性计算

1. 对实轴的整体稳定计算

当格构柱整体失稳时，往往发生绕截面主轴的弯曲屈曲，因此计算格构柱的整体稳定性时，只要分别计算其绕截面实轴和虚轴抵抗弯曲屈曲的能力即可。格构柱绕实轴的弯曲情况与实腹式的一样，因此整体稳定计算也相同，可采用式(5-6)计算。

2. 对虚轴的整体稳定计算

实腹式轴心受压构件弯曲屈曲时，剪切变形影响很小，对构件临界力的降低率不到1%，可以忽略不计。而格构式轴心受压构件绕虚轴弯曲屈曲时，由于两个分肢不是实体相连，连接两分肢的缀件的抗剪能力比实腹式构件的腹板弱，构件在微弯平衡状态下，除弯曲变形外，还需要考虑剪切变形的影响，故稳定承载力有所降低。因此，在格构式轴心受压构件的设计中，对虚轴的稳定性计算，规范采用加大长细比的方法来考虑剪切变形对整体稳定承载力的影响，加大后的长细比称为换算长细比。这样，用换算长细比代替原始长细比，格构式轴心受压构件绕虚轴的整体稳定计算与实腹式构件的就相同了。

（1）双肢缀条式格构柱的换算长细比。

根据弹性稳定理论，考虑剪力的影响，其构件临界应力的公式为

$$\sigma_{cr}=\frac{\pi^2 E}{\lambda_x^2}\times\frac{1}{1+\frac{\pi^2 EA}{\lambda_x}\gamma}=\frac{\pi^2 EA}{\lambda_{0x}^2} \tag{5-16}$$

$$\lambda_{0x}=\sqrt{\lambda_x^2+\frac{\pi^2}{\sin^2\alpha\cos\alpha}\times\frac{A}{A_{1x}}} \tag{5-17}$$

式中　λ_{0x}——格构柱的换算长细比；

λ_x——格构柱对虚轴长细比；

A——构件的毛截面面积；

γ——单位剪力作用下的剪切角；

A_{1x}——一个节间内两侧垂直于 x 轴（虚轴）缀条平面内斜缀条的面积之和；

α——斜缀条与构件轴线间夹角。

一般斜缀条与构件轴线间的夹角在 $40°\sim70°$ 范围内，则 $\frac{\pi^2}{\sin^2\alpha\cos\alpha}=25.6\sim32.7$，为了简便，规范规定统一取为 27（$\alpha=45°$时），因此，双肢缀条式格构柱的换算长细比公式简化为

$$\lambda_{0x}=\sqrt{\lambda_x^2+\frac{27A}{A_{1x}}} \tag{5-18}$$

需要注意的是，当斜缀条与柱轴线间的夹角不在 $40°\sim70°$ 范围内时，$\frac{\pi^2}{\sin^2\alpha\cos\alpha}$ 的值将比 27 大很多，式(5-18)是偏于不安全的，应按式(5-17)计算换算长细比 λ_{0x}。

（2）双肢缀板式格构柱的换算长细比。

缀板与肢件的连接可视为刚接，因而分肢与缀板组成一个多层框架。因此，可假定反弯点在每层分肢和每个缀板（横梁）的中点，按单跨多层刚架进行分析。可得其换算长细比为

$$\lambda_{0x}=\sqrt{\lambda_x^2+\lambda_1^2} \tag{5-19}$$

式中，λ_1 为单个分肢对最小刚度轴 1-1 的长细比，$\lambda_1=l_{01}/i_1$；i_1 为单肢最小回转半

径，即图 5-10 中单肢绕 1-1 轴的回转半径；l_{01} 取值为：焊接时取相邻两缀板间净距离，螺栓连接时为相邻两缀板边缘螺栓的距离。

对于四肢和三肢组合的格构柱，可得出类似的换算长细比计算公式，详见《钢结构设计标准》。

（3）分肢构件的稳定性计算。

格构式轴心受压构件的分肢既是组成整体截面的一部分，在缀件节点之间又是一个单独的实腹式受压构件。所以，对格构式构件除需作为整体计算其强度、刚度和稳定性外，还应计算各分肢的强度、刚度和稳定性，且应保证各分肢不先于格构式构件整体失稳。

由于受初弯曲等缺陷的影响，格构式轴心受压构件受力时呈弯曲变形，故各分肢内力并不相同，其强度或稳定计算是相当复杂的。为简化起见，规范规定分肢的长细比满足下列条件时可不计算分肢的强度、刚度和稳定性。

当缀件为缀条时：

$$\lambda_1 \leqslant 0.7\lambda_{\max} \tag{5-20}$$

当缀件为缀板时：

$$\lambda_1 \leqslant 0.5\lambda_{\max} \text{ 且不大于 } 40 \tag{5-21}$$

式中　$\lambda_{\max}$——构件两方向长细比（对虚轴取换算长细比）的较大值，当 $\lambda_{\max} < 50$ 时，取 $\lambda_{\max} = 50$；

　　　λ_1——同式(5-19)的规定，但对缀条构件，l_{01} 为相邻两节点间中心距。

三、格构式轴心受压构件的缀件设计

1. 格构式轴心受压构件的轴向剪力

格构式轴心受压构件绕虚轴失稳发生弯曲时，缀材要承受横向剪力的作用。因此，需要首先计算出横向剪力的数值，然后才能进行缀材的设计。

格构柱绕虚轴弯曲时将产生剪力，如图 5-11 所示。考虑初始缺陷的影响，经理论分析，规范采用以下公式计算格构式轴心受压构件中可能发生的最大剪力（设计值）V，即

$$V = \frac{Af}{85}\sqrt{\frac{f_y}{235}} \tag{5-22}$$

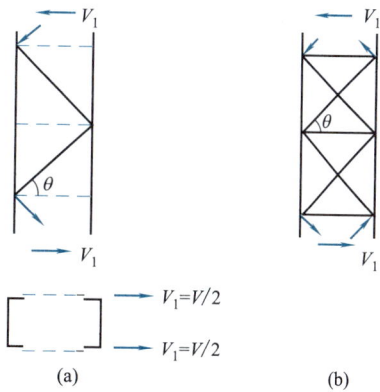

图 5-11　缀条的剪力

在设计中，偏安全地假定剪力 V 沿构件长度方向为定值，对于双肢格构式构件，该剪力 V 由双侧缀材平均分担，每侧缀件承担剪力 $V_1 = V/2$。

2. 缀条设计

缀条的布置一般采用单系缀条 [图 5-11(a)]，也可采用交叉缀条 [图 5-11(b)]。格构柱的每个缀件面如同缀条与构件分肢组成的平行弦桁架体系，缀条可看作桁架的腹板，内力与桁架腹杆的计算方法相同。在横向剪力作用下，一个斜缀条的轴力为

$$N_1 = \frac{V_1}{n\cos\theta} \tag{5-23}$$

式中　V_1——分配到每一个缀材面上的剪力；

　　　n——承受剪力 V_1 的斜缀条条数，单系缀条，$n = 1$，交叉缀条，$n = 2$；

θ——缀条的倾角。

由于剪力方向难以确定，缀条可能受拉也可能受压，应按轴心压杆选择截面。

缀条一般采用单角钢与肢件单面连接，因此缀条是偏心受压。当按轴心受力构件计算其强度和稳定性时，应将钢材强度设计值乘以折减系数 η，其取值如下。

（1）按轴心受压计算构件的强度与连接时，$\eta=0.85$。

（2）按轴心受压计算构件的稳定性时：

对等边角钢：$\eta=0.6+0.0015\lambda$，且不大于 1.0；

对短边相连的不等边角钢：$\eta=0.6+0.0025\lambda$，且不大于 1.0；

对长边相连的不等边角钢：$\eta=0.70$。

其中 λ 为缀条的长细比，对中间无联系的单角钢，按角钢最小回转半径确定，$\lambda<20$ 时，取 $\lambda=20$。交叉缀条体系的横缀条假设不受力或按受力为 V_1 计算，截面可取与斜缀条相同。不论横缀条或斜缀条，均应满足容许长细比 $[\lambda]=150$ 的要求。

缀条的轴线与分肢的轴线应尽可能交于一点，如果设有横缀条，可加设节点板（如图 5-12 所示）。为了保证必要的焊缝长度，节点处缀条轴线交汇点可稍向外移至分肢形心轴线以外，但不超出分肢翼缘的外侧。为了减小斜缀条两端受力角焊缝的搭接长度，缀条与分肢可采用三面围焊相连。

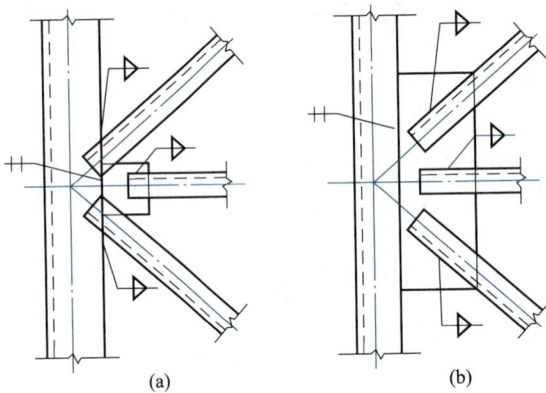

图 5-12　缀条与分肢的连接

3. 缀板设计

缀板柱可视作多层框架。当它整体挠曲时，假设各层分肢中点和缀板中点为反弯点，如图 5-13 所示。从柱中取出如图 5-13(b) 所示的隔离体，得缀板内力如下。

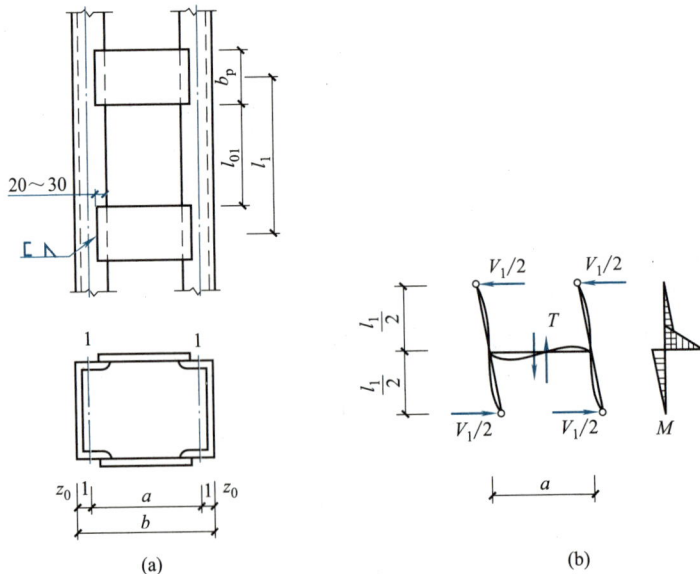

图 5-13　缀板计算简图（单位：mm）

对 O 点取矩得剪力 T：

$$T = \frac{V_1 l_1}{a} \tag{5-24}$$

式中 a——肢件轴线间的距离；

　　l_1——缀板中心线间的距离。

与肢件相连弯矩为

$$M = T \times \frac{a}{2} = \frac{V_1 l_1}{2} \tag{5-25}$$

缀板应有一定刚度。规范规定同一截面处两侧缀板线刚度之和不得小于一个分肢线刚度的 6 倍。一般取宽度 $b_p \geqslant 2a/3$，厚度 $t_p \geqslant a/40$，且不小于 6mm。构件端部第一缀板应适当加宽，一般取 $b_p = a$；与肢体的搭接长度一般不小于 30mm。

四、格构式轴心受压构件的构造要求

为保证运输和安装过程中格构柱的截面几何形状不变，传递必要的内力，以及提高其抗扭刚度，在受较大水平力处和每个运输单元的两端，应设置横隔，构件较长时还应设置中间横隔。横隔间距不得大于构件截面较大宽度的 9 倍或 8m。格构柱的横隔可用钢板或交叉角钢做成。

五、格构式轴心受压构件的截面设计

1. 选择类型

根据轴力的大小、两主轴方向的计算长度、使用要求及供料情况，决定采用缀板柱还是缀条柱。

（1）缀件面剪力较大或宽度较大的宜用缀条柱（即大型柱）。

（2）中小型柱采用缀板柱或缀条柱。

2. 选择分肢截面

根据对实轴（y 轴）的稳定性的计算，选择分肢截面，方法与实腹式的计算相同。

3. 确定分肢间距

根据对虚轴（x 轴）的稳定性的计算，确定分肢间距（肢件间距）。

（1）按等稳定性条件，应使两个方向的长细比相等，即 $\lambda_{0x} = \lambda_y$。

① 缀条柱对虚轴的长细比为

$$\lambda_x = \sqrt{\lambda_{0x}^2 - 27\frac{A}{A_{1x}}} = \sqrt{\lambda_y^2 - 27\frac{A}{A_{1x}}} \tag{5-26}$$

可假定 $A_{1x} = 0.1A$。

② 缀板柱对虚轴的长细比为

$$\lambda_x = \sqrt{\lambda_{0x}^2 - \lambda_1^2} = \sqrt{\lambda_y^2 - \lambda_1^2} \tag{5-27}$$

可假定 λ_1 为 $30 \sim 40$，$\lambda_1 \leqslant 0.5\lambda_y$。

（2）求得 λ_x 后，求虚轴所需的回转半径。

$$i_x = \frac{l_{0x}}{\lambda_x}$$

根据附表 4 可得构件在缀材方向的宽度 $b \approx i_x/\alpha_1$，也可由已知截面的几何量直接算出构件的宽度 b，一般取 b 为 10mm 的倍数，且两肢净距宜大于 100mm，以便内部涂刷油漆。

4. 截面验算

对试选的截面进行如下验算。

（1）强度：截面无削弱时，可不验算。

（2）刚度：注意对虚轴应用换算长细比。

（3）整体稳定：φ 值由 λ_{0x} 和 λ_y 中的较大值查表（附表 2）得出。

（4）分肢稳定：按式(5-20)、式(5-21)计算。

5. 进行缀条或缀板的连接节点设计

进行以上计算时应注意：构件对实轴的长细比 λ_y 和对虚轴的换算长细比 λ_{0x} 均不得超过容许长细比 $[\lambda]$。

6. 设置隔板

最后按规定设置横隔。

【例 5-3】 将例 5-2 中轴心压力设计值改为 $N = 1200$kN，试将支柱 AB 设计成缀条柱，材料为 Q345 钢。

解 （1）类型选择：已规定设计成缀条柱。

（2）选择分肢截面，对实轴（y 轴）：

假定 $\lambda_y = 60$，查附表 1-1 可知 f 为 310N/mm²，查表 5-4 可知为 b 类截面，查附表 2-2 得 $\varphi = 0.734$，则所需截面面积为

$$A = \frac{N}{\varphi f} = \frac{1200 \times 10^3}{0.734 \times 310 \times 10^2} \approx 52.7 \ (\text{cm}^2)$$

所需回转半径：

$$i_y = \frac{l_{0y}}{\lambda_y} = \frac{330}{60} = 5.5 \ (\text{cm})$$

由附表 8 选用 2[20a，$A = 2 \times 28.8 = 57.6$（cm²），$i_y = 7.86$cm，$I_1 = 128.0$cm⁴，$i_1 = 2.11$cm。

（3）确定分肢间距，对虚轴（x 轴）：

假定 $A_{1x} \approx 0.1A = 0.1 \times 57.6 = 5.76$（cm²），并按构造要求，查附表 5 选用 ∟45×4，则

$$A_{1x} = 2 \times 3.49 = 6.98 \ (\text{cm}^2)$$

$$\lambda_y = \frac{l_{0y}}{i_y} = \frac{330}{7.86} \approx 42.0$$

$$\lambda_x = \sqrt{\lambda_y^2 - 27\frac{A}{A_{1x}}} = \sqrt{42.0^2 - 27 \times \frac{57.6}{6.98}} \approx 39.3$$

$$i_x = \frac{l_{0x}}{\lambda_x} = \frac{660}{39.3} \approx 16.79 \ (\text{cm})$$

$$b \approx \frac{i_x}{\alpha_1} = \frac{16.79}{0.44} \approx 38.2 \ (\text{cm}) \ （由附表 4 得 \alpha_1 = 0.44）$$

取 $b=40\mathrm{cm}$。

（4）截面验算。

截面特性：

$$I_x=2\times(128+28.8\times18.0^2)\approx18918\ (\mathrm{cm}^4)$$

$$i_x=\sqrt{\frac{I_x}{A}}=\sqrt{\frac{18918}{57.6}}\approx18.1\ (\mathrm{cm})$$

$$\lambda_x=\frac{l_{0x}}{i_x}=\frac{660}{18.1}\approx36.5$$

$$\lambda_{0x}=\sqrt{\lambda_x^2+27\frac{A}{A_{1x}}}=\sqrt{36.5^2+27\times\frac{57.6}{6.98}}\approx39.4$$

① 强度：截面无削弱，可不验算。

② 刚度：

$$\lambda_y=42.0<[\lambda]=150\ (\text{满足要求})$$

$$\lambda_{0x}=39.4<[\lambda]=150\ (\text{满足要求})$$

③ 整体稳定：

由表 5-4 可知，格构式截面对 x、y 轴均属 b 类截面，由 $\lambda_{\max}=\lambda_y=42.0<50$，取 $\lambda_{\max}=50$（$50\sqrt{f_y/235}\approx60.6$），查附表得 $\varphi=0.806$（内插法），则

$$\frac{N}{\varphi A}=\frac{1200\times10^3}{0.806\times57.6\times10^2}\approx258.5\ (\mathrm{N/mm}^2)<f=310\ (\mathrm{N/mm}^2)\ (\text{满足要求})$$

④ 分肢稳定：

缀条按 45° 布置，得

$$\lambda_1=\frac{l_{01}}{i_1}=\frac{72}{2.11}\approx34.1<0.7\lambda_{\max}=0.7\times50=35\ (\text{满足要求})$$

（5）设计缀条。

① 根据式(5-22)，缀件截面剪力为

$$V_1=\frac{1}{2}\left(\frac{Af}{85}\sqrt{\frac{f_y}{235}}\right)=\frac{1}{2}\times\frac{57.6\times10^2\times310}{85}\times\sqrt{\frac{345}{235}}=12727\ (\mathrm{N})$$

② 根据式(5-23)，斜缀条内力为

$$N_1=\frac{V_1}{n\cos\theta}=\frac{12727}{\cos45°}\approx17998\ (\mathrm{N})$$

③ 刚度验算：

斜缀条角钢为 ∟45×4，选用 Q235 钢，则 $A=3.49\mathrm{cm}^2$，$i_{\min}=0.89\mathrm{cm}$。

$$\lambda=\frac{l_0}{i_{\min}}=\frac{40}{\cos45°\times0.89}\approx64<[\lambda]=150\ (\text{满足刚度要求})$$

④ 强度验算：

轧制等边角钢截面对 x、y 轴均属 b 类截面，查附表 2-2 得 $\varphi=0.786$。

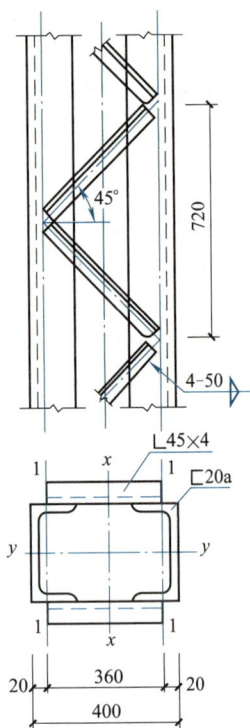

图 5-14 缀条柱

单面连接等边角钢按轴心受力计算稳定性时，强度设计值折减系数为

$$\eta = 0.6 + 0.0015\lambda = 0.6 + 0.0015 \times 64 = 0.696$$

则 $\dfrac{N_1}{\varphi A} = \dfrac{17998}{0.786 \times 3.49 \times 10^2} = 65.6$（N/mm^2）$< \eta f = 0.696 \times 215 = 149$（N/mm^2）（满足要求）。

⑤ 缀条焊缝：$f_{\rm f}^{\rm w} = 160$N/mm^2，采用两面侧焊，取 $h_{\rm f} = 4$mm，焊条 E43 型。

肢背焊缝需要长度 $l_{\rm w1} = \dfrac{\eta_1 N_1}{0.7 h_{\rm f} \times \eta f_{\rm f}^{\rm w}} + 2h_{\rm f} = \dfrac{0.7 \times 17998}{0.7 \times 4 \times 0.85 \times 160} + 2 \times 4 = 41$（mm）

肢尖焊缝需要长度 $l_{\rm w2} = \dfrac{\eta_2 N_1}{0.7 h_{\rm f} \times \eta f_{\rm f}^{\rm w}} + 2h_{\rm f} = \dfrac{0.3 \times 17998}{0.7 \times 4 \times 0.85 \times 160} + 2 \times 4 = 22$（mm）

按最小长度规定，均取 50mm。

（6）设置横隔。

柱截面最大宽度为 400mm，横隔间距≤9×0.4＝3.6（m）。柱高 6.6m，上下两端有柱头、柱脚，中间三分点处设两道钢板横隔，与斜缀条节点配合设置。

如图 5-14 所示为最终设计的缀条柱。

任务五　柱头和柱脚

一、柱头

柱头是梁与柱的连接部分，柱头也可称柱顶，其作用是将上部结构的荷载传到柱身。轴心受压柱与梁连接时，应采用铰接；框架结构的梁柱多采用刚接。柱头的设计必须遵循传力可靠、构造简单和便于安装的原则，其构造与梁端部构造密切相关。

轴心受压柱直接承受上部传来的荷载。当轴心受压柱与梁铰接时，梁可支撑在柱顶上 [图 5-15(a)、(b)、(c)]，亦可连接于柱的侧面 [图 5-15(d)、(e)]。

梁支于柱顶时，梁的支座反力通过柱顶板传给柱身。顶板与柱用焊缝连接，顶板厚度取 16～20mm。为了便于安装定位，梁与顶板用普通螺栓连接。图 5-15(a) 的构造将梁的反力通过支撑加劲肋直接传给柱的翼缘。两相邻梁之间留一空隙以便于安装，最后用夹板和构造螺栓连接。这种连接方式构造简单，对梁长度尺寸的制作要求不高，缺点是当柱顶两侧梁的反力不等时将使柱偏心受压。为避免偏心受压，可采用图 5-15(b) 的构造，梁的反力通过端部加劲肋的突出部分传到柱的轴线附近，因此即使两相邻梁的反力不等，柱仍接近于轴心受压。梁端加劲肋的底面应刨平顶紧于柱顶板。由于梁的反力大部分传给柱的腹板，因而腹板不能太薄，且必须用加劲肋加强。两相邻梁之间可留一些空隙，安装时嵌入合适尺寸的填板并用普通螺栓连接。对于格构柱 [图 5-15(c)]，为了保证传力均匀并托住顶板，应在两柱分肢之间设置隔板。

多层框架的中间梁柱相连时，横梁只能在柱侧相连，其铰接构造如图 5-15(d)、(e) 所示。梁的反力由端加劲肋传给承托，承托可采用厚钢板做成 [见图 5-15(d)]，也可用图 5-15(e) 所

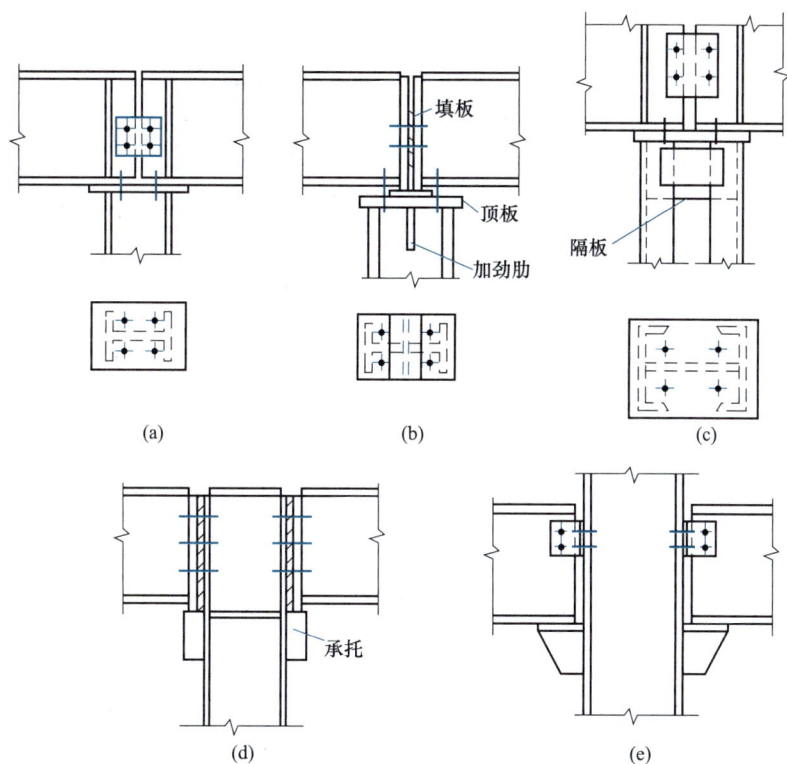

图 5-15　铰接柱头

示的连接方式，承托与柱翼缘间用角焊缝相连。用厚钢板做承托的方案适用于承受较大的压力，但制作与安装的精度要求较高。承托的端面必须刨平并与梁的端加劲肋顶紧以便直接传递压力。考虑到荷载偏心的不利影响，承托与柱的连接焊缝按梁支座反力的 1.25 倍计算。为方便安装，梁端与柱间应留空隙加填板并设置构造螺栓。

　　单层框架和多层框架的梁柱连接时，多数为刚性节点，此时不论梁位于柱顶或柱身，均应将梁支撑于柱侧，梁端采用刚接可以减小梁跨中的弯矩，但制作和施工都较为复杂，具体做法可参考其他有关书籍。

二、柱脚

　　柱脚的作用是将柱的下端固定于基础，并将柱身所受的内力传给基础。基础一般由钢筋混凝土做成，其强度远比钢材低。为此，需要将柱身的底端放大，以增加其与基础顶部的接触面积，使接触面上的压应力小于或等于基础混凝土的抗压强度设计值。因此，在整个柱中，柱脚的耗钢量大，且制造费工，设计时应力求简明。并且，柱脚的构造设计应尽可能符合结构的计算简图。

　　柱脚按其与基础的连接方式不同，可分为铰接和刚接两种形式。铰接主要承受轴心压力，刚接主要承受压力和弯矩，刚接柱脚将在项目七简述。

　　受轴心压力时，柱身传来的压力首先经柱身和靴梁间的四条焊缝传给靴梁，再经角焊缝由靴梁传给底板，最后由底板把压力传给混凝土基础。如图 5-16 所示的几种铰接柱脚，一般由底板和辅助传力零件（靴梁、隔板、肋板等）组成，并用埋设于混凝土基础内的锚栓将底板固定。底板上的锚栓孔应比锚栓直径大 1～1.5 倍，或做成 U 形缺口以便于柱的安装和调整。锚栓一般按构造采用 2 个 M20～M27 的螺栓，并沿底板短轴线设置，最后固定时，

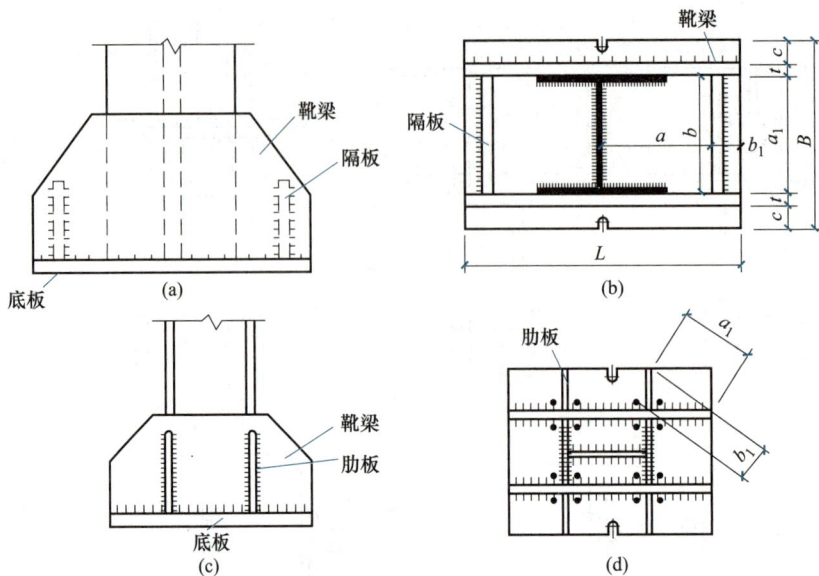

图 5-16 铰接柱脚

应用孔径比锚栓直径大的垫板套住锚栓并与底板焊牢。

剪力通常由底板与基础表面的摩擦力传递。当此摩擦力不足以承受水平剪力时，应在柱脚底下设置抗剪键，抗剪键可由方钢、短 T 型钢或 H 型钢做成。

1. 底板计算

底板的平面尺寸取决于基础材料的抗压能力，假设基础对底板的压应力是均匀分布的，则底板面积为

$$A = LB \geqslant \frac{N}{\beta_c f_c} \tag{5-28}$$

式中　L，B——底板的长度和宽度，如图 5-16(b) 所示；

　　　　N——柱的轴心压力；

　　　　f_c——基础混凝土的抗压强度设计值；

　　　　β_c——基础混凝土局部承压时的强度提高系数。

根据构造要求定出底板的宽度为

$$B = a_1 + 2t + 2c \tag{5-29}$$

式中　a_1——柱截面待定的宽度或高度；

　　　　t——靴梁厚度，通常取 10～14mm；

　　　　c——底板悬臂部分的宽度，通常取锚栓直径的 3～4 倍。

底板的长度可为 $L = \dfrac{A}{B}$。底板的平面尺寸 L、B 应取整数。根据柱脚的构造形式，可以取 L 与 B 大致相同。

底板的厚度由板的抗弯强度决定。可以把底板看作是一块支撑在靴梁、隔板、肋板和柱端的平板，承受从基础传来的均匀反力。靴梁、隔板、肋板和柱端面看作是底板的支撑边，并将底板分成不同支撑形式的区格，其中有四边支撑 [图 5-17(c)中板 4]、或者在柱身与隔板之间的部分板 [图 5-17(c)中板 2] 三边支撑 [图 5-17(c)中板 3]、两相邻边支撑 [图 5-16(d)] 和一边支撑 [图 5-17(c)中板 1]。在均匀分布的基础反力作用下，各区格单位宽度上最大弯矩如下。

四边支撑板：

$$M = \alpha q a^2 \tag{5-30}$$

式中　q——作用于底板单位面积上的压力；

a——四边支撑板中短边的长度；

α——弯矩系数，板长边 b 与短边 a 之比，如表 5-6 所示。

表 5-6　四边简支板的弯矩系数

b/a	1.0	1.1	1.2	1.3	1.4	1.5	1.6	1.7	1.8	1.9	2.0	3.0	$\geqslant 4.0$
α	0.048	0.055	0.063	0.069	0.075	0.081	0.086	0.091	0.095	0.099	0.101	0.119	0.125

三边支撑板及两相邻边支撑板：

$$M = \beta q a_1^2 \tag{5-31}$$

式中　a_1——三边支撑板的自由边长度或两相邻边支撑板的对角线长度，见图 5-16(b)、(d)；

β——系数，根据 b_1/a_1 值查表 5-7，其中 b_1 对三边支撑板为垂直于自由边的长度，对两相邻边支撑板为内角顶点至对角线的垂直距离，见图 5-16(b)、(d)，当三边支撑板的 $b_1/a_1 < 0.3$ 时，可按悬臂长为 b_1 的悬臂板计算。

表 5-7　三边简支一边自由板的弯矩系数

b_1/a_1	0.3	0.4	0.5	0.6	0.7	0.8	0.9	1.0	1.2	$\geqslant 1.4$
β	0.026	0.042	0.058	0.072	0.085	0.092	0.104	0.111	0.120	0.125

一边支撑（悬臂）板：

$$M = \frac{1}{2} q c^2 \tag{5-32}$$

式中　c——悬臂长度。

取以上各式计算出的各区格板中的最大弯矩，即确定底板厚度 t 如下：

$$t \geqslant \sqrt{\frac{6 M_{max}}{f}} \tag{5-33}$$

可以通过调整底板尺寸和加设隔板等途径来使以上各区格弯矩基本接近。为保证必要的刚度，以及满足基础反力为均匀分布的假设，底板厚度一般取 20～40mm，且不小于 14mm。这种方法确定的底板厚度往往偏于保守，没有考虑各区格板的连续性，但方法简单。底板的尺寸和厚度确定后，可按传力过程计算焊缝和靴梁强度。

2. 靴梁计算

靴梁的高度由其与柱边连接所需要的焊缝长度决定，此焊缝包括竖向和水平连接焊缝，承受柱身传来的压力 N 的作用，其中每条竖向焊缝的计算长度不应大于 $60h_f$。靴梁的厚度比柱翼缘厚度略小。靴梁按支撑于柱边的双悬臂梁计算，根据所承受的最大弯矩和最大剪力值，验算靴梁的抗弯和抗剪强度。

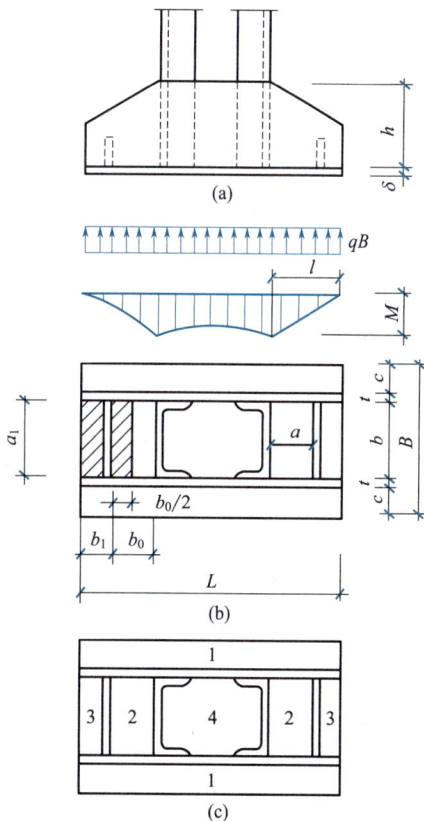

图 5-17　柱脚计算简图

3. 隔板、肋板计算

隔板作为底板的支撑边也应具有一定的刚度，其厚度不应小于宽度的 1/50，且不小于 10mm。高度一般取决于与靴梁连接的焊缝长度的需要。隔板按支撑于靴梁的简支梁对其强度进行计算；承受由底板传来的基础反力，可按图 5-17(b) 中阴影面积计算。根据其承受的荷载，计算隔板与底板间的连接焊缝（隔板内侧的焊缝不易施焊，计算时不能考虑受力）、验算隔板强度、计算隔板与靴梁间的焊缝（图 5-17）。

📝 项目小结

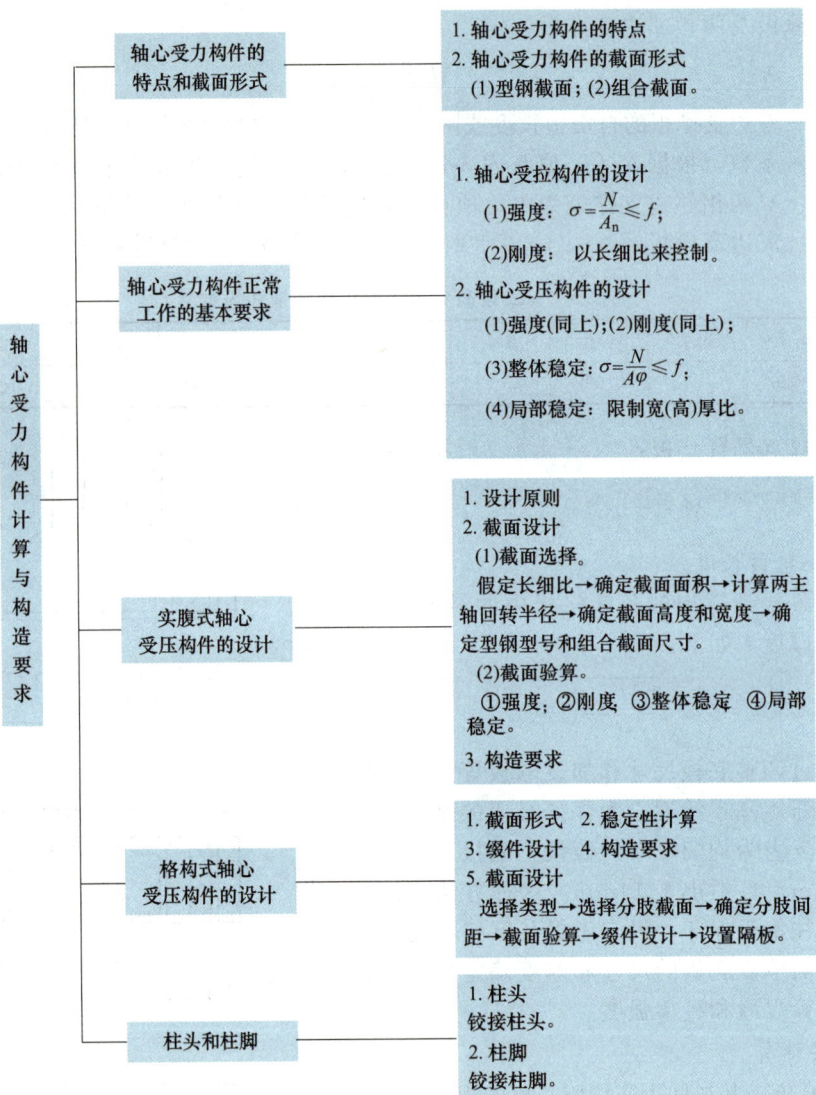

✏️ 能力训练题

一、问答题

1. 怎样确定轴心受压构件的整体稳定系数 φ？

2. 残余应力和杆件初弯曲对轴心压杆有何影响？

3. 对虚轴稳定性，轴心受压格构式构件为什么要采用换算长细比？

4. 如何设计实腹式和格构式轴心受压构件截面？

二、单选题

1. 两端铰接的理想轴心受压构件，当构件为双轴对称截面形式时，在轴心压力作用下构件可能发生（   ）。

    A. 弯曲屈曲和弯扭屈曲   B. 扭转屈曲和弯扭屈曲

    C. 弯曲屈曲和扭转屈曲   D. 弯曲屈曲和侧扭屈曲

2. 轴心受压的强度和稳定，应分别满足（   ）。

    A. $\sigma = \dfrac{N}{A_n} \leqslant f$，$\sigma = \dfrac{N}{A_n} \leqslant \varphi f$ B. $\sigma = \dfrac{N}{A_n} \leqslant f$，$\sigma = \dfrac{N}{A} \leqslant \varphi f$

    C. $\sigma = \dfrac{N}{A} \leqslant f$，$\sigma = \dfrac{N}{A_n} \leqslant \varphi f$ D. $\sigma = \dfrac{N}{A} \leqslant f$，$\sigma = \dfrac{N}{A} \leqslant \varphi f$

3. 在轴心受压构件中，当构件的截面无孔眼削弱时，可以不进行（   ）验算。

    A. 构件的强度验算   B. 构件的刚度验算

    C. 构件的整体稳定验算   D. 构件的局部稳定验算

4. 按《钢结构设计标准》规定，实腹式轴心受压构件整体稳定的公式 $\dfrac{N}{\varphi A} \leqslant f$ 的物理意义是（   ）。

    A. 构件截面上的平均应力不超过钢材抗压强度设计值

    B. 构件截面上的最大应力不超过钢材强度设计值

    C. 构件截面上的平均应力不超过欧拉临界应力设计值

    D. 构件轴心压力设计值不超过构件稳定极限承载力设计值

5. 在轴心受压构件的强度计算中，现行国家规范采用（   ）的计算方法。

    A. 毛截面应力不超过比例极限 f_p B. 毛截面应力不超过抗拉强度 f_u

    C. 净截面应力不超过屈服强度 f_y D. 净截面应力不超过抗拉强度 f_u

三、计算题

1. 如图 5-18 所示，轴心拉杆采用双角钢，规格为 $2 \llcorner 70 \times 5$，轴心拉力设计值为 220kN，计算长度为 3m，钢材为 Q235 钢，不考虑杆件自重和连接偏心的影响，试验算该拉杆的强度和刚度是否满足要求。

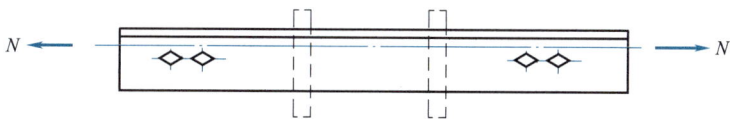

图 5-18　计算题 1 图

2. 某车间工作平台柱高 2.6m，按两端铰接的轴心受压柱考虑，采用热轧工字形钢 I16，采用 Q235 钢时，设计承载力是多少？改用 Q345 钢时，设计承载力是否显著提高？若轴心压力设计值为 350kN，验算此材料（I16，Q235）是否满足要求。如不满足，构造上应采取什么措施？

3. 如图 5-19 所示的支架，其支柱两端铰接，钢材为 Q235BF 钢，截面无孔眼削弱，轴心压力设计值为 1650kN，试设计该支柱：

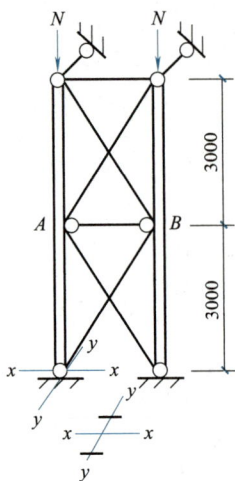

图 5-19　计算题 3 图

（1）采用普通轧制工字形钢时的截面；

（2）采用热轧 H 型钢时的截面；

（3）采用焊接工字形钢，翼缘为焰切边时的截面。

4. 设计某工作平台轴心受压柱的截面尺寸，柱高 6m，两端铰接，截面为焊接工字形，翼缘为火焰切割边，柱所承受的轴心压力设计值 $N=4500kN$，钢材为 Q235 钢。

5. 某工作平台的轴心受压构件，承受的轴心压力设计值为 3850kN（包括杆件自重），计算长度为 $l_{0x}=6m$，$l_{0y}=3m$。采用钢材 Q235BF 钢，焊条 E43 型，构件截面无削弱。试设计：

（1）由两个热轧工字形钢组成的双肢缀条柱；

（2）由两个热轧普通槽钢组成的双肢缀板柱。

6. 设计一缀条格构式轴心受压柱，柱的几何长度为 9m，两端铰接，承受的轴心压力设计值 $N=2000kN$，钢材为 Q345 钢，焊条为 E50 型。

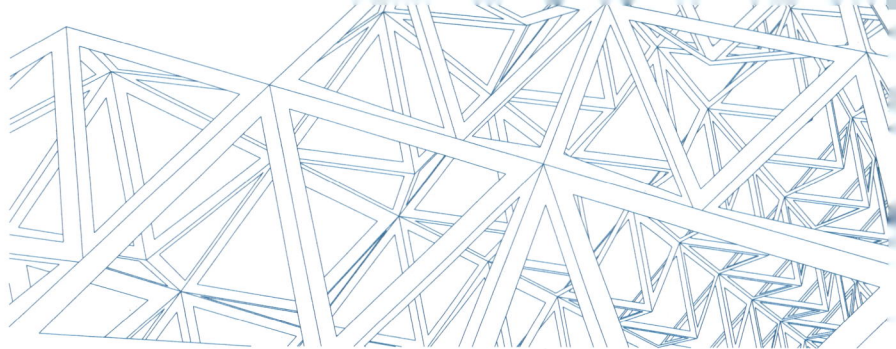

项目六
受弯构件(梁)的计算与构造要求

素质目标

• 培养分析问题、解决问题的工作能力，进一步加强计算能力的训练

知识目标

• 掌握受弯构件的强度、刚度要求
• 理解受弯构件的破坏形式，受弯构件整体稳定、局部稳定的设计原理和设计计算公式，加劲肋的设计计算公式
• 了解受弯构件的截面形式，受弯构件拼接、支座及主次梁连接的常用构造形式

能力目标

• 能正确应用公式进行受弯构件强度、刚度、稳定性验算
• 能进行型钢梁及组合梁截面设计

任务一　受弯构件的类型和应用

钢结构中主要承受弯矩或弯矩与剪力共同作用的实腹式构件，称为受弯构件或梁。梁是一种在房屋建筑、桥梁工程和水利工程中应用较广的基本构件。

按照支撑情况，梁可分为简支梁、连续梁、悬臂梁和外伸梁；按照在结构中的不同作用，梁可分为主梁与次梁；按照截面是否沿构件轴线方向变化，梁可分为等截面梁与变截面梁；按照制作方法的不同，梁可分为型钢梁和组合梁。

型钢梁又分为热轧型钢梁和冷弯薄壁型钢梁。目前常用的热轧型钢有普通工字钢、槽钢、H型钢等，见图6-1（a）～（c），冷弯薄壁型钢梁常用Z型钢和C形槽钢，见图6-1(d)、

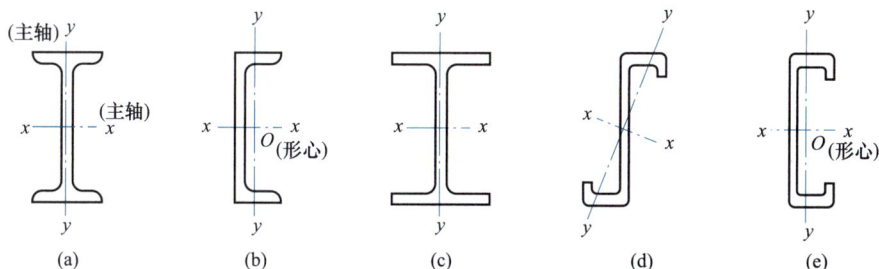

图 6-1　型钢梁截面形式

（e），它主要适用于荷载较小、跨度不大的梁，如屋面檩条和墙梁。型钢梁加工方便、成本较低，在结构设计中应优先选用。但由于受型钢规格、型号所限，多数情况下，用钢量会多于焊接组合梁。

组合梁适用于荷载和跨度较大，型钢梁承载力和刚度不能满足工程要求的情况。组合梁由钢板和型钢通过焊缝、铆钉、螺栓连接而成，其截面组成较为灵活，材料在截面上的分布较为合理。组合梁的截面形式可分为工字形、槽形、Z形、箱形等，如图6-2所示，其中最为广泛使用的是用三块板焊接而成的工字形。

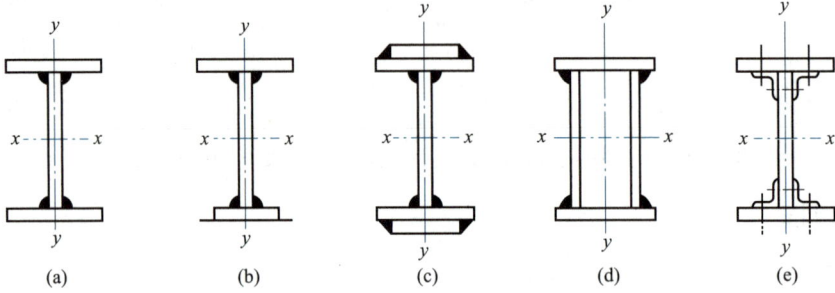

图 6-2　组合梁截面形式

除上述广泛应用的型钢梁和组合梁外，还有其他特殊形式的梁，例如，蜂窝梁、预应力钢梁、钢-混凝土组合梁等。

为增加梁的高度，使梁具有较大的截面惯性矩，可将型钢梁按锯齿形割开，然后把上、下两个半工字形左右错动并焊接成为腹板上有一系列六角形的空腹梁，称为蜂窝梁，如图6-3所示。

利用钢筋混凝土板兼作梁的受压翼缘，用支撑混凝土板的梁作为受拉翼缘，发挥混凝土结构良好的抗压性能和钢结构优良的抗拉性能，可制成钢-混凝土组合梁，如图6-4所示。

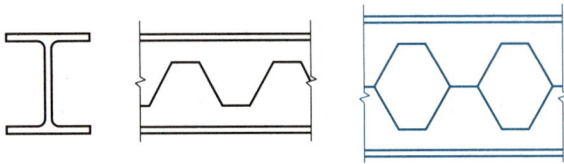

图 6-3　蜂窝梁

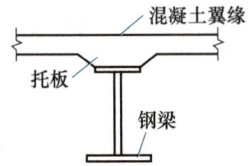

图 6-4　钢-混凝土组合梁

钢结构梁除吊车梁、墙梁可单独布置外，通常由纵横梁交叉连接组成梁格，梁格上铺板，构成楼（屋）盖、工作平台等。梁格的形式主要有简单式(仅有主梁)、普通式(分主、次梁)及复式(分主梁、横向次梁、纵向次梁)，如图6-5所示。简单式梁格的楼板直接放在

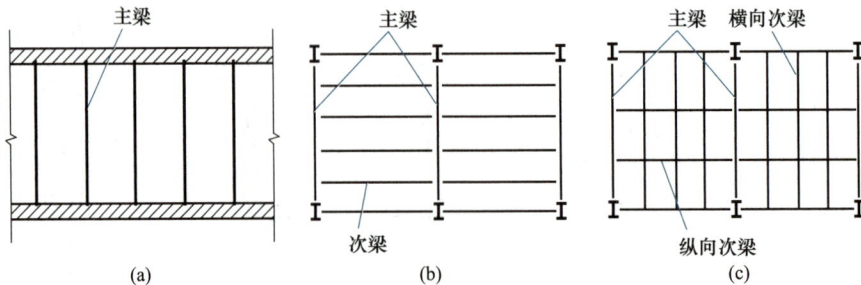

图 6-5　梁格布置

主梁上，适用于主梁跨度小、建筑布局简单的情形；普通式梁格在主梁上另设若干次梁，次梁上支撑楼板，此形式应用较为广泛；复式梁格是在普通梁格的次梁上再设若干次梁，荷载传递层次多，构造复杂，一般只用于主梁跨度大和建筑布局复杂的情况。

任务二 梁的强度及刚度

为了确保安全适用、经济合理，同其他构件一样，梁的设计必须同时考虑承载能力极限状态和正常使用极限状态。承载能力极限状态要求在钢梁的设计中包括强度、整体稳定和局部稳定三个方面。设计时，要求在荷载设计值作用下，梁的弯曲正应力、剪应力、局部压应力和折算应力均不超过规范规定的相应的强度设计值，整根梁不会出现侧向弯扭屈曲，组成梁的板件不会出现波状的局部屈曲。正常使用极限状态要求在钢梁的设计中主要考虑梁的刚度。设计时要求梁有足够的抗弯刚度，即在荷载标准值作用下，梁的最大挠度不大于规范规定的容许挠度。

一、强度

梁在荷载作用下产生弯曲正应力、剪应力，在集中荷载作用下还产生局部压应力，因此梁的强度计算包括：抗弯强度、抗剪强度、局部承压强度计算，在弯曲正应力、剪应力及局部压应力共同作用处还需验算复合应力（即折算应力）作用下的强度。

1. 抗弯强度

梁受弯时的应力-应变曲线与受拉时的相类似，屈服点也差不多，因此，钢材是理想弹塑性体的假定，在梁的强度计算中仍然适用。当弯矩 M_x 由零逐渐加大时，截面中的应变始终符合平截面假定［图 6-6(a)］，正应力的发展过程可分为下述三个阶段。

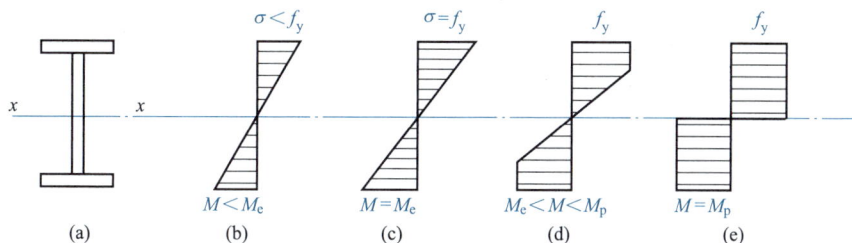

图 6-6 梁弯曲时各阶段正应力分布

（1）弹性工作阶段［图 6-6(b)］ 截面上的应力呈三角形分布，中和轴为截面的形心轴。随着弯矩的增大，正应力按比例增加。当梁截面边缘纤维的最大正应力达到屈服点 f_y 时，表示弹性阶段结束，相应的弯矩称为弹性极限弯矩 M_e［图 6-6(c)］，其值为

$$M_e = W_{nx} f_y \tag{6-1}$$

式中 W_{nx}——梁净截面对 x 轴的抵抗矩。

（2）弹塑性工作阶段［图 6-6(d)］ 弯矩继续增大，梁截面边缘应力保持 f_y 不变，而在截面的上、下两边，由于钢材为理想弹塑性体，这时截面弯曲应力不再保持三角形直线分布，而是呈折线分布。随着弯矩的增大，形成两端塑性区、中间弹性区，且中间弹性区逐渐减小。

（3）塑性工作阶段［图 6-6(e)］ 弯矩进一步增大，截面塑性变形不断向内发展，最终整个截面进入塑性区。应力图成为两个矩形，此时塑性变形急剧增大，梁就在弯矩作用方向

绕该截面中和轴自由转动，形成一个塑性铰，达到承载力的极限，此时的弯矩称为塑性弯矩 M_p（或极限弯矩），其值为

$$M_p = (S_{1n} + S_{2n})f_y = W_{pnx}f_y \tag{6-2}$$

式中　S_{1n}，S_{2n}——中和轴以上、以下净截面对中和轴的面积矩；

　　　W_{pnx}——梁净截面塑性抵抗矩（对 x 轴），$W_{pnx} = S_{1n} + S_{2n}$。

塑性抵抗矩与弹性抵抗矩的比值为截面形状系数，用 γ 表示，其大小与截面的形状有关，与材料性质无关。实际上，它体现了塑性弯矩与弹性弯矩的比，其值为

$$\gamma = \frac{W_{pnx}}{W_{nx}} = \frac{M_p}{M_e} \tag{6-3}$$

γ 越大，截面进入弹塑性阶段后的承载力也越大。一般截面的 γ 值如图 6-7 所示。

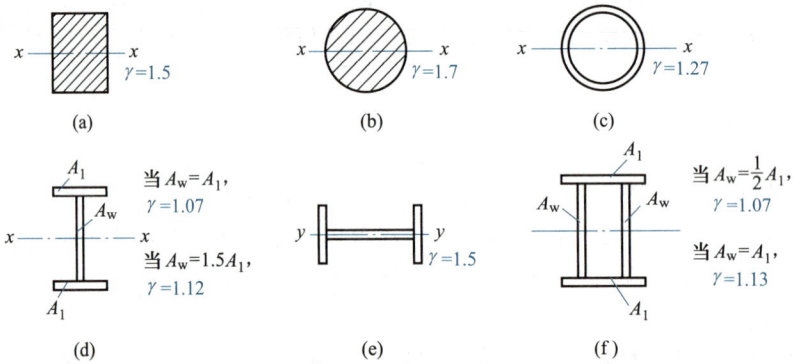

图 6-7　截面形状系数

在钢梁设计强度中，如果按截面形成塑性铰来设计，虽然可以节省钢材，但变形较大，有时会影响正常使用。因此，规范规定可通过限制塑性发展区，有限制地利用塑性，以梁内塑性发展到一定深度（即截面只有部分区域进入塑性区）作为设计极限状态。

这样，梁的抗弯强度 σ 按下列规定计算。

单向弯曲时：
$$\sigma = \frac{M_x}{\gamma_x W_{nx}} \leqslant f \tag{6-4}$$

双向弯曲时：
$$\sigma = \frac{M_x}{\gamma_x W_{nx}} + \frac{M_y}{\gamma_y W_{ny}} \leqslant f \tag{6-5}$$

式中　M_x，M_y——绕 x 轴和 y 轴的弯矩；

　　　W_{nx}，W_{ny}——对 x 轴和 y 轴的净截面抵抗矩；

　　　γ_x，γ_y——截面塑性发展系数，对工字形截面，$\gamma_x = 1.05$，$\gamma_y = 1.20$，对箱形截面，$\gamma_x = \gamma_y = 1.05$，对其他截面，可按表 6-1 采用；

　　　f——钢材的抗弯强度设计值。

但是对于下面的两种情况，规范取 $\gamma_x = 1.0$，即不允许截面有塑性发展，而以弹性极限弯矩作为设计极限弯矩。

① 当梁的受压翼缘的自由外伸宽度 b 与其厚度 t 之比较大，在 $13\sqrt{235/f_y} \sim 15\sqrt{235/f_y}$（$f_y$ 为钢材屈服点）之间时，考虑塑性发展对翼缘局部稳定有不利影响，这时应取 $\gamma_x = 1.0$。

② 对于直接承受动力荷载且需计算疲劳的梁，考虑塑性发展会使钢材硬化，促使疲劳断裂提早出现，这时应取 $\gamma_x = \gamma_y = 1.0$。

表 6-1 截面塑性发展系数

截 面 形 式	γ_x	γ_y	截 面 形 式	γ_x	γ_y
（工字形等截面）		1.2	（X形、十字形、圆形截面）	1.2	1.2
	1.05				
（槽形等截面）		1.05	（圆形截面）	1.15	1.15
（T形截面 1/2）	$\gamma_{x1}=1.05,$	1.2	（箱形截面）		1.05
（T形截面 1/2）	$\gamma_{x2}=1.2$	1.05	（箱形、管束截面）		1.0
					1.0

2. 抗剪强度

一般情况，梁承受弯矩，同时也承受剪力。工字形和槽形截面梁腹板上的剪应力如图 6-8 所示，截面上的最大剪应力发生在腹板中和轴处。

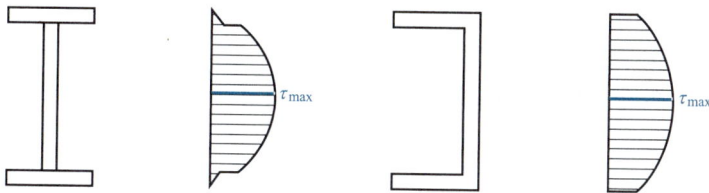

图 6-8 腹板剪应力

因此，在主平面受弯的实腹构件，其抗剪强度应按下式计算：

$$\tau_{max}=\frac{VS}{It_w}\leqslant f_v \qquad (6-6)$$

式中 V——截面沿腹板平面作用的剪力；

     S——剪应力处以上毛截面对中和轴的面积矩；

     I——毛截面惯性矩；

     t_w——腹板厚度；

     f_v——钢材的抗剪强度设计值，按附表 1-1 取用。

当梁的抗剪强度不足时，最有效的办法是增大腹板的面积，但腹板高度 h_w 一般由梁的刚度条件和构造要求确定，故设计时常采用加大腹板厚度 t_w 的办法来增大梁的抗剪强度。

3. 局部承压强度

当梁的翼缘承受沿腹板平面作用的固定集中荷载（包括支座反力）且该荷载处又未设置支撑加劲肋 [图 6-9(a)]，或承受移动的集中荷载（如吊车的轮压）[图 6-9(b)] 时，梁腹板边缘承受集中荷载产生的局部压应力，应验算腹板计算高度边缘的局部承压强度。

局部压应力在梁腹板与上翼缘交界处最大，到下翼缘处减小为零，如图 6-9 所示。计算时，假设局部压应力在荷载作用点以下的 h_R（吊车轨道高度）范围以内以 45°角扩散，在

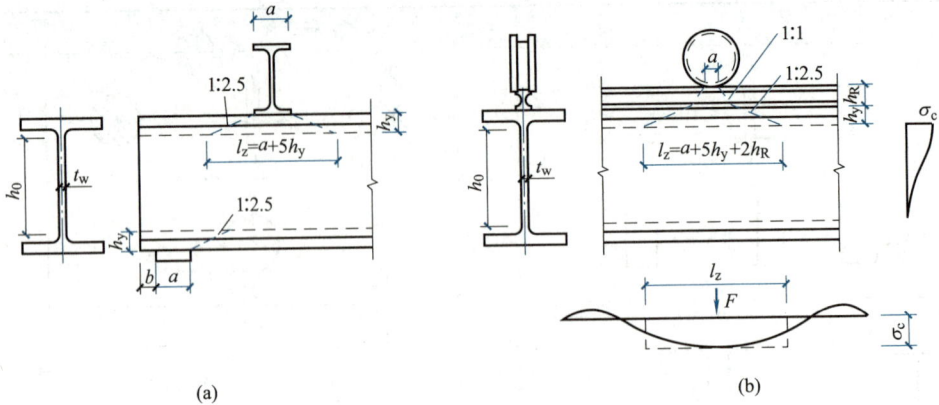

图 6-9 腹板边缘局部压应力分布

h_y（自梁承载力的边缘到腹板计算高度边缘的距离）范围内以 $1:2.5$ 的比例扩散，传至腹板与翼缘交界处，实际上局部压应力沿梁纵向分布并不均匀，但为简化计算，假设在 l_z 范围内局部压应力均匀分布，并按下式计算腹板边缘的局部压应力 σ_c。

$$\sigma_c = \frac{\psi F}{t_w l_z} \leqslant f \tag{6-7}$$

式中　F——集中力设计值，对动力荷载应考虑动力系数；

　　　ψ——集中荷载放大系数，对重级工作制吊车梁，$\psi=1.35$，其他梁 $\psi=1.0$，在所有梁支座处 $\psi=1.0$；

　　　f——钢材的抗压强度设计值；

　　　l_z——集中荷载在腹板计算高度上边缘的假定分布长度，其计算方法如下。

跨中集中荷载：　　　　　　$l_z = a + 5h_y + 2h_R$

梁端支座反力：　　　　　　$l_z = a + 2.5h_y + a_1$

式中　a——集中荷载沿梁跨度方向的支撑长度，对吊车轮压可取 50mm；

　　　h_y——自梁承载力的边缘到腹板计算高度边缘的距离；

　　　h_R——轨道的高度，计算处无轨道时 $h_R=0$；

　　　a_1——梁端到支座板外边缘的距离，按实际取，但不得大于 $2.5h_y$。

腹板的计算高度 h_0：对轧制型钢梁，为腹板与上、下翼缘相接处两内弧起点间的距离；对焊接组合梁，为腹板高度；对铆接（或高强度螺栓连接）组合梁，为上、下翼缘与腹板连接的铆钉（或高强度螺栓）线间最近距离。

当计算不能满足式(6-7)的要求时，在固定集中荷载处（包括支座处），应用支撑加劲肋加强腹板，并对支撑加劲肋进行计算；对移动集中荷载，则只能修改梁截面，加大腹板厚度。如果在梁的支座处，不设置支座加劲肋，也应按式(6-7)计算腹板计算高度下边缘的局部压应力，但取 $\psi=1.0$。

4. 折算应力

在组合梁的腹板计算高度边缘处（如连续梁支座处或梁的翼缘截面改变处等），若同时受有较大的正应力、剪应力和局部压应力，或同时受有较大的正应力、剪应力，在这些部位尽管正应力、剪应力都不是最大，但在它们同时作用下该处可能更危险。

此时应按如下公式验算该处的折算应力：

$$\sqrt{\sigma^2 + \sigma_c^2 - \sigma\sigma_c + 3\tau^2} \leqslant \beta_1 f \tag{6-8}$$

式中 σ, τ, σ_c——腹板计算高度边缘同一点上同时产生的正应力、剪应力和局部压应力;

β_1——计算折算应力的强度设计值增大系数,当 σ 和 σ_c 异号时,取 $\beta_1=1.2$,当 σ 和 σ_c 同号或 $\sigma_c=0$ 时,取 $\beta_1=1.1$。

σ 和 σ_c 以拉应力为正,压应力为负,τ 和 σ_c 应按式(6-6)和式(6-7)计算,σ 按下式计算:

$$\sigma=\frac{My_1}{I_{nx}} \tag{6-9}$$

式中 I_{nx}——净截面惯性矩;

y_1——计算点至中和轴距离。

提高钢材的强度设计值是因为考虑到折算应力的最大值只在梁的局部区域,同时几种应力在同一处都达到最大值且材料强度又为最小值的概率较小,由于同号应力下其塑性变形能力更差,因此将设计强度适当提高,故增大系数 β_1 按上述要求取值。

二、刚度

刚度就是抵抗变形的能力。梁必须具有一定的刚度才能满足正常使用的要求,规范要求结构构件或体系变形不得损害结构正常使用功能及外观。因此,在荷载标准值的作用下,梁的挠度不应超过规范允许值,即

$$v \leqslant [v] \tag{6-10}$$

或

$$\frac{v}{l} \leqslant \frac{[v]}{l} \tag{6-11}$$

式中 v——由荷载的标准值(不考虑荷载的分项系数和动力系数)引起的梁中最大挠度;

$[v]$——梁的容许挠度值,按表 6-2 采用;

l——梁的跨度。

简支梁在各种荷载作用下的跨中最大挠度计算公式如下:

(1)均布荷载:$v=\frac{5}{384}\times\frac{q_k l^4}{EI}$。

(2)跨中一个集中荷载:$v=\frac{8}{384}\times\frac{P_k l^3}{EI}=\frac{P_k l^3}{48EI}$。

(3)跨中等距离布置两个相等的集中荷载:$v=\frac{6.81}{384}\times\frac{P_k l^3}{EI}$。

(4)跨中等距离布置三个相等的集中荷载:$v=\frac{6.33}{384}\times\frac{P_k l^3}{EI}$。

表 6-2 受弯构件挠度容许值

项次	构 件 类 别	挠度容许值	
		$[v_T]$	$[v_Q]$
1	吊车梁和吊车桁架(按自重和起重量最大的一台吊车计算挠度) (1)手动吊车和单梁吊车(含悬挂吊车) (2)轻级工作制桥式吊车 (3)中级工作制桥式吊车 (4)重级工作制桥式吊车	$l/500$ $l/800$ $l/1000$ $l/1200$	—
2	手动或电动葫芦的轨道梁	$l/400$	—

项次	构 件 类 别	挠度容许值	
		$[v_T]$	$[v_Q]$
3	有重轨(质量等于或大于38kg/m)轨道的工作平台梁 有轻轨(质量等于或小于24kg/m)轨道的工作平台梁	$l/600$ $l/400$	—
4	楼(屋)盖梁或桁架、工作平台梁(第3项除外)和平台板 (1)主梁或桁架(包括设有悬挂起重设备的梁和桁架) (2)抹灰顶棚的次梁 (3)除本单元格前两条外的其他梁(包括楼梯梁) (4)屋盖檩条 　支撑无积灰的瓦楞铁和石棉瓦屋面者 　支撑压型金属板、有积灰的瓦楞铁和石棉瓦等屋面者 　支撑其他屋面材料者 (5)平台板	$l/400$ $l/250$ $l/250$ $l/150$ $l/200$ $l/200$ $l/150$	$l/500$ $l/350$ $l/300$
5	墙架构件(风荷载不考虑阵风系数) (1)支柱 (2)抗风桁架(作为连续支柱的支撑时) (3)砌体墙的横梁(水平方向) (4)支撑压型金属板、瓦楞铁和石棉瓦墙面的横梁(水平方向) (5)带有玻璃窗的横梁(竖直和水平方向)	— — — — $l/200$	$l/400$ $l/1000$ $l/300$ $l/200$ $l/200$

注：1. l 为受弯构件的跨度（对悬臂梁和伸臂梁为悬伸长度的2倍）。

2. $[v_T]$ 为永久和可变荷载标准值产生的挠度（如有起拱应减去拱度）的容许值；$[v_Q]$ 为可变荷载标准值产生的挠度的容许值。

（5）悬臂梁受均布荷载或自由端受集中荷载作用时，自由端最大挠度分别为

$$v = \frac{1}{8} \times \frac{q_k l^4}{EI}, \quad v = \frac{1}{3} \times \frac{P_k l^3}{EI}$$

式中　v——挠度；

　　　q_k——均布荷载标准值；

　　　P_k——各个集中荷载标准值之和；

　　　E——钢材的弹性模量（$E = 2.06 \times 10^5 \text{N/mm}^2$）；

　　　I——梁的毛截面惯性矩。

表6-2为规范规定的受弯构件挠度容许值，这里要注意，计算梁的挠度 v 时，取用的荷载标准值应与表6-2规定相对应。

任务三　梁的整体稳定、局部稳定及加劲肋设计

一、梁的整体稳定

（一）梁的整体失稳

一般情况下，为提高梁的抗弯承载力，节省钢材，梁的截面都设计成高而窄的形式，两主轴的惯性矩相差都较大，这样受荷方向刚度较大，而侧向刚度则较小。如果梁的侧向支撑较弱，梁的弯曲会随荷载大小的不同而呈现两种截然不同的平衡状态。

如图6-10所示的工字形截面梁，荷载作用在其最大刚度平面内，当荷载较小时，梁的

弯曲平衡状态是稳定的。虽然外界各种因素会使梁产生微小的侧向弯曲或扭转变形，但外界影响消失后，梁仍能恢复原来的弯曲平衡状态。然而，当梁的荷载增大，超过某一数值（临界值）时，若有侧向干扰引起梁侧向弯曲及扭转后，即使侧向干扰撤去，梁也不能再恢复到起初的平面弯曲状态，而是侧弯和扭转急剧增大，直至梁倾翻破坏。这种梁从平面状态转变为弯扭状态的现象称为梁的侧向弯扭屈曲或整体失稳。梁维持其稳定平衡状态所承担的最大荷载或最大弯矩，称为临界荷载或临界弯矩。

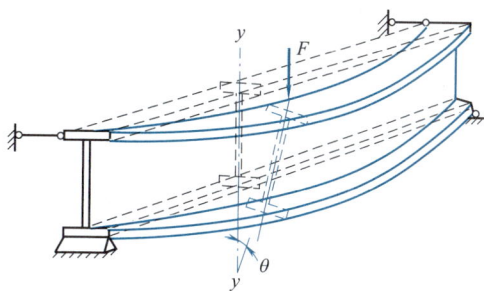

图 6-10　梁的整体失稳

二维码 6-1

（二）可不验算梁的整体稳定的情况

影响钢梁弯扭屈曲临界弯矩的因素很多，理论分析和计算较为复杂。《钢结构设计标准》规定，在以下情况梁的整体稳定可以保证，不需验算。

（1）有刚性铺板（各种钢筋混凝土板和钢板）密铺在梁的受压翼缘上并与其牢固相连，能阻止梁受压翼缘的侧向位移。

（2）工字形截面简支梁受压翼缘的自由长度 l_1 与其宽度 b_1 之比不超过表 6-3 所规定的数值。

表 6-3　工字形截面不需要验算整体稳定的 l_1/b_1 值

钢　　号	跨中无侧向支撑点的梁		跨中受压翼缘有侧向支撑点的梁，不论荷载作用于何处
	荷载作用在上翼缘	荷载作用在下翼缘	
Q235	13.0	20.0	16.0
Q345	10.5	16.5	13.0
Q390	10.0	15.5	12.5
Q420	9.5	15.0	12.0

注：1. 其他钢号的梁不需计算整体稳定性的最大 l_1/b_1 值，应取 Q235 钢的数值乘以 $\sqrt{235/f_y}$。

2. 对跨中无侧向支撑点的梁，l_1 为其跨度；对跨中有侧向支撑点的梁，l_1 为受压翼缘侧向支撑点间的距离（梁的支座处视为有侧向支撑）。

（三）整体稳定计算

当不满足前述不必计算整体稳定条件时，应对梁的整体稳定进行计算。

（1）在最大刚度主平面内受弯的构件，其整体稳定性应按下式计算，即

$$\sigma = \frac{M_x}{W_x} \leqslant \varphi_b f$$

或

$$\frac{M_x}{\varphi_b W_x} \leqslant f \tag{6-12}$$

式中　M_x——绕 x 轴（强轴）作用的最大弯矩；

W_x——按受压纤维确定的梁的毛截面抵抗矩；

φ_b——梁的整体稳定系数。

上述计算方法称为稳定系数法，φ_b 是侧向稳定对梁的承载能力的影响系数。φ_b 值的大

小由梁的截面特征和荷载特征确定，计算方法如下。

① 等截面焊接工字形和轧制 H 型钢简支梁。

等截面焊接工字形和轧制 H 型钢简支梁的整体稳定系数 φ_b 应按下式计算，即

$$\varphi_b = \beta_b \frac{4320Ah}{\lambda_y^2 W_x} \left[\sqrt{1 + \left(\frac{\lambda_y t_1}{4.4h}\right)^2 + \eta_b} \right] \frac{235}{f_y} \tag{6-13}$$

式中 β_b——梁整体稳定的等效临界弯矩系数，按表 6-4 采用；

λ_y——梁在侧向支撑点间对截面弱轴 y-y 的长细比，$\lambda_y = l_1/i_y$，l_1 为侧向支撑点间的距离，i_y 为梁毛截面对 y 轴的截面回转半径；

A——梁的毛截面面积；

h，t_1——梁截面的全高和受压翼缘厚度；

η_b——截面不对称影响系数。

对双轴对称截面 [图 6-11(a)、(d)]：$\eta_b = 0$；对单轴对称工字形截面 [图 6-11(b)、(c)]：加强受压翼缘 $\eta_b = 0.8(2\alpha_b - 1)$，加强受拉翼缘 $\eta_b = 2\alpha_b - 1$。$\alpha_b = \dfrac{I_1}{I_1 + I_2}$，式中 I_1 和 I_2 分别为受压翼缘和受拉翼缘对 y 轴的惯性矩。

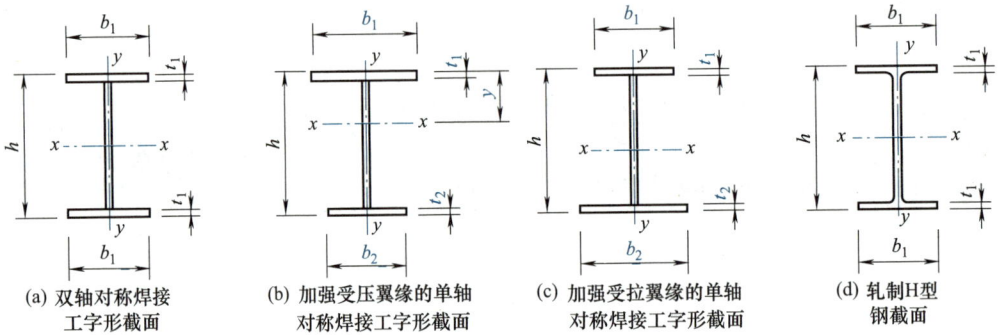

图 6-11 焊接工字形和轧制 H 型钢截面

(a) 双轴对称焊接工字形截面　(b) 加强受压翼缘的单轴对称焊接工字形截面　(c) 加强受拉翼缘的单轴对称焊接工字形截面　(d) 轧制 H 型钢截面

式(6-13) 亦适用于等截面铆接（或高强度螺栓连接）简支梁，其受压翼缘厚度 t_1 包括翼缘角钢厚度在内。

式(6-13) 是假定材料为弹性工作，并按弹性理论推导而得到的，仅适用于梁的弹性工作阶段，由于焊接组合梁难免受残余应力的影响，当按式(6-13) 计算得到的 $\varphi_b > 0.6$ 时，钢梁实际上已经进入弹塑性工作阶段，因此规范规定当按式(6-13) 算得的 φ_b 值大于 0.6 时，应用式(6-14) 计算的 φ_b' 代替 φ_b 值，即

$$\varphi_b' = 1.07 - \frac{0.282}{\varphi_b} \leqslant 1.0 \tag{6-14}$$

表 6-4 H 型钢和等截面工字形简支梁的系数 β_b

项次	侧向支撑	荷载作用位置		$\xi \leqslant 2.0$	$\xi > 2.0$	适用范围
1	跨中无侧向支撑	均布荷载	上翼缘	$0.69 + 0.13\xi$	0.95	图 6-11(a)、(b) 和(d)的截面
2			下翼缘	$1.73 - 0.20\xi$	1.33	
3		集中荷载	上翼缘	$0.73 + 0.18\xi$	1.09	
4			下翼缘	$2.23 - 0.28\xi$	1.67	

项次	侧向支撑	荷载作用位置		$\xi \leqslant 2.0$	$\xi > 2.0$	适用范围
5	跨度中点有一个侧向支撑点	均布荷载	上翼缘	1.15		图 6-11 中的所有截面
6			下翼缘	1.40		
7		集中荷载作用在截面高度上任意位置		1.75		
8	跨中有不少于两个等距离侧向支撑点	任意荷载	上翼缘	1.20		
9			下翼缘	1.40		
10	梁端有弯矩,但跨中无荷载作用			$1.75 - 1.05\left(\dfrac{M_2}{M_1}\right) + 0.3\left(\dfrac{M_2}{M_1}\right)^2$, 但 $\leqslant 2.3$		

注:1. ξ 为参数,$\xi = \dfrac{l_1 t_1}{b_1 h}$,其中 l_1 和 b_1 分别为 H 型钢或等截面工字形简支梁受压翼缘的自由长度和宽度,t_1 和 h 如图 6-11 所示。

2. M_1、M_2 为梁的端弯矩,使梁产生同向曲率时 M_1 和 M_2 取同号,产生反向曲率时取异号,$|M_1| \geqslant |M_2|$。

3. 表中项次 3、4 和 7 的集中荷载是指一个和少数几个集中荷载位于跨中央附近的情况,对其他情况的集中荷载,应按表中项次 1、2、5、6 内的数值采用。

4. 表中项次 8、9 的 β_b,当集中荷载作用在侧向支撑点处时,取 $\beta_b = 1.20$。

5. 荷载作用在上翼缘系指荷载作用点在翼缘表面,方向指向截面形心;荷载作用在下翼缘系指荷载作用点在翼缘表面,方向背离截面形心。

6. 对 $\alpha_b > 0.8$ 的加强受压翼缘工字形截面,下列情况的 β_b 值应乘以相应的系数。

项次 1:当 $\xi \leqslant 1.0$ 时,乘以 0.95。

项次 3:当 $\xi \leqslant 0.5$ 时,乘以 0.90;当 $0.5 < \xi \leqslant 1.0$ 时,乘以 0.95。

② 对于轧制普通工字钢,其截面几何尺寸有一定的比例关系,可以将公式简化,从表 6-5 中根据型号和侧向支撑点间的距离 l_1 直接查得 φ_b。

③ 对于轧制槽钢简支梁,由于其截面单轴对称,理论计算比较复杂,规范规定不论其荷载形式及荷载作用点的截面高度上的位置如何,均可采用下列近似公式计算。同样当算得的 φ_b 大于 0.6 时,也应按式(6-14)换算成 φ_b'。

$$\varphi_b = \frac{570bt}{l_1 h} \times \frac{235}{f_y} \tag{6-15}$$

式中,h、b、t 分别为槽钢截面的高度、翼缘宽度和翼缘平均厚度。

此外,均匀弯曲的工字形和 T 形截面受弯构件,当 $\lambda_y < 120\sqrt{235/f_y}$ 时,其整体稳定系数 φ_b 可按项目七任务三所述的近似公式计算。

表 6-5 轧制普通工字钢简支梁的 φ_b

项次	荷载作用位置		工字钢型号	自由长度 l_1/m								
				2	3	4	5	6	7	8	9	10
1	跨中无侧向支撑点的梁	集中荷载	上翼缘	10~20	2.00	1.30	0.99	0.80	0.68	0.58	0.53	0.48	0.43
				22~32	2.40	1.48	1.09	0.86	0.72	0.62	0.54	0.49	0.45
				36~63	2.80	1.60	1.07	0.83	0.68	0.56	0.50	0.45	0.40
2			下翼缘	10~20	3.10	1.95	1.34	1.01	0.82	0.69	0.63	0.57	0.52
				22~40	5.50	2.80	1.84	1.37	1.07	0.86	0.73	0.64	0.56
				45~63	7.30	3.60	2.30	1.62	1.20	0.96	0.80	0.69	0.60
3		均布荷载	上翼缘	10~20	1.70	1.12	0.84	0.68	0.57	0.50	0.45	0.41	0.37
				22~40	2.10	1.30	0.93	0.73	0.60	0.51	0.45	0.40	0.36
				45~63	2.60	1.45	0.97	0.73	0.59	0.50	0.44	0.38	0.35

项次	荷载作用位置		工字钢型号	自由长度 l_1/m								
				2	3	4	5	6	7	8	9	10
4	跨中无侧向支撑点的梁	均布荷载 下翼缘	10~20	2.50	1.55	1.08	0.83	0.68	0.56	0.52	0.47	0.42
			22~40	4.00	2.20	1.45	1.10	0.85	0.70	0.60	0.52	0.46
			45~63	5.60	2.80	1.80	1.25	0.95	0.78	0.65	0.55	0.49
5	跨中有侧向支撑点的梁（不论荷载作用点在截面高度上的位置如何）		10~20	2.20	1.39	1.01	0.79	0.66	0.57	0.52	0.47	0.42
			22~40	3.00	1.80	1.24	0.96	0.76	0.65	0.56	0.49	0.43
			45~63	4.00	2.20	1.38	1.01	0.80	0.66	0.56	0.49	0.43

注：1. 同表 6-4 的注 3、5。

2. 表中的 φ_b 适用于 Q235 钢，对其他钢号，表中数值应乘以 $235/f_y$。

（2）对于需验算梁的整体稳定性，且在两个主平面受弯的 H 型钢截面或工字形截面构件，其稳定性应按下式计算，即

$$\frac{M_x}{\varphi_b W_x} + \frac{M_y}{\gamma_y W_y} \leqslant f \tag{6-16}$$

式中　W_x，W_y——对 x 轴（强轴）和 y 轴（弱轴）的毛截面抵抗矩；

　　　φ_b——绕强轴弯曲的整体稳定系数；

　　　γ_y——截面塑性发展系数。

（四）提高梁整体稳定性的措施

提高梁整体稳定性的关键是，增强梁抵抗侧向弯曲和扭转变形的能力，可采用以下办法提高梁的整体稳定性：①增大梁截面尺寸，其中增大受压翼缘的宽度是最为有效的；②增加侧向支撑系统，减小构件受压翼缘的自由长度 l_1，即减小受压翼缘侧向支撑点之间的距离；③当梁跨内无法增设侧向支撑时，宜采用闭合箱形截面；④增加梁两端的约束提高其稳定承载力。

二、梁的局部稳定及加劲肋设计

组合梁一般由翼缘和腹板等板件组成，为提高梁的刚度、强度及整体稳定承载力，应遵循"肢宽壁薄"的设计原则，常采用高而薄的腹板和宽而薄的翼缘。如果这些板件减薄加宽得不恰当，板中压应力或剪应力达到某一数值后，腹板或受压翼缘有可能偏离其平面位置，出现波形鼓曲（图 6-12），这种现象称为梁局部失稳。

与轴心受压构件相仿，翼缘或腹板发生局部失稳，将使构件的刚度减小，改变截面形状，从而导致梁的强度和整体稳定承载力降低。因此，在进行组合梁的设计时，必须包括局部稳定计算。

热轧型钢由于其板件宽厚比较小，都能满足局部稳定要求，故不需要验算。这里只分析组合梁的局部稳定问题。

1. 保证板件局部稳定的设计原则

（1）使板件屈曲临界应力不小于材料的屈服强度，承载能力由材料强度控制，即

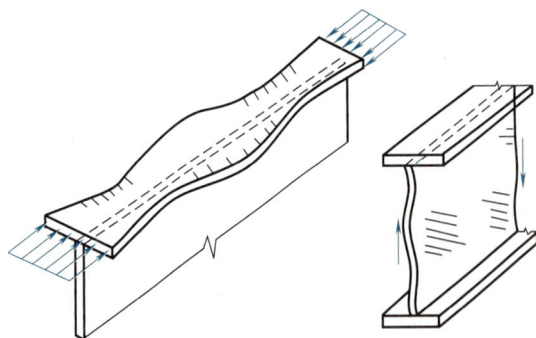

图 6-12　梁的局部失稳

$$\sigma_{cr} \geqslant f_y \tag{6-17}$$

（2）使板件屈曲临界应力不小于构件的整体稳定临界应力，承载力由整体稳定控制，即

$$\sigma_{cr} \geqslant \frac{M_{cr,x}}{W_x} \tag{6-18}$$

（3）板件屈曲临界应力不小于实际工作应力，即

$$\sigma_{cr} \geqslant \sigma \tag{6-19}$$

2. 受压翼缘的局部稳定

梁的受压翼缘板主要受均布压应力作用。为了充分发挥材料强度，翼缘的合理设计采用一定厚度的钢板，让其临界应力 σ_{cr} 不低于钢材的屈服点 f_y，从而使翼缘不丧失稳定。一般采用限制宽厚比的办法来保证梁受压翼缘板的稳定性。规定梁受压翼缘自由外伸宽度 b_1 与其厚度 t 之比，应符合下式要求：

$$\frac{b_1}{t} \leqslant 13\sqrt{\frac{235}{f_y}} \tag{6-20}$$

梁在绕强轴的弯矩 M_x 作用下的强度按弹性设计（即 $\gamma_x = 1.0$）时，b_1/t 可放宽为

$$\frac{b_1}{t} \leqslant 15\sqrt{\frac{235}{f_y}} \tag{6-21}$$

箱形截面梁受压翼缘板在两腹板之间的部分 b_0 与其厚度 t 之比，应符合下式要求：

$$\frac{b_0}{t} \leqslant 40\sqrt{\frac{235}{f_y}} \tag{6-22}$$

3. 腹板的局部稳定

腹板的局部稳定性与腹板的受力情况、腹板高厚比及材料性能有关。对于理想的薄板，根据弹性理论薄板稳定微分方程，局部稳定临界应力公式如下，即

$$\sigma_{cr}（或 \tau_{cr}）= k\frac{\pi^2 E}{12(1-v^2)}\left(\frac{t}{b}\right)^2 \tag{6-23}$$

式中，k 为板的屈曲系数，它与板的应力状态及支撑情况有关，各种情况下的 k 值见表 6-6。

表 6-6　板的屈曲系数 k

序号	支撑情况	应力状态	k	备注
1	四边简支	两平行边均匀受压	$k_{min} = 4$	
2	三边简支，一边自由	两平行简支边均匀受压	$k_{min} = 0.425 + \left(\frac{b}{a}\right)^2$	a、b 为板边长，其中 a 为自由边长
3	四边简支	两平行边受弯	$k_{min} = 23.9$	
4	两平行边简支，另两边固定	两平行简支边受弯	$k_{min} = 39.6$	
5	四边简支	一边局部受压	当 $\frac{a}{b} \leqslant 1.5$，$k = \left(\frac{4.5b}{a} + 7.4\right) \times \frac{b}{a}$；当 $\frac{a}{b} > 1.5$，$k = \left(11 - \frac{0.9b}{a}\right) \times \frac{b}{a}$	a、b 为板边长，其中 a 与压应力方向垂直
6	四边简支	四边均匀受剪	当 $\frac{a}{b} \leqslant 1$，$k = 4.0 + 5.34\left(\frac{b}{a}\right)^2$；当 $\frac{a}{b} > 1$，$k = 4.0\left(\frac{b}{a}\right)^2 + 5.34$	a、b 为板边长，其中 b 为短边长

提高板抵抗凹凸变形的能力是提高板局部稳定性的关键。当板的支撑条件已经确定时，其主要措施是增加板的厚度，减少板的周界尺寸，即限制板件的宽厚比或设置加劲肋，具体的方法将在下面叙述。

工字形组合梁，其腹板受上、下翼缘的约束，有一定的嵌固作用，将使其临界应力提高。

$$\sigma_{cr}(或\ \tau_{cr}) = \chi_k \frac{\pi^2 E}{12(1-v^2)}\left(\frac{t}{b}\right)^2 \tag{6-24}$$

式中，χ_k 为嵌固系数，一般可取 1.23。

由式(6-24)可见弹性薄板的宽厚比 b/t 是影响其临界应力的主要因素。对组合梁的腹板 b/t 即为 h_0/t_w。

按照临界应力不低于相应的材料强度设计值的原则，规范限定了不同受力情况下的腹板高度 h_0 与厚度 t_w 的比值。

如工字形截面梁腹板防止局部失稳的板件宽厚比的要求如下：

① 只受均匀剪力作用时：

$$\frac{h_0}{t_w} = 104\sqrt{\frac{235}{f_y}} \tag{6-25}$$

② 只受局部压应力作用时：

$$\frac{h_0}{t_w} = 84\sqrt{\frac{235}{f_y}} \tag{6-26}$$

③ 在弯曲应力作用下：

$$\frac{h_0}{t_w} = 174\sqrt{\frac{235}{f_y}} \tag{6-27}$$

4. 腹板加劲肋的设置和布置

承受静力荷载和间接承受动力荷载的组合梁，一般考虑腹板屈曲强度，应布置加劲肋并计算其抗弯和抗剪承载力，而直接承受动力荷载的吊车梁及类似构件，则按下列规定布置加劲肋（见图6-13），并计算各板段的稳定性。

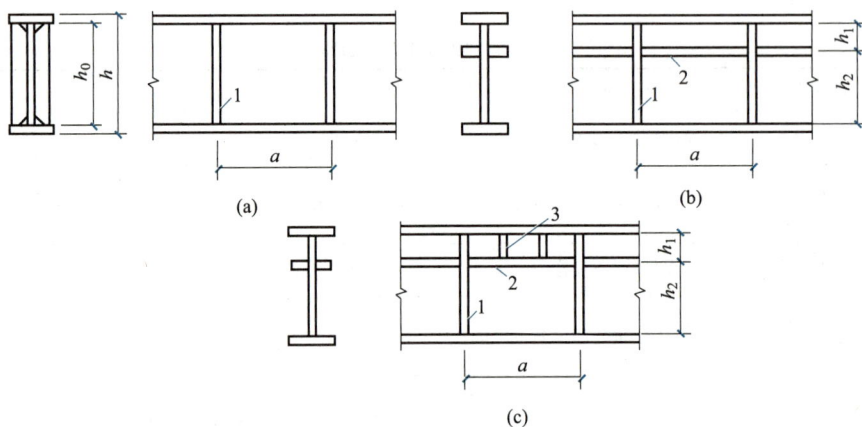

图 6-13 腹板加劲肋的布置

1—横向加劲肋；2—纵向加劲肋；3—短加劲肋

① 当 $\dfrac{h_0}{t_w} \leqslant 80\sqrt{\dfrac{235}{f_y}}$ 时，对有局部压应力（$\sigma_c \neq 0$）的梁，应按构造配置横向加劲肋，但对 $\sigma_c = 0$ 的梁，可不配置加劲肋。

② 当 $80\sqrt{\dfrac{235}{f_y}}<\dfrac{h_0}{t_w}\leqslant170\sqrt{\dfrac{235}{f_y}}$ 时，应按计算配置横向加劲肋。

③ 当 $\dfrac{h_0}{t_w}>170\sqrt{\dfrac{235}{f_y}}$ （受压翼缘扭转受到约束，如连有刚性铺板、制动板或焊有钢轨）

或 $\dfrac{h_0}{t_w}>150\sqrt{\dfrac{235}{f_y}}$ （受压翼缘扭转未受到约束）或者按计算需要时，应在弯矩较大区格的受压区增加纵向加劲肋；局部压应力很大的梁，必要时尚宜在受压区配置短加劲肋。

④ 梁的支座处和梁上翼缘有较大固定集中荷载处，宜设置支撑加劲肋。

⑤ 任何情况下 $\dfrac{h_0}{t_w}$ 都要小于或等于 $250\sqrt{\dfrac{235}{f_y}}$。

为避免焊接后的不对称残余变形并减少制造工作量，焊接吊车梁宜尽量避免设置纵向加劲肋，尤其是短加劲肋。

5. 腹板加劲肋的截面选择及构造要求

（1）构造和截面尺寸：

加劲肋按作用分为两类：一类是仅分隔腹板以保证腹板局部稳定，称为间隔加劲肋；另一类不仅起到上述作用外，还同时起传递固定集中荷载或支座反力的作用，称为支撑加劲肋。间隔加劲肋仅按构造要求确定截面即可，而支撑加劲肋截面尺寸还需要满足受力要求，截面一般比间隔加劲肋大。

加劲肋可采用钢板或型钢制作，焊接梁通常用钢板制作。其在腹板两侧宜成对配置（图6-14），以免梁在荷载作用下产生人为侧向偏心。在条件不容许时，也可采用单侧配置，但支撑加劲肋、重级工作制吊车梁的加劲肋不能单侧配置。

加劲肋自身应有足够的刚度才能作为腹板的可靠侧向支撑，防止腹板发生凹凸变形，因此要满足如下要求。

① 在腹板两侧成对配置的钢板横向加劲肋，其截面尺寸应符合下列要求。

外伸宽度：$b_s\geqslant h_0/30+40$ （6-28）

厚度：

承压加劲肋： $t_s\geqslant b_s/15$ （6-29）

不受力加劲肋： $t_s\geqslant b_s/19$ （6-30）

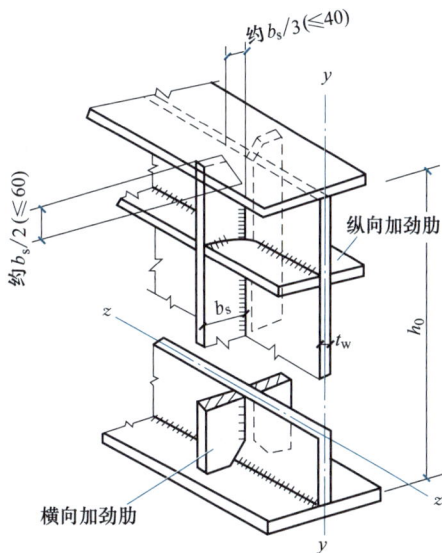

图 6-14 腹板加劲肋

② 仅在腹板一侧配置的钢板横向加劲肋，其外伸宽度应大于按式（6-28）计算所得的1.2倍，厚度不应小于其外伸宽度的1/15。

③ 当同时配有横纵向加劲肋时，应在横纵加劲肋的交叉处切断纵向肋而使横向肋保持连续。此时横向加劲肋不仅支撑腹板，还要作为纵向加劲肋的支座，因而其截面尺寸除应符合上述规定外，其截面惯性矩 I_z 应符合下列要求，即

$$I_z\geqslant3h_0t_w^3 \qquad (6\text{-}31)$$

纵向加劲肋的截面惯性矩 I_y 应符合下列公式要求，即

当 $a/h_0 \leqslant 0.85$ 时，

$$I_y \geqslant 1.5 h_0 t_w^3 \tag{6-32}$$

当 $a/h_0 > 0.85$ 时，

$$I_y \geqslant \left(2.5 - \frac{0.45a}{h_0}\right) \times \left(\frac{a}{h_0}\right)^2 h_0 t_w^3 \tag{6-33}$$

加劲肋两侧成对配置时，加劲肋截面惯性矩的 z 轴和 y 轴取腹板中心线为轴线；加劲肋单侧配置时取与加劲肋相连的腹板边缘为轴线。

④ 短加劲肋的最小间距为 $0.75h_1$（h_1 为纵肋到腹板受压边缘的距离）。短加劲肋的外伸宽度应取横向加劲肋外伸宽度的 $0.7 \sim 1.0$ 倍，厚度不应小于短加劲肋外伸宽度的 $1/5$。

⑤ 用型钢做成的加劲肋，其截面惯性矩不得小于相应钢板加劲肋的惯性矩。

为避免多向焊缝相交，产生复杂应力场，横向加劲肋的端部应切角，切除宽约 $b_s/3$（但不大于 40mm），高约 $b_s/2$（但不大于 60mm）的斜角（图 6-15）。在纵、横加劲肋相交处，纵向加劲肋也要切角。

吊车梁横向加劲肋的上端应与上翼缘刨平顶紧，当为焊接吊车梁时，宜焊接。中间横向加劲肋下端一般在距受拉翼缘 $50 \sim 100$mm 处断开，以改善梁的抗疲劳性能。

（2）支撑加劲肋的计算：

在上翼缘有固定集中荷载处和支座处要配置支撑加劲肋，主要分梁腹板两侧成对配置的平板式和凸缘式两种

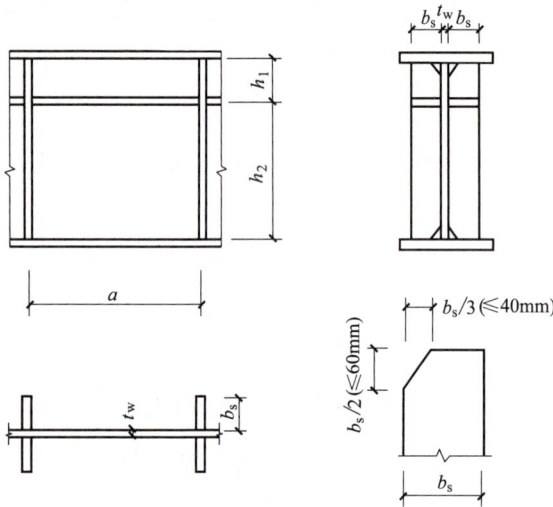

图 6-15　焊接梁的横向加劲肋
翼缘板相接处的切角

（图 6-16）。支撑加劲肋除满足上述构造要求外，还应满足整体稳定和端面承压的要求。

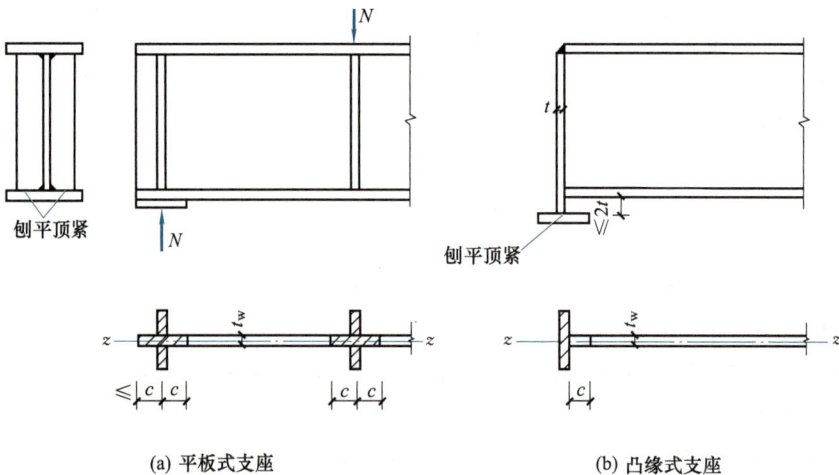

(a) 平板式支座　　　　　　　　(b) 凸缘式支座

图 6-16　支撑加劲肋的构造（$c = 15t_w\sqrt{235/f_y}$）

① 支撑加劲肋的稳定性计算。支撑加劲肋按承受固定集中荷载或梁支座反力的轴心受压构件，计算其在腹板平面外的稳定性，即

$$\frac{N}{\varphi A} \leqslant f \tag{6-34}$$

式中　N——支撑加劲肋承受的集中荷载或支座反力；

　　　A——支撑加劲肋受压构件的截面面积，包括加劲肋截面面积和加劲肋每侧各 $15t_w\sqrt{235/f_y}$ 范围内的腹板面积 [图 6-16(a) 中阴影部分]；

　　　φ——轴心压杆稳定系数。

② 端部承压强度计算。支撑加劲肋端部一般刨平抵紧于梁的翼缘，应按下式计算其端面承压应力，即

$$\frac{N}{A_{ce}} \leqslant f_{ce} \tag{6-35}$$

式中　A_{ce}——端面承压面积，即支撑加劲肋与翼缘接触面的净面积；

　　　f_{ce}——钢材端面承压的强度设计值。

③ 支撑加劲肋与腹板连接的焊缝计算。支撑加劲肋端部与腹板焊接时，应计算焊缝强度，计算时设焊缝承受全部集中荷载或支座反力，并假定应力沿焊缝全长均匀分布。

凸缘式支座的伸出长度应不大于其厚度的 2 倍，如图 6-16 所示。

任务四　型钢梁的设计

型钢梁的设计应满足强度、刚度和整体稳定性的要求。型钢梁截面包括截面选择和验算两个内容，若不满足要求，重选型钢，直至满足要求为止。下面以普通工字钢为例简述普通型钢梁的设计计算方法。

（1）计算梁的内力（梁的最大弯矩设计值 M_{max}）。

（2）计算需要的净截面模量 W_T，初选型钢规格。

$$W_T = \frac{M_{max}}{\gamma_x f} \tag{6-36}$$

对于工字形钢取 $\gamma_x = 1.05$，考虑钢梁自重及其他因素（如最大弯矩处截面上是否有孔洞），适当提高 W_T 值，查型钢表初选型钢规格。

（3）根据梁的总荷载（包括自重作用）计算最大弯矩设计值 M_{max} 及最大剪力设计值，验算梁的抗弯强度、抗剪强度。

（4）整体稳定验算。当梁上有刚性铺板或梁的受压翼缘自由长度 l_1 与其宽度 b_1 之比满足表 6-3 的规定值时，认为梁的整体稳定有保证，否则应按式(6-12)验算其整体稳定性。

（5）刚度验算。

（6）如不满足要求，重新选择型钢规格再次进行验算，直至满足各项要求为止。

需要注意的是，强度及稳定按荷载设计值计算，刚度按荷载标准值计算。由于型钢梁腹板较厚，一般截面无削弱情况，可不验算剪应力及折算应力。对于翼缘上只承受均布荷载的梁，局部承压强度也可不验算。若梁承受有集中荷载且在该荷载作用处梁的腹板没有用加劲肋加强，则需验算腹板边缘的局部压应力。由于一般型钢梁的腹板、翼缘的高厚比、宽厚比都不大，可不必进行局部稳定的验算。

【例 6-1】　某工作平台布置如图 6-17 所示，其平台板为预制钢筋混凝土板，焊接于次梁。平台永久荷载标准值（包括平台板自重）为 $5kN/m^2$，平台可变荷载标准值为 $6kN/m^2$，钢材

为 Q235 钢，试设计此工作平台次梁。

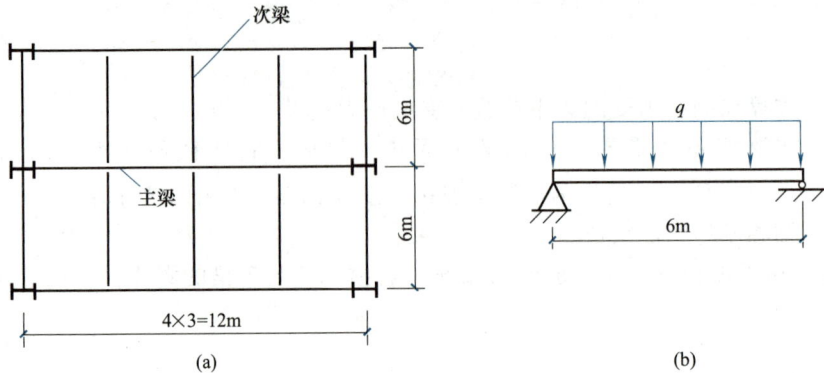

图 6-17　例 6-1 题示意图

解　该次梁为跨度 6m 的两端简支梁。

（1）荷载及内力计算。

荷载标准值：
$$q_k = (5+6) \times 3 = 33 \text{ (kN/m)}$$

荷载设计值：
$$q = (1.2 \times 5 + 1.4 \times 6) \times 3 = 43.2 \text{ (kN/m)}$$

跨中最大弯矩标准值：$M_{xk} = \dfrac{1}{8} q_k l^2 = \dfrac{1}{8} \times 33 \times 6^2 = 148.5 \text{ (kN·m)}$

跨中最大弯矩设计值：$M_x = \dfrac{1}{8} q l^2 = \dfrac{1}{8} \times 43.2 \times 6^2 = 194.4 \text{ (kN·m)}$

支座最大反力：
$$V = \frac{1}{2} q l = \frac{1}{2} \times 43.2 \times 6 = 129.6 \text{ (kN)}$$

（2）选择截面。

次梁上铺钢筋混凝土平台板并与之焊接，其整体稳定性有保证，故不必验算。截面将由抗弯强度确定，所需的截面抵抗矩为

$$W_x \geqslant \frac{M_x}{\gamma_x f} = \frac{194.4 \times 10^6}{1.05 \times 215} \times 10^{-3} \approx 861 \text{ (cm}^3\text{)}$$

次梁选用热轧普通工字形钢，查附表 7，选定 I36a，其截面特性为
$$W_x = 878 \text{cm}^3, \quad I_x = 15796 \text{cm}^3$$
$$S_x = 510 \text{cm}^3, \quad t_w = 10 \text{mm}, \quad t = 15.8 \text{mm}$$

自重：
$$g = 60.037 \times 10^{-3} \times 9.8 \approx 0.588 \text{ (kN/m)}$$

（3）截面验算。

计入次梁自重的总弯矩设计值：
$$M_x = 194.4 + \frac{1}{8} \times 1.2 \times 0.588 \times 6^2 \approx 197.6 \text{ (kN·m)}$$

计入次梁自重的总剪力设计值：
$$V = 129.6 + \frac{1}{2} \times 1.2 \times 0.588 \times 6 \approx 131.7 \text{ (kN)}$$

抗弯强度（因 $t_w < 16$mm，故由附表 1-1 得 $f = 215 \text{N/mm}^2$）：
$$\frac{M_x}{\gamma_x W_x} = \frac{197.6 \times 10^6}{1.05 \times 878 \times 10^3} \approx 214.3 \text{ (N/mm}^2） < f$$

抗剪强度（因 $t<16mm$，故由附表 1-1 得 $f_v=125N/mm^2$）：

$$\tau=\frac{VS_x}{I_x t_w}=\frac{131.7\times10^3\times510\times10^3}{15796\times10^4\times10}\approx42.5\,(N/mm^2)<f_v$$

刚度：

$$v=\frac{5q_k l^4}{384EI_x}=\frac{5\times(33+0.588)\times6000^4}{384\times2.06\times10^5\times15796\times10^4}\approx17.4\,(mm)\leqslant[v]=\frac{l}{250}=24\,(mm)$$

以上各项验算均符合要求，所选截面合适。

任务五　钢板组合梁的截面设计

当梁的内力较大时，常采用由钢板焊接而成的组合梁，设计时仍先选择截面再进行截面验算。若不满足要求，则重新修改截面，直至符合要求为止。

一、钢板组合梁的设计内容

钢板组合梁的设计包括：选择截面形式及各部分尺寸；根据初选的截面进行强度、刚度、整体稳定性的验算，局部稳定验算及加劲肋设置；确定翼缘与腹板的焊缝；钢梁支座加劲肋设计等内容。

钢板组合梁的设计流程见图 6-18。

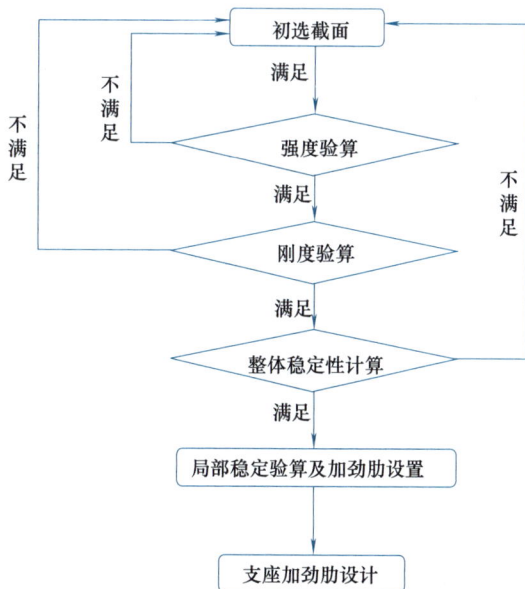

图 6-18　钢板组合梁的设计流程图

二、选择截面

1. 截面高度

确定梁的截面高度应考虑建筑高度、刚度条件和经济条件。

建筑高度是指梁的底面到铺板顶面之间的高度，它往往由生产工艺和使用要求决定。梁的建筑高度要求决定了梁的最大高度 h_{max}，有时还限制了梁与梁之间的连接形式。

刚度条件决定了梁的最小高度 $h_{\min}$，梁的刚度条件是要求梁的挠度必须满足 $v \leqslant [v]$。现以均布荷载作用下的简支梁为例，说明最小高度 $h_{\min}$ 的确定。

$$v_{\max} = \frac{5q_k l^4}{384EI_x} = \frac{5l^2}{48EI_x} \times \frac{q_k l^2}{8} = \frac{5l^2 M_{kmax}}{48EI_x} = \frac{5M_k l^2}{48EW_x(h/2)} = \frac{5\sigma_{kmax} l^2}{24Eh} \leqslant [v]$$

式中　　$v_{\max}$——荷载标准值所产生的最大挠度；

　　　　l——梁的跨度；

　　　　q_k——均布荷载标准值；

　　I_x, W_x——梁截面的惯性矩与截面抵抗矩；

　　M_{kmax}——荷载标准值产生的梁跨中最大弯矩；

　　σ_{kmax}——梁中最大弯矩处截面正应力。

因此，为了充分发挥梁的强度又保证其刚度，取 $\sigma_{\max} = f/1.3$（1.3 为永久荷载和活荷载分项系数的平均值）。故上式为

$$h_{\min} = \frac{5fl}{1.3 \times 24E}\left[\frac{l}{v}\right] \tag{6-37}$$

从用料最省出发，可以定出梁的经济高度。梁的经济高度是指满足全部条件（即强度、刚度、整体稳定和局部稳定），而用钢量最少的高度。但是条件多了，优化设计就比较复杂。对楼盖和平台结构来说，组合梁一般用作主梁，由于主梁的侧向有次梁支撑，整体稳定不是最主要的，故梁的截面一般由抗弯强度控制。经济高度可采用如下经验公式计算。

$$h_e = 7\sqrt[3]{W_x} - 30\text{cm} \tag{6-38}$$

根据上述条件，实际所选的梁高应大于由刚度条件确定的最小高度 $h_{\min}$，而约等于或略小于经济高度 h_e。此外，梁的高度不能影响建筑物使用要求所需的净空尺寸，即不能大于建筑物的最大允许梁高。确定梁高时，应适当考虑腹板的规格尺寸，一般取腹板高度为 50mm 的倍数。

2. 腹板尺寸

腹板厚度应满足抗剪强度，局部稳定性和构造等要求。

从抗剪强度角度来看，假定腹板最大剪应力为平均剪应力的 1.2 倍，则有

$$\tau_{\max} = 1.2\frac{V_{\max}}{h_w t_w} \leqslant f_v$$

于是满足抗剪要求的腹板厚度为

$$t_w \geqslant \frac{1.2V_{\max}}{h_w f_v} \tag{6-39}$$

由式(6-39)算得的 t_w 一般偏小，考虑局部稳定和构造因素，可采用下列经验公式估算：

$$t_w = \sqrt{h_w}/3.5 \tag{6-40}$$

式(6-40)中 t_w 和 h_w 的单位均为 mm。实际采用的腹板厚度应考虑钢板的现有规格，一般为 2mm 的倍数。一般情况下，选用的腹板厚度不宜小于 6mm，一般情况为 8~20mm 范围内，并且不宜使高厚比超过 250。

3. 翼缘尺寸

梁的截面抵抗矩为

$$W_x = \frac{2I_x}{h} = \frac{1}{6}t_w\frac{h_w^3}{h} + bt\frac{h_1^2}{h}$$

近似取 $h_w = h_1 = h$，则有

$$A_f \geqslant bt = \frac{W_x}{h} - \frac{h_w t_w}{6} \tag{6-41}$$

式中 b，t——翼缘宽度和厚度；

h_1，h——如图 6-19 所示高度。

由此式可选定腹板面积，只要写出翼缘宽度 b 和厚度 t 的其中之一，就能确定另一个。通常考虑以下因素来选择 b 和 t。

(1) $b = \left(\frac{1}{5} \sim \frac{1}{3}\right)h$，宽度太小不易保证梁的整体稳

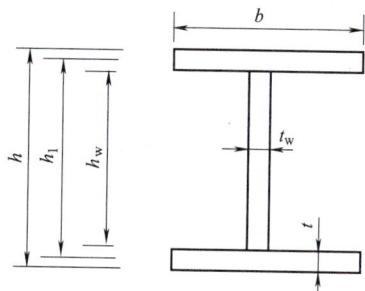

图 6-19 组合梁的截面尺寸

定，太大又会使翼缘中正应力分布不均匀。

(2) 考虑到翼缘板的局部稳定，要求 $b/t \leqslant 30\sqrt{235/f_y}$（按弹性设计，$\gamma_x = 1.0$）或 $b/t \leqslant 26\sqrt{235/f_y}$（按弹塑性设计，$\gamma_x = 1.05$）。

(3) 对于吊车梁，$b \geqslant 300\text{mm}$，以便安装轨道。一般翼缘宽度 b 取 10mm 的倍数，厚度 t 取 2mm 的倍数，且不小于 8mm。

三、截面验算

根据初选的截面尺寸，计算出截面的各项几何特性，验算其强度、刚度、整体稳定和局部稳定。其中，腹板的局部稳定通常是采用配置加劲肋来保证的。另外，截面验算时应考虑梁自重产生的内力。

四、组合梁翼缘焊缝的计算

当梁弯曲时，由于相邻截面中作用在翼缘的弯曲正应力有差值，翼缘与腹板间将产生水平的纵向剪应力（图 6-20），沿梁单位长度的水平剪力 T_1 为

$$T_1 = \tau_1 \times (t_w \times 1) = \frac{V_{max} S_1}{I_x t_w} t_w = \frac{V_{max} S_1}{I_x}$$

式中 τ_1——腹板与翼缘交界处的水平剪应力（与竖向剪应力相等），$\tau_1 = V_{max} S_1 / (I_x t_w)$；

S_1——翼缘截面对梁中和轴的面积矩。

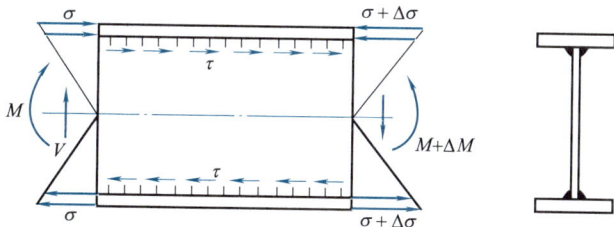

图 6-20 翼缘焊缝的水平剪力

在此剪力作用下，采用双面角焊缝需要的焊脚尺寸为

$$h_f \geqslant \frac{1}{1.4 f_f^w} \times \frac{V_{max} S_1}{I_x} \tag{6-42}$$

如果梁上作用有固定集中荷载，而荷载作用处又未设置支撑加劲肋，或梁上有移动的集

中荷载（如吊车梁轮压），则焊缝不仅受水平剪力 V_h，还受竖向荷载引起的压力作用。

单位长度焊缝所受竖向压力为

$$V_1 = \sigma_c t_w = \frac{\psi F}{t_w l_z} t_w = \frac{\psi F}{l_z}$$

在 V_h 和竖向剪力 V_v 共同作用下，焊脚尺寸应满足：

$$h_f \geqslant \frac{1}{1.4 f_f^w} \sqrt{\left(\frac{V_1}{\beta_f}\right)^2 + T_1^2} \tag{6-43}$$

式中，对直接承受动力荷载的梁，$\beta_f = 1.0$，对其他梁，$\beta_f = 1.22$；F、ψ、l_z 各符号意义同式(6-7)。

对于承受较大动力荷载的梁，因角焊缝易产生疲劳破坏，因此宜采用保证焊透的 T 形对接，此时可认为焊缝与腹板等强度而不必计算。

【例 6-2】 设计例 6-1 工作平台的中间主梁，材料为 Q235B。

解 （1）选择截面。

主梁受力简图如图 6-21 所示。

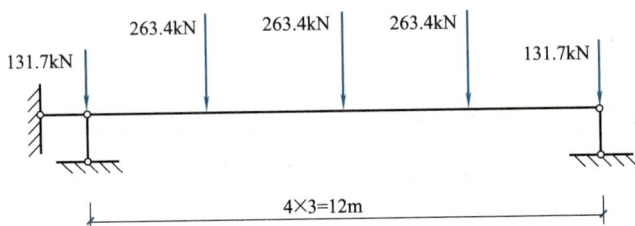

图 6-21　例 6-2 图

中间次梁传给主梁的荷载设计值为

$$F = (43.2 + 1.2 \times 0.588) \times 6 \approx 263.4 \ (\text{kN})$$

梁端的次梁传给主梁的荷载设计值为

$$\frac{F}{2} = \frac{263.4}{2} = 131.7 \ (\text{kN})$$

故主梁的支座反力（不计主梁自重）为

$$R = 131.7 + 263.4 + 263.4/2 = 526.8 \ (\text{kN})$$

梁中最大弯矩为

$$M_{\max} = (526.8 - 131.7) \times 6 - 263.4 \times 3 = 1580.4 \ (\text{kN} \cdot \text{m})$$

梁所需的截面抵抗矩为

$$W_x = \frac{M_{\max}}{\gamma_x f} = \frac{1580.4 \times 10^6}{1.05 \times 215 \times 10^3} \approx 7001 \ (\text{cm}^3)$$

梁的高度在净空方面无限制条件。

依刚度要求，工作平台主梁的容许挠度为 $l/400$，因此其最小高度为

$$h_{\min} = \frac{5 f l}{1.3 \times 24 E} \times \left[\frac{l}{v}\right] = \frac{5 \times 215 \times 12000}{1.3 \times 24 \times 2.05 \times 10^5} \times \left[\frac{12000}{12000/400}\right] \approx 81 \ (\text{cm})$$

梁的经济高度为

$$h_e = 7 \sqrt[3]{W_x} - 30 = 7 \sqrt[3]{7001} - 30 \approx 104 \ (\text{cm})$$

依据以上数据，取梁腹板高度 $h_w = 120 \text{cm}$。

梁腹板厚度：
$$t_w = \frac{1.2R}{h_w f_v} = \frac{1.2 \times 526.8 \times 10^3}{1200 \times 125} \approx 4.21 \text{（mm）}$$

此厚度偏小，故依式（6-40）估算 $t_w = \sqrt{h_w}/3.5 = \sqrt{1200}/3.5 \approx 9.90$（mm），故取 $t_w = 10mm$。

一个翼缘板面积：$A_f = \dfrac{W_x}{h_w} - \dfrac{h_w t_w}{6} = \dfrac{7001}{120} - \dfrac{120 \times 1}{6} \approx 38.3 \text{（cm}^2\text{）}$

试选翼缘板宽度 $b = 300mm$，厚度 $t = 14mm$。

梁翼缘板宽厚比为 $\qquad \dfrac{b}{t} = \dfrac{300}{14} \approx 21.4 < 26\sqrt{235/f_y}$

因此，梁翼缘板的局部稳定可以保证，且截面可以考虑部分塑性发展。

（2）截面验算。

截面的几何特征为
$$A = 120 \times 1 + 2 \times 30 \times 1.4 = 204 \text{（cm}^2\text{）}$$
$$I_x = \frac{120^3 \times 1}{12} + 2 \times 30 \times 1.4 \times \left(\frac{120}{2} + \frac{1.4}{2}\right)^2 = 453497.16 \text{（cm}^4\text{）}$$
$$W_x = \frac{453497.16}{(120 + 2 \times 1.4)/2} \approx 7386 \text{（cm}^3\text{）}$$

主梁自重：$g = 204 \times 10^{-4} \times 7.85 \times 10^3 \times 9.8 \times 1.2 \approx 1883 (\text{N/m}) = 1.883 \text{（kN/m）}$

其中 1.2 为考虑腹板加劲肋等附加构造的用钢量系数。

跨中最大弯矩为 $\quad M = 1580.4 + \dfrac{1}{8} \times 1.2 \times 1.883 \times 12^2 \approx 1621.1 \text{（kN · m）}$

主梁的支座反力（计主梁自重）：
$$R' = 526.8 + (1.2 \times 1.883 \times 12)/2 \approx 540.4 \text{（kN）}$$

强度验算：
$$\sigma = \frac{M}{\gamma_x W_x} = \frac{1621.1 \times 10^6}{1.05 \times 7386 \times 10^3} \approx 209.0 (\text{N/mm}^2) < f = 215 \text{（N/mm}^2\text{）}$$

在主梁的支撑处以及支撑次梁处均配置支撑加劲肋，不必验算局部压应力。

跨中截面腹板边缘正应力：$\quad \sigma = \dfrac{Mh_w}{2I_x} = \dfrac{1621.1 \times 10^6 \times 1200}{2 \times 453497.16 \times 10^4} \approx 214.5 \text{（N/mm}^2\text{）}$

跨中截面剪力：$V = 131.7kN$

剪应力：$\tau = \dfrac{VS_1}{I_x t_w} = \dfrac{131.7 \times 10^3 \times 14 \times 300 \times 607}{453497.16 \times 10^4 \times 10} \approx 7.4 \text{（N/mm}^2\text{）}$

故其折算应力为
$$\sqrt{\sigma^2 + 3\tau^2} = \sqrt{214.5^2 + 3 \times 7.4^2} \approx 214.9 (\text{N/mm}^2) < 1.1f = 236.5 \text{（N/mm}^2\text{）}$$

次梁可以作为主梁的侧向支撑点，因而梁受压翼缘自由长度 $l_1 = 3m$，且 $\dfrac{l_1}{b_1} = \dfrac{300}{30} = 10 < 16\sqrt{235/f_y}$，故主梁整体稳定可以保证。

刚度条件因 $h > h_{min}$，满足条件。

（3）梁翼缘焊缝计算。
$$h_f \geq \frac{RS_1}{1.4 I_x f_f^w} = \frac{526.8 \times 10^3 \times 300 \times 14 \times 607}{1.4 \times 453497.16 \times 10^4 \times 160} \approx 1.3 \text{（mm）}$$

取 $h_f = 6\,mm > 1.5\sqrt{t_{max}} = 1.5\sqrt{14} \approx 5.6$（mm）。

加劲肋设计略。

任务六　梁的拼接、支座和主、次梁的连接

一、梁的拼接

梁的拼接有工厂拼接和工地拼接两种。由于受钢材尺寸的限制，必须将钢材接长或拼大，这种拼接常在工厂中进行，称为工厂拼接。由于受运输或安装条件的限制，梁必须分段运输，然后在工地拼装连接，称为工地拼接。

型钢梁的拼接可采用对接焊缝连接［图6-22（a）］，但由于翼缘与腹板连接处不易焊透，故有时采用拼接板焊接［图6-22（b）］或螺栓连接。拼接位置宜放在弯矩较小处。

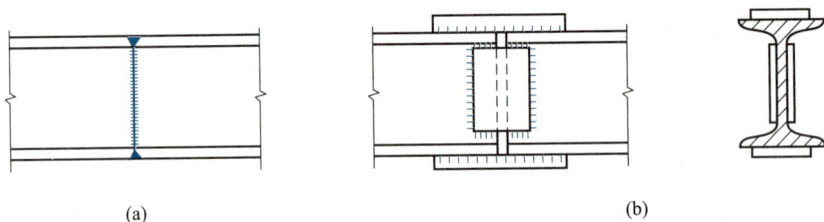

(a)　　　　　　　　　　　　(b)

图 6-22　型钢梁拼接

焊接组合梁在工厂拼接中，翼缘和腹板的拼接位置最好错开，并采用对接直焊缝（图6-23），腹板的拼接焊缝与横向加劲肋之间至少应相距 $10t_w$。拼接位置尽量设在弯矩较小处。在工厂制造时，通常先将梁的翼缘板和腹板分别接长，然后再拼接成整体，以减小焊接应力。对接焊缝施焊时宜加引弧板，并采用一级或二级焊缝，使焊缝与钢材等强。但采用三级焊缝时，焊缝抗拉强度低于钢材的强度，需进行焊缝强度验算。若焊缝强度不足，可采用斜焊缝，但斜焊缝连接较费料，对于较宽的腹板不宜采用。

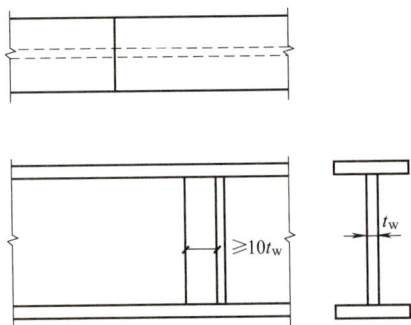

图 6-23　梁的工厂拼接

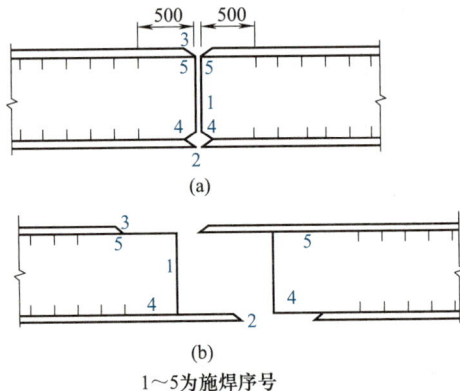

1~5为施焊序号

图 6-24　梁的工地拼接

梁的工地拼接应使翼缘和腹板基本上在同一截面处断开，以便分段运输。高大的梁在工地施焊时不便翻身，应将上、下翼缘的拼接边缘均做成向上开口的 V 形坡口，以便俯焊。有时将翼缘和腹板的接头略微错开一些［图6-24（b）］，这样受力情况较好，但运输单元突出部分应特别保护，以免破损。同时为了减小焊接残余应力，将翼缘板在靠近拼接截面处的

焊缝预留出约 500mm 的长度不在工厂焊接，而在工地上按图 6-24（b）的序号施焊。

对于重要或受动力荷载作用的大型组合梁，由于现场焊接质量难以保证，工地拼接时，宜采用高强度螺栓连接。

二、梁的支座

梁通过在砌体、钢筋混凝土柱或钢柱上的支座，将荷载传给柱或墙体，再传给基础和地基。梁支于钢柱的支座或连接已在项目五中讨论过，这里主要介绍支于砌体或钢筋混凝土上的支座。

支于砌体或钢筋混凝土上的支座有三种传统形式，即平板支座、弧形支座、铰轴式支座，如图 6-25 所示（此处仅为力学模型图，具体详图参见钢结构或钢桥设计手册）。

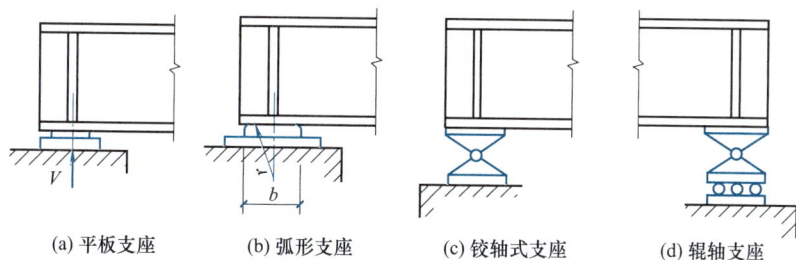

(a) 平板支座 (b) 弧形支座 (c) 铰轴式支座 (d) 辊轴支座

图 6-25 梁的支座

如图 6-25（a）所示，平板支座是在梁端下面垫上钢板做成的，使梁的端部不能自由移动和转动，一般用于跨度小于 20m 的梁中。

如图 6-25（b）所示，弧形支座（也称切线式支座），由厚 40～50mm 顶面切削成圆弧形的钢垫板制成，使梁能自由转动并可产生适量的移动（摩阻系数约为 0.2），并使下部结构在支撑面上的受力较均匀，常用于跨度为 20～40m、支反力不超过 750kN（设计值）的梁中。

如图 6-25（c）所示，铰轴式支座完全符合梁简支的力学模型，可以自由转动。其下面设置辊轴时称为辊轴支座［图 6-25（d）］，它能自由转动和移动，只能安装在简支梁的一端。铰轴式支座用于跨度大于 40m 的梁中。

为了防止支座板被压坏，它与支撑结构顶面的接触面积按下式确定：

$$A \geqslant \frac{V}{f_c} \tag{6-44}$$

式中 V——支座反力；

f_c——支座材料的承压强度设计值；

A——支座板的平面面积。

支座底板的厚度，按均布支反力产生的最大弯矩进行计算。

为防止弧形支座的弧形垫板和辊轴支座的辊轴被劈裂，其圆弧面与钢板接触面承压力（劈裂应力）应满足下式的要求：

$$V \leqslant \frac{40 n d a_1 f^2}{E} \tag{6-45}$$

式中 d——弧形支座板表面直径或辊轴支座的辊轴半径，对弧形支座 $r \approx 3b$［见图 6-25（b）］；

a_1——弧形表面或辊轴与平板接触长度；

n——辊轴个数，对于弧形支座 $n=1$。

铰轴式支座的圆柱形枢轴，当接触面中心角大于 90°时，其承压应力应满足：

$$\sigma = \frac{2V}{dl} \leqslant f \qquad (6\text{-}46)$$

式中 d——枢轴直径；

l——枢轴纵向接触长度。

设计支座时，除要保证梁端可靠传力外，还应满足防止梁端截面侧移和扭转和具有足够水平抗震能力的构造要求。

三、主、次梁的连接

根据次梁与主梁相对位置的不同，梁的连接分为叠接和平接两种。

叠接（图 6-26）是将次梁直接搁在主梁上，用螺栓或焊接连接。这种连接构造简单，但占有较大的建筑空间，使用受到较大限制，连接刚性差一些。

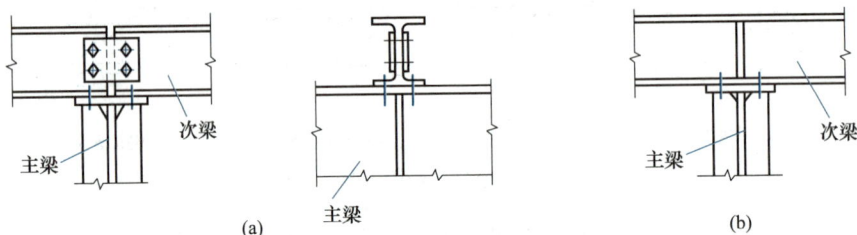

图 6-26   主、次梁叠接

平接是使次梁顶面与主梁顶面相平，从侧面与主梁的加劲肋或在腹板上专设的支托、短角钢，通过焊缝或螺栓相连。平接构造较复杂，但可降低结构高度，故在实际工程中应用广泛。

图 6-27(a)、(b)、(c) 是次梁为简支梁时与主梁平接的构造，图 6-27（d）是次梁为连续梁时与主梁平接的构造。

主、次梁的连接从传力效果上分为铰接与刚接两种。若次梁为简支梁，其连接为铰接，

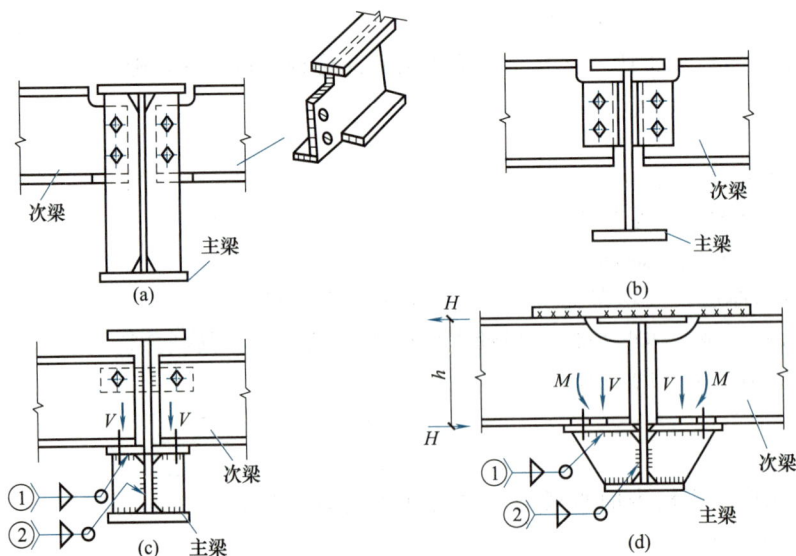

图 6-27   主、次梁平接

如图 6-26(a)，图 6-27(a)、(b)、(c) 所示；若次梁为连续梁，其连接为刚接，如图 6-26(b) 和图 6-27(d) 所示。

铰接连接需要的焊缝或螺栓数量应按次梁的反力计算，考虑到连接并非理想铰接，会有一定的弯矩作用，故计算时宜将次梁反力增加 20%~30%。

刚接既传递支座反力，又传递弯矩。支座反力由承托传至主梁，端部的负弯矩则由上、下翼缘承受，用在上翼缘设置的连接盖板和承托的顶板，传递弯矩 M 分解的水平力 $F = M/h$ (h 为次梁高)。连接盖板的截面及其与次梁上翼缘的连接焊缝、次梁下翼缘与承托顶板的连接焊缝，以及承托顶板与主梁腹板的连接焊缝，均按承受此水平力 F 进行计算。盖板与主梁上翼缘的连接焊缝采用构造焊缝。为避免仰焊，连接盖板的宽度应比次梁上翼缘稍窄，承托顶板的宽度则应比下翼缘稍宽。

📝 项目小结

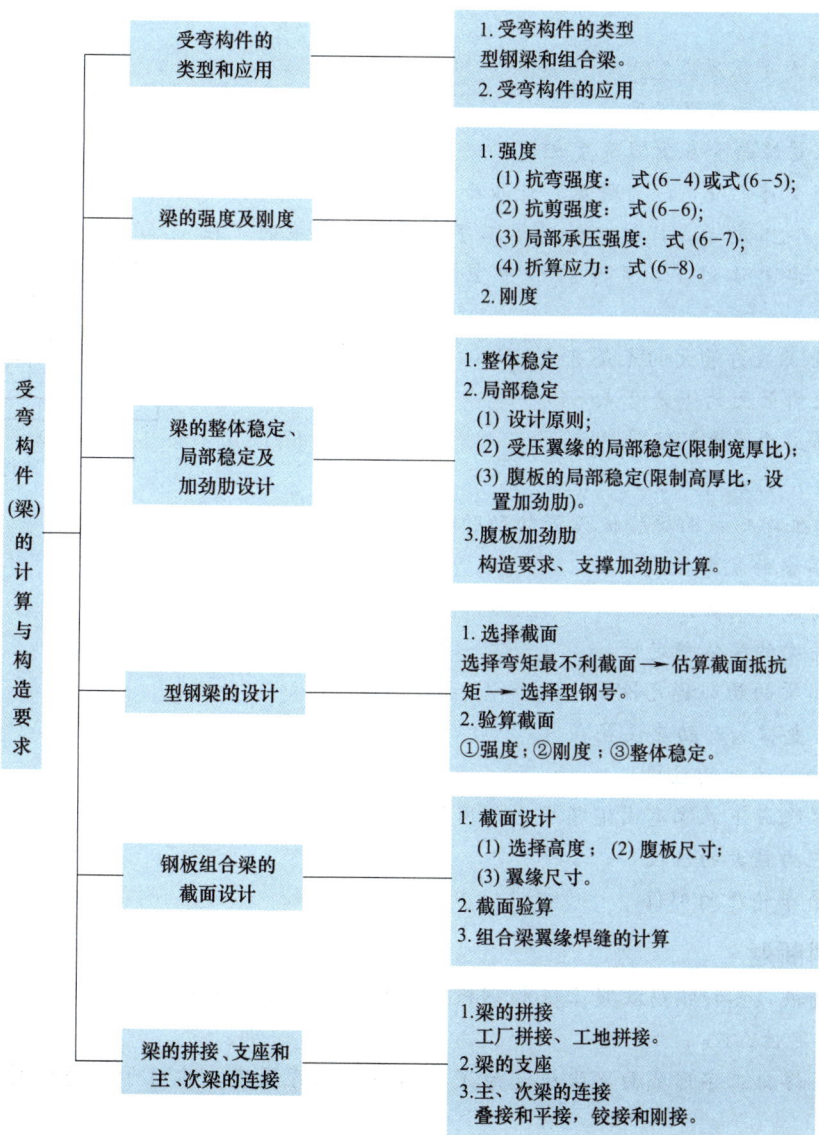

能力训练题

一、问答题

1. 影响梁整体稳定的因素有哪些？如何提高梁的整体稳定性？

2. 如何保证工字形梁腹板和翼缘的局部稳定？

3. 梁的工厂拼接和工地拼接有何不同？

4. 主次梁的连接中叠接和平接有哪些利弊？

5. 设计焊接组合截面工字形梁时应考虑哪些高度要求？

6. 焊接组合工字形梁腹板加劲肋如何布置？

二、单选题

1. 焊接工字形截面简支梁，其他条件均相同的情况下，当（   ）时，梁的整体稳定性最好。

A. 加强梁受压翼缘宽度

B. 加强梁受拉翼缘宽度

C. 受拉翼缘与受压翼缘宽度相同

D. 在距支座 $L/6$（L 为跨度）处减小受压翼缘宽度

2. 如图 6-28 所示，焊接双轴对称工字形截面平台梁时，在弯矩和剪力共同作用下，关于截面中应力的说法，正确的是（   ）。

A. 弯曲正应力最大的点是 3 点

B. 剪应力最大的点是 2 点

C. 折算应力最大的点是 3 点

D. 折算应力最大的点是 2 点

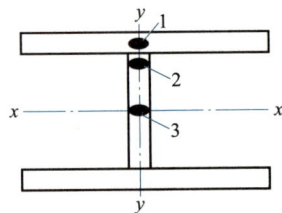

图 6-28　单选题 2 图

3. 焊接工字形截面梁腹板设置加劲肋的目的是（   ）。

A. 提高梁的抗弯强度

B. 提高梁的抗剪强度

C. 提高梁的整体稳定性

D. 提高梁的局部稳定性

4. 梁的支撑加劲肋应设置在（   ）。

A. 弯曲应力大的区段

B. 上翼缘或下翼缘有固定集中力作用处

C. 剪应力较大的区段

D. 有吊车轮压的部位

三、判断题

1. 有铺板（各种钢筋混凝土板和钢板）密铺在梁的受压翼缘上并与其牢固相连，需计算其整体稳定性。（   ）

2. 设置焊接工字形截面梁腹板是为了提高梁的抗弯强度，其对于提高梁的局部稳定性没有作用。（   ）

3. 当梁上翼缘受沿腹板平面作用的集中荷载，且该处又未设置支撑加劲肋时，应验算

腹板计算高度上边缘的局部承压强度。（　　）

四、计算题

1. 一工作平台梁格布置如图 6-29 所示，梁上密铺预制钢筋混凝土平台板和水泥砂浆面层，设其重量（标准值）为 2.5kN/m²，活荷载标准值为 25kN/m²（静力荷载）。试设计次梁截面：平台板与次梁焊接，钢材为 Q235 钢。

2. 按计算题 1 的资料，试设计平台主梁。

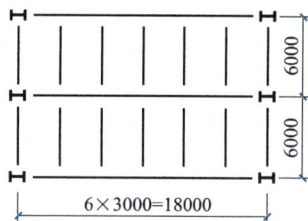

图 6-29　计算题 1、计算题 2 图

项目七
拉弯和压弯构件的计算与构造要求

素质目标

- 培养积极思考，横向联系知识点，理论联系实际的能力以及分析问题，解决问题的能力

知识目标

- 掌握拉弯、压弯构件的强度、刚度要求
- 理解压弯构件的破坏形式，实腹式压弯构件整体稳定、局部稳定的设计原理和设计计算公式
- 了解拉弯、压弯构件的截面形式，拉弯和压弯构件受力时截面正应力的发展过程，压弯构件柱脚的常用构造形式及柱脚计算要点

能力目标

- 能正确应用公式进行压弯构件强度和刚度验算
- 能解释压弯构件稳定计算的原理并进行压弯构件稳定性验算

任务一　概　　述

一、拉弯和压弯构件的定义

当构件同时承受轴向拉力和弯矩或承受横向荷载作用时，称为拉弯构件，见图 7-1；当构件同时承受轴向压力和弯矩或承受横向荷载作用时称为压弯构件，见图 7-2。

图 7-1　拉弯构件

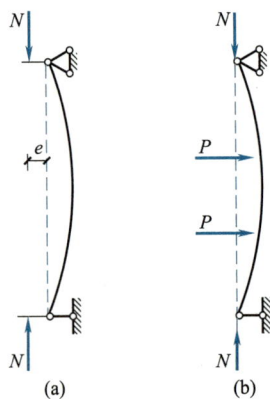

图 7-2　压弯构件

在钢结构中拉弯和压弯构件的应用十分广泛，例如，有节间荷载作用的桁架上下弦杆、受风荷载作用的墙架柱、工作平台柱、单层厂房结构和多高层框架结构中的柱以及海上石油钻井平台的立柱等大都是压弯（或拉弯）构件。

和其他受力构件一样，在进行拉弯和压弯构件设计时，不仅要满足承载能力极限状态的要求，而且要满足正常使用极限状态的要求。通常情况下，对拉弯构件应计算其强度和刚度；而对压弯构件则应同时满足强度、刚度、整体稳定性和局部稳定性的要求。

二、拉弯和压弯构件的截面形式

拉弯和压弯构件常用的截面形式有热轧型钢截面、冷弯薄壁型钢截面和组合截面。由于拉弯和压弯构件属于偏心受力构件，其截面正应力是不均匀分布的，因而其截面形式也与轴心受力构件有所不同。当弯矩较小，主要承受轴力时，其截面形式同一般轴心受力构件，仍采用双轴对称截面；当弯矩较大时，采用对称截面并不经济，因而通常采用单轴对称截面，且使较大翼缘位于受力较大的一侧（图7-3）。在满足局部稳定、使用要求和构造要求时，截面应尽量遵循肢宽壁薄以及弯矩作用平面内和平面外整体稳定性相等的原则，从而节省钢材。

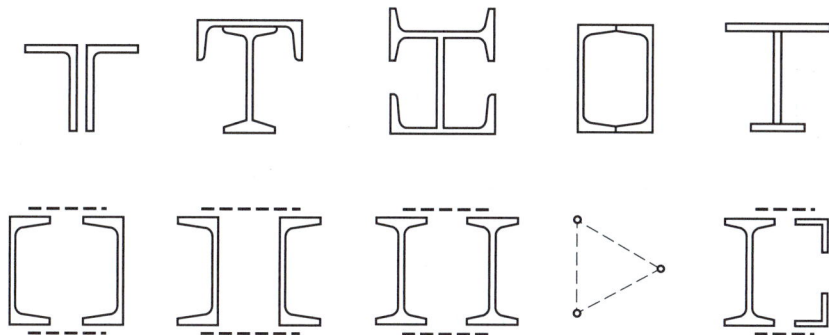

图 7-3 拉弯和压弯构件的截面形式

三、拉弯和压弯构件的破坏形式

1. 拉弯构件的破坏形式

对于实腹式拉弯构件，以截面出现塑性铰作为强度极限，但对于格构式和冷弯薄壁型钢的拉弯构件，则以截面边缘开始屈服作为强度极限状态。轴心拉力很小而弯矩很大的拉弯构件也可能出现和受弯构件类似的弯扭屈曲失稳。

2. 压弯构件的破坏形式

在钢结构中，相对而言，压弯构件的应用较拉弯构件更广泛，其破坏形式也复杂得多，杆件的受力条件、杆件长度、支撑条件、截面形式和尺寸等因素都会影响到杆件的破坏。

压弯构件的破坏形式主要有以下几种。

（1）强度破坏 对于短粗杆件或因孔洞等原因截面削弱过多的杆件可能产生强度破坏。

（2）整体失稳破坏 对于钢结构中的大多数压弯构件而言，整体失稳破坏是最危险的。单向压弯构件的整体失稳分为两种：一是发生在弯矩作用平面内的弯曲失稳破坏；二是发生在弯矩作用平面外的弯扭失稳破坏。双向压弯构件的整体失稳破坏则只有弯扭失稳破坏一种。

（3）局部失稳破坏 局部失稳发生在压弯构件的受压翼缘和腹板，板件屈曲将促使构件提前丧失稳定性。

任务二 拉弯和压弯构件的强度和刚度计算

一、拉弯和压弯构件的强度计算

对承受静力荷载和不需计算疲劳的承受动力荷载的实腹式拉弯和压弯构件，考虑钢材的塑性性能，其强度承载能力极限状态的表征是截面上出现塑性铰。

图 7-4 所示为一承受轴心压力 N 和弯矩 M 共同作用的压弯构件当荷载逐渐增加时的截面上应力的发展过程。①当荷载较小时，截面边缘纤维的最大应力小于钢材的屈服点，整个截面处于弹性状态 [图 7-4(a)]；②随着荷载继续增加，边缘纤维的最大应力达到屈服点，之后最大应力一侧塑性区将向截面内部发展 [图 7-4(b)]；③随后另一侧边缘纤维应力也达到屈服并向截面内部发展塑性，此时截面处于弹塑性状态 [图 7-4(c)]；④当荷载再继续增加时，整个截面进入塑性状态，形成塑性铰 [图 7-4(d)]，构件达到强度承载能力极限状态。

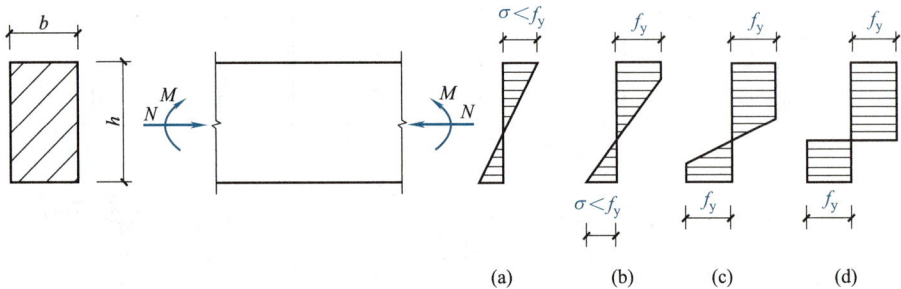

图 7-4 压弯构件截面应力发展过程

考虑压弯和拉弯构件形成塑性铰时，构件的变形过大，结构不能正常使用，因此规范不是以这种截面塑性得到完全发展的状态进行设计，而是以构件内塑性发展到一定深度（即截面只有部分区域进入塑性区）作为设计极限状态。这样压弯构件的强度计算公式规定如下：

$$\frac{N}{A_n} \pm \frac{M}{\gamma W_n} \leqslant f \tag{7-1}$$

式(7-1) 也适用于单轴对称截面，因此弯曲正应力一项带有正负号，W_n（构件的净截面模量）取值亦应与正负号相适应，计算时应使两项应力的代数和的绝对值最大。

对于双向拉弯或压弯构件，规范将式(7-1) 推广后，得

$$\frac{N}{A_n} \pm \frac{M}{\gamma_x W_{nx}} \pm \frac{M}{\gamma_y W_{ny}} \leqslant f \tag{7-2}$$

式中　A_n——构件验算截面净截面面积；

W_{nx}，W_{ny}——构件验算截面对 x 轴和 y 轴的净截面模量；

γ_x，γ_y——截面塑性发展系数，按表 6-1 采用。

对于以下两种情况，规范采取边缘屈服作为构件强度计算的依据，即以弹性应力状态计算，不允许截面有塑性发展。

（1）对直接承受动力荷载作用且需计算疲劳的实腹式拉弯或压弯构件，宜取 $\gamma_x = \gamma_y = 1.0$。

（2）为了保证受压翼缘在截面发展塑性时不发生局部失稳，压弯构件受压翼缘的自由外伸宽度 b 与其厚度 t 之比为 $13\sqrt{235/f_y}<b/t<15\sqrt{235/f_y}$ 时，应取 $\gamma_x=1.0$。

二、拉弯和压弯构件的刚度计算

与轴心受力构件一样，拉弯和压弯构件的刚度通常采用长细比来控制，即要求拉弯和压弯构件的长细比不超过规范规定的容许长细比，以满足正常使用极限状态的要求。

$$\lambda_{\max}\leqslant[\lambda] \tag{7-3}$$

拉弯和压弯构件的容许长细比分别与轴心受拉和轴心受压构件的规定完全相同，见表 5-1 和表 5-2。当弯矩为主，轴力较小，或有其他需要时，也须计算拉弯或压弯构件的挠度或变形，使其不超过规范规定的容许值。

【**例 7-1**】 如图 7-5 所示的拉弯构件，承受横向均布荷载设计值 $q=10\text{kN/m}$，轴向拉力设计值 $N=400\text{kN}$。截面为 I22a，钢材为 Q235 无削弱，$[\lambda]=350$，试验算其强度和刚度条件。

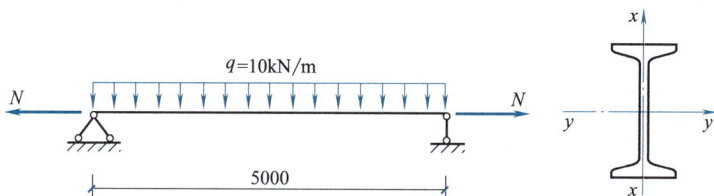

图 7-5 例 7-1 图

解 （1）构件的最大弯矩设计值为

$$M_{\max}=\frac{1}{8}ql^2=\frac{10\times5^2}{8}=31.25(\text{kN}\cdot\text{m})$$

（2）由附表 7 查得 I22a 的截面几何特性：

$$A=42.128\text{cm}^2，W_x=309\text{cm}^3，i_x=8.99\text{cm}，i_y=2.31\text{cm}$$

（3）验算，查附表 1-1 得 $f=215\text{N/mm}^2$，另外 $\gamma_x=1.05$。

强度验算：

$$\frac{N}{A_n}+\frac{M}{\gamma_x W_x}=\frac{400\times10^3}{42.128\times10^2}+\frac{31.25\times10^6}{1.05\times309\times10^3}\approx191.3(\text{N/mm}^2)<f=215\text{N/mm}^2（满足要求）$$

刚度验算：

$$\lambda_x=\frac{l_{0x}}{i_x}=\frac{5000}{8.99\times10}\approx55.6$$

$$\lambda_y=\frac{l_{0y}}{i_y}=\frac{5000}{2.31\times10}\approx216.5$$

$$\lambda_{\max}=\max\{\lambda_x,\lambda_y\}=216.5<[\lambda]=350 \quad（满足要求）$$

任务三 实腹式压弯构件的整体稳定

压弯构件的失稳形式与构件的侧向抗弯刚度和抗扭刚度等有关。当构件在轴向压力和弯矩共同作用下，若弯矩作用平面外有足够多支撑可以避免发生弯扭失稳，则可能在弯矩作用平面内发生弯曲失稳，否则也可能在弯矩作用平面外发生弯扭失稳，因此在进行压弯构件的整体稳定计算时需分别考虑这两方面的稳定性。

一、实腹式压弯构件在弯矩作用平面内的整体稳定验算

当弯矩作用在压弯构件截面的弱轴平面内，使构件绕强轴受弯，构件失稳时只发生在弯矩作用平面内的弯曲变形，称为弯矩作用平面内失稳。压弯构件在弯矩作用平面内失稳前后的变形状态相同，但弯曲变形加剧。

压弯构件在弯矩作用平面内的稳定验算问题十分复杂，其稳定承载力极限值不仅与构件的长细比 λ 和偏心距 e 有关，且与构件的截面形状和尺寸、构件轴线的初弯曲、截面上残余应力的分布和大小、材料的应力-应变特性以及失稳方向等诸多因素有关，因而，精确计算压弯构件的稳定极限承载力较为困难。目前确定压弯构件弯矩作用平面内极限承载力的方法很多，可分为三大类：一类是极限荷载计算方法，即采用解析法或数值法直接求解压弯构件弯矩作用平面内的极限荷载 N_{ux}；另一类是边缘强度计算准则，它是以构件截面边缘应力达到屈服作为设计极限荷载；第三类是相关公式方法，即通过理论分析，并在大量数值计算和试验数据的统计分析基础上，建立轴力项和弯矩项相关公式，并对相关公式中的参数进行修正，得到一个半经验半理论公式，来验算压弯构件弯矩作用平面内的极限承载力。我国规范就采用第三类方法来计算实腹式压弯构件在弯矩作用平面内的稳定性。

《钢结构设计标准》规定，弯矩作用在对称轴平面内（绕 x 轴）的实腹式压弯构件，其在弯矩作用平面内的稳定性应按下式计算。

$$\frac{N}{\varphi_x A}+\frac{\beta_{\mathrm{m}x}M_x}{\gamma_x W_{1x}\left(1-0.8\dfrac{N}{N'_{\mathrm{E}x}}\right)}\leqslant f \tag{7-4}$$

式中　N——压弯构件的轴心压力设计值；

　　　φ_x——弯矩作用平面内轴心受压构件稳定系数；

　　　A——构件毛截面面积；

　　　M_x——所计算构件段范围内的最大弯矩；

　　　$N'_{\mathrm{E}x}$——参数，$N'_{\mathrm{E}x}=\dfrac{\pi^2 EA}{1.1\lambda_x^2}$；

　　　W_{1x}——在弯矩作用平面内较大受压纤维的毛截面模量；

　　　γ_x——截面塑性发展系数，见表 6-1；

　　　$\beta_{\mathrm{m}x}$——等效弯矩系数，应按下列规定采用。

1. 框架柱和两端支撑的构件

（1）无横向荷载作用时，$\beta_{\mathrm{m}x}=0.65+0.35M_2/M_1$，$M_1$ 和 M_2 是构件两端的弯矩，使构件产生同向曲率（无反弯点）时 M_1 和 M_2 取同号，使构件产生反向曲率（有反弯点）时 M_1 和 M_2 取异号，$|M_1|\geqslant|M_2|$。

（2）有端弯矩和横向荷载同时作用，使构件产生同向曲率时，$\beta_{\mathrm{m}x}=1.0$；使构件产生反向曲率时，$\beta_{\mathrm{m}x}=0.85$。

（3）无端弯矩但有横向荷载作用时，$\beta_{\mathrm{m}x}=1.0$。

2. 悬臂构件（$\beta_{\mathrm{m}x}=1.0$）

对于单轴对称截面压弯构件（如 T 形、槽形截面），当弯矩作用在对称轴平面内（即弯矩绕非对称轴作用）且使较大翼缘受压时，可能在较小翼缘一侧因受拉区塑性发展过大而导

致构件破坏。对于这类构件，除应按式(7-4)计算外，尚应按下式计算：

$$\left| \frac{N}{A} - \frac{\beta_{mx}M_x}{\gamma_{2x}W_{2x}\left(1-1.25\dfrac{N}{N'_{Ex}}\right)} \right| \leqslant f \tag{7-5}$$

式中 W_{2x}——在弯矩作用平面内较小翼缘纤维的毛截面模量；

γ_{2x}——与 W_{2x} 相对应的截面塑性发展系数，见表6-1。

【例7-2】 一工字形钢制作的压弯构件，两端铰接，长度5m，在构件的中点有一个侧向支撑，钢材为Q235钢，验算图7-6(a)、(b)、(c)三种受力情况的构件在弯矩作用平面内的整体稳定。构件除承受轴心压力 $N=20$kN 外，作用的其他外力为：在构件两端同时作用着如图7-6(a)、(b) 所示大小相等的弯矩 $M_x=30$kN·m，如图7-6(c)所示在跨中作用一横向荷载 $F=20$kN 。

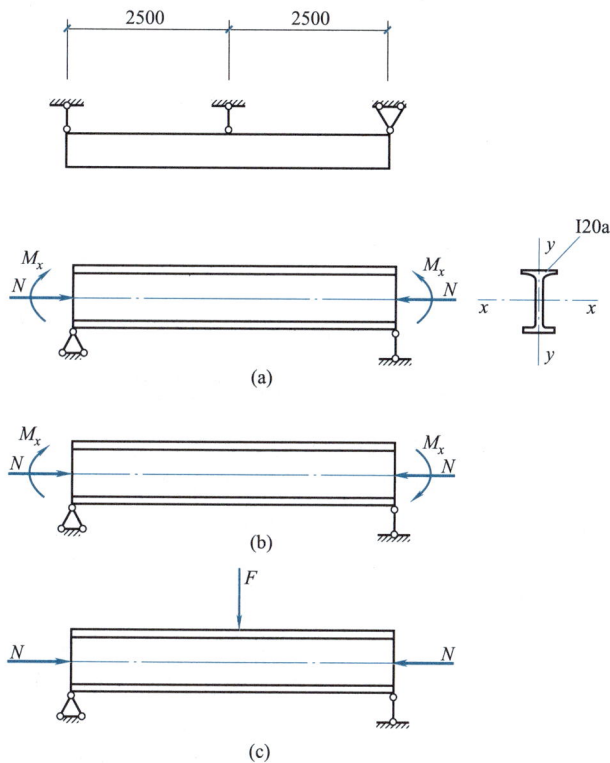

图7-6   例7-2图

解   查附表7得I20a的截面特性：

$A=35.578\text{cm}^2$, $b/h=100/200<0.8$, $W_x=237\text{cm}^3$, $i_x=8.15\text{cm}$

（1）情况（a）。

$M_1=M_2=30$kN·m；$\beta_{mx}=0.65+0.35M_2/M_1=1.0$；$\lambda_x=l_{0x}/i_x=5000/81.5\approx61.35$

查附表1-1得 $f=215\text{N/mm}^2$，按a类截面由 λ_x 查附表2-1得 $\varphi_x=0.878$（查表后由内插法得到）。

$$N'_{Ex}=\frac{\pi^2 EA}{\lambda_x^2}=\frac{3.14^2\times2.06\times10^5\times35.578\times10^2}{61.35^2}\approx1919.90(\text{kN})$$

$$\frac{N}{\varphi_x A}+\frac{\beta_{mx}M_x}{\gamma_{1x}W_{1x}\left(1-0.8\dfrac{1.1N}{N'_{Ex}}\right)}=\frac{20\times10^3}{0.878\times35.578\times10^2}+\frac{1.0\times30\times10^6}{1.05\times237\times10^3\times\left(1-0.8\times\dfrac{1.1\times20}{1919.90}\right)}$$

$$\approx128.07(\text{N/mm}^2)<f=215\text{N/mm}^2 \quad (满足要求)$$

（2）情况（b）。

$|M_1|=|M_2|=30\text{kN}\cdot\text{m}$，$M_1$ 和 M_2 产生反向曲率：

$$\beta_{mx}=0.65-0.35M_2/M_1=0.3$$
$$\lambda_x=l_{0x}/i_x=5000/81.5\approx61.35$$

$$\frac{N}{\varphi_x A}+\frac{\beta_{mx}M_x}{\gamma_{1x}W_{1x}\left(1-0.8\dfrac{1.1N}{N'_{Ex}}\right)}=\frac{20\times10^3}{0.878\times35.578\times10^2}+\frac{0.3\times30\times10^6}{1.05\times237\times10^3\times\left(1-0.8\times\dfrac{1.1\times20}{1919.90}\right)}$$

$$\approx42.90(\text{N/mm}^2)<f=215\text{N/mm}^2 \quad (满足要求)$$

（3）情况（c）。

$$M_x=\frac{1}{4}Fl=\frac{1}{4}\times20\times5=25(\text{kN}\cdot\text{m})$$

$$\beta_{mx}=1.0$$

$$\frac{N}{\varphi_x A}+\frac{\beta_{mx}M_x}{\gamma_{1x}W_{1x}\left(1-0.8\dfrac{1.1N}{N'_{Ex}}\right)}=\frac{20\times10^3}{0.878\times35.578\times10^2}+\frac{1.0\times25\times10^6}{1.05\times237\times10^3\times\left(1-0.8\times\dfrac{1.1\times20}{1919.90}\right)}$$

$$\approx107.79(\text{N/mm}^2)<f=215\text{N/mm}^2 \quad (满足要求)$$

二、实腹式压弯构件在弯矩作用平面外的整体稳定验算

当压弯构件的抗扭刚度较差（如开口薄壁型截面的压弯构件），或垂直于弯矩作用平面内的抗弯刚度不大，且侧向没有足够多的支撑来阻止构件的受压翼缘侧移，荷载增加到一定大小时，构件可能发生弯矩作用平面外的弯曲变形和扭转变形（弯扭失稳），而丧失承载力，这种现象称为压弯构件在弯矩作用平面外失稳（图 7-7）。

由于实腹式压弯构件在弯矩作用平面外的失稳形式与梁的弯扭屈曲类似，考虑到轴心压力的影响及压弯构件闭口截面的情况，在实际工程中，我国《钢结构设计标准》采用式(7-6)来验算其弯矩作用平面外的稳定性。

$$\frac{N}{\varphi_y A}+\eta\frac{\beta_{tx}M_x}{\varphi_b W_{1x}}\leq f \qquad (7\text{-}6)$$

式中 M_x——所计算构件段范围内（构件侧向支撑点之间）的最大弯矩设计值；

φ_y——弯矩作用平面外的轴心受压构件的稳定系数，对于单轴对称截面，应考虑扭转效应，采用换算长细比 λ_{yz} 确定，对于双轴对称截面或极对称截面可直接用 λ_y 确定，见项目六；

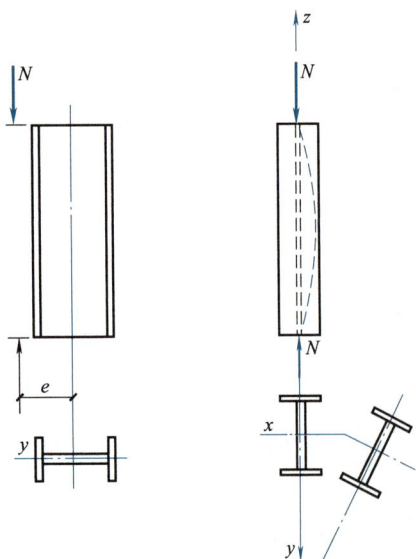

图 7-7 弯矩作用平面外的失稳

η——调整系数，闭口截面 $\eta=0.7$，其他截面 $\eta=1.0$；

φ_b——均匀弯曲的受弯构件整体稳定系数；

$\beta_{t.x}$——弯矩作用平面外等效弯矩系数，应按下列规定采用。

1. 弯矩作用平面外有支撑的构件

应根据两相邻支撑点间构件段内的荷载和内力情况确定。

（1）所考虑构件段无横向荷载作用时，$\beta_{t.x}=0.65+0.35M_2/M_1$，$M_1$ 和 M_2 是构件段在弯矩作用平面内的端弯矩，使构件段产生同向曲率时 M_1 与 M_2 取同号，产生反向曲率时 M_1 与 M_2 取异号，$|M_1|\geqslant|M_2|$。

（2）所考虑构件段内有端弯矩和横向荷载同时作用时，使构件段产生同向曲率取 $\beta_{t.x}=1.0$；使构件段产生反向曲率取 $\beta_{t.x}=0.85$。

（3）构件段内无端弯矩但有横向荷载作用时，$\beta_{t.x}=1.0$。

2. 弯矩作用平面外为悬臂构件（$\beta_{t.x}=1.0$）

对于闭口截面取 $\varphi_b=1.0$；其余情况按项目六规定确定。对于非悬臂的工字形（包括 H 型钢）、T 形截面构件，当 $\lambda_y\leqslant120\sqrt{235/f_y}$ 时按下列近似公式计算。

（1）工字形（包括 H 型钢）截面。

双轴对称时：

$$\varphi_b=1.07-\frac{\lambda_y^2}{44000}\times\frac{f_y}{235} \tag{7-7}$$

单轴对称时：

$$\varphi_b=1.07-\frac{W_{1x}}{(2\alpha_b+0.1)Ah}\times\frac{\lambda_y^2}{14000}\times\frac{f_y}{235} \tag{7-8}$$

式中，$\alpha_b=\dfrac{I_1}{I_2+I_2}$（$I_1$、$I_2$ 分别为受压翼缘和受拉翼缘对 y 轴的惯性矩）。

（2）T 形截面（弯矩作用在对称轴平面，绕 x 轴）。

① 当弯矩使翼缘受压时：

双角钢 T 形截面：

$$\varphi_b=1-0.0017\lambda_y\sqrt{\frac{f_y}{235}} \tag{7-9}$$

剖分 T 型钢和两板组合 T 形截面：$\varphi_b=1-0.0022\lambda_y\sqrt{\dfrac{f_y}{235}}$ （7-10）

② 当弯矩使翼缘受拉且腹板宽厚比大于 $18\sqrt{235/f_y}$ 时：

$$\varphi_b=1-0.0005\lambda_y\sqrt{\frac{f_y}{235}} \tag{7-11}$$

（3）箱形截面。

可取 $\varphi_b=1.0$。

值得注意的是，上述近似公式是针对 $\lambda_y\leqslant120$ $\sqrt{235/f_y}$ 的构件，当按式（7-7）～式（7-11）得到的 φ_b 值大于 0.6 时，可不再进行 φ_b' 的换算；当按式（7-7）和式（7-8）算得的 φ_b 值大于 1.0 时，取 $\varphi_b=1.0$。

【例 7-3】 如图 7-8 所示的两端铰接的压弯构件，构件长为 3m，承受荷载设计值有：轴向压力 $N=60\text{kN}$，弯矩 $M=40\text{kN}\cdot\text{m}$。构件截面为 I22a，钢材为 Q235 钢，试验算该构件在弯矩作用平面外的整体稳定性。

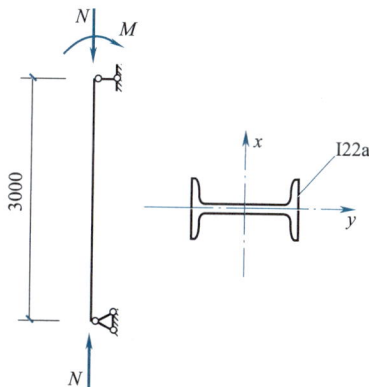

图 7-8 例 7-3 图

解 查附表 7 得 I22a 的截面特性：

$A=42.128\text{cm}^2$，$b/h=110/220<0.8$，$W_x=309\text{cm}^3$，$i_x=8.99\text{cm}$，$i_y=2.31\text{cm}$

$$\lambda_y=\frac{l_{0y}}{i_y}=\frac{3000}{23.1}\approx129.9$$

按 b 类截面由 λ_y 查附表 2-2，由内插法得，$\varphi_y=0.388$。

$$\varphi_b=1.07-\frac{\lambda_y^2}{44000}\times\frac{f_y}{235}=1.07-\frac{129.9^2}{44000}\times\frac{235}{235}\approx0.686$$

$\eta=1.0$（工字形截面），$\beta_{tx}=0.65+0.35M_2/M=0.65$

$$\frac{N}{\varphi_y A}+\eta\frac{\beta_{tx}M_x}{\varphi_b W_{1x}}=\frac{60\times10^3}{0.388\times42.128\times10^2}+1.0\times\frac{0.65\times40\times10^6}{0.686\times309\times10^3}$$

$$=36.71+122.66=159.37(\text{N/mm}^2)<f=215\text{N/mm}^2 \quad（满足要求）$$

任务四　实腹式压弯构件的局部稳定

对于实腹式压弯构件，其板件与轴心受压构件和受弯构件的板件的受力情况相似，一般设计时也常选用肢宽壁薄的截面。为保证压弯构件中板件的局部稳定，规范以板件屈曲为失稳准则，不允许利用超屈曲强度，也不考虑残余应力和初弯曲的影响。采用了同轴心受压构件相同的方法，限制翼缘和腹板的宽厚比及高厚比。

一、翼缘的局部稳定

压弯构件的受压翼缘基本上受均匀压应力的作用，与受弯构件的受压翼缘类似，因此规范采用限制其宽厚比的方法来保证翼缘的局部稳定，压弯构件翼缘自由外伸宽度规定如下。

（1）按弹性计算时（$\gamma_x=1$）：　　　$\dfrac{b_1}{t}\leqslant15\sqrt{\dfrac{235}{f_y}}$ 　　　　　　　　　　（7-12）

（2）允许截面发展部分塑性时（$\gamma_x>1$）：$\dfrac{b_1}{t}\leqslant13\sqrt{\dfrac{235}{f_y}}$ 　　　　　　　（7-13）

（3）对于箱形截面压弯构件两腹板间的受压翼缘部分的宽厚比限制为

$$\frac{b_1}{t}\leqslant40\sqrt{\frac{235}{f_y}}$$ 　　　　　　　　　　　　（7-14）

二、腹板的局部稳定

实腹式压弯构件腹板的局部失稳是在不均匀正应力和剪应力的共同作用下发生的，腹板上边缘是压应力，下边缘根据弯矩和轴力的不同可能是压应力，也可能是拉应力（图7-9）。

根据其应力情况，经过理论分析，规范对压弯构件的腹板高厚比作了如下的规定。

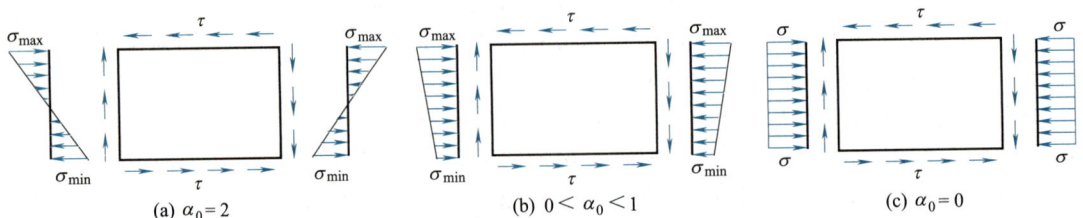

图 7-9　压弯构件腹板受力状况应力示意图

（1）对工字形和 H 形截面，腹板计算高度 h_0 与其厚度 t_w 之比：

当 $0 \leqslant \alpha_0 \leqslant 1.6$ 时：

$$\frac{h_0}{t_w} \leqslant (16\alpha_0 + 0.5\lambda + 25)\sqrt{\frac{235}{f_y}} \tag{7-15}$$

当 $1.6 < \alpha_0 \leqslant 2.0$ 时：

$$\frac{h_0}{t_w} \leqslant (48\alpha_0 + 0.5\lambda - 26.2)\sqrt{\frac{235}{f_y}} \tag{7-16}$$

式中 λ——构件在弯矩作用平面内的长细比，当 $\lambda < 30$ 时，取 $\lambda = 30$，当 $\lambda > 100$ 时，取 $\lambda = 100$。

α_0——应力梯度，$\alpha_0 = \dfrac{\alpha_{max} - \alpha_{min}}{\alpha_{max}}$；

α_{max}——腹板计算高度边缘的最大压应力，计算时不考虑构件的稳定系数和截面塑性发展系数；

α_{min}——腹板计算高度另一边缘相应的应力，压应力取正值，拉应力取负值。

（2）箱形截面腹板高厚比 h_0/t_w 不应超过式(7-15) 或式(7-16) 右侧乘以 0.8 后的值，当此值小于 $40\sqrt{235/f_y}$ 时，应采用 $40\sqrt{235/f_y}$。

（3）对于 T 形截面压弯构件，腹板高度 h_0 与其厚度 t_w 之比，应满足下列要求。

① 当弯矩使腹板自由边受压时，腹板宽厚比限值为

当 $\alpha_0 \leqslant 1.0$ 时：

$$\frac{h_0}{t_w} \leqslant 15\sqrt{\frac{235}{f_y}} \tag{7-17}$$

当 $\alpha_0 > 1.0$ 时：

$$\frac{h_0}{t_w} \leqslant 18\sqrt{\frac{235}{f_y}} \tag{7-18}$$

② 当弯矩使腹板自由边受拉时，腹板宽厚比的限值为

对于热轧剖分 T 型钢：

$$\frac{h_0}{t_w} \leqslant (15 + 0.2\lambda)\sqrt{\frac{235}{f_y}} \tag{7-19}$$

对于焊接 T 型钢：

$$\frac{h_0}{t_w} \leqslant (13 + 0.17\lambda)\sqrt{\frac{235}{f_y}} \tag{7-20}$$

（4）圆管截面的受压构件，其外径与壁厚之比不应超过 $100 \times (235/f_y)$。

【例 7-4】 某压弯构件（Q345 钢）$N = 800\text{kN}$，$M_x = 400\text{kN} \cdot \text{m}$，$\lambda_x = 95$，截面尺寸如图 7-10 所示，验算翼缘和腹板的宽厚比限值。

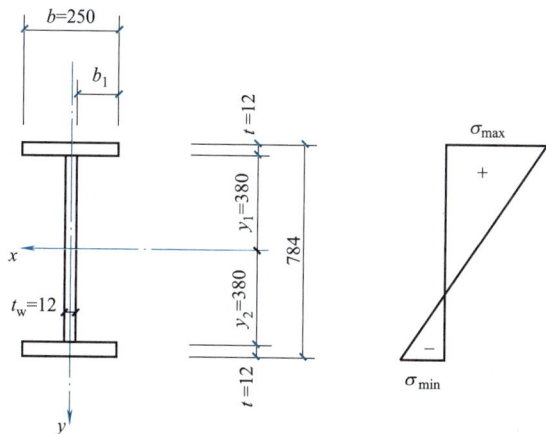

图 7-10   例 7-4 图

解 $A = 2 \times (25 \times 1.2) + 76 \times 1.2 = 151.2 (\text{cm}^2)$，$I_x = \frac{1}{12} \times (25 \times 78.4^3 - 23.8 \times 76^3) =$

$133302.4(\text{cm}^4)$

（1）翼缘板：$\quad \frac{b_1}{t} = \frac{(250-12)}{2} \times \frac{1}{12} \approx 9.92 < 13\sqrt{\frac{235}{345}}$ （满足要求）

（2）腹板：

腹板边缘应力：

$$\alpha_{max} = \frac{N}{A} + \frac{M_x y_1}{I_x} = \frac{800 \times 10^3}{151.2 \times 10^2} + \frac{400 \times 10^6 \times 380}{133302.4 \times 10^4} \approx 52.91 + 114.03 = 166.94 (\text{N/mm}^2)$$

$$\alpha_{min} = \frac{N}{A} - \frac{M_x y_2}{I_x} = 52.91 - 114.03 = -61.12 (\text{N/mm}^2)$$

$$\alpha_0 = \frac{166.94 - (-61.12)}{166.94} \approx 1.336 < 1.6$$

$$\frac{h_0}{t_w} = \frac{760}{12} \approx 63.3 < (16\alpha_0 + 0.5\lambda + 25)\sqrt{\frac{235}{f_y}} = (16 \times 1.366 + 25 + 0.5 \times 95) \times \sqrt{\frac{235}{345}} = 77.87 (满足要求)$$

任务五　实腹式压弯构件的截面设计

一、设计原则

实腹式压弯构件的截面设计同样应遵循等稳定性（即弯矩作用平面内和弯矩作用平面外的整体稳定性尽量接近）、肢宽壁薄、制造省工和连接方便等设计原则，按受力的大小和方向、使用要求和构造要求选择合适的截面形式。当承受的弯矩较小时，可采用对称截面；当弯矩较大时，宜采用在弯矩作用平面内截面高度较大的双轴对称截面，或采用截面一侧翼缘加大的单轴对称截面，从而节省钢材。

二、截面设计步骤

设计时首先需选定截面的形式，初选截面尺寸，然后进行强度、刚度、整体稳定和局部稳定的验算。由于压弯构件的验算式中所牵涉的未知量较多，因此初选出来的截面尺寸不一定合适，因而初选的截面尺寸往往需要进行多次调整和重复验算，直到满意为止。具体设计步骤如下。

（1）选定截面的形式。

（2）确定构件承受的内力设计值，即弯矩 M、轴力 N。再根据内力和构件的计算长度 l_{0x} 和 l_{0y} 初步确定截面的尺寸。

（3）确定钢材及强度设计值。

（4）对初选截面进行验算，主要包括以下方面。

① 强度验算。

② 刚度验算。

③ 弯矩作用平面内整体稳定验算。

④ 弯矩作用平面外整体稳定验算。

⑤ 局部稳定验算。

（5）如果验算不满足，则对初选截面进行修改，重新计算，直到满意为止。

三、对初选截面验算的内容

1. 强度验算

单向受弯的压弯构件：$\dfrac{N}{A_n} \pm \dfrac{M_x}{\gamma_x W_{nx}} \leqslant f$

当截面无削弱，且 N、M_x 的取值与整体稳定验算的取值相同，而等效弯矩系数为 1.0 时，可不必进行强度验算。

2. 刚度验算

压弯构件的刚度通常以长细比来控制，$\lambda_{\max} \leqslant [\lambda]$。

压弯构件的长细比不应超过表 5-1 和表 5-2 规定的容许长细比。

3. 整体稳定验算

（1）弯矩作用平面内的稳定性：

$$\frac{N}{\varphi_x A} + \frac{\beta_{mx} M_x}{\gamma_{1x} W_{1x}\left(1 - 0.8\dfrac{N}{N'_{Ex}}\right)} \leqslant f$$

对于单轴对称截面压弯构件尚需按下式进行补充计算，即

$$\left| \frac{N}{A} - \frac{\beta_{mx} M_x}{\gamma_{2x} W_{2x}\left(1 - 1.25\dfrac{N}{N'_{Ex}}\right)} \right| \leqslant f$$

（2）弯矩作用平面外的稳定性按下式计算：

$$\frac{N}{\varphi_y A} + \eta \frac{\beta_{tx} M_x}{\varphi_b W_{1x}} \leqslant f$$

4. 局部稳定验算

要满足宽厚比和高厚比的限制。

四、构造要求

实腹式压弯构件的构造要求与实腹式轴心受压构件相似，其翼缘宽厚比必须满足局部稳定的要求，否则翼缘屈曲必然导致构件整体失稳。如当腹板的 $h_0/t_w > 80$ 时，为防止腹板在施工和运输中发生变形，应设置间距不大于 $3h_0$ 的横向加劲肋。另外，设有纵向加劲肋的同时也应设置横向加劲肋。

为保持截面形状不变，提高构件抗扭刚度，防止施工和运输过程中发生变形，实腹式柱在受有较大水平力处和运输单元的端部应设置横隔，构件较长时应设置中间横隔，其间距不大于构件截面较大宽度的 9 倍或 8m。

在设置压弯构件的侧向支撑点时，当截面高度较小时，可仅在腹板（或加劲肋和横隔）中央部位设置支撑；当截面高度较大或受力较大时，应在两个翼缘平面内同时设置支撑。

【例 7-5】 如图 7-11 所示为一双轴对称工字形截面压弯构件，跨中集中横向荷载设计值 $F = 150\text{kN}$，轴心压力设计值 $N = 1200\text{kN}$。构件在弯矩作用平面内计算长度为 12m，弯矩作用平面外方向有侧向支撑，其间距为 4m。构件截面尺寸如图 7-11 所示，截面无削弱，翼缘板为火焰切割边，钢材为 Q235 钢，构件允许长细比 $[\lambda] = 150$。试对该构件截面进行验算。

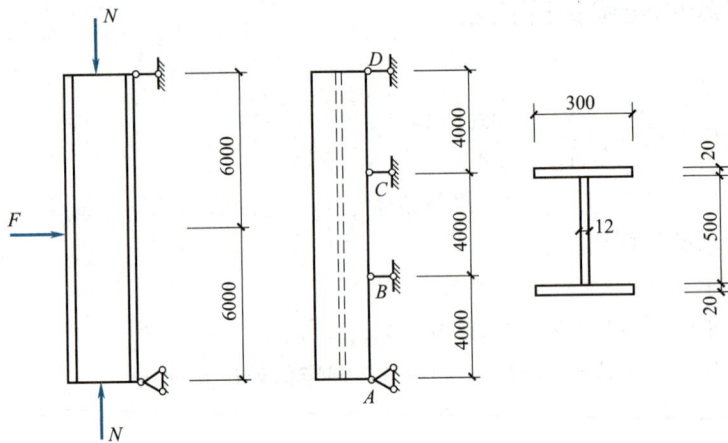

图 7-11 例 7-5 图

解 （1）截面几何特性计算：

$$A = 30 \times 2 \times 2 + 50 \times 1.2 = 180 (\text{cm}^2)$$

$$I_x = \frac{1.2}{12} \times 50^3 + 30 \times 2 \times \left(\frac{50+2}{2}\right)^2 \times 2 = 93620 (\text{cm}^4), \ I_y = \frac{2}{12} \times 30^3 \times 2 = 9000 (\text{cm}^4)$$

$$i_x = \sqrt{\frac{I_x}{A}} = \sqrt{\frac{93620}{180}} \approx 22.8 (\text{cm}), \ i_y = \sqrt{\frac{I_y}{A}} = \sqrt{\frac{9000}{180}} \approx 7.07 (\text{cm})$$

$$W_{1x} = \frac{2I_x}{h} = \frac{2 \times 93620}{(50+2+2)} \approx 3467.4 (\text{cm}^3); \ \lambda_x = \frac{l_{0x}}{i_x} = \frac{1200}{22.8} \approx 52.6, \ \lambda_y = \frac{l_{0y}}{i_y} = \frac{400}{7.07} \approx 56.6$$

由表 5-4 查得该截面属于 b 类截面，再通过附表 2-2 由内插法得 $\varphi_x = 0.844$，$\varphi_y = 0.825$。

（2）强度验算：

因构件截面无削弱，强度验算弯矩与稳定验算弯矩相同，无须进行强度验算。

（3）刚度验算：

$$\lambda_{\max} = \max\{\lambda_x, \lambda_y\} = 56.6 < [\lambda] = 150 \ (\text{满足要求})$$

（4）弯矩作用平面内整体稳定性计算：

$$M_x = \frac{Fl}{4} = \frac{150}{4} \times 12 = 450 (\text{kN} \cdot \text{m})$$

$$N'_{Ex} = \frac{\pi^2 E I_x}{1.1 l_{0x}^2} = \frac{3.14^2 \times 2.06 \times 10^5 \times 93620 \times 10^4}{1.1 \times 12000^2} \approx 12004.4 (\text{kN})$$

$$\frac{N}{N'_{Ex}} = \frac{1200}{12004.4} \approx 0.0999$$

因为无端弯矩但有横向荷载的作用，所以 $\beta_{mx} = 1.0$。

$$\frac{N}{\varphi_x A} + \frac{\beta_{mx} M_x}{\gamma_{1x} W_{1x} (1 - 0.8 \frac{N}{N'_{Ex}})} = \frac{1200 \times 10^3}{0.844 \times 180 \times 10^2} + \frac{1.0 \times 450 \times 10^6}{1.05 \times 3467.4 \times 10^3 \times (1 - 0.8 \times 0.0999)}$$

$$=79+134.3\approx213.3(\text{N/mm}^2)<f=215\text{N/mm}^2 \quad (满足要求)$$

（5）弯矩作用平面外整体稳定性计算：

$$\varphi_b=1.07-\frac{\lambda_y^2}{44000}\times\frac{f_y}{235}=1.07-\frac{56.6^2}{44000}\times\frac{235}{235}\approx0.997$$

因为验算段 BC 内有端弯矩和横向荷载的同时作用，所以 $\beta_{tx}=1.0$ ，另 $\eta=1.0$（工字形截面）。

$$\frac{N}{\varphi_y A}+\eta\frac{\beta_{tx}M_x}{\varphi_b W_{1x}}=\frac{1200\times10^3}{0.825\times180\times10^2}+1.0\times\frac{1.0\times450\times10^6}{0.997\times3467.4\times10^3}$$

$$\approx211.1(\text{N/mm}^2)<f=215\text{N/mm}^2 \quad (满足要求)$$

（6）局部稳定性验算：

翼缘：$\dfrac{b_1}{t}=\dfrac{300-12}{2\times20}=7.2<13\sqrt{\dfrac{235}{f_y}}=13 \quad (满足要求)$

腹板：$\sigma_{max}=\dfrac{N}{A}+\dfrac{M}{W_{1x}}=\dfrac{1200\times10^3}{180\times10^2}+\dfrac{450\times10^6}{3467.4\times10^3}\approx196.4(\text{N/mm}^2)$

$$\sigma_{min}=\frac{N}{A}-\frac{M}{W_{2x}}=\frac{1200\times10^3}{180\times10^2}-\frac{450\times10^6}{3467.4\times10^3}\approx-63.1(\text{N/mm}^2)$$

$$\alpha_0=\frac{\sigma_{max}-\sigma_{min}}{\sigma_{max}}=\frac{196.4+63.1}{196.4}\approx1.32<1.6$$

$$(16\alpha_0+0.5\lambda+25)\sqrt{\frac{235}{f_y}}=(16\times1.32+0.5\times56.6+25)\times1.0$$

$$=74.42>\frac{h_0}{t_w}=\frac{500}{12}\approx41.7 \quad (满足要求)$$

上述各项验算表明，该构件截面设计安全。

任务六 实腹式压弯构件的柱脚

一、压弯构件柱脚概述及构造要求

压弯构件（如框架柱）的柱脚，可做成铰接或刚接（一般是刚接）。铰接柱脚只能承受轴心压力和剪力，其计算和构造要求与轴心受压柱的铰接柱脚基本相同，只是所受剪力较大，需采取抗剪的构造措施，如加抗剪键。

刚接柱脚既要传递轴心压力和剪力，又要传递弯矩。因此需要具有足够的刚度使其接近刚接的假定，同时保证传力明确，与基础的连接要坚固，且便于制造和安装。

刚接柱脚分为外露式和插入式（也称埋入式）两类，外露式又分为整体式（图 7-12）和分离式（图 7-13）两类。实腹式柱和分肢距离较小的格构柱多采用整体式，而肢间间距较大的格构式柱，由于两分肢的距离较大，采用整体式柱脚耗费钢材较多，故多采用分离式。

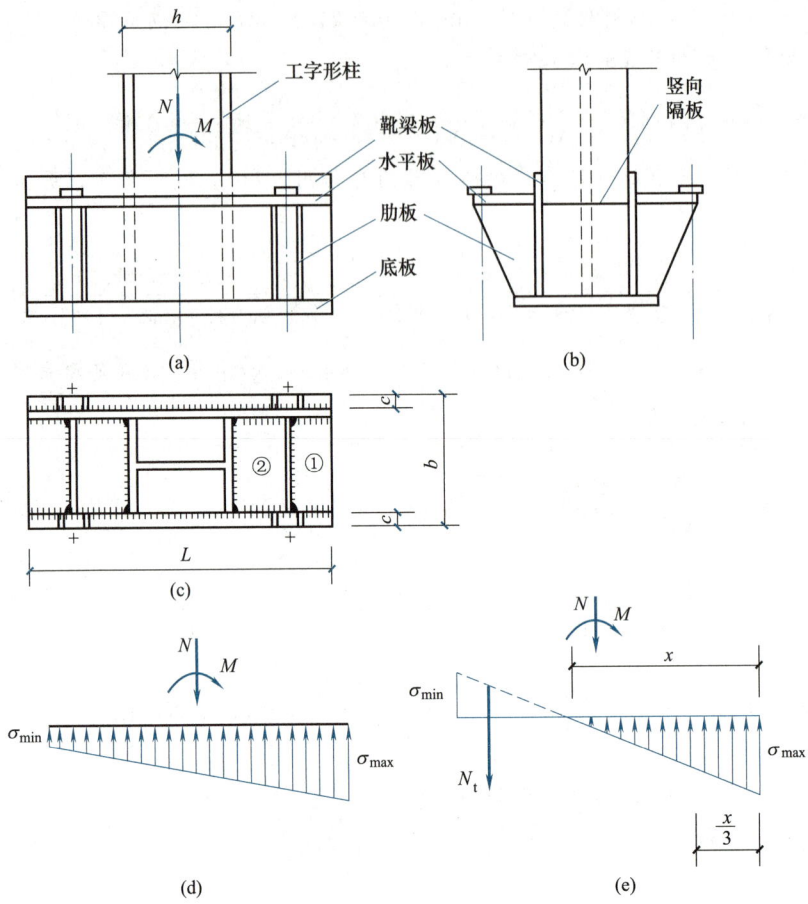

図(a) 工字形柱 N M
靴梁板
水平板
肋板
底板

(b) 竖向隔板

(c)

(d) N M σ_min σ_max

(e) N M x N_t σ_min σ_max $\frac{x}{3}$

图 7-12　整体式刚接柱脚

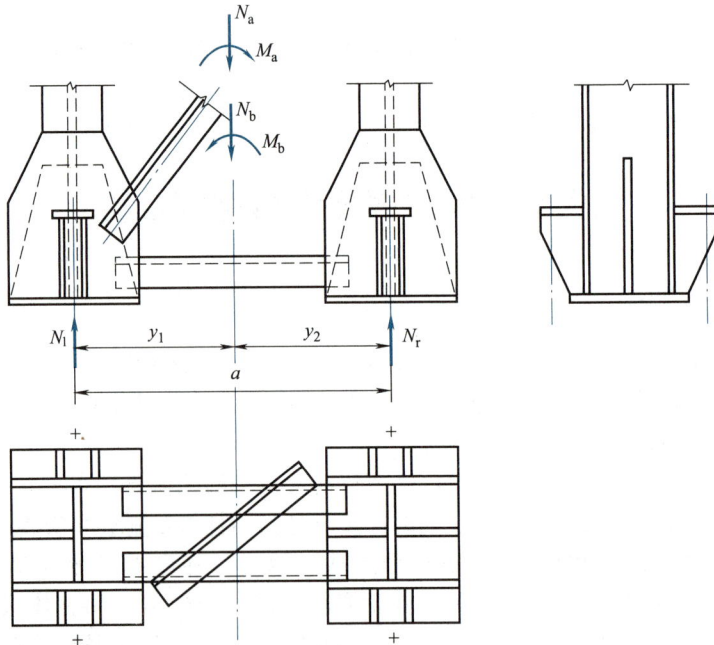

N_a M_a N_b M_b N_l y_1 y_2 N_r a

图 7-13　分离式刚接柱脚

刚接柱脚在弯矩作用下产生的拉力需由锚栓承受，锚栓不易固定在底板上，为保证柱脚与基础能形成刚性连接，应采用图 7-12 的构造，在靴梁侧面焊接两块肋板，锚栓固定在肋板上面的水平板上，锚栓不宜穿过底板。

锚栓直径不能小于 20mm，水平板上锚栓孔的直径应是锚栓直径的 1.5～2.0 倍，以便调整柱脚的位置，待柱子就位，并调整到设计位置后，再用垫板套住锚栓，并与水平板焊牢，垫板上的孔径只比锚栓直径大 1～2mm。此外，为增加柱脚的刚性，还常常在柱身两侧两个"锚栓支架"之间布置竖向隔板。

二、整体式刚接柱脚计算方法

整体式刚接柱脚的计算一般包括底板尺寸、锚栓直径、靴梁尺寸及焊缝。

1. 底板尺寸

如图 7-12 所示柱脚，在轴心压力 N 和弯矩 M 的作用下，底板与基础间的压应力呈不均匀分布。弯矩指向一侧底板边缘的压应力最大，而另一侧底板边缘的压应力最小，甚至可能出现负值（即出现拉应力）。

设计底板时，一般先按构造要求确定底板宽度 B，其中底板悬臂宽度取 $c=20～30mm$。然后假定基础为弹性工作状态，基底反力呈直线分布，根据底板边缘最大压应力不超过混凝土的抗压强度设计值，采用式(7-21) 即可确定底板在弯矩作用平面内的长度 L。

$$\sigma_{max}=\frac{N}{BL}+\frac{6M}{BL^2}\leqslant f_{cc} \tag{7-21}$$

式中　N，M——柱脚所承受的轴心压力和弯矩，应取使底板一侧产生最大压应力的最不利内力组合；

　　　　f_{cc}——混凝土的抗压强度设计值。

底板另一边缘的最小应力为

$$\sigma_{min}=\frac{N}{BL}-\frac{6M}{BL^2}\leqslant f_{cc} \tag{7-22}$$

底板厚度的确定可采用和轴心受压柱脚相同的方法，但由于压弯构件底板各区格所承受的压应力分布不均匀，可偏安全地取该区格中的最大压应力值，作为全区格均匀分布压应力来计算其弯矩。如图 7-12（c）中区格①取 $q=\sigma_{max}$，区格②取 $q=\sigma_1$。底板厚度一般不小于 20mm。值得一提的是，此法仅适用于 $\sigma_{min}\geqslant0$ 的情况，若 σ_{min} 出现负值，则意味着在柱的压力及弯矩共同作用下，柱底板出现拉应力，而底板和基础之间不能承受拉应力，此时锚栓的作用除了固定柱脚位置外，还应能承受柱脚底部由压力 N 和弯矩 M 组合作用而引起的拉力 N_t，故此时应采用锚栓计算中所算得的基础压应力进行底板的厚度计算。

2. 锚栓计算

下面介绍目前国内较多采用的一种方法。假定拉应力的合力 N_t 由锚栓承受，对应力分布图受压区合力点取矩，得图中拉应力合力 N_t 为

$$N_t=\frac{M-N(L/2-x/3)}{L-c-x/3} \tag{7-23}$$

式中　c——锚栓中心到底板边缘的距离；

x——底板受压区长度。

每个锚栓需要的有效面积为 $A_e = \dfrac{N_t}{nf_t^b}$

式中 n——柱身一侧柱脚锚栓数目;

　　　f_t^b——锚栓抗拉强度设计值,见附表 1-3。

构造要求锚栓直径不应小于 20mm。由于此法偏于保守,理论上不够严密,因此若算得的锚栓直径大于 60mm,应考虑采用其他方法重新计算。另外,对柱脚的防腐应特别加以重视。《钢结构设计标准》规定:柱脚在地面以下的部分应采用强度等级较低的混凝土包裹(保护层厚度不应小于 50mm),并应使包裹的混凝土高出地面不小于 150mm;当柱脚底面在地面以上时,柱脚底面应高出地面不小于 100mm。

3. 靴梁、隔板及其连接焊缝的计算

靴梁与柱身的连接焊缝,应按可能产生的最大内力 N_t 计算,并以此焊缝所需的长度来确定靴梁的高度,其高度不宜小于 450mm。靴梁按支于柱边缘的悬伸梁来验算其截面强度。靴梁的悬伸部分与底板间的连接焊缝共有四条,应按整个底板宽度下的最大基础反力来计算。在柱身范围内,靴梁内侧不便施焊,只考虑外侧两条焊缝受力,可按该范围内最大基础反力计算。隔板的计算同轴心受力柱脚,它所承受的基础反力均偏安全地取该计算段内的最大值。

三、分离式刚接柱脚计算方法

分离式刚接柱脚(图 7-13)可以认为由两个独立的轴心受压柱脚所组成。每个分肢的柱脚都是根据其可能产生的最大压力,按轴心受压柱脚进行设计。受拉分肢的全部拉力由锚栓承担并传至基础。每个柱脚的锚栓也按各自的最不利组合内力换算成的最大拉力计算。

四、插入式刚接柱脚计算方法

单层厂房柱的刚接柱脚消耗钢材较多,即使采用分离式,柱脚重量也约为整个柱重的 10%～15%。为了节约钢材,可以采用插入式柱脚,即将柱端直接插入钢筋混凝土杯形基础的杯口中(见图 7-14)。杯口构造和插入深度可参照钢筋混凝土结构的有关规定。

插入式基础主要需验算钢柱与二次浇灌层(采用细石混凝土)之间的粘接力以及杯口的抗冲切强度。

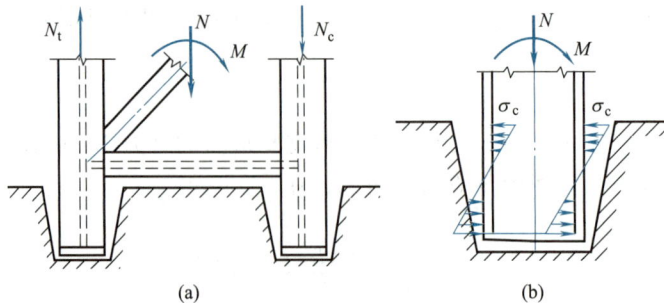

(a)　　　　　　　　　　(b)

图 7-14　插入式刚接柱脚

📝 **项目小结**

```
                    ┌─────────┐     ┌────────────────────────────────────────┐
                    │  概述   │─────│ 1.拉弯和压弯构件的概念、截面形式          │
                    └─────────┘     │ 2.拉弯和压弯构件的破坏形式                │
                                    │   ①强度破坏；②整体失稳破坏；③局部失稳破坏。│
                                    └────────────────────────────────────────┘
```

概述
1.拉弯和压弯构件的概念、截面形式
2.拉弯和压弯构件的破坏形式
　①强度破坏；②整体失稳破坏；③局部失稳破坏。

拉弯和压弯构件的强度和刚度计算
1.拉弯和压弯构件的强度计算
$$\frac{N}{A_n} \pm \frac{M}{\gamma W_n} \leq f$$
2.拉弯和压弯构件的刚度计算
以长细比来控制。

实腹式压弯构件的整体稳定
1.实腹式压弯构件在弯矩作用平面内的整体稳定验算
$$\frac{N}{\varphi_x A} + \frac{\beta_{mx} M_x}{\gamma_x W_{1x}\left(1 - 0.8\dfrac{N}{N'_{Ex}}\right)} \leq f$$
2.实腹式压弯构件在弯矩作用平面外的整体稳定验算
$$\frac{N}{\varphi_y A} + \eta \frac{\beta_{tx} M_x}{\varphi_b W_{1x}} \leq f$$

实腹式压弯构件的局部稳定
1.翼缘的局部稳定
　限值翼缘的宽厚比。
2.腹板的局部稳定
　限值腹板的高厚比。

实腹式压弯构件的截面设计
1.设计原则
2.截面设计步骤
　选定截面的形式→确定构件承受的内力设计值→确定钢材及强度设计值→对初选截面进行验算→如验算不满足，则重新修改初选截面，直到满意为止。
3.对初选截面验算的内容
　①强度；②刚度；③弯矩作用平面内整体稳定；④弯矩作用平面外整体稳定；局部稳定。
4.构造要求

实腹式压弯构件的柱脚
1.压弯构件柱脚的形式及构造要求
2.整体式刚接柱脚计算方法
　底板尺寸确定、锚栓计算等。
3.分离式刚接柱脚计算方法
4.插入式刚接柱脚计算方法

（左侧总标题）拉弯和压弯构件的计算与构造要求

项目七

能力训练题

一、问答题

1. 试述压弯构件和轴心受压构件的区别。

2. 试述压弯构件在弯矩作用平面内失稳和弯矩作用平面外失稳的概念。

3. 对比压弯构件和轴心受压构件翼缘、腹板宽（高）厚比限值的区别。

4. 等效弯矩系数是怎样确定的？

5. 如何进行实腹式压弯构件的截面设计？

二、单选题

1. 实腹式压弯构件在弯矩作用平面内整体稳定验算公式中的 γ_x 主要是考虑（　　）。

A. 塑性截面发展对承载力的影响

B. 残余应力的影响

C. 初偏心的影响

D. 初弯曲的影响

2. 一单轴对称 T 形截面柱截面无削弱，两端铰接，承受轴心压力和弯矩，弯矩作用在对称轴平面内并使翼缘受压，设计时需按下面四个公式中的（　　）进行验算。

① $\dfrac{N}{A_n} \pm \dfrac{M}{\gamma_x W_{nx}} \pm \dfrac{M}{\gamma_y W_{ny}} \leqslant f$

② $\dfrac{N}{\varphi_x A} + \dfrac{\beta_{mx} M_x}{\gamma_x W_{1x}\left(1 - 0.8\dfrac{N}{N'_{Ex}}\right)} \leqslant f$

③ $\left| \dfrac{N}{A} - \dfrac{\beta_{mx} M_x}{\gamma_{2x} W_{2x}\left(1 - 1.25\dfrac{N}{N'_{Ex}}\right)} \right| \leqslant f$

④ $\dfrac{N}{\varphi_y A} + \eta \dfrac{\beta_{tx} M_x}{\varphi_b W_{1x}} \leqslant f$

A. ①②③　　　　B. ①②④　　　　C. ①③④　　　　D. ②③④

3. 两端支撑的压弯构件，截面特性均相同，图 7-15 中（　　）的弯矩作用平面内等效弯矩系数 β_{mx} 最小（ $|M_1| \geqslant |M_2|$ ）。

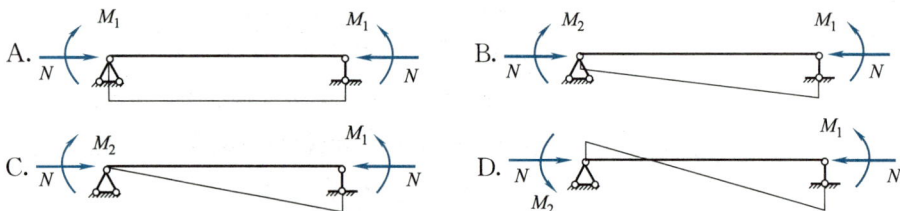

图 7-15　单选题 3 图

4. 弯矩作用在对称平面内的实腹式压弯构件，在弯矩作用平面内的失稳形式是（　　）。

A. 扭转的失稳形式

B. 空间失稳形式

C. 平面弯曲的失稳形式

D. 弯扭的失稳形式

5. 实腹式压弯构件在弯矩作用平面外整体稳定计算公式 $\dfrac{N}{\varphi_y A} + \eta \dfrac{\beta_{tx} M_x}{\varphi_b W_{1x}} \leqslant f$ 中，β_{tx} 为（　　）。

A. 等稳定系数　　　B. 等效弯矩系数　　　C. 等强度系数　　　D. 等刚度系数

三、计算题

1. 验算如图 7-16 所示拉弯构件的强度和刚度。轴心拉力设计值 $N = 100\text{kN}$，横向集中

荷载设计值 $F=8\text{kN}$，均为静力荷载。构件的截面为 $2\llcorner100\times100\times10$，钢材为 Q235 钢，$[\lambda]=350$。

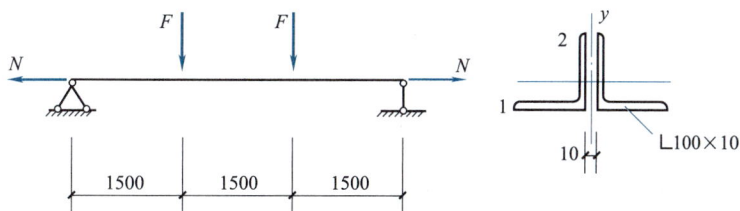

图 7-16 计算题 1 图

2. 如图 7-17 所示压弯构件长 12m，承受轴心压力设计值 $N=1800\text{kN}$，构件的中央作用横向荷载设计值 $F=540\text{kN}$，弯矩作用平面外有 2 个侧向支撑（在构件的三分点处），钢材采用 Q235 钢，翼缘为火焰切割边，验算该构件在弯矩作用平面内的整体稳定。

3. 验算计算题 2 的构件在弯矩作用平面外的整体稳定。

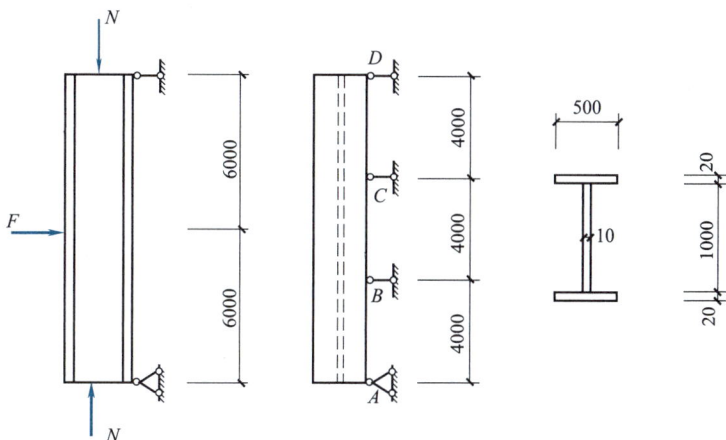

图 7-17 计算题 2、计算题 3 图

项目八
钢屋盖结构

📝 素质目标

- 培养能够对具体的工程案例做出合理的分析的能力

📋 知识目标

- 掌握钢屋盖结构的组成，各组成部分的分类、作用和布置
- 了解常用钢屋架的形式、尺寸，区别不同形式屋架的性能和适用范围
- 掌握普通钢屋架的设计计算方法和构造要求

🎯 能力目标

- 能进行普通钢屋架的设计
- 能看懂钢屋架施工图纸，并能绘制简单的施工图

任务一 概　　述

屋盖结构是单层工业厂房的重要组成部分之一，它是承担屋盖荷载的结构体系，钢屋盖的类别包括平面钢屋架（图 8-1）、空间桁架（图 8-2）、空间网架（图 8-3）等。

桁架结构常用于大跨度的厂房、展览馆、体育馆和桥梁等公共建筑屋盖结构中。各

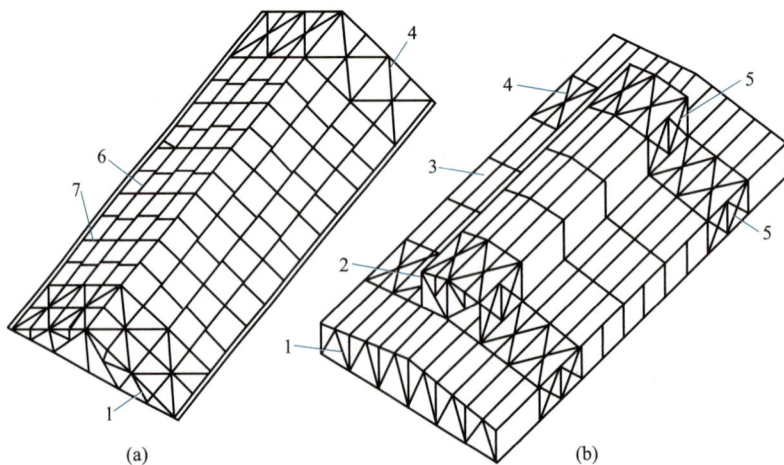

(a)   (b)

图 8-1　平面钢屋架

1—屋架；2—天窗架；3—屋面板；4—上弦横向支撑；5—垂直支撑；6—檩条；7—拉条

杆件受力均以单向拉、压为主，通过对上、下弦杆和腹杆的合理布置，可适应结构内部的弯矩和剪力分布。桁架结构都能够使材料强度得到充分发挥，从而适用于各种跨度的建筑屋盖结构。更重要的意义在于，它将弯矩作用下的实腹梁内部复杂的应力状态转化为桁架杆件内简单的拉压应力状态，使我们能够直观地了解力的分布和传递，便于结构的变化和组合。

图 8-2 空间桁架

图 8-3 空间网架

网架结构是空间网格结构的一种，一般由多根杆件按照一定的网格形式通过节点连接而成，具有重量轻、刚度大、抗震性能好等优点。网架结构广泛用作体育馆、展览馆、俱乐部、影剧院、食堂、会议室、候车厅、飞机库、车间等的屋盖结构。具有工业化程度高、自重轻、稳定性好、外形美观的特点。缺点是汇交于节点上的杆件数量较多，制作、安装较平面结构复杂。

任务二 钢屋盖的结构形式、组成及结构布置

一、钢屋盖结构的形式及组成

钢屋盖结构主要由屋面板、屋架和支撑三部分组成（图 8-1），有的还设有托架和天窗架等构件。根据屋面所用材料的不同和屋盖结构的布置情况，屋盖结构可分为有檩屋盖结构和无檩屋盖结构两种。

1. 有檩屋盖结构

见图 8-1（a）。主要用于跨度较小的中小型厂房，其屋面常采用压型钢板、石棉水泥波形瓦、瓦楞铁和加气混凝土屋面板等轻型屋面材料，屋面荷载由檩条传给屋架。有檩屋盖的构件种类和数量较多，安装效率低；但其构件自重轻，用料省，运输和安装方便。

2. 无檩屋盖结构

见图 8-1（b）。主要用于跨度较大的大型厂房，其屋面常采用钢筋混凝土大型屋面板或钢筋加气混凝土板，屋面荷载由大型屋面板直接传递给屋架。无檩屋盖的构件种类和数量都较少，安装效率高，施工进度快，而且屋盖的整体性好，横向刚度大，耐久性好；但无檩屋盖的屋面板自重大，用料费，运输和安装不便。

在工业厂房中，为了满足采光和通风换气的需要，一般要设置天窗。天窗的主要结构是

天窗架，天窗架一般都直接连接在屋架的上弦节点处。天窗的形式有纵向天窗、横向天窗和井式天窗等，一般常采用纵向天窗。常见的几种天窗架形式如图 8-4 所示。

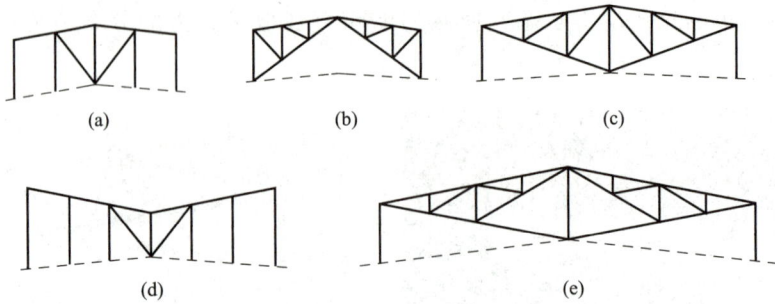

图 8-4　天窗架的形式

在工业厂房的某些部位，常因放置设备或交通运输要求而需局部少放一根或几根柱。这时该处的屋架（称为中间屋架）就需支撑在专门设置的托架上（图 8-5）。托架两端支撑于相邻的柱上，跨中承受中间屋架的反力。钢托架一般做成平行弦桁架，其跨度一般不大，但所受荷载较重。钢托架高度通常做在与屋架大致同高度的范围内，中间屋架从侧面连接于托架的竖杆，构造方便，且屋架和托架的整体性、水平刚度和稳定性都好。

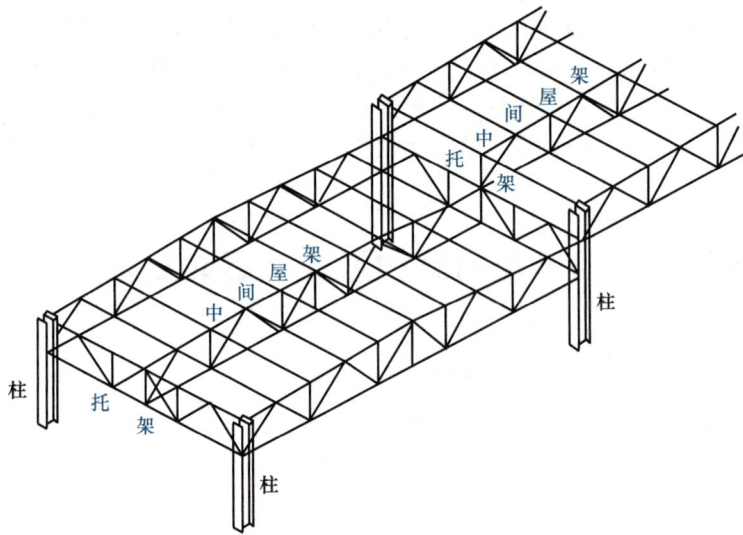

图 8-5　托架支撑中间屋架

二、钢屋盖的结构布置

屋架的跨度和间距取决于柱网布置，而柱网布置则是根据建筑物工艺要求和经济合理等各方面因素而定。有檩屋盖的屋架间距和跨度比较灵活，不受屋面材料的限制。有檩屋盖比较经济的屋架间距为 4～6m。无檩屋盖因受大型屋面板尺寸的限制（大型屋面板的尺寸一般为 1.5m×6m），屋架跨度一般取 3m 的倍数，常用的有 18m、21m、……、36m 等，屋架间距为 6m；当柱距超过屋面板长度时，就必须在柱间设置托架，以支撑中间屋架。

任务三　钢屋盖的支撑

一、屋盖支撑的作用

由屋架、檩条和屋面材料等构件组成的有檩屋盖是几何可变体系。为了保证屋架系统稳定且能正常工作，各个平面桁架（屋架）要用各种支撑及纵向杆件（系杆）连成一个空间几何不变的整体结构才能承受荷载。这些支撑及系杆统称为屋盖支撑。屋盖支撑的主要作用有以下几点。

(1) 保证屋盖结构的几何稳定性。
(2) 保证屋盖的空间刚度和整体性。
(3) 为受压弦杆提供侧向支撑点。
(4) 承受和传递纵向水平力（风荷载、悬挂吊车纵向制动力、地震荷载等）。
(5) 保证结构在安装和架设过程中的稳定性。

二、屋盖支撑布置

钢屋盖结构根据支撑设置的部位和所起的作用不同，可分为横向水平支撑、纵向水平支撑、垂直支撑和系杆，见图 8-6。

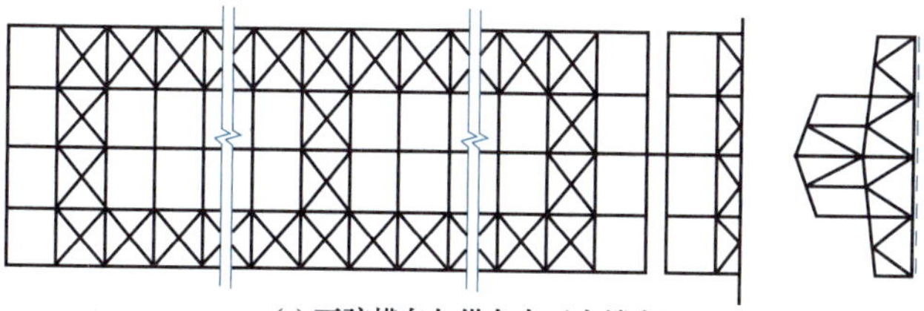

(a) 下弦横向与纵向水平支撑布置

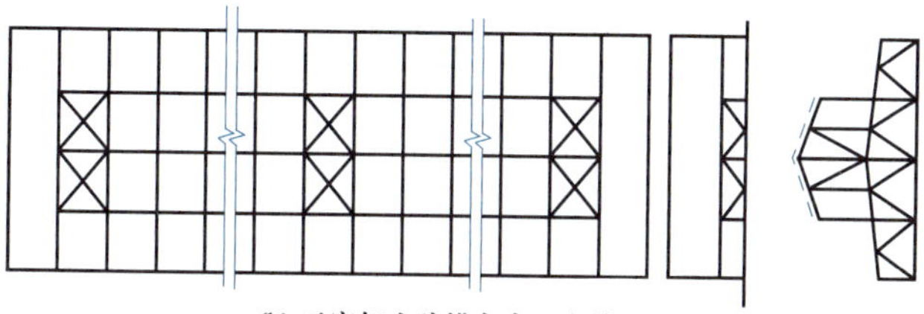

(b) 天窗架上弦横向水平支撑

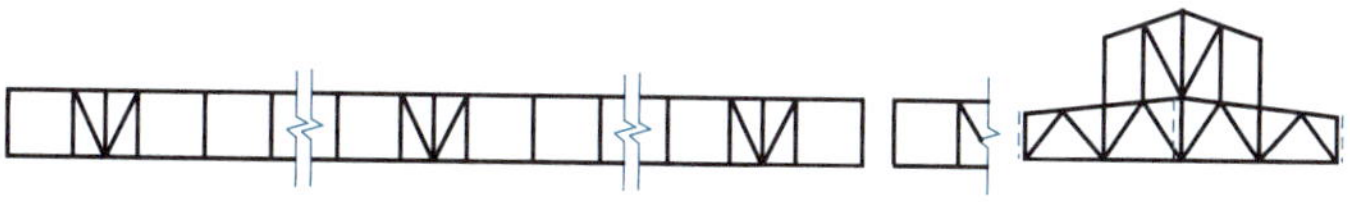

(c) 屋架支座与跨中垂直支撑

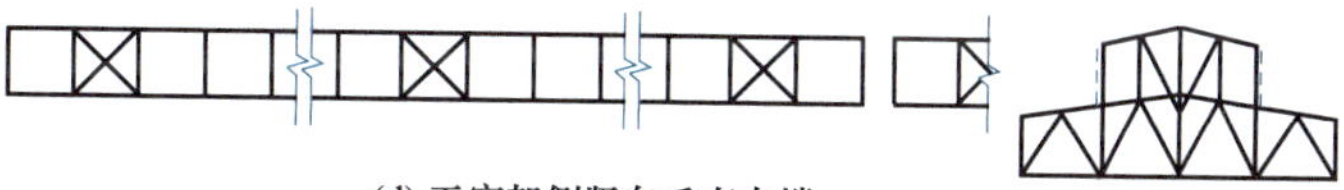

(d) 天窗架侧竖向垂直支撑

图 8-6　无檩屋盖支撑布置示例

1. 上弦横向水平支撑

在通常的情况下，在屋架上弦和天窗架上弦均应设置横向水平支撑。横向水平支撑一般设置在房屋两端（或每个温度区段的两端）的两榀相邻屋架的上弦杆之间。两道横向水平支撑间的距离不宜大于 60m，当温度区段长度较大时，尚应在中部增设支撑，以符合此要求。

当采用大型屋面板的无檩屋盖时，如果大型屋面板与屋架的连接满足每块板有三点支撑处进行了焊接的构造要求，可考虑大型屋面板起一定支撑作用。但由于施工条件的限制，很难保证焊接质量，一般考虑大型屋面板起系杆作用。而在有檩屋盖中，上弦横向水平支撑的横杆可用檩条代替。当屋架间距≥12m 时，上弦水平支撑还应予以加强，以保证屋盖的刚度。

2. 下弦横向水平支撑

当屋架间距＜12m 时，尚应在屋架下弦设置横向水平支撑，但当屋架跨度比较小（L＜18m）又无吊车或其他振动设备时，可不设下弦横向水平支撑。下弦横向水平支撑一般和上弦横向水平支撑布置在同一柱间以形成空间稳定体系的基本组成部分。

当屋架间距≥12m 且＜18m 时，由于在屋架下弦设置支撑不便，可不必设置下弦横向水平支撑，但上弦支撑应适当加强，并应用隅撑或系杆对屋架下弦侧向加以支撑。

屋架间距≥18m 时，如果仍采用上述方案，则檩条跨度过大，此时宜设置纵向次桁架，使主桁架（屋架）与次桁架组成纵横桁架体系，次桁架间再设置檩条或设置横梁及檩条，同时，次桁架还对屋架下弦平面外提供支撑。

3. 下弦纵向水平支撑

当房屋较高、跨度较大、空间刚度要求较高，设有支撑中间屋架的托架（为保证托架的侧向稳定），或设有重级或大吨位的重级工作制桥式吊车、壁行吊车、锻锤等较大振动设备时，均应在屋架端节间平面内设置纵向水平支撑。纵向水平支撑和横向水平支撑形成封闭体系，将大大提高房屋的纵向刚度。单跨厂房一般沿两纵向柱列设置，多跨厂房则根据具体情况，沿全部或部分纵向柱列布置。

屋架间距＜12m 时，纵向水平支撑通常布置在屋架下弦平面，但三角屋架及端斜杆为下降式且主要支座设在上弦处的梯形屋架和人字形屋架，也可以布置在上弦平面内。

屋架间距≥12m 时，纵向水平支撑宜布置在屋架上弦平面。

4. 垂直（竖向）支撑

无论是有檩屋盖还是无檩屋盖，通常均应设置垂直支撑。屋架的垂直支撑应与上、下弦横向水平支撑设置在同一柱间。

对于三角形屋架的垂直支撑，当屋架跨度≤18m 时，可仅在跨度中间设置一道；当跨度＞18m 时，宜设置两道（在跨度 1/3 左右各设一道）。

对于梯形屋架、人字形屋架或端部有一定高度的多边形屋架，必须在屋架端部设置垂直支撑，此外尚应按下列条件设置中部垂直支撑。当屋架跨度≤30m 时，可仅在屋架跨中设置一道垂直支撑；当跨度＞30m 时，应在跨度 1/3 左右的竖杆平面内各设一道垂直支撑；当有天窗时，宜设在天窗侧腿的下面。若屋架端部有托架，可用托架代替，不另设端部垂直支撑。

与天窗架上弦横向支撑类似，天窗架垂直支撑也应设置在天窗架端部以及中部有屋架横向支撑的柱间，并应在天窗两侧柱平面内布置，对多竖杆和三支点式天窗架，当宽度＞12m 时，尚应在中央竖杆平面内增设一道支撑。

5. 系杆

系杆能保证无横向水平支撑的所有屋架在上弦杆平面外的稳定和安装时屋架的稳定，第一柱间的刚性系杆能将山墙的风荷载传到横向水平支撑。

系杆通常在屋架两端,在横向支撑或垂直支撑节点处应沿房屋通长设置系杆;在屋架上弦平面内,对无檩体系屋盖,应在屋脊处和屋架端部处设置系杆;对有檩体系,只在有纵向天窗下的屋脊处设置系杆。系杆分刚性系杆和柔性系杆两种。刚性系杆一般由两个角钢组成,能承受压力和拉力;柔性系杆则常由单角钢和圆钢组成,只承受拉力。屋架主要支撑节点处的系杆,屋架上弦脊节点处的系杆均宜用刚性系杆。

三、支撑的构造要求

屋架支撑为平行弦桁架,斜腹杆一般采用十字交叉式,与弦杆的交角在 $30°\sim60°$ 之间。通常横向水平支撑节点间的距离为屋架上弦节间距离的 $2\sim4$ 倍,纵向水平支撑的宽度取屋架端节间的长度,一般为 6m 左右。

支撑中的交叉斜杆按拉杆设计,通常用单角钢做成;非交叉斜杆、弦杆、横杆以及刚性系杆按压杆设计,宜采用双角钢做成的 T 形截面或十字形截面,其中横杆和刚性系杆常用十字形截面使其在两个方向上具有等稳定性。

屋盖支撑受力较小,截面尺寸一般由杆件容许长细比和构造要求决定。当跨度大且承受墙面传来的较大水平风荷载时,应按桁架体系计算内力并选择截面,同时也应控制长细比。支撑构件与屋架的连接应力求构造简单,安装方便,该连接一般采用 M20 螺栓(C 级),支撑构件与天窗的连接可采用 M16 螺栓(C 级),有重级工作制吊车或有较大振动设备的厂房,支撑与屋架宜采用高强度螺栓连接,连接的示意图如图 8-7 所示。

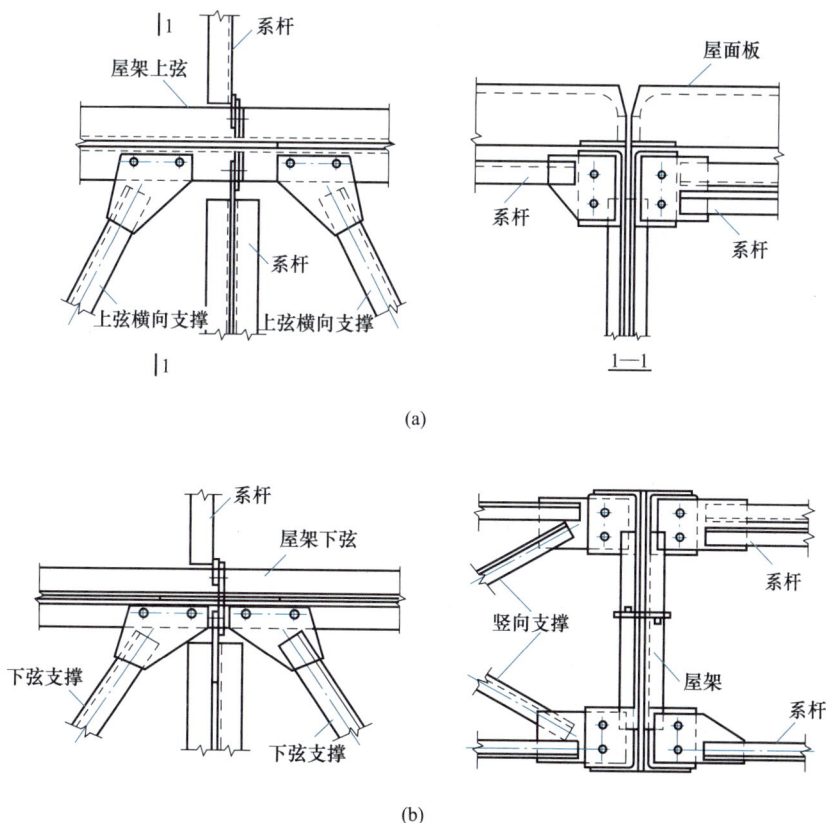

(a)

(b)

图 8-7 支撑与屋架的连接

任务四 钢檩条设计

屋盖中檩条用钢量所占比例较大，因此合理选择檩条形式、截面和间距，以减少檩条用钢量，对减轻屋盖重量、节约钢材有重要意义。

一、檩条的形式

檩条通常是双向弯曲构件，分实腹式和桁架式两大类。后者制作费工，应用较少。实腹式檩条常采用槽钢、角钢以及 Z 形和槽形冷弯薄壁型钢（图 8-8）。槽钢檩条应用普遍，其制作、运输和安装均较简便；但普通型钢壁较厚，材料不能充分发挥作用，故用钢量较大；薄壁型钢檩条受力合理，用钢量少，在材料有来源时宜优先采用，但防锈要求较高。实腹式檩条常用于屋架间距不超过 6m 的厂房，其高跨比可取 1/50～1/35。

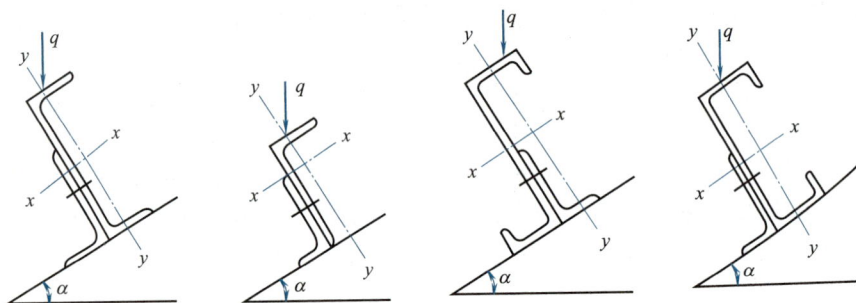

图 8-8 实腹式檩条截面形式

二、檩条的计算

实腹式檩条由于腹板与屋面垂直放置，故在屋面荷载 q 作用下将绕截面的两个主轴弯曲。若荷载偏离截面的弯矩中心，还将受到扭矩的作用，但屋面板的连接能起到一定的阻止檩条扭转的作用，故设计时可不考虑扭矩的影响，而按双向受弯构件计算。由于型钢檩条的壁厚较大，因此可不计算其抗剪和局部承压强度。

1. 强度

檩条承受双向弯曲时，按下列公式计算强度：

$$\frac{M_x}{\gamma_x W_{nx}} + \frac{M_y}{\gamma_y W_{ny}} \leqslant f \tag{8-1}$$

式中　M_x，M_y——檩条刚度最大面（绕 x 轴）和刚度最小面（绕 y 轴）的弯矩；

$\quad\quad W_{nx}$，W_{ny}——檩条刚度最大面（绕 x 轴）和刚度最小面（绕 y 轴）的净截面抵抗矩；

$\quad\quad \gamma_x$，γ_y——截面塑性发展系数，见表 6-1；

$\quad\quad f$——钢材的抗弯强度设计值。

2. 刚度

设置拉条时，只须计算垂直于屋面方向的最大挠度；未设拉条时需计算总挠度。计算挠度时，荷载应取其标准值。

单跨简支檩条（当有拉条时）：　$v = \dfrac{5 q_{ky} l^4}{384 E I_x} \leqslant [v] \tag{8-2}$

式中　I_x——截面对垂直于腹板的主轴的惯性矩；

$[v]$——容许挠度，按受弯构件挠度容许值采用，见表 6-2。

当不设拉条时，应分别计算沿两个主轴方向的分挠度 v_x、v_y，然后验算总挠度，即

$$v=\sqrt{v_x^2+v_y^2}\leqslant[v] \tag{8-3}$$

式中　v_x，v_y——由荷载 q_x 和荷载 q_y 引起的沿 x、y 两个主轴方向的分挠度。

3. 整体稳定

当檩条之间未设置拉条且屋面材料刚性较差（如石棉瓦和用挂钩螺栓固定的压型钢板等）时，在构造上不能阻止檩条受压翼缘发生侧向位移或虽有刚性很好的屋面，但屋面较轻，在风吸力下可能使下翼缘受压时，应按下面式(8-4)验算檩条的整体稳定，如檩条之间设有拉条，则可不验算整体稳定。

$$\frac{M_x}{\varphi_b W_x}+\frac{M_y}{\gamma_y W_y}\leqslant f \tag{8-4}$$

式中　W_x，W_y——按受压纤维确定的对 x 轴和 y 轴的毛截面模量；
　　　　φ_b——绕强轴弯矩所确定的整体稳定系数。

任务五　钢屋架设计

一、钢屋架形式及特点

（一）常用的钢屋架形式及特点

常用的普通钢屋架按外形可分为三角形屋架、梯形屋架、平行弦屋架三种形式。具体特点及适用范围见表 8-1。

表 8-1　钢屋架特点及适用范围

名　称	屋　架　图	特　点	适用范围
三角形屋架	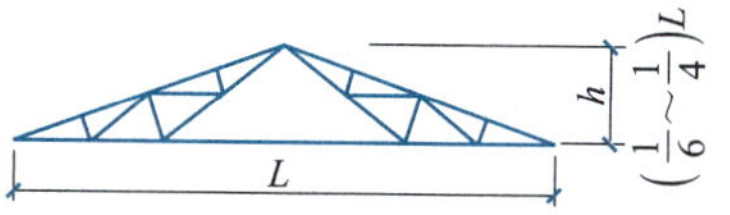 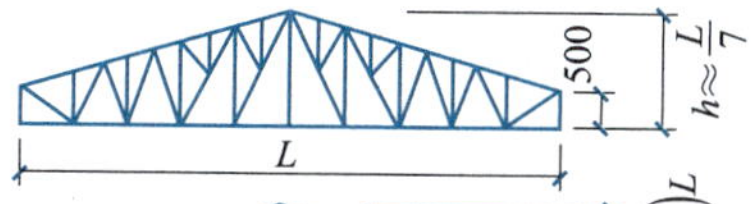 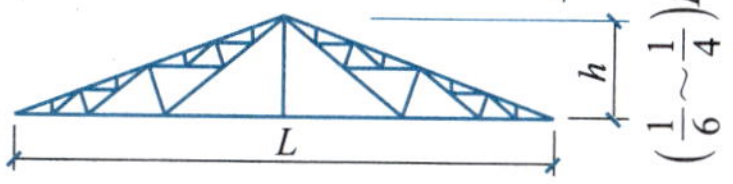	(1)坡度：$i=1/3\sim1/2$。 (2)跨度：18～24m。 (3)弦杆内力沿屋架跨度分布不均匀，支座处最大，跨中最小	屋面坡度较大的有檩屋盖结构
梯形屋架	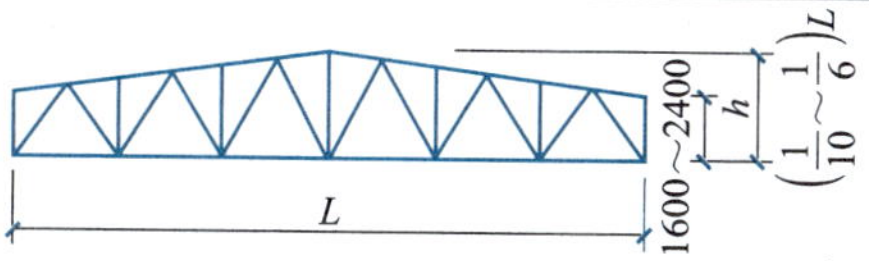 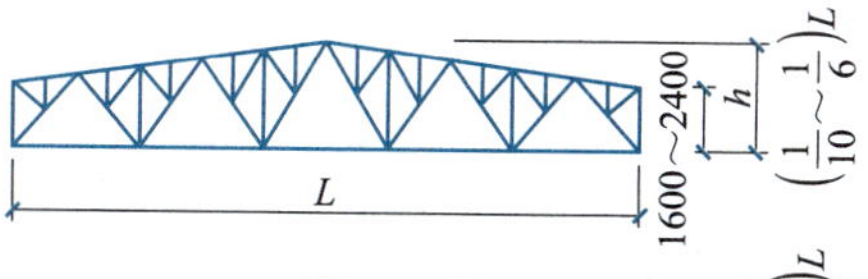 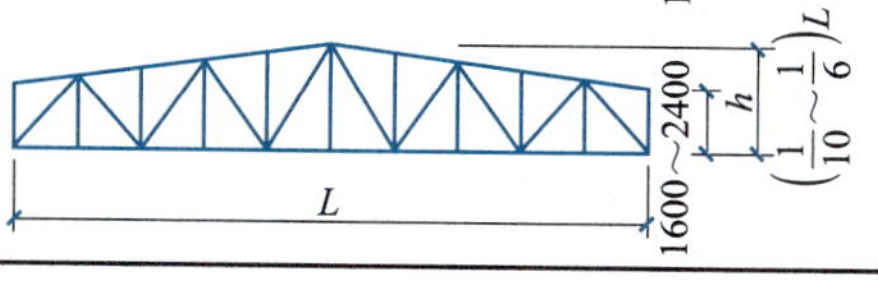	(1)坡度：$i=1/16\sim1/8$。 (2)跨度：36m。 (3)各节间弦杆受力较均匀	屋面坡度较小的无檩屋盖结构

名　称	屋　架　图	特　点	适用范围
平行弦屋架		上下弦平行,杆件规格统一,符合标准化、工业化制造要求	托架式支撑体系

(二) 确定屋架形式的原则

在确定屋架外形时,应综合考虑房屋的用途、建筑造型、屋面材料的排水要求、屋架的跨度荷载的大小等因素,使之满足经济适用、受力合理和施工方便等要求。一般应按下列原则考虑:

(1) 屋架的外形应与屋面材料所要求的排水坡度相适应。

(2) 屋架的外形尽可能与其弯矩图相适应,使弦杆各节间的内力相差不大。

(3) 腹杆的布置要合理,腹杆的总长度要短,数量要少,并应使较长的腹杆受拉,较短的腹杆受压。

(4) 节点构造要简单合理,易于制造。

(5) 对于设有天窗或悬挂式起重运输设备的房屋,还要配合天窗的尺寸和悬挂吊点的位置来划分节间和布置腹杆。

(三) 屋架的主要尺寸

1. 屋架的跨度

屋架的标志跨度一般是指柱网轴线的横向间距,应根据工艺和建筑要求来确定,普通钢屋架常见跨度为 18m、21m、24m、27m、30m、36m 等。根据房屋定位轴线及支座构造的不同,屋架计算跨度的取值应作如下考虑:当屋架简支于钢筋混凝土柱上,且定位轴线为封闭结合时,其计算跨度一般取房屋标志每端减去 150～200mm;当柱的定位轴线与柱顶中轴线重合,且屋架简支于柱顶时,其计算跨度取房屋轴线跨度(标志跨度),如图 8-9 所示。

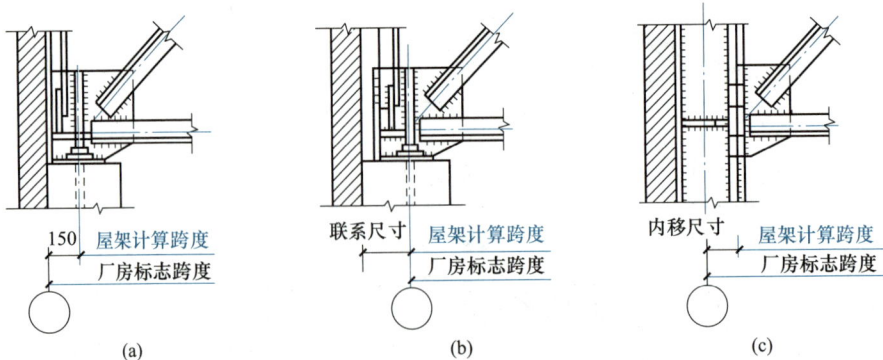

图 8-9　屋架的计算跨度

2. 屋架的高度

屋架的高度取决于经济、刚度要求和运输界限三个方面,同时又和屋面坡度密切相关,有时还受到建筑要求的限制。确定屋架高度的主要程序如下。

(1) 根据屋架的形式和设计经验确定出屋架的端部高度;

(2) 按屋面材料对屋面坡度的要求确定出屋架的跨中高度;

(3) 综合考虑其他各影响因素,最后确定屋架的高度。

当屋架的外形和主要尺寸(跨度、高度)都确定之后,桁架各杆的几何长度即可根据三角函数或投影关系求得。

3. 构造要求

从经济和刚度的要求来看,三角形屋架的跨中高度一般取 $L/6 \sim L/4$;梯形屋架的跨中高度一般取 $L/10 \sim L/6$,其中 L 为屋架的跨度。跨度越大,此比值越小;屋面荷载越大,则此比值越大。

从运输条件来看,屋架的高度一般不应超过 3.8m。

梯形屋架端部高度一般不宜小于 $L/18$,陡坡梯形屋架的端部高度一般为 $500 \sim 1000mm$,平坡梯形屋架端部高度一般为 $1800 \sim 2100mm$,当屋架跨度较小时,取下限值。屋架跨度越大,其端部高度的取值应越大。

对跨度较大的屋架,在横向荷载作用下将产生较大的挠度,有损外观并可能影响屋架的正常使用。为此,对跨度 $L \geqslant 15m$ 的三角形屋架和跨度 $L \geqslant 24m$ 的梯形、平行弦屋架,当下弦无向上曲折时,宜采用起拱,即预先给屋架一个向上的反挠度,以抵消屋架受荷载后产生的部分挠度。起拱高度为其跨度的 1/1500 左右。当采用图解法求屋架杆件内力时,可不考虑起拱高度。

二、钢屋架杆件设计及内力计算

(一) 杆件设计

角钢屋架的杆件由两个角钢组成,截面有两个弯曲轴(主轴),即 x 轴和 y 轴(图 8-10),因此它有两种弯曲失稳的可能性:一种是在屋架平面内屈曲;另一种是在屋架平面外屈曲。

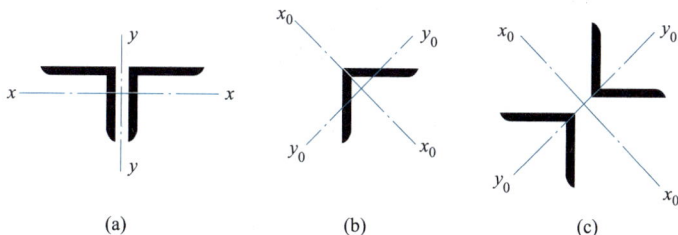

(a)   (b)   (c)

图 8-10　杆件截面主轴

1. 杆件的计算长度

(1) 平面内的计算长度:

① 弦杆、支座斜杆和支座竖杆,由于它的截面尺寸一般较大,节点板对其影响相对较小,所以其计算长度取 $l_{0x} = l$ (l 为构件几何长度,即节点中心间距离)。

② 对于其他受压杆,考虑到节点板的牵制作用,其计算长度取 $l_{0x} = 0.8l$。

(2) 平面外的计算长度:

① 弦杆平面外的计算长度 l_{0y} 等于侧向固定点间的距离。

② 腹杆平面外的计算长度取节点中心间的距离。

③ 若弦杆侧向支撑点之间的距离为节间长度的 2 倍,且两个节间的内力不相等,则该

弦杆平面外的计算长度，应按下式计算，即

$$l_{0y} = l(0.75 + 0.25N_1/N_2) \tag{8-5}$$

式中　N_1——较大的压力，计算时取正值；

　　　N_2——较小的压力或拉力，计算时压力取正值，拉力取负值。

《钢结构设计标准》对桁架弦杆和单系腹杆的计算长度作了规定，详见表 8-2。

表 8-2　桁架弦杆和单系腹杆的计算长度 l_0

项　次	弯曲方向	弦　杆	腹　杆	
			支座斜杆和支座竖杆	其他腹杆
1	在桁架平面内	l	l	$0.8l$
2	在桁架平面外	l	l	l
3	斜平面	—	l	$0.9l$

弦杆在屋架平面外的计算长度应按下列规定采用。

对于压杆：

当相交的另一杆受拉，且两杆的交叉点均不中断：$l_0 = 0.5l$。

当相交的另一杆受拉，两杆中有一杆在交叉点中断，并以节点板搭接：$l_0 = 0.7l$。

其他情况：$l_0 = l$。

对于拉杆：$l_0 = l$。

2. 杆件的容许长细比

杆件长细比的大小对杆件的工作有一定的影响。若长细比过大，将使杆件在自重作用下产生过大挠度，在运输和安装过程中因刚度不足而产生弯曲，在动力作用下还会引起较大的振动。故在《钢结构设计标准》中对压杆和拉杆规定了容许的最大长细比，称为容许长细比，见表 8-3。

表 8-3　桁架杆件的容许长细比

杆件名称	压杆	拉杆		直接承受动力荷载的结构
		承受静力荷载或间接承受动力荷载的结构		
		无吊车和有轻中级工作制吊车的厂房	有重级工作制吊车的厂房	
普通钢屋架的杆件	150	350	250	250
轻钢屋架的主要杆件			—	—
屋盖支撑杆件	200	400	350	350
轻钢屋架的其他杆件		350		

屋架杆件一般都是由双角钢组成的 T 形截面，它的横截面的两个主轴方向分别在屋架的平面内和平面外。

两个主轴的长细比验算公式为

$$\lambda_x = \frac{l_{0x}}{i_x} \leqslant [\lambda] \tag{8-6}$$

$$\lambda_y = \frac{l_{0y}}{i_y} \leqslant [\lambda] \tag{8-7}$$

屋架的腹杆为单角钢或双角钢组成的十字形截面杆件时，应取截面的最小回转半径 i_{min}

计算杆件在斜面上的最大长细比，即

$$\lambda = \frac{l_0}{i_{min}} \leqslant [\lambda] \tag{8-8}$$

3. 杆件的截面形式与构造

（1）截面的形式。杆件的截面形式的确定应考虑构造简单、施工方便、易于连接，使其具有一定的侧向刚度并且取材容易等因素。普通钢屋架的杆件一般采用两个角钢组成的 T 形和十字形截面，杆件由夹在一对角钢之间的节点板连接，同时通过不同角钢的截面组合，近似地满足杆件等稳定性（即 $\lambda_x \approx \lambda_y$）的要求。常见的杆件截面形式见表 8-4。

表 8-4　常见的杆件截面形式

项次	杆件截面的型钢类型	截面形式	回转半径之比	应用部位
1	两个不等边角钢 短肢相并	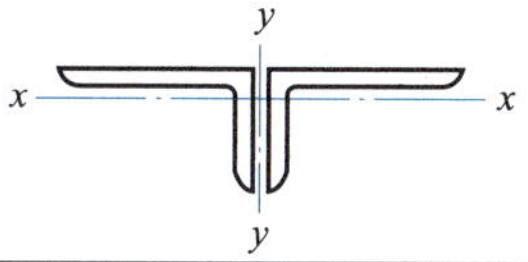	2.0～2.5	计算长度 l_{0y} 较大的上下弦杆
2	两个不等边角钢 长肢相并	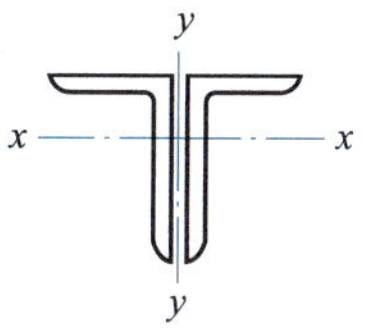	0.8～1.0	端斜杆、端竖杆、受较大 弯矩荷载的上下弦杆
3	两个等边角钢 相并连成 T 形	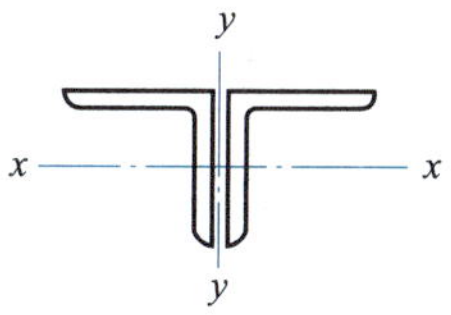	1.3～1.5	腹杆、下弦杆
4	两个等边角钢组成并 连成十字形	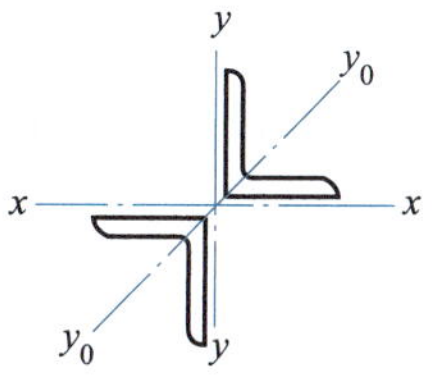	1.0	中央或端部竖杆 （和垂直支撑相连处）
5	单角钢	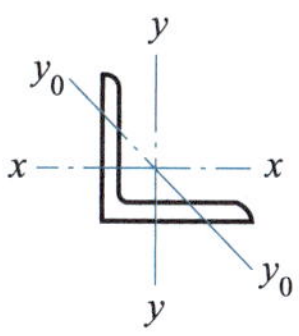	—	轻型钢屋架中 内力较小的杆件
6	无缝钢管或 焊接钢管	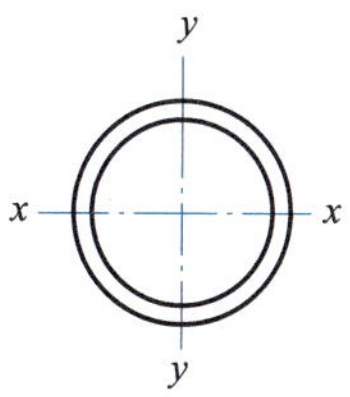	各向相等	轻型钢屋架中的杆件

（2）截面选择。

① 为了便于订货和下料，在同一榀屋架中角钢的规格不宜过多，一般不宜超过 5 种。

② 为了防止杆件在运输和安装过程中产生弯曲和损坏，角钢的尺寸不宜小于∟45×4 或∟56×36×4。

③ 应选择肢宽壁薄的角钢，增大回转半径，对受压更有利。

④ 屋架弦杆一般采用等截面；当采用变截面时，半跨内只能改变一次，而且要保持肢厚不变，改变肢宽，以便拼接处理。

（3）填板的设置。为确保由两个角钢组成的 T 形或十字形截面杆件能形成整体杆件共同受力，必须每隔一定距离在两个角钢间设置填板并用焊缝连接（图 8-11），这样杆件才能按实腹式杆件计算。填板的厚度同节点板的厚度，宽度一般为 40～60mm；长度的选取为：T 形截面比角钢肢宽大 10～15mm，十字形截面则从角钢肢尖两侧各缩进 10～15mm。填板间距：对压杆，$l_d \leqslant 40i$；对拉杆，$l_d \leqslant 80i$。在 T 形截面中，i 为一个角钢对平行于填板的自身形心轴的回转半径 [图 8-11(a) 中的 1-1 轴]；十字形截面中 i 为一个角钢的最小回转半径 [图 8-11(b) 中的 2-2 轴]。受压构件的两个侧向支撑点之间的填板数不少于 2。

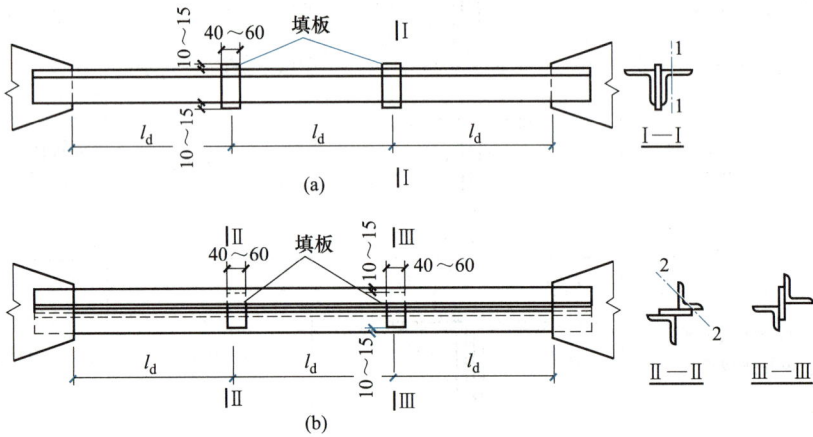

图 8-11　杆件的填板（单位：mm）

（4）节点板的厚度。设计时一般不计算节点板内应力值，对于梯形普通钢屋架等，可按受力最大的腹杆内力确定；对于三角形普通钢屋架，则按其弦杆最大内力确定。屋架节点板的厚度一般可按表 8-5 并根据经验确定。

表 8-5　单节点板桁架和屋架节点板厚度

梯形、人字形屋架腹杆最大内力或三角形屋架弦杆端节间内力/kN	≤180	181～300	301～500	501～700	701～950	951～1200	1201～1550	1551～2000
中间节点板厚度/mm	6～8	8	10	12	14	16	18	20
支座节点板厚度/mm	10	10	12	14	16	18	20	22

（5）截面计算。屋架杆件应按实腹式轴心受力构件的要求设计、选择杆件截面，当桁架上弦或下弦有节间荷载作用时，应根据轴力和局部弯矩，按照拉弯和压弯构件计算方法对节点处或节间弯矩较大截面进行计算。一般先根据经验或已有的设计资料试选截面，然后验算，若不满足，则改选截面再进行验算，直到符合要求为止。对于屋架中内力很小的腹杆或因构造要求设置的杆件，按刚度条件（$\lambda_{max} \leqslant [\lambda]$）确定截面。

（二）内力计算

计算屋架杆件内力时，通常可近似地采用如下假定：①屋架的各节点均为理想的铰接。

②屋架各杆件的轴线均为直线，都在同一平面内，且相交于节点的中心。③荷载都作用在节点上，且都在屋架平面内。

1. 屋架上的荷载

屋架上的荷载有永久荷载和可变荷载两大类。永久荷载包括屋面材料和檩条、支撑、屋架、天窗架、吊顶等结构的自重。屋架及支撑自重可按下面经验公式进行估算。

$$q_k = 0.12 + 0.011l \tag{8-9}$$

式中，l（单位为 m）为屋架的标志跨度；q_k（单位为 kN/m²）按屋面的水平投影面分布。当屋架的下弦不设吊顶时，可近似地假定 q_k 全部作用于屋架的下弦节点；当设有吊顶时，则假定 q_k 由上弦和下弦节点平均分配。

可变荷载包括屋面均布活荷载、积灰荷载、雪荷载、风荷载，以及悬挂吊车荷载等，其中屋面活荷载和雪荷载不同时考虑，取两者中的较大值。当屋面坡度 $\alpha \geqslant 50°$ 时，不考虑雪荷载；当屋面坡度 $\alpha \leqslant 30°$ 时，可不考虑风荷载（瓦楞铁等轻型屋面除外）。

屋架内力应根据使用过程或施工过程中可能出现的最不利荷载组合计算。在屋架设计时应考虑以下三种荷载组合。

（1）第一种　全跨恒载+全跨活载，即全跨永久荷载+全跨屋面活荷载或雪荷载（取较大值）+全跨积灰荷载+悬挂吊车荷载。

（2）第二种　全跨恒载+半跨活载，即全跨永久荷载+半跨屋面活荷载（或半跨雪荷载）+半跨积灰荷载+悬挂吊车荷载。

（3）第三种　采用大型混凝土屋面板的屋架，尚应考虑安装时可能的半跨荷载，即屋架、支撑和天窗自重+半跨屋面板自重+半跨屋面活荷载。

屋架上、下弦杆和靠近支座的腹杆按第一种荷载组合计算；而跨中附近的腹杆在第二种、第三种荷载组合下可能内力为最大，且可能变号。如果在施工安装过程中，屋面板由屋架两端对称、均匀地向跨中铺设，则可不考虑第三种荷载组合。

各种均布荷载及作用在屋架节点上的荷载，有檩屋盖通过檩条，无檩屋盖通过大型屋面板肋以集中力的形式传至桁架的节点上（图8-12阴影范围内的屋面荷载）。汇集成的节点荷载按式(8-10) 计算。

$$P_i = \gamma_i p_i s d \tag{8-10}$$

式中　P_i——节点荷载设计值；

$\quad p_i$——屋面水平投影面上的荷载标准值，某些恒载（如屋面自重）是沿屋面斜面分布的，因此 $p_i = p_a/\cos\alpha$，其中 p_a 为沿该斜面分布的荷载标准值，α 为屋面坡度；

$\quad \gamma_i$——荷载分项系数；

$\quad s$——屋架间距；

$\quad d$——屋架弦杆节间水平长度，mm。

2. 内力计算

（1）轴向力　屋架各杆件的轴向力可用图解法或数解法（节点法或截面法）求得。

（2）局部弯矩　屋架的上弦节间作用有荷载时，除轴向力外，还要产生局部弯矩。节间荷载作用的屋架，除把节间荷载分配到相邻节点外，还应计算节间荷载引起的局部弯矩。由于焊缝的约束作用，可以把上弦杆视为弹性支座上的连续梁来考虑。但为了简化，上弦杆的局部弯矩可近似地采用：端节间的正弯矩取 $0.8M_0$，其他节间的正弯矩和节点负弯矩（包括屋脊节点）取 $0.6M_0$。M_0 为相应的节间按单跨简支梁求得的最大弯矩（图8-13）。对有天窗架的屋架，所有节间正弯矩和节点负弯矩均取 $0.8M_0$。

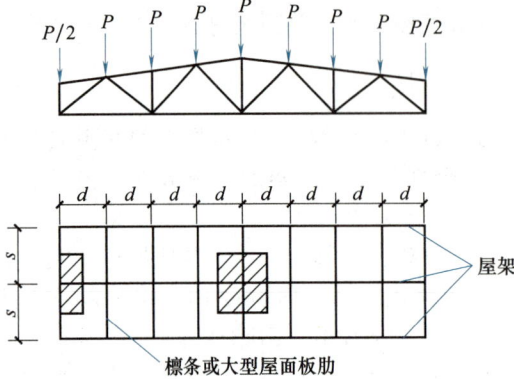

图 8-12 节点荷载汇集简图

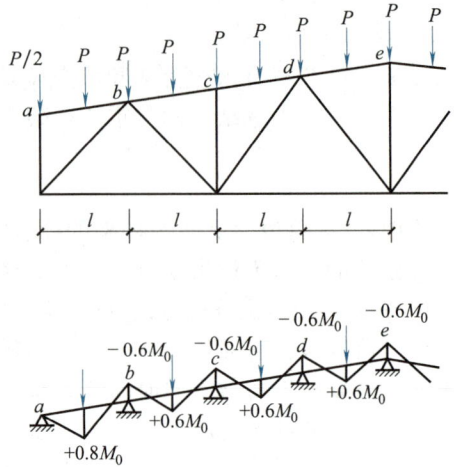

图 8-13 上弦杆的局部弯矩

三、钢屋架节点设计及计算

桁架的杆件一般采用节点板相互连接，各杆件内力通过各自的杆端焊缝传至节点板，并汇交于节点中心而取得平衡。节点的设计应做到传力明确、可靠，构造简单和制造方便等。

(一) 节点的构造要求

(1) 原则上屋架各杆件的形心线与屋架的几何轴线重合，并汇交于节点中心，使实际受力与计算简图相一致，减少附加偏心弯矩。

(2) 考虑焊缝质量，节点板一般应伸出弦杆肢背 $10\sim15$mm，应尽量使焊缝中心受力，节点板边缘与杆件轴线的夹角不小于 $15°$（图 8-14）。当屋面板或檩条支撑于上弦节点时，也可将节点板缩进肢背 $5\sim10$mm，用塞焊焊接。

(3) 节点板的形状应该尽量简单而有规则，最好设计成矩形、平行四边形等，角钢的切断面应与其轴线垂直 [图 8-15(a)]，也允许将角钢的一边切去一角 [图 8-15(b)]，但不允许采用图 8-15(c) 的端部切割方法，以防止严重的应力集中。

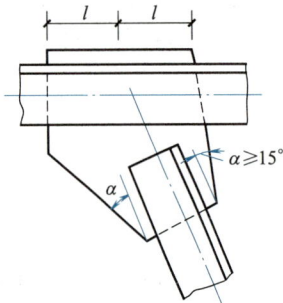

图 8-14 节点板形状对焊缝受力的影响

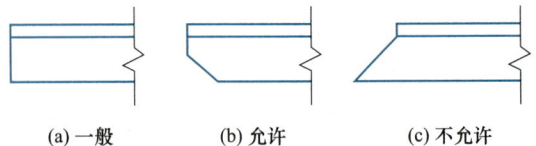

图 8-15 角钢端部的切割

(4) 如弦杆截面沿长度变化，一般将拼接处两侧弦杆表面对齐，这样必然使形心线错开，此时宜采用受力较大的杆件的形心线为轴线（图 8-16）。当两侧形心线偏移的距离 e 不超过较大弦杆截面高度的 5% 时，可不考虑偏心的影响。

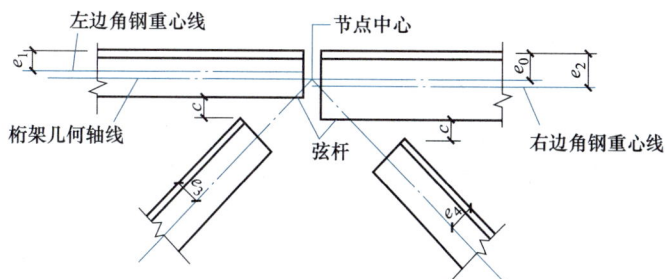

图 8-16　弦杆轴线的偏心

（5）为节省节点板材料，杆件要尽量紧凑，但考虑下料和焊缝质量，上腹杆与弦杆之间以及腹杆与腹杆之间应保持最小距离 c（图 8-16）。在直接承受动力荷载的焊接屋架中，取 $c=50$mm；在不直接承受动力荷载的焊接屋架中，c 不应小于 20mm。

（二）节点的计算

设计节点时，首先要根据连接杆件的内力确定出焊缝的焊脚尺寸和长度。焊脚尺寸一般取等于或小于角钢肢厚。根据节点上各杆件的焊缝长度，并考虑杆件之间应留的空隙以及适当考虑制作和装配的误差来确定节点板的形状和平面尺寸。然后验算弦杆与节点板的焊缝。对于单角钢杆件的单面连接，由于角钢受力偏心，计算焊缝时，应将焊缝强度设计值乘以 0.85 的折减系数，焊缝的尺寸尚应满足构造要求。下面具体说明各节点的计算方法。

1. 上弦节点

（1）上弦节点中腹杆与节点板的连接焊缝长度可按下式计算。

肢背焊缝：

$$l'_{w1} \geqslant \frac{K_1 \Delta N}{2 \times 0.7 h_{f1} f_f^w} \tag{8-11}$$

肢尖焊缝：

$$l'_{w2} \geqslant \frac{K_2 \Delta N}{2 \times 0.7 h_{f2} f_f^w} \tag{8-12}$$

式中　ΔN——杆件的轴力；

　　　f_f^w——角焊缝强度设计值；

　K_1，K_2——角钢肢背、肢尖焊缝内力分配系数；

　h_{f1}，h_{f2}——肢背、肢尖焊缝焊脚尺寸；

　l'_{w1}，l'_{w2}——角钢肢背、肢尖的焊缝计算长度，对每条焊缝取其实际长度减去 $2h_f$。

如图 8-17 所示为一有檩屋盖中的桁架上弦节点。其特点是上弦杆与节点板间的焊缝除承受弦杆节点相邻节间的内力差 ΔN（$\Delta N = N_1 - N_2$）外，还需承受由檩条传给上弦杆的竖向节点荷载 P。构造上需注意的是由于檩托的存在，节点板无法伸出角钢背，在这种情况下有两种形式：一种是如图 8-17(a) 所示将节点板缩进 $0.6t \sim 1.0t$（t 为节点板厚度），并在此进行槽焊；另一种是如图 8-17(b) 所示的在节点板边缘开一凹口以容纳檩托和槽钢檩条，凹口处节点板缩进角钢背面，凹口以外仍伸出角钢背面 $10 \sim 15$mm，在该处可设角焊缝。

（2）角钢焊缝承受节点荷载 F 且采用图 8-17(a) 的构造。设屋面倾角为 α，槽焊缝的受力可利用角焊缝的下列计算公式得出。

$$\tau_f = \frac{F \sin\alpha}{2 \times 0.7 h'_f l'_w} \tag{8-13}$$

$$\sigma_f = \frac{F \cos\alpha}{2 \times 0.7 h'_f l'_w} + \frac{6M}{2 \times 0.7 h'_f l'^2_w} \tag{8-14}$$

$$\sqrt{\left(\frac{\sigma_f}{\beta_f}\right)^2 + \tau_f^2} \leqslant 0.8 f_f^w \tag{8-15}$$

式中，M 为竖向节点荷载 F 对槽焊缝长度中心的偏心距引起的力矩；h_f' 和 l_w' 分别为肢背焊缝的焊脚尺寸和焊缝计算长度；$0.8 f_f^w$ 为考虑到槽焊缝的质量不易保证，而将焊缝的强度设计值降低 20%。当荷载 F 对槽焊缝长度中点的偏心距较小，可忽略不计时，取 $M=0$；当为梯形桁架、屋面坡度为 $1/12$ 时，$\cos\alpha \approx 1.0$，$\sin\alpha \approx 0$，则以上三式简化为

$$\frac{F}{2 \times 0.7 h_f' l_w'} \leqslant 0.8 f_f^w \tag{8-16}$$

弦杆角钢肢尖的两条焊缝承担 ΔN 和 ΔM（由 ΔN 与肢尖焊缝的偏心距 e 产生，$\Delta M = \Delta Ne$）。由此可确定肢尖焊缝的焊脚尺寸 h_f 计算公式为

$$\tau_f = \frac{\Delta N}{2 \times 0.7 h_f'' l_w''} \tag{8-17}$$

$$\sigma_f = \frac{6\Delta M}{2 \times 0.7 h_f'' l_w''^2} \tag{8-18}$$

$$\sqrt{\left(\frac{\sigma_f}{\beta_f}\right)^2 + \tau_f^2} \leqslant f_f^w \tag{8-19}$$

式中，h_f''、l_w'' 分别为肢尖焊缝的焊脚尺寸和焊缝计算长度。

（3）当为图 8-17(b) 的构造时，通常可先求出需由弦杆角钢肢背和肢尖与节点板的角焊缝所承受的合力 R，然后近似地按所给的分配系数得出肢背、肢尖焊缝所应承受的力 K_1R 和 K_2R。当屋面坡度为 $1/12$ 时，可近似按 $F \perp \Delta N$ 求 R。

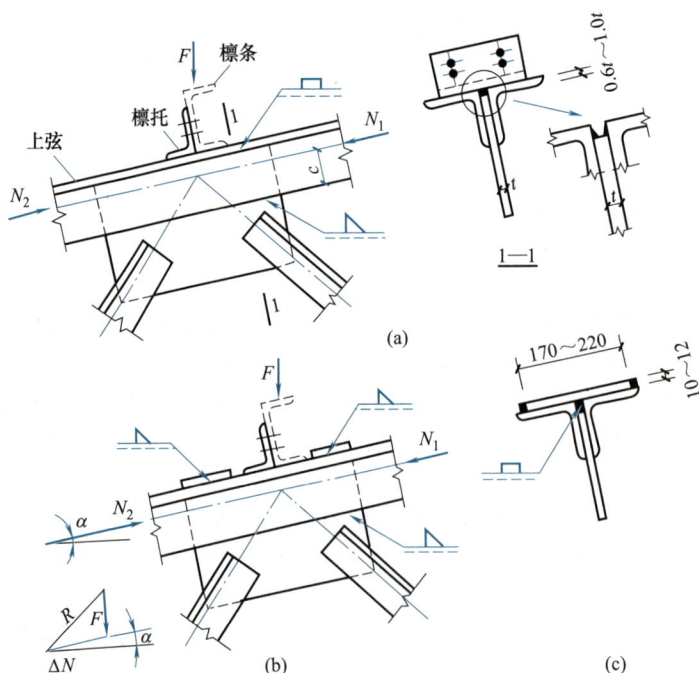

图 8-17　上弦节点的构造

图 8-17(c) 为无檩屋盖中上弦杆在节点处的截面，由于钢筋混凝土大型屋面板的纵肋直接支撑在节点处弦杆角钢外伸边上，为避免角钢外伸边受弯曲而变形过大，通常在角钢背面

加焊一垫板（厚 10～12mm），以局部加强上弦杆角钢的外伸。因而节点板也需采用如图 8-17(a) 的缩进，并于缩进处施以槽焊，计算方法同上。

2. 下弦节点

下弦节点中腹杆和节点板的连接焊缝计算与上弦节点相同。弦杆与节点板的连接焊缝，当节点上无外荷载时，仅承受下弦相邻节间的内力差 $\Delta N = N_1 - N_2$，而 ΔN 一般较小，故焊缝尺寸可由构造要求而定。当上弦有集中荷载作用时，下弦肢背与节点板的连接焊缝按下式计算（图 8-18）：

$$\frac{\sqrt{(K_1 \Delta N)^2 + \left(\dfrac{F/2}{1.22}\right)^2}}{2 \times 0.7 h_f' l_w'} \leqslant f_f^w \tag{8-20}$$

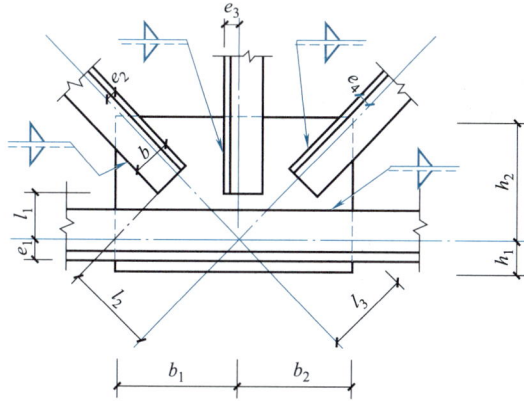

图 8-18　下弦节点示意图

下弦肢尖与节点板的连接焊缝按下式计算：

$$\frac{\sqrt{(K_2 \Delta N)^2 + \left(\dfrac{F/2}{1.22}\right)^2}}{2 \times 0.7 h_f'' l_w''} \leqslant f_f^w \tag{8-21}$$

式中，F 为下弦节点集中荷载。

3. 屋脊节点

图 8-19(a) 为梯形屋架或三角形屋架的屋脊节点示意图。在此节点上，左右两弦杆必然断开，因而需要拼接件拼接。拼接件通常采用与弦杆相同的角钢截面，同时需将拼接角钢的棱角截去并把竖向肢 $\Delta = t + h_f + 5\text{mm}$ 的一部分切除。对屋面坡度较小的梯形屋架，拼接角钢可热弯成型；对屋面坡度较大的三角形屋架，则需将拼接角钢的竖直边割开，如图 8-19所示，而后冷弯成型并对焊连接。

（1）屋脊拼接角钢与弦杆的连接计算及拼接长度的确定。

拼接角钢与受压弦杆的连接可按弦杆最大内力进行计算，每边共有 4 条焊缝平均承受此力，因而焊缝长度为

$$l_w \geqslant \frac{N}{4 \times 0.7 h_f f_f^w} \tag{8-22}$$

由此可以得到拼接角钢总长度为

$$l_s = 2(l_w + 2h_f) + 弦杆杆端空隙 \tag{8-23}$$

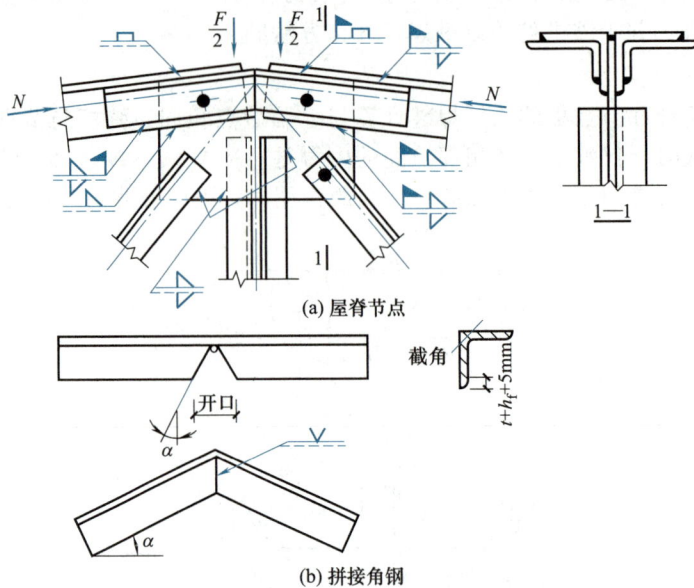

(a) 屋脊节点

(b) 拼接角钢

图 8-19　屋脊节点及拼接角钢的弯折

当为开口后弯折的角钢时，还需计入开口的长度。

（2）弦杆与节点板的连接焊缝的计算。

当上弦杆肢背处为塞焊缝时，强度通常是足够的，可不必计算。上弦角钢肢尖与节点板的连接焊缝按上弦内力 15% 计算，并考虑此力产生的弯矩 $M=0.15Ne$。

$$\tau_f^N=\frac{0.15N}{2\times0.7h_fl_w} \tag{8-24}$$

$$\sigma_f^M=\frac{6M}{2\times0.7h_fl_w^2} \tag{8-25}$$

$$\sqrt{(\tau_f^N)^2+\left(\frac{\sigma_f^M}{1.22}\right)^2}\leqslant f_f^w \tag{8-26}$$

当屋架上弦的坡度较大时，拼接角钢与上弦杆的连接焊缝按上弦内力的水平分力计算；而上弦杆与节点板之间的连接焊缝，则取上弦杆内力竖向分力与节点荷载的合力，和上弦内力的 15% 两者中的较大值来计算。

当屋架的跨度较大时，需将屋架分为两个运输单元，在屋脊节点和下弦跨中节点设置工地拼接（图 8-19 和图 8-20）。左半单元的上弦、斜杆和竖杆与节点板的连接为工厂焊缝，而右半单元的上弦、斜杆和竖杆与节点板的连接为工地焊缝。拼接角钢与上弦的连接全用工地焊缝。为了便于工地焊接，需设置临时性安装螺栓。

当屋架上弦设置天窗时，天窗架和屋架上弦一般采用普通螺栓连接。

4. 下弦的拼接节点

下弦一般采用与下弦尺寸相同的角钢来拼接，并保持拼接处原有下弦杆的刚度和强度，见图 8-20(a)。在下弦的拼接中，为了使拼接角钢与原来的角钢相紧贴，对拼接角钢顶部要截去棱角，宽度为 r（r 为角钢内圆弧半径）；对其竖向肢应割去 $h_f+t+5mm$（t 为角钢厚度），见图 8-20(b)，以便于施焊。因切割而对拼接角钢截面的削弱，则考虑由节点板补偿。

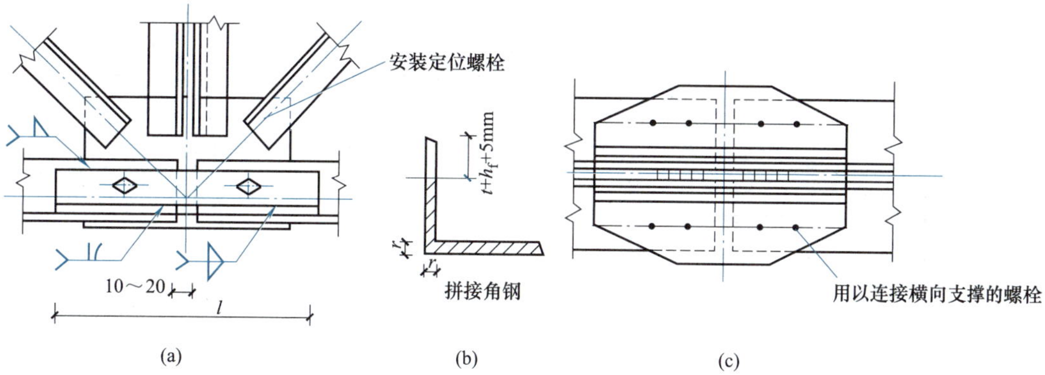

安装定位螺栓

拼接角钢

用以连接横向支撑的螺栓

$t+h_f+5mm$

10~20

l

(a)　　　　　　　　(b)　　　　　　　　(c)

图 8-20　下弦角钢的工地拼接节点

当节点两侧下弦杆的角钢截面不相同时，拼接角钢的截面可与较小截面相同。

（1）下弦拼接角钢与弦杆的连接计算及其拼接角钢总长度的确定。

拼接角钢与下弦角钢间共有 4 条焊缝，承担节点两侧较小截面中的内力设计值 N_2（当节点两侧弦杆截面不相同时），对轴心拉杆的拼接，常偏安全地取 $N_2 = A_2 f$，即按截面的抗拉强度承载力进行连接计算。4 条角焊缝都位于角钢的肢尖，其与角钢截面形心距离大致相同，因而可认为平均受力。如图 8-20（a）所示，由连接焊缝的需要可求出拼接角钢的总长度为

$$l = 2\left(\frac{A_2 f}{4 \times 0.7 h_f \times f_f^w} + 2h_f\right) + (10 \sim 20)\text{mm} \tag{8-27}$$

式中，A_2 为拼接两侧弦杆的较小面积；括号后的（10~20）mm 为拼接处原角钢间的空隙。当角钢的边长 $b \geq 125$mm 时，为了不使传力路线过分集中在角钢趾部的焊缝处，改善拼接角钢中的受力情况，不使其产生较大的应力集中，宜将拼接角钢的两端各切去一角，焊缝沿斜边布置，见图 8-20（c）（此法同样适用于拼接角钢的水平边和竖直边，图上的竖直边未切角，水平边切角，主要是为了表示 $b < 125$mm 和 $b \geq 125$mm 的两种处理方案）。

（2）下弦杆与节点板的连接角焊缝的计算。

下弦杆与节点板的连接角焊缝，按两侧下弦较大内力的 15% 和两侧下弦的内力差两者中的较大值来计算，但当拼接节点处有外荷载作用时，应按此较大值与外荷载的合力进行计算。

5. 支座节点

屋架与柱连接有铰接和刚接两种形式。支撑于钢筋混凝土柱或砖柱上的屋架一般为铰接，而支撑于钢柱上的屋架通常为刚接。图 8-21 为梯形屋架和三角形屋架在钢筋混凝土柱顶或砌体上的支座节点示例。这种支座只传递屋架的竖向反力 R，看作铰接。这种铰接支座节点，由节点板、底板、加劲肋和锚栓等组成。支座的中心应在加劲肋上，加劲肋起加强支座底板刚度，增强支座节点板侧向刚度的作用，它还是保证支座节点板平面外刚度的必要条件。为了便于施焊，屋架下弦角钢背与支座底板的距离 e 不宜小于下弦角钢伸出肢的宽度，也不宜小于 130mm。屋架支座底板与柱顶用锚栓相连，锚栓预埋于柱顶，直径通常为 20~24mm。为了便于安装时调整位置，底板上的锚栓孔径宜为锚栓直径的 2~2.5 倍，屋架就位后再加小垫板套住锚栓，并用工地焊缝与底板焊牢，小垫板上的孔径只比锚栓大 1~2mm。

支座节点的传力路径是：桁架各杆件的内力通过杆端焊缝传给节点板，然后经节点板与

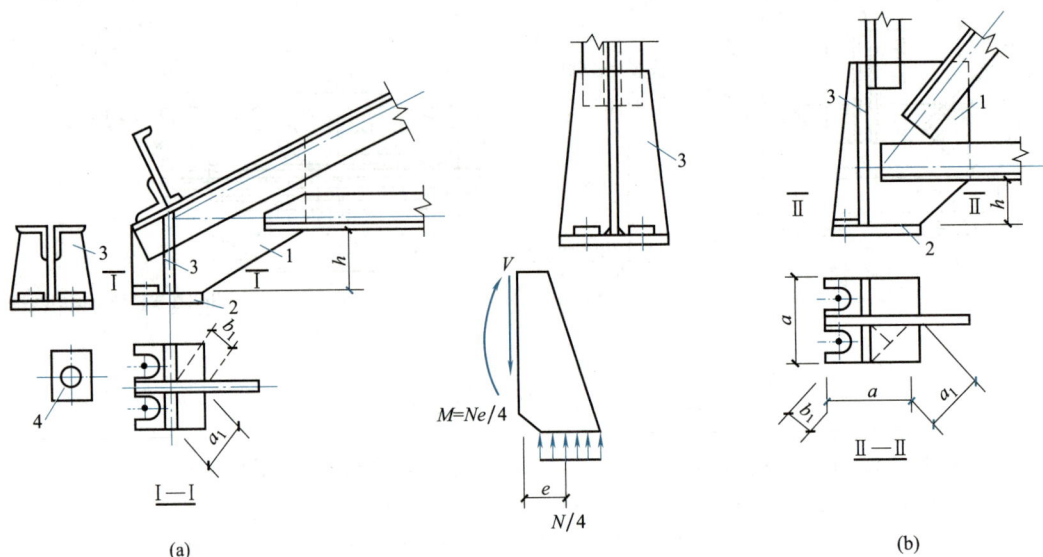

图 8-21　支座节点

1—节点板；2—底板；3—加劲肋；4—垫板

加劲肋之间的垂直焊缝，把一部分传给加劲肋，再通过节点板、加劲肋与底板的水平焊缝把全部的支座压力传给底板，最后传给支座。因此，支座节点应进行以下计算。

支座底板的毛截面面积应为

$$A=ab \geqslant \frac{R}{f_c}+A_0 \qquad (8\text{-}28)$$

式中　R——支座反力；

f_c——支座混凝土局部承压强度设计值；

A_0——锚栓孔的面积。

按计算需要的底板面积一般较小，主要根据构造要求（锚栓孔直径、位置以及支撑的稳定性等）确定底板的平面尺寸。

底板的厚度应按底板下柱顶反力（假定为均匀分布）作用产生的弯矩决定。如图 8-21 所示的底板经节点板及加劲肋分隔后成为两个相邻边支撑的四块板，其单位宽度的弯矩应按下式计算：

$$M=\beta q a_1^2 \qquad (8\text{-}29)$$

式中　q——底板下反力的平均值，$q=R/(A-A_0)$；

β——系数，根据 b_1/a_1，由表 8-6 查得；

a_1，b_1——对角线长度及其中点至另一对角线的距离（图 8-21）。

表 8-6　β 值

b_1/a_1	0.3	0.4	0.5	0.6	0.7	0.8	0.9	1.0	1.1	1.2
β	0.026	0.042	0.056	0.072	0.085	0.092	0.104	0.111	0.120	0.125

底板的厚度应为

$$t \geqslant \sqrt{\frac{6M}{f}} \qquad (8\text{-}30)$$

为使柱顶反力较均匀，底板不宜太薄，一般其厚度不宜小于 16～20mm。

加劲肋的高度由节点板的尺寸决定，其厚度取等于或略小于节点板的厚度。加劲肋可视为支撑于节点板上的悬臂梁，一个加劲肋通常假定传递支座反力的 $1/4$，它与节点板的连接焊缝承受剪力 $V=R/4$ 和弯矩 $M=V\times b/2$，然后按下式验算：

$$\sqrt{\left(\frac{6M}{1.22\times 2\times 0.7h_f l_w^2}\right)^2+\left(\frac{V}{2\times 0.7h_f l_w}\right)^2}\leqslant f_f^w \qquad (8\text{-}31)$$

底板与节点板、加劲肋的连接焊缝按承受全部支座反力 R 计算，验算式为

$$\sigma_f=\frac{R}{0.7h_f\sum l_w}\leqslant \beta_f f_f^w \qquad (8\text{-}32)$$

其中焊缝计算长度之和 $\sum l_w=2a+2(b-t-2c)-6\text{cm}$，$t$、$c$ 分别为节点板厚度和加劲肋切口宽度。

四、钢屋架施工图

施工图主要包括屋架正面详图、上弦和下弦平面图、必要数量的侧面图和零件图。当屋架为对称时，可绘制半榀屋架。图 8-22 为某一钢屋架施工图详图。

钢屋架施工图的绘制的主要内容和基本要求如下。

（1）图纸的左上角绘制整榀屋架的简图，左半跨注明屋架的几何尺寸，右半跨注明杆件的设计内力。

（2）图纸的正中为屋架详图及上、下弦平面图，必要数量的侧面图和零件图。

（3）右上角绘制材料表，把所有杆件和零件的编号、规格尺寸、数量、重量和整榀屋架的重量填入表中。

（4）钢屋架施工图可以采用两种比例绘制，屋架轴线一般用 $1:30\sim 1:20$ 的比例尺，杆件截面和节点尺寸采用 $1:15\sim 1:10$ 的比例尺。

（5）施工图上应注明屋架和各构件的主要几何尺寸。

（6）在施工图中应全部注明各零件的型号和尺寸。

（7）施工图上还应加注必要的文字说明，包括钢材的钢号、焊条型号、加工精度和质量要求、图中未注明的焊缝和螺栓孔的尺寸，以及防锈处理的要求等。

五、普通钢屋架设计实例

1. 设计资料

某车间跨度为 30m，柱距为 6m，厂房总长度为 90m。车间内设有一台 50t 和一台 20t 中级工作制软钩桥式吊车，吊车轨高为 9.000m。冬季最低温度为 -20℃。

屋面采用 $1.5\text{m}\times 6.0\text{m}$ 预应力大型屋面板，屋面坡度为 $i=1:10$，上铺 80mm 厚泡沫混凝土保温层和二毡三油防水层。

屋面活荷载标准值为 0.7kN/m^2，雪荷载标准值为 0.5kN/m^2，积灰荷载标准值为 0.75kN/m^2。屋架采用梯形钢屋架，其两端铰支于钢筋混凝土柱上，上柱截面积为 $450\text{mm}\times 450\text{mm}$，混凝土强度等级为 C25。

钢材采用 Q235B（$f=215\text{N/mm}^2$），焊条采用 E43 型，手工焊。

屋架计算跨度：$l_0=30-2\times 0.15=29.7$（m）；跨中及端部高度：$h_0=2.005\text{m}$；在 29.7m 的端部高度：$h_0=1.990\text{m}$；屋架跨中起拱 60mm（$\approx L/500$）。

2. 结构形式与布置

屋架形式及几何尺寸如图 8-23 所示，屋架支撑布置如图 8-24 所示。

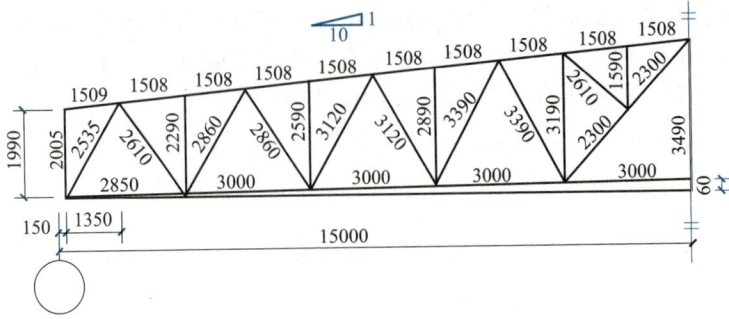

图 8-23 屋架形式及几何尺寸

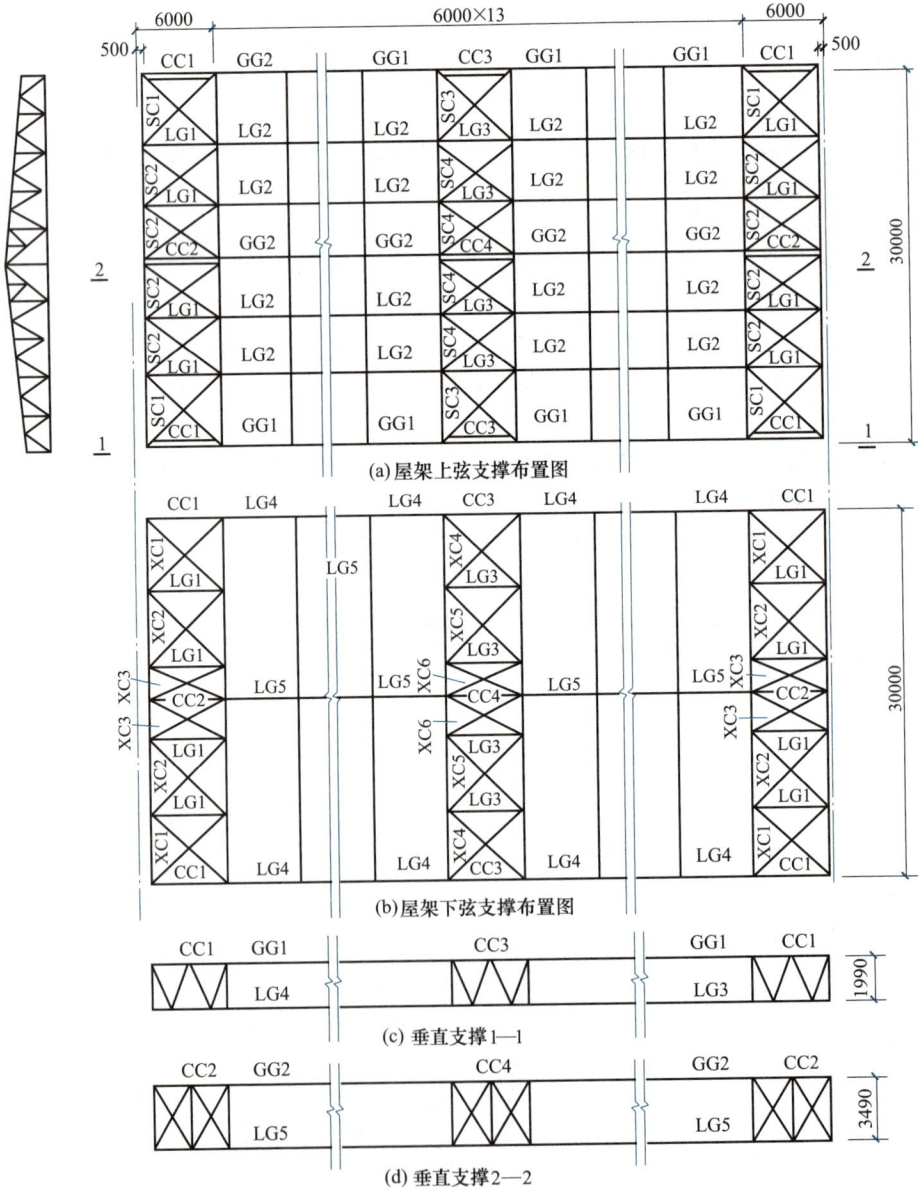

(a) 屋架上弦支撑布置图

(b) 屋架下弦支撑布置图

(c) 垂直支撑 1—1

(d) 垂直支撑 2—2

图 8-24 屋架支撑布置

SC—上弦支撑；XC—下弦支撑；CC—垂直支撑；GG—刚性系杆；LG—柔性系杆

3. 荷载计算

屋面活荷载与雪荷载不会同时出现，从设计资料可知屋面活荷载大于雪荷载，故取屋面活荷载计算。屋架沿水平投影面积分布的自重（包括支撑）按经验公式计算，跨度单位为 m。

（1）荷载。

① 永久荷载。

预应力钢筋混凝土屋面板	$1.4 \times 1.35 = 1.89$（kN/m^2）
防水层	$0.35 \times 1.35 = 0.4725$（kN/m^2）
屋架和支撑自重	$(0.12 + 0.011 \times 30) \times 1.35 = 0.6075$（kN/m^2）
找平层（2cm 厚）	$0.02 \times 20 \times 1.35 = 0.54$（kN/m^2）
保温层	$0.08 \times 6 \times 1.35 = 0.648$（kN/m^2）
管道荷载	$0.182 \times 1.35 = 0.2457$（kN/m^2）

小计   4.4037kN/m^2

② 可变荷载。

屋面活载	$0.7 \times 1.4 = 0.98$（kN/m^2）
积灰荷载	$0.75 \times 1.4 = 1.05$（kN/m^2）

小计   2.03kN/m^2

（2）荷载组合。

设计屋架时，应考虑以下三种荷载组合。

① 全跨永久荷载＋全跨可变荷载：

$$F = (4.4037 + 2.03) \times 1.5 \times 6 \approx 57.90 \text{（kN）}$$

② 全跨永久荷载＋半跨可变荷载：

$$F_1 = 4.4037 \times 1.5 \times 6 \approx 39.63 \text{（kN）}，F_2 = 2.03 \times 1.5 \times 6 = 18.27 \text{（kN）}$$

③ 全跨屋架与支撑＋半跨屋面板＋半跨屋面活荷载：

全跨节点屋架自重：$F_3 = 0.54 \times 1.5 \times 6 = 4.86$（kN）

半跨的屋面板及活荷载产生的节点荷载：$F_4 = (1.68 + 0.98) \times 1.5 \times 6 = 23.94$（kN）

以上①、②为使用阶段荷载组合，③为施工阶段荷载组合。

4. 内力计算

屋架在上述三种荷载组合的作用下的计算简图见图 8-25。由电算先解得 $F = 1$ 的屋架各杆件的内力系数（$F = 1$ 作用于全跨、左半跨和右半跨），然后求出各种荷载情况下的内力进行组合，计算结果见表 8-7。

5. 杆件设计

（1）上弦杆。

整个上弦采用等截面，按 IJ、JK 杆件之最大设计内力设计。

$$N = -1329.03\text{kN} = -1329030\text{N}$$

上弦杆计算长度：

在屋架平面内：为节间轴线长度，$l_{0x} = 150.8$cm。

在屋架平面外：根据支撑布置和内力变化情况，取 $l_{0y} = 2 \times 150.8 = 301.6$（cm）。

(a)

(b)

(c)

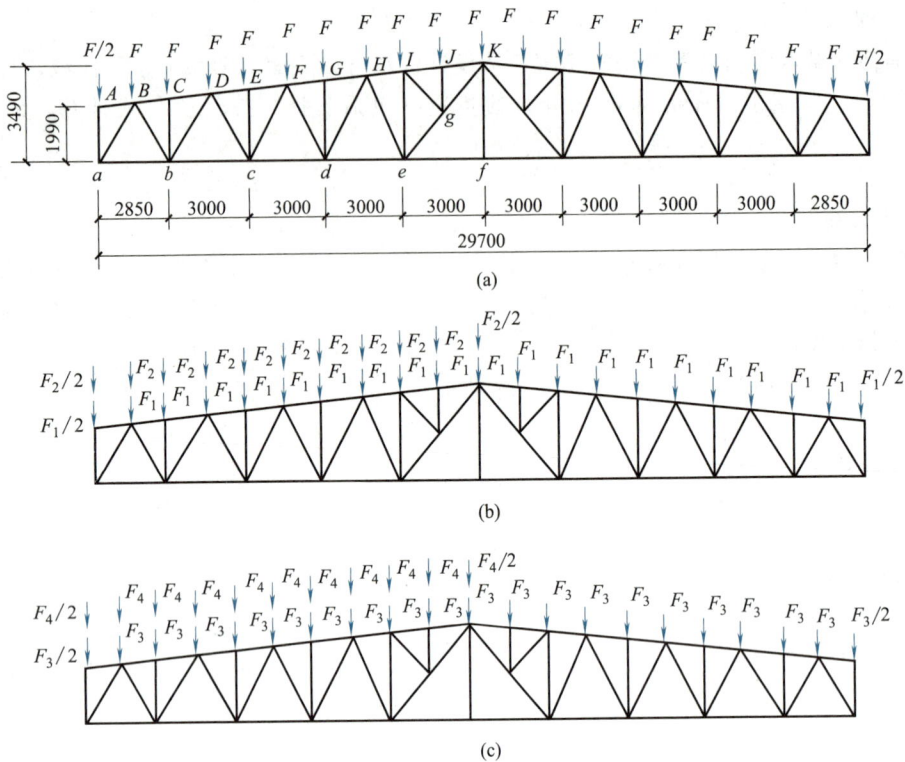

图 8-25 屋架计算简图

因为 $l_{0y} = 2l_{0x}$，故截面宜选用两个不等肢角钢短肢相并（图 8-26）。

腹杆最大内力 $N = 654.38$kN，查表 8-5，节点板的厚度选用 12mm，支座节点板厚度选用 14mm。令 $\lambda = 60$，查表得 $\varphi = 0.807$（b 类截面）。

需要截面积：
$$A = \frac{N}{\varphi f} = \frac{1329030}{0.807 \times 215} \approx 7659.9 \ (\text{mm}^2)$$

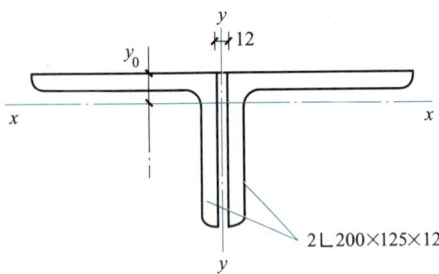

图 8-26 上弦截面

需要回转半径：$i_x = \dfrac{l_{0x}}{\lambda} = \dfrac{150.8}{60} \approx 2.51$（cm）

$i_y = \dfrac{l_{0y}}{\lambda} = \dfrac{301.6}{60} \approx 5.02$（cm）

根据 A、i_x、i_y 查角钢规格表，选用 2∟200× 125×12，$A = 75.824$cm^2，$i_x = 3.57$cm，$i_y = 9.61$cm，按所选角钢进行验算：

$$\lambda_x = \frac{l_{0x}}{i_x} = \frac{150.8}{3.57} \approx 42.24 < [\lambda] = 150$$

$$\lambda_y = \frac{l_{0y}}{i_y} = \frac{301.6}{9.61} \approx 31.38 < [\lambda] = 150$$

满足长细比的要求。

由于 $\lambda_y > \lambda_x$，只需求 φ_y，查表得 $\varphi_y = 0.890$。

$\dfrac{N}{\varphi_y A} = \dfrac{1329030}{0.890 \times 7659.9} \approx 194.94$（N/mm^2）$< 215$（N/mm^2），所选截面合适。

表 8-7 内力计算表

杆件名称		杆内力系数 $F=1$			第一种组合 $F×①$	第二种组合		第三种组合		计算内力 /kN
		全跨 ①	在左半跨 ②	在右半跨 ③		$F_1×①+F_2×②$	$F_1×①+F_2×③$	$F_3×①+F_4×②$	$F_3×①+F_4×③$	
上弦杆	AB	0	0	0	0	0		0		0
	BC、CD	−11.45	−8.30	−3.15	−663.07	−605.52	−511.43	−254.35	−131.06	−663.07
	DE、EF	−18.34	−12.60	−5.74	−1062.07	−957.2	−831.87	−390.78	−226.55	−1062.07
	FG、GH	−21.70	−13.90	−7.80	−1256.65	−1114.14	−1002.69	−438.23	−292.19	−1256.65
	HI	−22.46	−13.06	−9.40	−1300.66	−1128.92	−1062.05	−421.81	−334.19	−1300.66
	IJ、JK	−22.95	−13.55	−9.40	−1329.03	−1157.3	−1081.48	−435.92	−336.57	−1329.03
下弦杆	ab	6.05	4.45	1.60	350.36	321.12	1039.88	135.94	67.71	350.36
	bc	15.20	10.70	4.50	880.23	798.02	1037.92	330.03	181.60	880.23
	cd	20.26	13.46	6.80	1173.26	1049.02	927.34	420.70	261.26	1173.26
	de	22.22	13.62	8.60	1286.76	1129.64	1037.92	434.05	313.87	1286.76
	ef	21.23	10.66	10.66	1234.64	1039.88	1039.88	358.82	358.82	1234.64
斜腹杆	aB	−11.30	−8.35	−2.95	−654.38	−600.49	−501.83	−254.82	−125.54	−654.38
	Bb	9.15	6.50	2.65	529.88	481.46	411.12	200.08	107.91	529.88
	bD	−7.45	−4.85	−2.60	−431.43	−383.93	−342.82	−152.32	−98.45	−431.43
	Dc	5.50	3.25	2.25	318.51	277.40	259.12	104.54	80.60	318.51
	cF	−4.20	−2.00	−2.20	−243.22	−203.03	−206.68	−68.29	−73.08	−243.22
	Fd	2.60	0.70	1.90	150.57	115.85	137.78	29.39	58.12	150.57
	dH	−1.50	0.40	−1.90	−86.87	−52.15	−94.17	2.29	−52.78	−94.17 2.29
	He	0.30	−1.40	1.70	17.37	−13.69	42.95	−32.06	42.16	−32.06 42.95
	eg	1.65	3.65	−2.00	95.55	132.09	28.87	95.40	−39.86	−39.86 132.09
	gK	2.22	4.22	−2.00	128.56	165.10	51.46	111.82	−37.09	−37.09 165.10
	gI	0.60	0.60	0	34.75	34.75	23.78	17.28	2.92	34.75
竖杆	Aa	−0.50	−0.50	0	−28.96	−28.96	−19.82	−14.40	−2.43	−28.96
	Cb、Ec	−1.00	−1.00	0	−57.91	−57.91	−39.64	−28.80	−4.86	−57.91
	Gd、Jg	−1.00	−1.00	0	−57.91	−57.91	−39.64	−28.80	−4.86	−57.91
	Ie	−1.50	−1.50	0	−86.87	−86.87	−59.46	−43.20	−7.29	−86.87
	Kf	0	0	0	0	0	0	0	0	0

注：$F=57.91kN$；$F_1=39.64kN$；$F_2=18.27kN$；$F_3=4.86kN$；$F_4=23.94kN$。

（2）下弦杆。

整个下弦采用同一截面，按最大内力所在的 de 杆计算。

$$N_{max}=1286.76\text{kN}=1286760\text{N}$$

$$l_{0x}=300\text{cm},l_{0y}=1485\text{cm} \quad (\text{因跨中有通长系杆})$$

所需截面积为

$$A_n=\frac{N}{f}=\frac{1286760}{215}\approx5984.9\ (\text{mm}^2)\approx59.85\ (\text{cm}^2)$$

选用 2L180×110×12，因为 l_{0y} 远大于 l_{0x}，故用不等肢角钢短肢相并（图 8-27）。

$$A=67.424\text{cm}^2>59.85\text{cm}^2；i_x=3.10\text{cm},i_y=8.76\text{cm}$$

$$\lambda_x=\frac{l_{0x}}{i_x}=\frac{300}{3.10}\approx96.77<[\lambda]=350,\ \lambda_y=\frac{l_{0y}}{i_y}=\frac{1485}{8.76}\approx169.52<[\lambda]=350$$

（3）端斜杆 aB（图 8-28）。

$$\text{杆轴力 } N=-654.38\text{kN}=-654380\text{N}$$

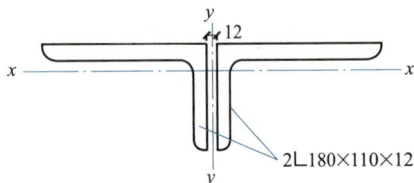

图 8-27　下弦截面

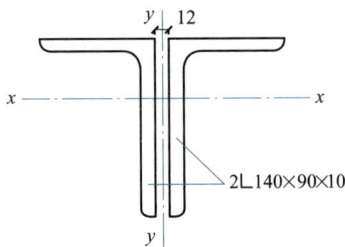

图 8-28　端斜杆截面

计算长度 $l_{0x}=l_{0y}=253.5\text{cm}$，因为 $l_{0x}=l_{0y}$，故采用不等肢角钢长边相并，使 $i_x\approx i_y$。选用 2L140×90×10，则

$$A=44.522\text{cm}^2,\ i_x=4.47\text{cm},\ i_y=3.74\text{cm}$$

$$\lambda_x=\frac{l_{0x}}{i_x}=\frac{253.5}{4.47}\approx56.71,\ \lambda_y=\frac{l_{0y}}{i_y}=\frac{253.5}{3.74}\approx67.78$$

因 $\lambda_y>\lambda_x$，只需求 φ_y，查表得 $\varphi_y=0.764$。

$$\sigma=\frac{N}{\varphi_y A}=\frac{654380}{0.764\times4452.2}\approx192.38\ (\text{N/mm}^2)<215\text{N/mm}^2$$

所选截面合适。

（4）腹杆 $eg\text{-}gK$（图 8-29）。

此杆在 g 节点处不断开，采用通长杆件。

最大拉力：$N_{gK}=165.10\text{kN}$，另一段 $N_{eg}=132.09\text{kN}$。

最大压力：$N_{eg}=-39.86\text{kN}$，另一段 $N_{gK}=-37.09\text{kN}$。

再分析桁架的斜腹杆，在桁架平面内的计算长度取节点中心间距 $l_{0x}=230.1\text{cm}$。

在桁架平面外的计算长度：

$$l_{0y}=l_1\left(0.75+0.25\frac{N_2}{N_1}\right)=230.1\times2\times\left(0.75+0.25\times\frac{37.09}{39.86}\right)\approx452.2\ (\text{cm})$$

选用 2L70×5，由附表 5 查得

$$A=2\times6.875\text{cm}^2,\ i_x=2.16\text{cm},\ i_y=3.31\text{cm}$$

$$\lambda_x=\frac{l_{0x}}{i_x}=\frac{230.1}{2.16}\approx106.5<150,\ \lambda_y=\frac{l_{0y}}{i_y}=\frac{452.2}{3.31}\approx136.6<150,\ \varphi_y=0.359$$

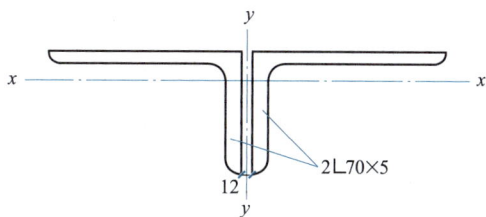

图 8-29　*eg-gK* 截面

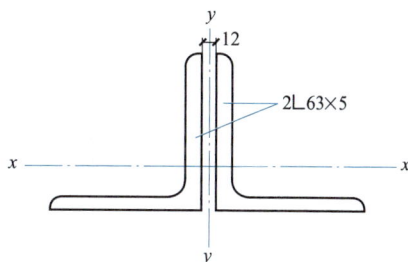

图 8-30　*Ie* 截面

$$\sigma = \frac{N}{\varphi_y A} = \frac{39860}{0.359 \times 1375} \approx 80.75 \ (\text{N/mm}^2) < 215\text{N/mm}^2$$

拉应力　　　　$$\sigma = \frac{N}{A} = \frac{165100}{1375} \approx 120.07 \ (\text{N/mm}^2) < 215\text{N/mm}^2$$

（5）竖杆 *Ie*（图 8-30）。

$$N = -86.87\text{kN} = -86870\text{N}$$

$$l_{0x} = 0.8l = 0.8 \times 319 = 255.2 \ (\text{cm}), l_{0y} = l = 319\text{cm}$$

内力较小按 $[\lambda] = 150$ 选择，需要的回转半径为

$$i_x = \frac{l_{0x}}{[\lambda]} = \frac{255.2}{150} \approx 1.70 \ (\text{cm}), \ i_y = \frac{l_{0y}}{[\lambda]} = \frac{319}{150} \approx 2.13 \ (\text{cm})$$

查附表 5，选截面的 i_x 和 i_y 较上述计算的 i_x 和 i_y 略大些。

选用 2L63×5，截面几何特性：

$$A = 2 \times 6.143 = 12.286\text{cm}^2, \ i_x = 1.94\text{cm}, \ i_y = 3.04\text{cm}$$

$$\lambda_x = \frac{l_{0x}}{i_x} = \frac{255.2}{1.94} \approx 131.5 < 150, \ \lambda_y = \frac{l_{0y}}{i_y} = \frac{319}{3.04} \approx 105.0 < 150$$

因 $\lambda_x > \lambda_y$，只需求 φ_x，查附表 2-2 得 $\varphi_x = 0.381$。

$$\sigma = \frac{N}{\varphi_x A} = \frac{86870}{0.381 \times 1228.6} \approx 185.58 \ (\text{N/mm}^2) < 215\text{N/mm}^2$$

其余各杆件的截面选择计算过程不一一列出，将计算结果列于表 8-8 中。

6. 节点设计

（1）下弦节点"*b*"（图 8-31）。

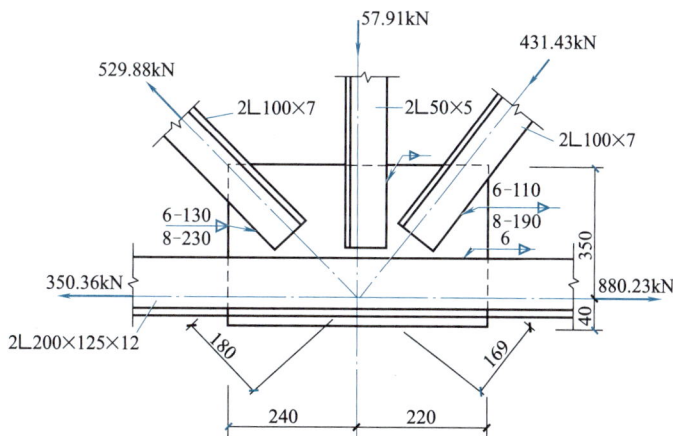

图 8-31　下弦节点"*b*"

表 8-8　杆件截面选择

杆件 名称	编号	计算内力/kN	截面规格	截面积/cm²	计算长度/cm l_{0x}	l_{0y}	回转半径/cm i_x	i_y	长细比 λ_x	λ_y	允许长细比[λ]	稳定系数 φ_x	φ_y	应力 σ /(N/mm²)
上弦杆	IJ,JK	−1329.03	200×125×12	7.824	150.8	452.4	3.57	9.61	42.24	47.08	150		0.870	201.47
下弦杆	de	1286.76	180×110×12	67.424	300	1485	3.10	8.76	96.77	169.5	350			190.85
腹杆	Aa	−28.96	63×5	12.286	199	199	1.94	3.04	102.6	65.5	150	0.538		43.81
	aB	−654.38	140×90×10	44.522	253.5	253.5	4.47	3.74	56.71	67.78	150		0.765	192.13
	Bb	529.88	100×7	27.592	208.6	260.8	3.09	4.53	67.51	57.57	350			192.04
	Cb	−57.91	50×5	9.606	183.2	229.0	1.53	2.53	119.7	90.5	150	0.439		137.32
	bD	−431.43	100×7	27.592	229.5	286.9	3.09	4.53	74.3	63.3	150	0.724		215.97
	Dc	318.51	80×5	15.824	228.7	285.9	2.48	3.71	92.22	77.09	350			201.28
	Ec	−57.91	63×5	12.286	207.2	259.0	1.94	3.04	106.8	85.20	150	0.512		92.06
	cF	−243.22	90×6	21.274	250.3	312.9	2.79	4.13	89.7	75.8	150	0.623		183.51
	Fd	150.57	50×5	9.606	249.5	311.9	1.53	2.53	167	123.3	350			156.75
杆	Gd	−57.91	63×5	12.286	231.2	289	1.94	3.04	119.2	95.07	150	0.441		106.88
	dH	−94.17(2.29)	80×5	15.824	271.6	339.5	2.48	3.71	109.52	91.51	150	0.496		119.98
	He	−32.06(42.95)	63×5	12.286	270.8	338.5	1.94	3.04	139.6	111.4	150	0.347		75.20
	Ie	−86.87	63×5	12.286	255.2	319.0	1.94	3.04	131.5	105.0	150	0.381		185.58
	eg	−39.86(132.09)	70×5	13.75	230.1	452.2	2.16	3.31	106.5	136.6	150		0.356	96.07
	gK	−37.09(165.10)	70×5	13.75	230.1	452.2	2.16	3.31	106.5	136.6	150		0.356	120.07
	Kf	0	63×5	12.286	314.1	314.1	2.45		128.2		200			0
	gI	34.75	50×5	9.606	166.3	207.9	1.53	2.53	108.7	82.2	350			36.18
	Jg	−57.91	50×5	9.606	127.6	159.5	1.53	2.53	83.7	63	150		0.665	90.65

注：截面规格单位为 mm。

各杆件的内力由表 8-7 查出。

这类节点的设计步骤是：先根据腹杆的内力计算腹杆与节点板连接焊缝的尺寸，即 h_f 和 l_w，然后根据 l_w 的大小按比例绘出节点板的形状和尺寸，最后验算下弦杆与节点板的连接焊缝。用 E43 型焊条焊接，角焊缝的抗拉和抗剪强度设计值 $f_f^w = 160 \text{N/mm}^2$。

设"Bb"杆的肢背和肢尖焊缝分别为 $h_f = 8\text{mm}$ 和 $h_f = 6\text{mm}$，则所需的焊缝长度为

肢背：$l_w' = \dfrac{0.7N}{2h_e f_f^w} = \dfrac{0.7 \times 529880}{2 \times 0.7 \times 8 \times 160} \approx 207$（mm），取 23cm。

肢尖：$l_w'' = \dfrac{0.3N}{2h_e f_f^w} = \dfrac{0.3 \times 529880}{2 \times 0.7 \times 6 \times 160} \approx 118.3$（mm），取 13cm。

设"bD"杆的肢背和肢尖焊缝分别为 8mm 和 6mm，则所需焊缝长度为

肢背：$l_w' = \dfrac{0.7N}{2h_e f_f^w} = \dfrac{0.7 \times 431430}{2 \times 0.7 \times 8 \times 160} \approx 168.5$（mm），取 19cm。

肢尖：$l_w'' = \dfrac{0.3N}{2h_e f_f^w} = \dfrac{0.3 \times 431430}{2 \times 0.7 \times 6 \times 160} \approx 96.3$（mm），取 11cm。

"Cb"杆的内力很小，焊缝尺寸可按构造确定，取 $h_f = 5\text{mm}$。

根据上面求得的焊缝长度，并考虑杆件之间应有缝隙以及制作装配等误差，按比例绘出节点详图，从而确定节点板尺寸为 390mm×460mm。

下弦与节点板连接的焊缝长度为 46cm，$h_f = 6\text{mm}$。焊缝所受的力为左右两下弦杆的内力差 $\Delta N = 880.23 - 350.36 = 529.87$（kN），受力较大的肢背处的焊缝应力为

$$\tau_f = \dfrac{0.75 \times 529870}{2 \times 0.7 \times 6 \times (46 \times 10 - 12)}$$
$$\approx 105.6 \text{（N/mm}^2\text{）}$$

焊缝满足要求。

（2）上弦节点"B"（图 8-32）。

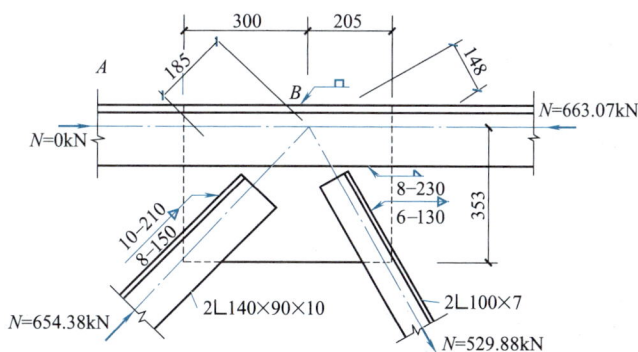

图 8-32　上弦节点"B"

"Bb"杆与节点板的焊缝尺寸和节点"b"相同。

"aB"杆与节点板的焊缝尺寸同样按上述方法计算：

$$N_{aB} = -654.38\text{kN}$$

肢背：$h_f = 10\text{mm}$，$l_w' = \dfrac{0.65 \times 654380}{2 \times 0.7 \times 10 \times 160} \approx 189.89$（mm），取 21cm。

肢尖：$h_f = 8\text{mm}$，$l_w'' = \dfrac{0.35 \times 654380}{2 \times 0.7 \times 8 \times 160} \approx 127.81$（mm），取 15cm。

为了便于在上弦上搁置屋面板，节点板的上边缘可缩进上弦肢背 8mm。用槽焊缝把上弦角钢和节点板连接起来。槽焊缝作为两条角焊缝计算，焊缝强度设计值应乘以 0.8 的折减系数。计算时可忽略屋架上弦坡度的影响，而假定集中荷载 P 与上弦垂直。上弦肢背槽焊缝内的应力为

$$h'_f = \frac{1}{2} \times 节点板的厚度 = \frac{1}{2} \times 12 = 6 \ (mm), \ h''_f = 10mm$$

上弦与节点板间焊缝长度为 505mm。

$$\frac{\sqrt{[K_1(N_1-N_2)]^2 + \left(\frac{P}{2 \times 1.22}\right)^2}}{2 \times 0.7h'_f l''_w} = \frac{\sqrt{(0.75 \times 663070)^2 + \left(\frac{57910}{2 \times 1.22}\right)^2}}{2 \times 0.7 \times 6 \times (505-12)}$$

$$\approx 120.22 \ (N/mm^2) < 0.8f^w_f = 0.8 \times 160 = 128 \ (N/mm^2)$$

上弦肢尖角焊缝的剪应力为

$$\frac{\sqrt{[K_2(N_1-N_2)]^2 + \left(\frac{P}{2 \times 1.22}\right)^2}}{2 \times 0.7h''_f l''_w} = \frac{\sqrt{(0.25 \times 663070)^2 + \left(\frac{57910}{2 \times 1.22}\right)^2}}{2 \times 0.7 \times 10 \times (505-20)}$$

$$\approx 24.66 \ (N/mm^2) < 160N/mm^2$$

此节点亦可按另一种方法验算。节点荷载由槽焊缝承受，上弦两相邻节间内力差由角钢肢尖焊缝承受，这时槽焊缝肯定是安全的，可不必验算。肢尖焊缝验算如下。

$$\tau^N_f = \frac{N_1-N_2}{2 \times 0.7h''_f l''_w} = \frac{663070}{2 \times 0.7 \times 10 \times 480} = 98.67 \ (N/mm^2)$$

$$\sigma^M_f = \frac{6M}{2 \times 0.7h''_f l''^2_w} = \frac{6 \times 663070 \times 95}{2 \times 0.7 \times 10 \times 480^2} \approx 117.17 \ (N/mm^2)$$

$$\sqrt{(\tau^N_f)^2 + (\sigma^M_f/1.22)^2} = \sqrt{98.67^2 + \left(\frac{117.17}{1.22}\right)^2} \approx 137.70 \ (N/mm^2) < 160N/mm^2$$

（3）屋脊节点"K"。

弦杆一般都采用同号角钢进行拼接，为使拼接角钢与弦杆之间能够密合，并便于施焊，需将拼接角钢的尖角消除（图 8-33），且截去垂直肢的一部分宽度（一般为 $t+h_f+$ 5mm）。拼接角钢削弱的这一部分，可以靠节点板来补偿。接头一边的焊缝长度按弦杆内力计算。

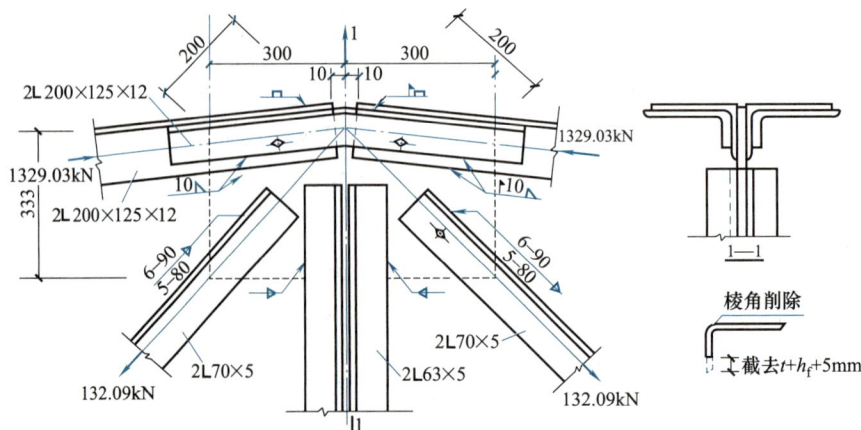

图 8-33 屋脊节点"K"

设焊缝 $h_f = 10\text{mm}$，则所需焊缝计算长度（一条焊缝）为

$$l_w = \frac{1329030}{4 \times 0.7 \times 10 \times 160} \approx 296.66 \text{（mm）}$$

拼接角钢的长度取 740mm＞2×296.66＝593.32（mm）。

上弦与节点板之间的槽焊，假定承受节点荷载，验算略。上弦肢尖与节点板的连接焊缝，应按上弦内力的 15% 计算。设肢尖焊缝 $h_f = 10\text{mm}$，节点板长度为 60cm，则节点一侧弦杆焊缝的计算长度 $l_w = \frac{60}{2} - 10 \times 10^{-1} - 2 = 27$（cm）（图 8-33），焊缝应力为

$$\tau_f^N = \frac{0.15 \times 1329030}{2 \times 0.7 \times 10 \times 270} \approx 52.74 \text{（N/mm}^2\text{）}$$

$$\sigma_f^M = \frac{0.15 \times 1329030 \times 95 \times 6}{2 \times 0.7 \times 10 \times 270^2} \approx 111.34 \text{（N/mm}^2\text{）}$$

$$\sqrt{(\tau_f^N)^2 + (\sigma_f^M/1.22)^2} = \sqrt{52.74^2 + \left(\frac{111.34}{1.22}\right)^2} \approx 105.41 \text{（N/mm}^2\text{）} < 160\text{N/mm}^2$$

因屋架跨度较大，需将屋架分为两个运输单元，在屋脊节点和下弦跨中节点设置工地拼接，左半边的上弦、斜杆和竖杆与节点板连接用工厂焊缝，而右半边的上弦、斜杆和节点板的连接用工地焊缝。腹杆与节点板连接焊缝计算方法与以上几个节点相同。

（4）支座节点"a"（图 8-34）。

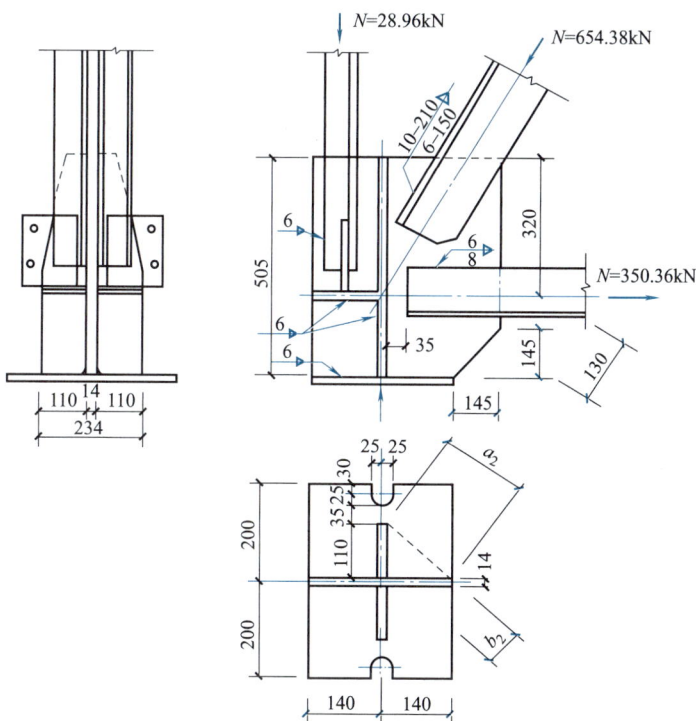

图 8-34　支座节点"a"

为了便于施焊，下弦杆角钢水平肢的底面与支座底板的净距离取 160mm。在节点中心线上设置加劲肋，加劲肋的高度与节点板的高度相等，厚度为 14mm。

① 支座底板的计算。

支座反力 $R = 579100\text{N}$。

支座底板的平面尺寸采用 280mm×400mm，如仅考虑加劲肋的底板承受支座反力，则承压面积为 $280×234=65520mm^2$。

验算柱顶混凝土的抗压强度：

$$\sigma = \frac{R}{A_n} = \frac{579100}{65520} \approx 8.84 \ (N/mm^2) < f_c = 12.5 N/mm^2$$

式中　f_c——混凝土强度设计值，对 C25 混凝土，$f_c = 12.5 N/mm^2$。

底板的厚度按屋架反力作用下的弯矩来计算，节点板和加劲肋将底板分为 4 块，每块板为两相邻边支撑而另两相邻边自由，每块板的单位宽度的最大弯矩为

$$M = \beta_2 \sigma a_2^2$$

式中　σ——底板下的平均应力；

a_2——两支撑边之间的对角线长度，$a_2 = \sqrt{\left(140 - \frac{14}{2}\right)^2 + 110^2} \approx 172.6$（mm）；

β_2——系数，由 b_2/a_2 查表而定，b_2 为两支撑边的相交点到对角线 a_2 的垂直距离（图 8-34）。由相似三角形的关系得

$$b_2 = \frac{110×133}{172.6} \approx 84.8 \ (mm), \ \frac{b_2}{a_2} = \frac{84.8}{172.6} \approx 0.49$$

查表 8-6 得 $\beta_2 = 0.0586$。

$$M = \beta_2 \sigma a_2^2 = 0.0586 × 8.84 × 172.6^2 \approx 15432.33 \ (N \cdot mm)$$

底板厚度 $t = \sqrt{\frac{6M}{f}} = \sqrt{\frac{6×15432.33}{215}} \approx 20.75$（mm），取 $t=22mm$。

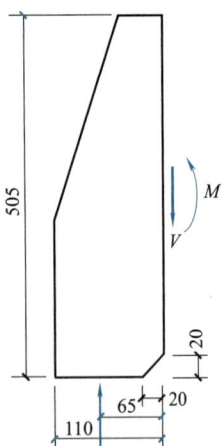

图 8-35　加劲肋计算简图

② 加劲肋与节点板的连接焊缝计算。

加劲肋与节点板的连接焊缝计算与牛腿焊缝相似（图 8-35）。偏于安全地假定一个加劲肋的受力为屋架支座反力的 $1/4$，即 $\frac{579100}{4} = 144775$（N），则焊缝内力为 $V = 144775N$，$M = 144775 × 65 = 9410375$（N·mm），焊缝应力为

$$\sqrt{\left(\frac{144775}{2×0.7×6×473}\right)^2 + \left(\frac{9410375×6}{2×0.7×6×473^2×1.22}\right)^2}$$
$$\approx 43.98 \ (N/mm^2) < 160N/mm^2$$

③ 节点板、加劲肋与底板的连接焊缝计算。

设焊缝传递全部支座反力 $R = 579100N$，其中每块加劲肋各传 $\frac{1}{4}R = 144775N$，节点板传递 $\frac{1}{2}R = 289550N$。

节点板与底板连接焊缝长度 $\sum l_w = 2×(280-12) = 536$（mm），所需焊脚尺寸：

$$h_f = \frac{R/2}{0.7\sum l_w f_f^w × 1.22} = \frac{289550}{0.7×536×160×1.22} \approx 3.95 \ (mm)$$

取 $h_f = 6mm$。

每块加劲肋与底板的连接焊缝长度为 $\sum l_w' = 2×(110-20-12) = 156$（mm）。

所需焊缝尺寸为 $h_f > \frac{R/4}{0.7×156×160×1.22} = \frac{144775}{0.7×156×160×1.22} \approx 6.79$（mm），取 $h_f = 8mm$。

项目小结

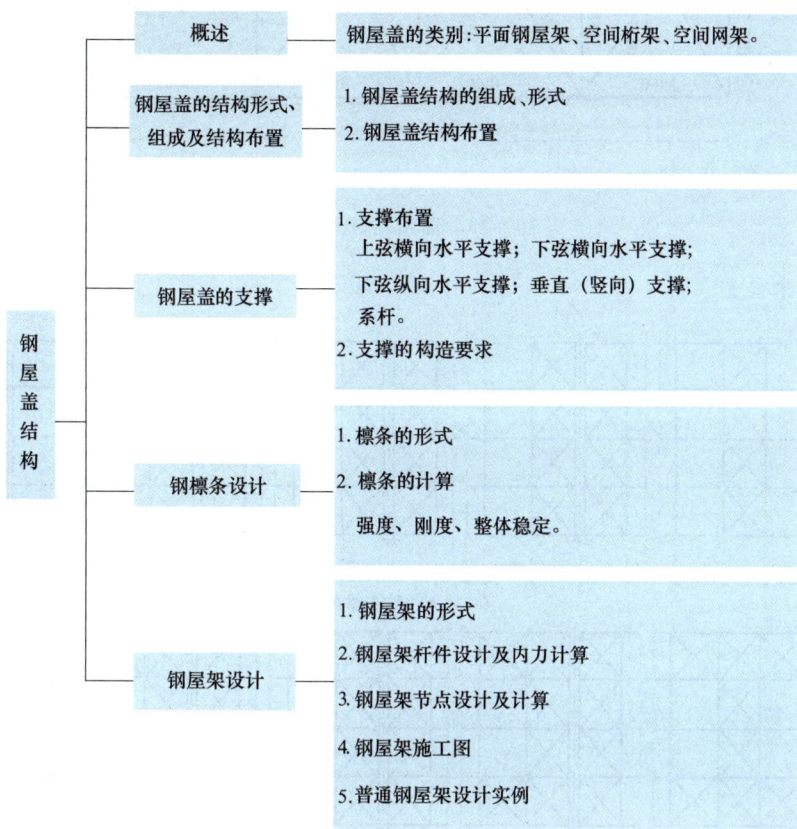

项目八

能力训练题

一、问答题

1. 钢屋架有哪些基本形式？各有何特点？

2. 钢屋架的主要尺寸指什么？应如何确定？

3. 钢屋架节点构造的基本要求有哪些？

4. 屋架支撑有哪些类型？各自的作用和布置原则是什么？

5. 简述桁架杆件内力组合的基本原则及类型。

二、实训题一

（一）设计资料

屋面采用梯形钢屋架、预应力钢筋混凝土屋面板。钢屋架两端支撑于钢筋混凝土柱上（混凝土等级为 C20）。钢屋架材料为 Q235 钢，焊条采用 E43 型，手工焊接。该厂房横向跨度为 24m，房屋长度为 240m，柱距（屋架间距）为 6m，房屋檐口高为 2.0m，屋面坡度为 1/12。

屋架布置及几何尺寸如图 8-36 所示。屋架计算跨度＝24000－300＝23700（mm），屋架端部高度 H_0＝2000mm。

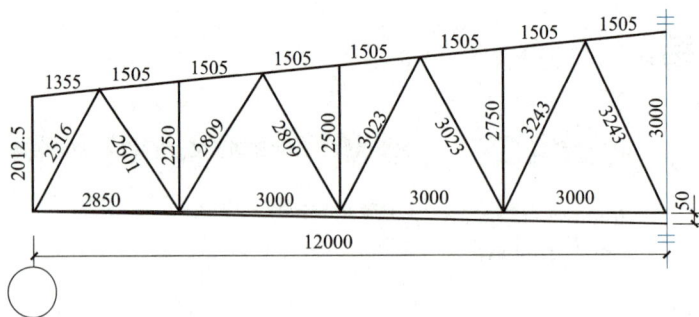

图 8-36 屋架几何尺寸图

（二）支撑布置（图 8-37）

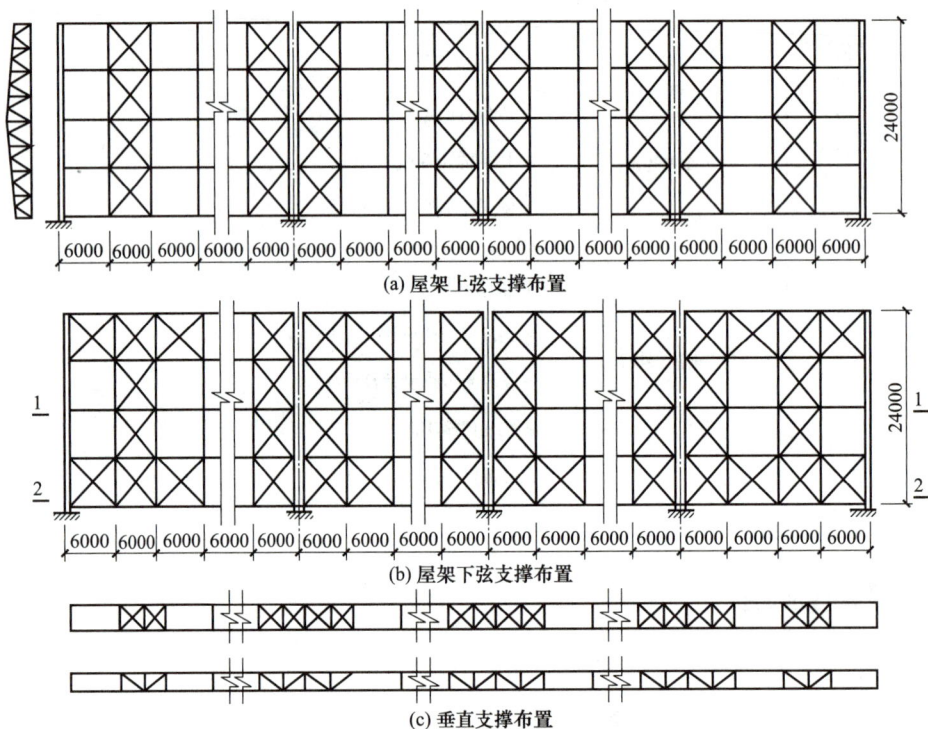

(a) 屋架上弦支撑布置

(b) 屋架下弦支撑布置

(c) 垂直支撑布置

图 8-37 屋架支撑布置

（三）荷载计算

1. 荷载

① 永久荷载。

预应力钢筋混凝土屋面板（包括嵌缝）	$1500\text{N/m}^2 = 1.5\text{kN/m}^2$
屋架自重	$(120 + 11 \times 24)\text{N/m}^2 = 0.384\text{kN/m}^2$
防水层	$380\text{N/m}^2 = 0.38\text{kN/m}^2$
找平层（2cm 厚）	$400\text{N/m}^2 = 0.40\text{kN/m}^2$
保温层	$970\text{N/m}^2 = 0.97\text{kN/m}^2$
支撑自重	$80\text{N/m}^2 = 0.08\text{kN/m}^2$

小计	3.714kN/m^2

② 可变荷载。

活载： $700\text{N/m}^2 = 0.70\text{kN/m}^2$

以上荷载计算中，因屋面坡度较小，风荷载对屋面为吸力，对重屋盖可不考虑，所以各荷载均按水平投影面积计算。

永久荷载设计值： $1.2 \times 3.714 \approx 4.457$ （kN/m²）

可变荷载设计值： $1.4 \times 0.7 = 0.98$ （kN/m²）

2. 荷载组合

设计屋架时，应考虑以下三种荷载组合。

（1）全跨永久荷载＋全跨可变荷载。

屋架上弦节点荷载： $P = (4.457 + 0.98) \times 1.5 \times 6 = 48.933$ （kN）

（2）全跨永久荷载＋半跨可变荷载。

屋架上弦节点荷载： $P_1 = 4.457 \times 1.5 \times 6 = 40.113$ （kN）， $P_2 = 0.98 \times 1.5 \times 6 = 8.82$ （kN）

（3）全跨屋架与支撑＋半跨屋面板＋半跨屋面活荷载。

全跨屋架和支撑自重产生的节点荷载： $P_3 = 1.2 \times (0.384 + 0.08) \times 1.5 \times 6 \approx 5.01$ （kN）

作用于半跨的屋面板及活载产生的节点荷载：取屋面可能出现的活载。

$P_4 = (1.2 \times 1.5 + 1.4 \times 0.7) \times 1.5 \times 6 = 25.02$ （kN）

以上（1）、（2）为使用阶段荷载组合；（3）为施工阶段荷载组合。

（四）课程设计内容

1. 钢屋架计算书

2. 绘制钢屋架施工图（1号图纸一张）

三、实训题二

（一）设计题目

设计单层单跨工业厂房的钢屋架。

（二）设计资料

某地区车间跨度为24m，柱距为6m，厂房总长度为120m，车间内设有一台50t和一台20t中级工作制软钩桥式吊车，吊车轨顶标高为12.000m。冬季最低温度为－20℃。

屋面采用1.5m×6.0m预应力大型屋面板，屋面坡度为 $i = 1:10$ 。上铺40mm厚泡沫混凝土保温层和二毡三油防水层。

屋面活荷载标准值为 0.7kN/m^2 ，雪荷载标准值为 0.35kN/m^2 ，积灰荷载标准值为 0.5kN/m^2 。屋架采用梯形钢屋架，其两端铰支于钢筋混凝土柱上，上柱截面尺寸为400mm×400mm，混凝土强度等级为C25。钢材采用Q235B，焊条采用E43型，手工焊。

屋架计算跨度： $l_0 = 24 - 2 \times 0.15 = 23.7\text{m}$

跨中及端部高度：

屋架的中间高度 $h = 3.19\text{m}$

在23.7m处的两端高度 $h_0 = 2.005\text{m}$

在24m轴线处的端部高度 $h_0 = 1.990\text{m}$

屋架跨中起拱50mm（约 $L/500$ ）。

屋架形式及几何尺寸如图8-38所示。

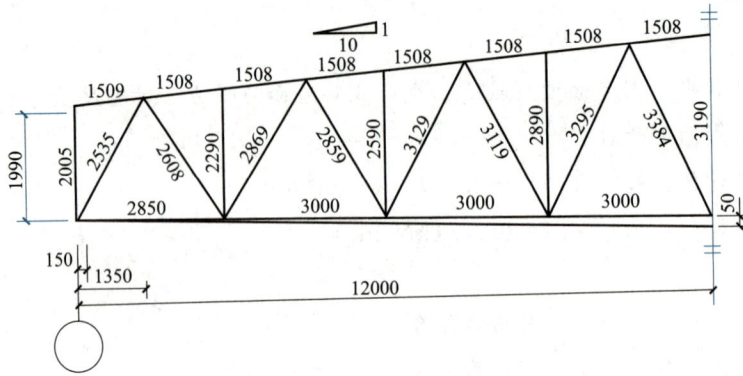

图 8-38　屋架形式及几何尺寸

（三）课程设计内容

1. 钢屋架计算书（包括按比例绘制的屋架支撑布置图）

2. 绘制钢屋架施工图（1 号图纸一张）

项目九
钢结构的生产及安装

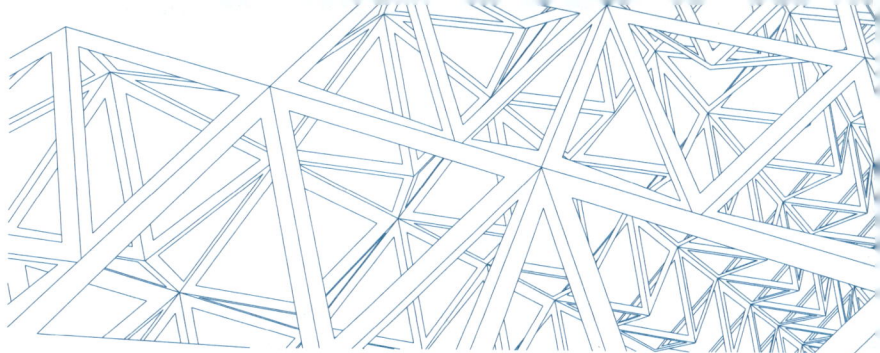

素质目标

- 培养良好的职业素养和认真负责的工作态度

知识目标

- 掌握钢结构放样、号料等制作加工工艺及单层钢结构安装工艺
- 理解钢结构加工工艺中的切割、焊接及成品表面处理等工序
- 了解钢结构制作加工工艺流程及钢结构安装工艺流程

能力目标

- 能正确阐述构件吊装顺序及单层钢结构构件安装工艺
- 能通过门式刚架安装工艺理解其他钢结构建筑安装工艺

钢结构是由多种规格尺寸的钢板、型钢等钢材，按设计要求加工成各种零件，经过组装、连接、校正、涂漆等工序后制成成品，然后再运到现场安装建成的。由于钢结构的加工、组拼、移位和运送等工序均需凭借专用的机具及设备来完成，为了确保钢结构工程的制作质量，操作和质量控制人员应严格遵守钢结构制作加工工艺和标准。

任务一　钢结构的生产

一、加工前的准备工作

1. 详图设计和图纸审查

前已述及，一般设计院提供的设计图，不能直接用来加工制作钢结构，而是要考虑加工工艺（如公差配合、加工余量、焊接控制等因素）后，在原设计图的基础上绘制加工制作图（又称施工详图）。详图设计一般由加工单位负责，应根据建设单位的技术设计图纸以及发包文件中所规定的规范、标准和要求进行。加工制作图是最后沟通设计人员及施工人员意图的详图，是实际尺寸、划线、剪切、坡口加工、制孔、弯制、拼装、焊接、涂装、产品检查、堆放、发送等各项作业的指示书。

审图目的：审查技术是否合理，构造是否便于施工，加工单位能否实现；审查设计深度是否满足加工要求，尺寸位置等是否正确。

审图内容：①设计文件是否齐全。②构件几何尺寸是否标注齐全。③相关构件的尺寸是否正确。④节点是否清楚，是否符合国家标准。⑤构件表内的数量是否符合工程的总数量。

⑥构件之间的连接形式是否合理。⑦加工符号、焊接符号是否齐全。⑧结合本单位的设备技术条件考虑，能否满足图纸技术要求。⑨图纸的标准化是否符合国家规定。

2. 备料

根据图纸材料表计算出的是各种材质、规格材料的净用量，因为制作加工时不可避免地要产生一些损耗，在备料时一定要增加一定的损耗量。在工程预算中一般按净用量的10%计算损耗。钢板、角钢、工字钢、槽钢损耗率可参见表9-1。

表9-1 钢板、角钢、工字钢、槽钢损耗率

编号	材料名称	规格/mm	损耗率/%	编号	材料名称	规格/mm	损耗率/%
1	钢板	1～5	2.00	9	工字钢	14a 以下	3.20
2		6～12	4.50	10		24a 以下	4.50
3		13～25	6.50	11		36a 以下	5.30
4		26～60	11.00	12		60a 以下	6.00
平均			6.00	平均			4.75
5	角钢	75×75 以下	2.20	13	槽钢	14a 以下	3.00
6		80×80～100×100	3.50	14		24a 以下	4.20
7		120×120～150×150	4.30	15		36a 以下	4.80
8		180×180～200×200	4.80	16		60a 以下	5.20
平均			3.70	平均			4.30

3. 编制工艺流程

编制工艺流程的原则是以最快的速度、最少的劳动量和最低的费用，可靠地加工出符合图纸设计要求的产品。主要内容如下。

① 成品技术要求。

② 具体措施，包括：关键零件的加工方法、精度要求、检查方法和检查工具；主要构件的工艺流程、工序质量标准、工艺措施（如组装次序、焊接方法等），对于重要工序还应画出工序图；采用的加工设备和工艺设备等。一般大流水工艺流程见图9-1。

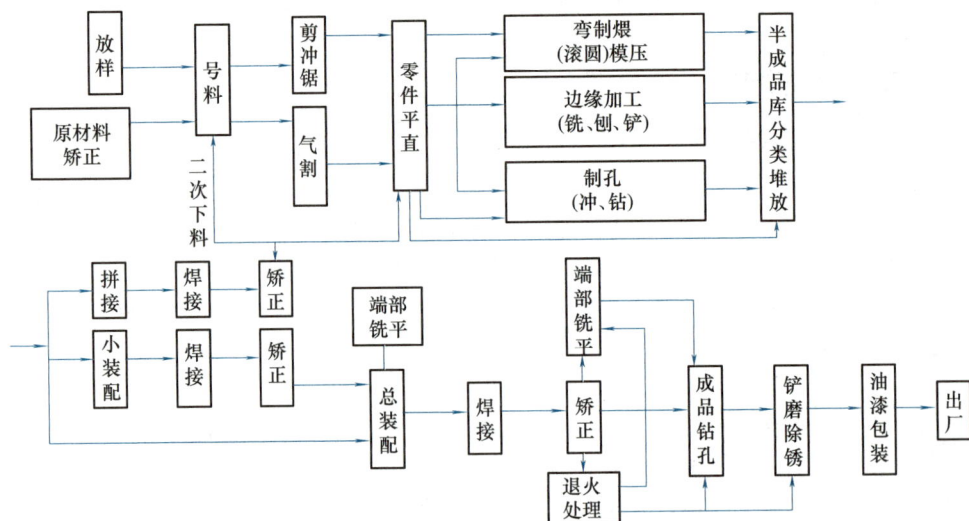

图 9-1 大流水作业生产的工艺流程

二、钢结构的制作加工

钢结构的制作加工应按照事先确定好的工艺流程来进行，避免工序倒流，减少构件运输及周转搬运次数，减少时间及劳力。

1. 放样

放样是整个钢结构制作加工的第一道工序，也是最重要的一道工序，包括以下内容：核对图纸的安装尺寸和孔距；以 1:1 的大样放出节点；核对各部分的尺寸；制作样板和样杆作为下料、弯制、铣、刨、制孔等的依据。

放样常用工具及设备：划针、冲子、手锤、粉线、弯尺、直尺、钢卷尺、大钢尺、剪刀、小型剪板机、折弯机等。样板、样杆上应注明工号、图号、零件号、数量及加工边、坡口位置、弯折线和弯折方向、孔径和滚圆半径等。

常用样板类型如下。

（1）号孔样板　专用于号孔的样板。

（2）卡型样板　是用于煨曲或检查构件弯曲形状的样板。卡型样板分为内卡型样板和外卡型样板两种。

（3）成型样板　是用于煨曲或检查弯曲件平面形状的样板。此种样板不仅用于检查各部分的弧度，同时又可作为端部豁口的号料样板。

（4）号料样板　是供号料或号料同时号孔的样板。

2. 号料

号料也叫划线，就是利用样板、样杆或根据图纸，在板料及型钢上画出孔的位置和零件形状的加工界线。号料工作内容一般包括：检查核对材料；在材料上画出切割、铣、刨、弯曲、钻孔等加工位置；标出零件的编号等。号料常用工具及设备同放样工具、设备。

为了合理使用和节约材料，常用如下号料方法。

（1）集中号料法　由于钢材的规格多种多样，为减少浪费，提高效率，把同样厚度的钢板零件和相同规格的型钢零件，集中在一起进行号料。

（2）套料法　在号料时，要精心安排板料零件的形状位置，把厚度相同、形状不同的零件和同一形状的零件集中在一起进行套料。

（3）统计计算法　是在型钢下料时采用的一种方法。号料时应将所有同规格型钢零件的长度归纳在一起，先把较长的排出来，算出余料长度，然后把和余料长度相同或略短的零件排上，直至整根料被充分利用为止。

（4）余料统一号料法　将号料后剩余的余料按厚度、规格与形状基本相同集中在一起，把较小的零件放在余料上进行号料。

3. 切割下料

钢材下料方法有很多种，在施工时常根据各种切割方法的设备能力、切割精度、切割表面的质量情况、经济性及加工现场情况等具体因素选择。下面介绍常用的几种切割方法。

（1）气割　气割能够切割各种厚度的钢材，使用简便，经济性好，切割精度能够满足要求，是使用最广泛的一种切割方法。气割用的可燃气体一般有乙炔、液化石油气，助燃气体为氧气。气割火焰温度为 3000℃左右，对于熔点高于火焰温度或难氧化的材料（如不锈钢），不宜使用气割。气割按切割设备分为手工气割、半自动气割、多头气割、数控气割等。气割前，应去除钢材表面的污垢、油脂，并在割件下面留出一定的空间，以利于熔渣的吹出。气割时，割件的移动应保持匀速，割件表面距离焰心尖端 2～5mm 为宜。气割时必须防止回火。

为了防止变形，在气割操作中应遵循下列程序。

① 大型工件的切割，应先从短边开始。

② 在钢板上切割不同尺寸的工件时，应先割小件，后割大件。

③ 在钢板上切割不同形状的工件时，应先割较复杂的，后割简单的。

④ 窄长条形板的切割，长度两端留出50mm不割，待割完长边后再割断，或者采用多割炬的对称气割方法。图9-2为数控多割炬切割钢板。

图 9-2　数控多割炬切割钢板

（2）等离子切割　等离子切割是应用特殊的割炬，在电流、气流及冷却水的作用下，产生20000~30000℃的等离子弧熔化金属而进行切割的。由于弧柱温度高、冲击力大、切速高，可以切割任何高熔点金属，切口窄而整齐，成本低。一般碳钢、低合金钢、不锈钢和铝、镍、铜及其合金等均可用等离子切割。图9-3为等离子切割机切割钢板。

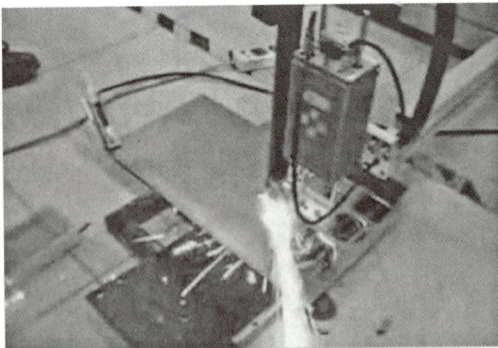

(a) 切割过程

(b) 切割成型

图 9-3　等离子切割机切割钢板

（3）机械切割　依据切割原理，常用的切割机械有以下几种。

① 剪切型：剪板机、联合冲剪机（图9-4）。

② 切削型：带锯床、圆盘锯床。

③ 摩擦型：砂轮切割机。

4．弯制成型

常见弯制加工成型方法为卷板、弯曲、折边和模具压制等。

5．边缘端部加工

常用边缘加工方法有铲边、刨边、铣边、坡口加工等。

铲边：有手工铲边和机械铲边两种。铲边后的棱角垂直误差不得超过弦长的 1/3000，且不得大于 2mm。

刨边：使用的设备是刨边机。刨边加工有刨直边和刨斜边两种。一般的刨边加工余量为 2~4mm。

铣边：使用的设备是铣边机，工效高，能耗少。

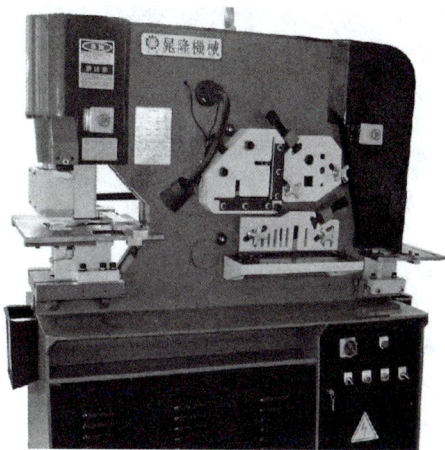

图 9-4　联合冲剪机

坡口加工：一般可用气体加工和机械加工，在特殊的情况下采用手动气体切割的方法，但必须进行事后处理，如打磨等。

6．制孔

很大一部分钢结构采用螺栓连接，所以孔加工在钢结构制作中占一定的比例。制孔有钻孔和冲孔两种，较常用的是钻孔。钻孔的加工方法：①划线钻孔，适用于一般的钻孔。②钻模钻孔，适用于钻孔量大、孔距精度要求高的情况。

7．拼装

拼装是把制备好的半成品和零部件按图纸要求的运输单元，装配成构件或部件，然后连接成整体的过程。常见拼装方法如下。

（1）地样法　用 1:1 的比例在装配台放出构件实样，然后根据零件在实样上的位置，分别组装成构件。此法适用于桁架、构架等小批量结构的组装。

（2）仿形复制装配法　先用地样法组装成单片结构，然后定位点焊，将其翻身，作为复制胎膜，在其上面装配另一单面结构，往返两次组装。此法适用于横断面互为对称的桁架结构。

（3）立装　根据构件的特点、机器零件的稳定位置，选择自上而下或自下而上的装配。此法用于放置平稳、高度不大的结构或者大直径圆筒。

（4）卧装　将构件卧置进行装配。此法适用于断面不大、长度较长的细长构件。

（5）胎膜装配法　将构件的零件用胎膜定位在其装配位置上的装配方法。此法适用于制造构件批量大、精度高的产品。

8．焊接

构件正式焊接前需进行焊接试验及工艺评定，选择出最佳的焊接材料、焊接方法、焊接工艺参数、焊后热处理参数等，以保证焊接能够保证质量。图 9-5 为钢结构组立焊，图 9-6 为自动埋弧焊。

9．矫正

通过外力或加热作用，使钢材或构件达到平直及一定几何形状，并符合技术标准的工艺方法。按加工工序分为：原材料矫正、成型矫正、焊后矫正。按矫正时外因来源分为：机械矫正、火焰矫正、高频热点矫正、手工矫正、热矫正。按矫正时温度分为：冷矫正、热矫正。图 9-7、图 9-8 分别为板条矫平机和构件矫正机。

图9-5　钢结构组立焊

图9-6　自动埋弧焊

图9-7　板条矫平机

图9-8　构件矫正机

10. 钢结构预拼装

为了保证构件在现场能够顺利安装，在出厂前构件都需进行预拼装。除管结构用立体预拼装外，其他结构一般都用平面预拼装。预拼装构件应处于自由状态，不得强行固定。对于预拼装不合格的在规定允许的范围内应进行扩孔等操作，使构件能够满足安装要求。

11. 成品表面处理

（1）高强度螺栓摩擦面的处理　由于该摩擦面对抗滑移系数有要求，所以须经特殊处理，常见方法有喷砂、喷丸、酸洗、砂轮打磨等。

（2）钢构件的表面处理　构件涂装前应进行除锈处理，一般用喷射、抛射除锈和手工或动力工具除锈。图9-9为抛丸除锈机。

图9-9　抛丸除锈机

12. 钢结构涂装

涂料种类、涂装遍数及涂层厚度均应符合设计文件和涂装工艺要求。当设计对涂层厚度无要求时，一般宜涂 4~5 遍，涂层干漆膜总厚度应达到以下要求：室外应为 150μm，室内应为 125μm。其允许偏差为 −25μm。每层涂层干漆膜厚度的允许偏差为 −5μm。工厂涂的层数、施工现场涂的层数都要有约定。

三、钢结构构件的验收、运输、堆放

1. 钢结构构件的出厂验收

钢构件加工制作完成后，在出厂前应根据相关要求进行检验，出厂时应提供出厂合格证书及技术文件，包括以下内容。

(1) 施工图和设计变更文件，设计变更内容在施工图中相应部位注明。

(2) 制作中对技术问题处理的协议文件。

(3) 钢材、连接材料和涂装材料的质量证明书和试验报告。

(4) 焊接工艺评定报告。

(5) 高强度螺栓摩擦面抗滑移系数试验报告、焊接无损检验报告及涂层检验资料。

(6) 主要构件验收记录。

(7) 预拼装记录。

(8) 构件发运和包装清单。

2. 构件的包装运输

发运的构件，单件超过 3t 的，宜在易见部位用涂料标上重量及重心位置的标志，以免在装、卸车和起吊过程中损坏构件；节点板、高强度螺栓连接面等重要部分要有适当的保护措施，零星的部件等都要按同一类别用螺栓和铁丝紧固成束或包装发运。

运输构件时，应根据构件的长度、重量断面形状选用车辆。构件在运输车辆上的支点、两端伸长的长度及绑扎方法均应保证构件不产生永久变形、不损伤涂层。构件起吊必须按设计吊点起吊，不得随意变更吊点。

公路装运的高度极限为 4.5m，如需通过隧道，则高度极限为 4m，构件长出车身不得超过 2m。

3. 构件的堆放

构件一般要堆放在工厂的堆放场和现场的堆放场。构件堆放场地应平整、坚实，无水坑、冰层，地面平整干燥，并应排水通畅，有较好的排水设施，同时有车辆进出的回路。构件应按种类、型号、安装顺序划分区域，插竖标志牌，并进行适当保护，避免风吹雨打、日晒夜露。构件底层垫块要有足够的支撑面，不允许垫块有大的沉降量，堆放的高度应有计算依据，以最下面的构件不产生永久变形为准，不得随意堆高。钢结构产品不得直接置于地上，要垫高200mm。在堆放中，发现有变形不合格的构件，则严格检查，进行矫正，然后再堆放。不得把不合格的变形构件堆放在合格的构件中，否则会大大地影响安装进度。不同类型的钢构件一般不堆放在一起。同一工程的钢构件应分类堆放在同一地区，便于装车发运。

任务二　钢结构的安装

钢结构安装技术，是一项综合性技术的结晶，必须了解钢材材质，钢结构节点，钢结构加工制作工艺流程，焊接、铆钉、螺栓连接工艺，彩色钢板、防腐及防火涂装，精通钢结构多种安装技术及单项技术指导书内容，熟知有关标准、有关文件及设计对本工程的关键部位的特殊要求。

钢结构安装工程，绝大部分都是高空作业，还会用到很多电气、起重设备及一些可燃性气体，如果在操作使用过程中操作不当，就有可能导致事故的发生，因此，在安装过程中一定要切实遵守相关操作规程、相关施工工艺，确保施工过程中的人身及财产安全。

一、钢结构构件成品检验

钢结构构件在安装前需进行检验，经检验合格后才允许使用、安装。

（1）屋架主要检验内容　上下弦连接板上的焊缝厚度，缀板夹缝中的除锈油漆状况，重心线交点的重合状况，焊缝尺寸是否满足设计文件的要求，焊缝是否饱满，防腐除锈是否到位。

（2）钢柱主要检验内容　钢柱与底板是否刨平顶紧，单边牛腿柱焊接后是否矫正，内劲板是否刨平并紧贴钢柱，焊缝尺寸是否满足设计文件的要求，焊缝是否饱满，防腐除锈是否到位。

二、钢结构安装常用机具设备

1. 塔式起重机

塔式起重机有行走式、固定式、附着式与内爬式几种类型。塔式起重机由提升、行走、变幅、回转等机构及金属结构两大部分组成，其中金属结构部分的重量占起重机总重量的比例很大。塔式起重机提升高度高、工作半径大、动作平稳，但起重量一般都不大，转移、安装和拆除都比较麻烦，对于行走式还需铺设轨道。塔式起重机主要用于高层建筑物的结构安装中。

2. 汽车式起重机

汽车式起重机的起重机构和回转机构安装在汽车底盘或专用的汽车底盘上。底盘两侧设有四个支腿，以增加起重机的稳定性。箱形结构做成的可伸缩吊臂，能迅速、方便地调节臂架长度。汽车式起重机机动性能好，运行速度高，可与汽车编队行驶，但不能负荷行驶，对工作场地要求较高。

3. 履带式起重机

履带式起重机由回转台和履带行驶机构两部分组成。在回转台上装有起重臂、动力装置、绞车和操纵室，尾部装有平衡重，回转台能做360°回转。履带式起重机可以做负载行驶，可在一般平整、坚实的路面上工作与行驶。履带式起重机的起重量一般较大，行驶速度慢、自重大，对路面有破坏性。履带式起重机是目前结构安装工程中的主要起重机械。

4. 千斤顶

千斤顶分螺旋式和油压式，螺旋式千斤顶起重量一般为5～50t，油压式千斤顶起重量一般为3～200t。

5. 其他机具

手拉葫芦、卷扬机、人字抱杆、滑轮、卡环、铁扁担、花篮螺栓、麻绳、钢丝绳。

三、单层钢结构安装工艺

1. 材料要求

（1）钢构件复验　钢构件应复验合格，包括构件变形、标识、精度和孔眼等。对构件变形和缺陷超出允许偏差时应进行处理。钢结构设计用高强度螺栓连接时应根据图纸要求分规格统计所需高强度螺栓的数量并配套供应至现场。应检查其出厂合格证、扭矩系数或紧固轴力（预拉力）的检验报告是否齐全，并按规定做紧固轴力或扭矩系数复验。对钢结构连接件摩擦面的抗滑移系数进行复验。

（2）焊接材料的准备　钢结构焊接施工之前应对焊接材料的品种、规格、性能进行检查，各项指标应符合现行国家标准和设计要求。检查焊接材料的质量合格证明文件、检验报告及中文标志等。对重要钢结构采用的焊接材料应进行抽样复验。

（3）主要机具　主要机具见表9-2。

表9-2　主要机具

序号	名称	用途	序号	名称	用途
1	起重机（履带式、塔式等）	钢构件拼装、安装	8	经纬仪	轴线测量
2	千斤顶	钢柱校正、构件变形校正	9	水平仪	标高测量
3	交流弧焊机	钢构件(柱、屋架、拱架、门式刚架、支撑)焊接	10	钢尺	测量
4	直流弧焊机	碳弧气刨修补焊缝	11	拉力计	测量
5	小气泵	配合碳弧气刨用	12	气割工具	
6	砂轮	打磨焊缝	13	滑车	
7	全站仪	轴线测量	14	高强度螺栓扳手	高强度螺栓终拧

2. 工艺流程

工艺流程见图9-10。

3. 构件吊装顺序

（1）采取有利于保证高低跨钢柱垂直度的吊装顺序，并列高低跨的屋盖吊装，必须先高跨安装，后低跨安装。

（2）并列大跨度与小跨度安装：必须先大跨度安装，后小跨度安装。

（3）并列间数多的与间数少的安装：应先吊装间数多的，后吊装间数少的。

（4）构件吊装可分为竖向构件吊装（柱、连系梁、柱间支撑、吊车梁、托架、副桁架等）和平面构件吊装（屋架、屋盖支撑、桁架、屋面压型板、制动桁架、挡风桁架等）两大类，在大部分施工情况下，先吊装竖向构件，叫单件流水法吊装，后吊装平面构件，叫节间综合法安装（即吊车一次吊完一个节间的全部屋盖构件后再吊装下一节间的屋盖构件）。

4. 单件构件安装工艺

（1）钢柱的安装工艺。

① 钢柱的安装方法，一般钢柱弹性和刚性都很好，吊装时为了便于校正一般采用一点吊装法，常用的钢柱吊装法有旋转法、递送法和滑行法。对于重型钢柱可采用双机抬吊。

在双机抬吊时应注意以下事项。

a. 尽量选用同类型起重机。

b. 根据起重机能力，对起吊点进行荷载分配。

c. 各起重机的荷载不宜超过其起重能力的80％。

d. 双机抬吊，在操作过程中，要互相配合，动作协调，以防一台起重机失重而使另一

项目九

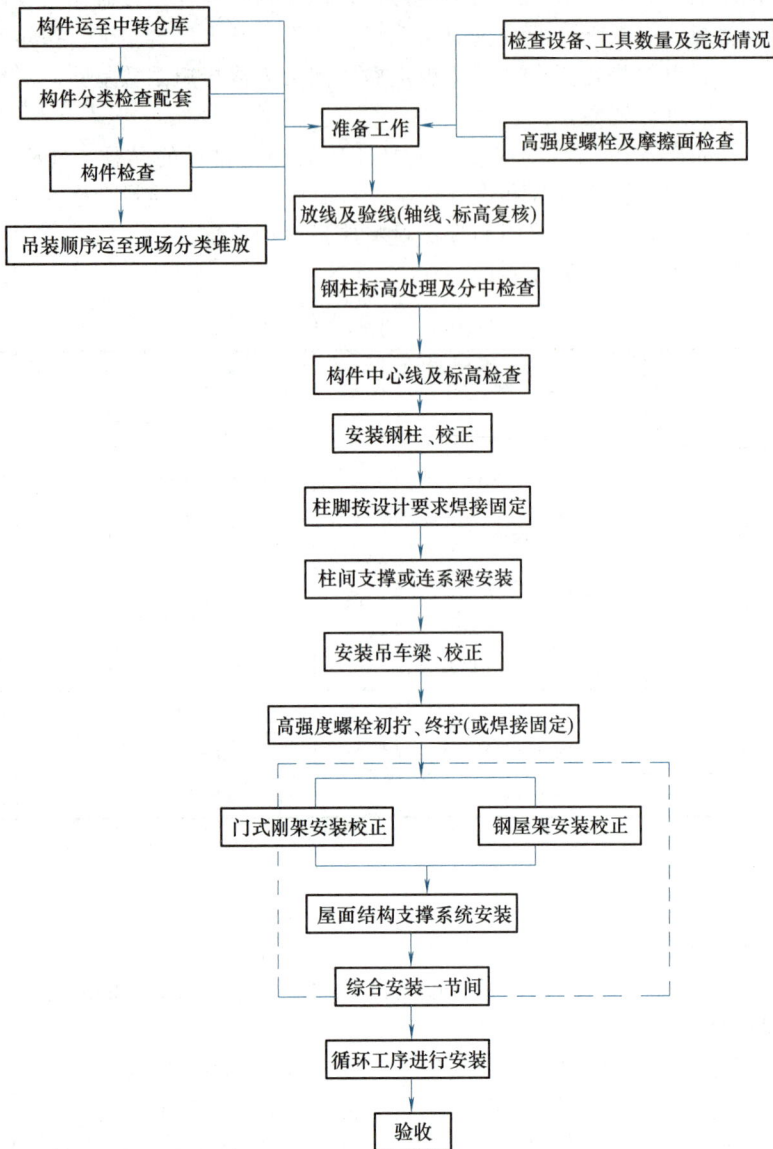

构件运至中转仓库 → 构件分类检查配套 → 构件检查 → 吊装顺序运至现场分类堆放

检查设备、工具数量及完好情况

高强度螺栓及摩擦面检查

准备工作

放线及验线(轴线、标高复核)

钢柱标高处理及分中检查

构件中心线及标高检查

安装钢柱、校正

柱脚按设计要求焊接固定

柱间支撑或连系梁安装

安装吊车梁、校正

高强度螺栓初拧、终拧(或焊接固定)

门式刚架安装校正   钢屋架安装校正

屋面结构支撑系统安装

综合安装一节间

循环工序进行安装

验收

图 9-10　单层钢结构安装工艺流程

台起重机超载，造成安全事故。

e. 信号指挥，分指挥必须听从总指挥。

② 钢柱的校正。

a. 柱基标高调整。有钢柱直接插杯口，根据钢柱实际长度、柱底平整度、钢牛腿顶部距柱底部距离，来控制基础找平标高，重点要保证钢牛腿顶部标高值。

b. 平面位置校正。在起重机不脱钩的情况下将柱底定位线与基础定位轴线对准，缓慢落至标高位置。

c. 钢柱校正。优先采用无缆风绳校正（同时柱脚底板与基础间的间隙垫上垫铁），对于不便采用无缆风绳校正的钢柱可采用缆风绳或可调撑杆校正。

（2）钢吊车梁的安装工艺。

① 钢吊车梁的安装。钢吊车梁安装一般采用工具式吊耳或捆绑法进行吊装。在进行安

装以前应将吊车梁的分中标记引至吊车梁的端头，以利于吊装时按柱牛腿的定位轴线临时定位。

② 钢吊车梁的校正。钢吊车梁的校正包括标高调整、纵横轴线和垂直度的调整。注意钢吊车梁的校正必须在结构形成刚度单元以后才能进行。

a. 用经纬仪将柱子轴线投到吊车梁牛腿面等高处，根据图纸计算出吊车梁中心线到该轴线的理论长度 $L_{理}$。

b. 每根吊车梁测出两点，用钢尺和弹簧秤校核这两点到柱子轴线的距离 $L_{实}$，看 $L_{实}$ 是否等于 $L_{理}$，以此对吊车梁纵轴进行校正。

c. 当吊车梁纵横轴线误差符合要求后，复查吊车梁跨度。

d. 吊车梁的标高和垂直度的校正可通过对钢垫板的调整来实现。

注意吊车梁的垂直度的校正应和吊车梁轴线的校正同时进行。

(3) 钢屋架安装工艺。

① 钢屋架的吊装。钢屋架侧向刚度较差，安装前需要进行强度验算，强度不足时应进行加固（图 9-11）。

钢屋架吊装时的注意事项如下。

a. 绑扎时必须绑扎在屋架节点上，以防止钢屋架在吊点处发生变形。绑扎节点的选择应符合钢屋架标准图要求或经设计计算确定。

b. 屋架吊装就位时应以屋架下弦两端的定位标记和柱顶的轴线标记严格定位并点焊加以临时固定。

c. 第一榀屋架吊装就位后，应在屋架上弦两侧对称设缆风绳固定，第二榀屋架就位后，每坡用一个屋架间调整器，进行屋架垂直度校正，再固定两端支座处，并安装屋架间水平及垂直支撑。

② 钢屋架的校正。钢屋架的垂直度的校正方法如下：在屋架下弦一侧拉一根通长钢丝（与屋架下弦轴线平行），同时在屋架上弦中心线反出一个同等距离的标尺，用线锤校正。也可用一台经纬仪，放在柱顶一侧，与轴线平移 a 距离，在对面柱子上同样有一距离为 a 的点，从屋架中线处挑出 a 距离，三点在一个垂面上即可使屋架垂直（图 9-12）。

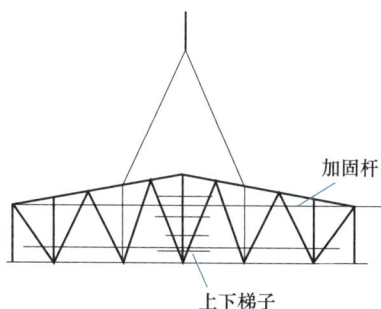

图 9-11 钢屋架吊装示意图

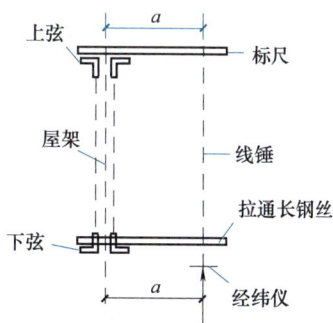

图 9-12 钢屋架垂直度校正示意图

(4) 门式刚架安装工艺。单层门式刚架结构是指以轻型焊接 H 型钢（等截面或变截面）、热轧 H 型钢（等截面）或冷弯薄壁型钢等构成的实腹式门式刚架或格构式门式刚架作为主要承重骨架，用冷弯薄壁型钢（槽形、卷边槽形、Z 形等）做檩条、墙梁，以压型金属板（压型钢板、压型铝板）做屋面、墙面，并适当设置支撑的一种轻型房屋结构体系。单层轻型钢结构房屋示意图如图 9-13 所示。

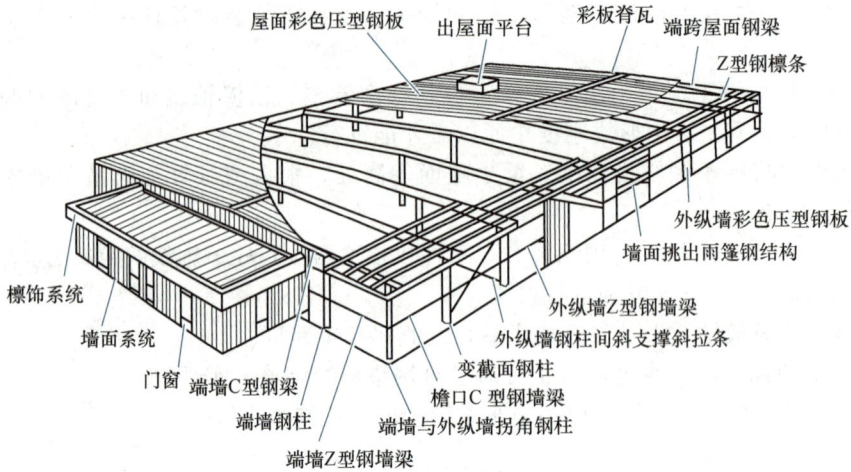

图 9-13　单层轻型钢结构房屋示意图

① 安装工艺流程见图 9-14。

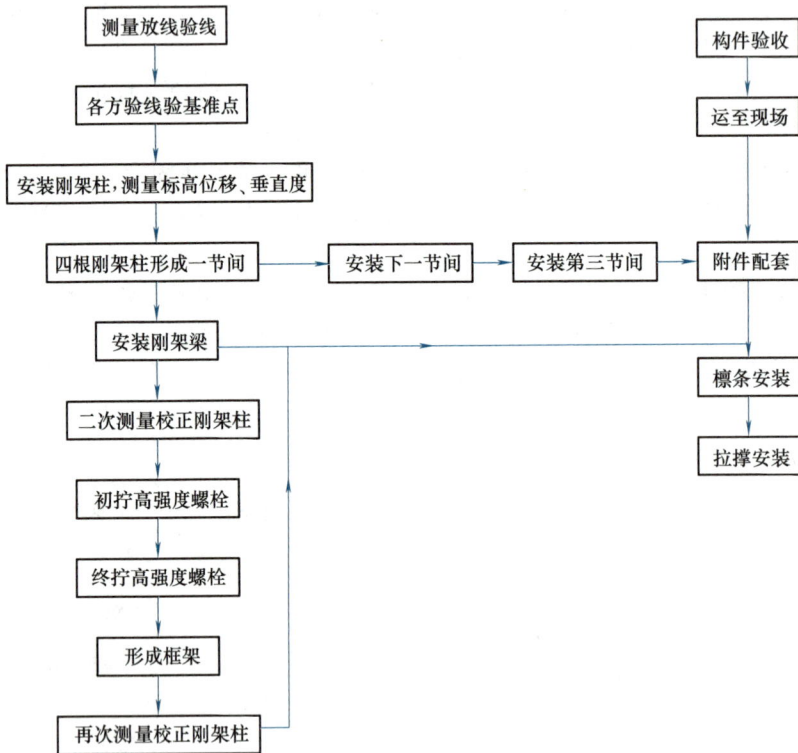

图 9-14　门式刚架安装工艺流程

② 刚架柱安装工艺与单层钢柱安装工艺相同。

a. 柱顶标高调整，刚架柱标高调整时，先在柱身标定标高基准点，然后以水准仪测定其差值，调整螺母，当柱底板与柱基顶面高差大于 50mm 时，若几条螺栓承受压力不够可适当加斜垫铁，以防螺栓失稳。

b. 刚架柱垂直度精确校正。在初校正的基础上，安装刚架梁的同时还要跟踪校正刚架柱，当框架形成后，再校正一次，用缆风绳或柱间支撑固定。

③ 构件安装时宜先从靠近山墙的有主见支撑的两榀刚架开始。在刚架安装完毕后应将其间的檩条、支撑、隅撑等全部装好，并检查其垂直度。然后以这两榀刚架为起点，向房屋另一端安装。除最初安装的两榀刚架外，其余所有刚架间的檩条、墙梁和檐檩的螺栓均应在校准后再行拧紧。刚架安装宜先立柱子，然后将在地面组装好的斜梁吊起就位并与柱连接。

④ 门式刚架安装步骤，见图 9-15～图 9-20。

步骤一：先安装稳定跨，组装屋面钢梁，吊装钢柱。

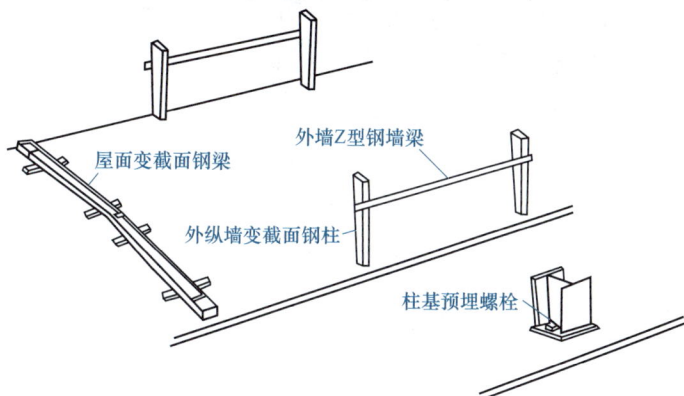

图 9-15　步骤一

步骤二：吊装屋面钢梁柱临时稳定索，安装外墙 Z 型钢墙梁及柱间斜支撑。

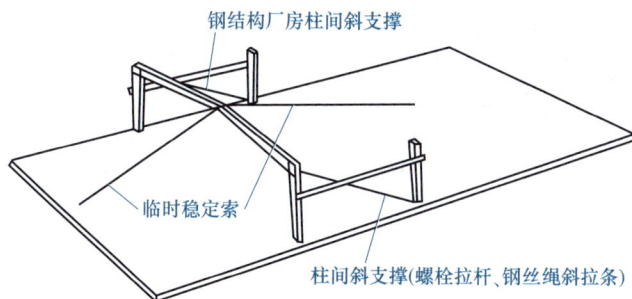

图 9-16　步骤二（1）

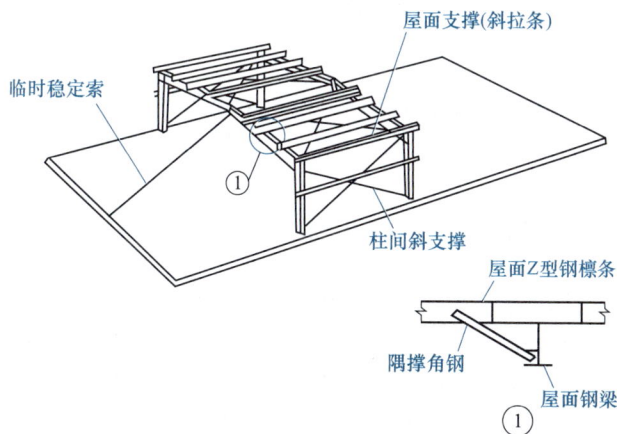

图 9-17　步骤二（2）

步骤三：稳定跨垂直和水平安装好后向两边安装。

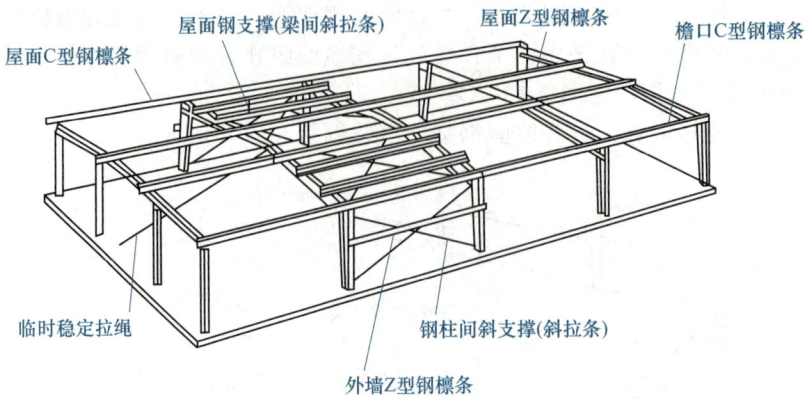

图 9-18 步骤三

步骤四：木板靠尺检查垂直度及端跨钢柱安装。

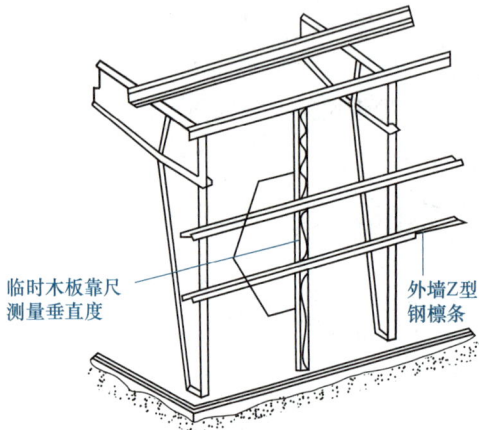

图 9-19 步骤四（1）

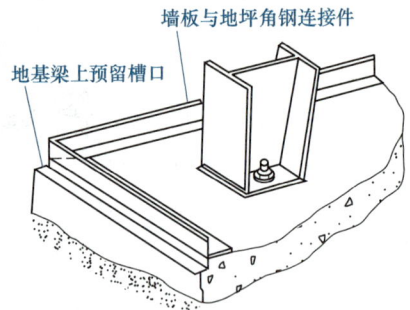

图 9-20 步骤四（2）

四、钢结构安装中应注意的问题

1. 技术质量

（1）柱基标高调整，建议采用螺栓微调方法，重点保证钢牛腿顶部标高值。

（2）钢柱、吊车梁、钢屋架（门式刚架、立体拱桁架）的垂偏值，应在允许偏差值以内。

（3）钢柱采用无缆风绳校正时，要防止初偏值过大，防止柱倾倒造成事故。

2. 安全措施

（1）根据工程特点，在施工以前要对吊装用的机械设备和索具、工具进行检查，如不符合安全规定不得使用。起重机的行驶路线必须安全、可靠，起重机不得停置在斜坡上工作，也不允许两个履带板一高一低。严禁超载吊装，歪拉斜吊；要尽量避免满负荷行驶，构件摆动越大，超负荷就越多，就越可能发生事故。双机抬吊时各起重机承受的荷载不允许大于额定起重能力的80%。

（2）进入施工现场必须戴安全帽，高空作业必须系安全带，穿防滑鞋。高空操作人员使用的工具及安装用的零部件，应放入随身携带的工具袋内，不可随便向下丢掷。

（3）吊装作业时必须统一号令，明确指挥，密切配合。

（4）钢构件应堆放整齐牢固，防止构件失稳伤人。基坑周边、无外脚手架的屋面、梁、吊车梁、拼装平台、柱顶工作平台等处应设临边防护栏杆。对各种使人和物有坠落危险或危及人身安全的洞口，必须设置防护栏杆，必要时铺设安全网。

（5）要搞好防火工作，氧气、乙炔要按规定存放、使用。电焊、气割时要注意周围环境有无易燃物品后再进行工作，严防火灾发生。氧气瓶、乙炔瓶应分开存放，使用时要保持安全距离，安全距离应大于10m。

（6）在施工以前应对高空作业人员进行身体检查，对患有不宜高空作业疾病（心脏病、高血压、贫血等）的人员不得安排高空作业。做好防暑降温、防寒保暖和职工劳动保护工作，合理调整工作时间，合理发放劳动用品。

（7）施工前应与当地气象部门联系，了解施工期的气象资料，提前做好防台风、防雨、防冻、防寒、防高温等措施。雨雪天气尽量不要进行高空作业，如需高空作业则必须采取必要的防滑、防寒和防冻措施。遇6级以上强风浓雾等恶劣天气，不得进行露天攀登和悬空高处作业。

（8）施工时尽量避免交叉作业，如不得不交叉作业，不得在同一垂直方向上操作，下层作业的位置必须处于依上层高度确定的可能坠落范围之外，不符合上述条件的应设置安全防护层。

📝 项目小结

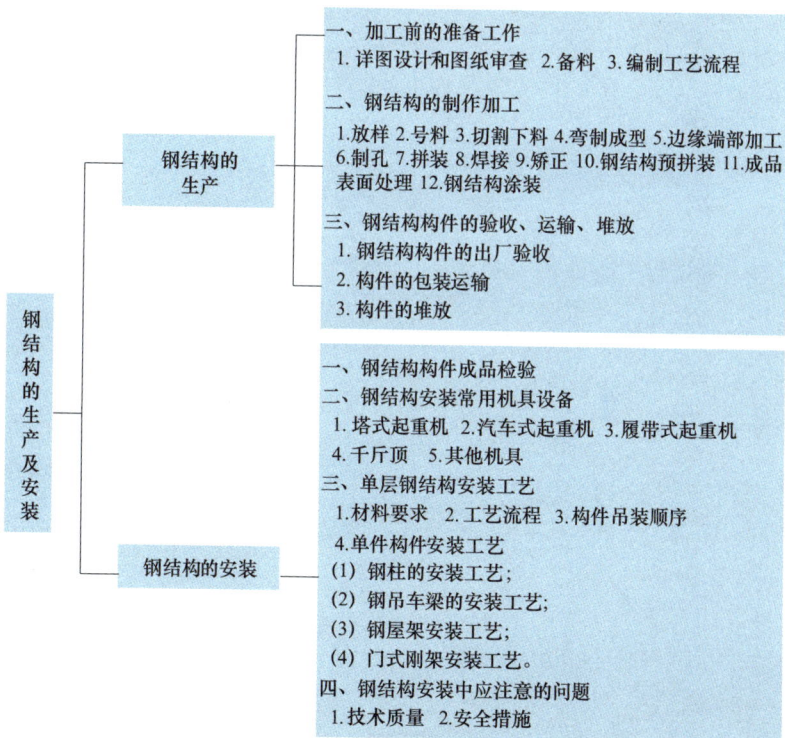

一、加工前的准备工作
1.详图设计和图纸审查 2.备料 3.编制工艺流程

二、钢结构的制作加工
1.放样 2.号料 3.切割下料 4.弯制成型 5.边缘端部加工 6.制孔 7.拼装 8.焊接 9.矫正 10.钢结构预拼装 11.成品表面处理 12.钢结构涂装

三、钢结构构件的验收、运输、堆放
1.钢结构构件的出厂验收
2.构件的包装运输
3.构件的堆放

钢结构的生产

一、钢结构构件成品检验
二、钢结构安装常用机具设备
1.塔式起重机 2.汽车式起重机 3.履带式起重机
4.千斤顶 5.其他机具
三、单层钢结构安装工艺
1.材料要求 2.工艺流程 3.构件吊装顺序
4.单件构件安装工艺
（1）钢柱的安装工艺；
（2）钢吊车梁的安装工艺；
（3）钢屋架安装工艺；
（4）门式刚架安装工艺。
四、钢结构安装中应注意的问题
1.技术质量 2.安全措施

钢结构的安装

钢结构的生产及安装

项目九

✏️ 能力训练题

一、问答题

1. 试述钢结构制作的加工工艺。
2. 简述钢结构安装应注意的问题。
3. 简述门式刚架安装步骤。

二、能力拓展题

查阅近期有关钢结构方面的杂志或其他资料，了解目前国内钢结构生产厂家的情况，并选出其中三家分别写出其情况的简要介绍。

项目十
钢结构工程事故分析与处理

素质目标

- 培养积极思考的特质，提高综合运用知识点、发现问题、分析问题、解决问题的能力

知识目标

- 掌握钢结构事故的破坏形式
- 理解钢结构缺陷的类型，包括质量缺陷、加工缺陷、连接缺陷等
- 了解钢结构缺陷的处理原则

能力目标

- 能正确应用前面的知识对钢结构事故进行一些初步的分析
- 能正确理解钢结构承载力和刚度失效、钢结构失稳、钢结构疲劳破坏、钢结构脆性断裂、钢结构腐蚀破坏、钢结构的火灾事故等，并初步了解钢结构的一般加固方法及加固原则

任务一 钢结构缺陷

钢结构以自重轻、强度高、塑性及韧性好、抗震性能优越、工业装配化程度高、造型美观、符合绿色建筑等优点被广泛用于工业厂房的承重结构、大跨度建筑物的屋盖结构、多层及高层结构、大跨度桥梁、塔桅结构、板壳结构、可移动结构、轻型结构等领域。在长期应用过程中，人们在钢结构的材料性能、设计方法、制作安装工艺、防腐处理和维护加固等方面积累了丰富经验；同时，由于设计、制造、施工过程中可能产生的各种缺陷和其他一些外部原因的作用，钢结构也有可能遭受各种破坏，从而导致工程质量事故，造成巨大的影响和损失。

一、钢结构缺陷的类型

钢结构缺陷的产生，主要取决于钢材的性能和成型前已有的缺陷、钢结构的加工制作、安装工艺和钢结构的使用维护方法等因素。

1. 钢材的缺陷

钢材的质量取决于冶炼、浇铸和轧制环节，如果某些环节出现问题，如碳等微量元素含量不合理、有害元素（成分）和杂质含量过高、轧制温度和工艺参数控制不严等，都会使钢材质量下降并含有缺陷。常见的缺陷见表 10-1。

由表 10-1 可以看出，钢材的缺陷很多，既有表面缺陷也有内部缺陷，其中最为严重的

是钢材中形成的各类裂纹,其危害后果应引起高度重视。

2. 钢结构加工制作中可能存在的缺陷

钢结构的加工制作是由一系列的加工工序所组成的,主要工艺大致如图 10-1 所示,其中每一个工序都有可能产生缺陷,因此有必要讨论各种缺陷产生的原因,以便在加工制作的过程中加以防范和避免。

表 10-1　钢材常见的缺陷

序号	缺陷名称	形成原因和特征	修复方法
1	发裂	由热变形过程(轧制或锻造)中钢内的气泡及非金属夹杂物引起,经常呈现在轧制的纵向,纹如发丝,易用锉刀锉掉,分布在钢材表面和内部,纹长 30mm 以下,有时也有 100～150mm。无论微观或宏观裂纹,一旦出现将显著降低钢材的冷弯性能、冲击韧性和疲劳强度,并使脆性破坏的危险性大大增加	宜用冶金工艺解决
2	夹层	轧制钢锭时,温度不高和压下量不够,钢锭中的气泡(有时气泡内含杂质)没能焊接起来,被压扁并延伸很长,形成夹层	避免钢材夹层,必须在冶炼过程中消除气泡,轧制过程中温度适当
3	微孔	因轧制钢材前未将钢锭头部的空腔切除干净而形成	避免切除不干净
4	白点	钢材由于含氢量太大,组织内应力太大相互影响而形成白点,使钢材质地变脆、变松,丧失韧性,产生破裂	轧制前合理加热,轧制后缓慢冷却,避免氢气进入
5	内部破裂	轧制过程中,若其塑性较低或压量过小,使内外层延伸量不等,会引起内部破裂	采用合适的轧制压缩比(钢锭直径和钢坯直径之比)
6	氧化铁皮	轧制或已轧制完的金属表面的金属氧化物及其在轧制产品表面留下的凹坑等表面缺陷。多出现在厚度较薄的轧材中	
7	斑疤	一种表面粗糙的缺陷,可能产生在各种轧材、型钢及钢板的表面,其宽和长可达几毫米,深度为 0.01～1.0mm 不等,斑疤会使薄钢板成型时的冲压性能变坏,甚至产生裂纹和破裂	
8	夹渣、砂	由在金属表面上的非金属夹杂物与各种耐火材料而引起,如夹渣就是在金属表面分布很密且呈圆形的小夹杂物(又称麻点),一般出现在厚钢板或中厚钢板上,其深度为 1～3mm	
9	划痕	划痕主要由某些设备零件摩擦引起,一般产生在钢板的下表面上,其宽度及深度肉眼可见,或 1～2mm,长度不等,有时可能贯穿轧件的全长	
10	切痕	切痕是薄板表面上常见的折叠得比较好的形似接缝的折皱。如果将形成切痕的折皱展平,则钢板易在该处裂开	
11	过热	过热是指钢材加热到上临界点后,还继续升高温度,其力学性能变差,如抗拉强度,特别是冲击韧性显著降低的现象	采用退火方法恢复其力学性能
12	过烧	当金属加热温度很高时,钢内杂质集中的晶粒边界氧化并部分熔化,使晶粒周围形成一层非金属氧化膜。当轧制或锻造时,过烧金属由于经不起变形而易产生裂纹,甚至裂成碎块	过烧金属为废品,只能回炉重炼
13	脱碳	脱碳是指加热时金属表面氧化后,表面含碳量比内层低的现象。钢材脱碳后淬火,将使强度、硬度及耐磨性都降低	

序号	缺陷名称	形成原因和特征	修复方法
14	力学性能不合格	钢材的力学性能一般要求抗拉强度、屈服强度、伸长率和截面收缩率4项指标得到保证,有时还要求冷弯性能和冲击韧性得到保证	大部分指标不合格,只能报废;若个别指标达不到要求,进行等外品处理
15	化学成分不合格或严重偏析	将引起钢材塑性、韧性及可焊性下降,甚至无法焊接;力学性能也不会好。沸腾钢因杂质金属多,从而偏析比镇静钢严重	太差的只能报废;稍差的也只能作为等外品使用

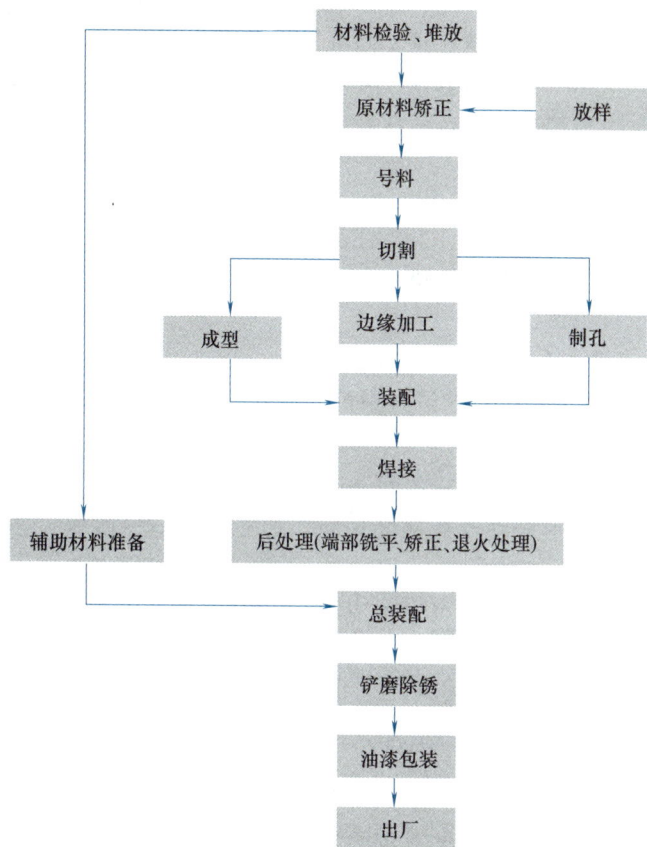

图 10-1 钢结构加工制作工艺流程

（1）钢构件加工制作缺陷 钢结构的加工制作主要包括钢构件（柱、梁、支撑）的制作,钢构件加工制作的缺陷归纳起来主要有以下几点。

① 选用钢材的性能不合格。

② 原材料矫正时引起冷作硬化。

③ 放样尺寸和孔中心的偏差。

④ 切割边未加工或加工达不到要求。

⑤ 孔径误差。

⑥ 冲孔未加工,存在硬化区和微裂纹。

⑦ 构件冷加工引起钢材硬化和微裂纹以及构件热加工引起的残余应力等。

⑧ 钢构件外形尺寸超公差。

项目十

⑨ 表面清洗防锈不合格。

（2）钢结构连接产生的缺陷　钢结构的连接方法通常有焊接、螺栓连接和铆钉连接三种，目前工厂制作以焊接为主，现场制作以螺栓连接居多或栓焊交叉使用。

① 钢结构焊接连接可能产生的缺陷。

a. 焊缝热影响区母材的塑性、韧性降低，使钢材硬化、变脆和开裂。

b. 因焊接产生严重的残余应力、残余应变或应力集中。

c. 因各种焊缝缺陷（如裂纹、焊瘤、未焊透、咬肉、夹渣等）造成焊缝连接强度不足。

② 钢结构螺栓连接可能产生的缺陷。

a. 螺栓孔引起的构件截面削弱。

b. 普通螺栓连接在长期动荷载作用下的螺栓松动。

c. 高强度螺栓连接预应力松弛引起的滑移变形。

d. 螺栓及其附件钢材质量不符合设计要求。

③ 铆钉连接可能产生的缺陷。

a. 铆钉孔引起的构件截面削弱。

b. 铆钉松动，铆合质量差。

c. 铆合温度过低，引起局部钢材硬化。

d. 板件之间紧密度不够。

3. 钢结构运输、安装和使用维护中的缺陷

钢结构在运输、安装和使用维护过程中可能遇到的缺陷有以下几种。

① 运输过程中引起结构或构件较大的变形和损伤。

② 吊装过程中引起结构或构件较大的变形和局部失稳。

③ 安装过程中没有足够的临时支撑或锚固，导致结构或其构件产生较大的变形，丧失稳定性甚至倾覆等。

④ 现场焊接及螺栓连接质量达不到设计要求。

⑤ 使用期间由于地基不均匀沉降、温度应力以及人为因素造成的结构损坏。

⑥ 不能做到定期维护，致使结构腐蚀严重，影响到结构的耐久性。

二、钢结构缺陷的处理和预防

由于钢结构的缺陷有先天性的材质缺陷和后天设计、制作、加工、安装和使用的缺陷，而这些各种类型的缺陷都会或多或少地影响到钢结构的正常使用、承载力、耐久性和完整性，如果对缺陷不加处理，任其发展，往往会发生质变导致钢结构工程质量事故，因此必须对缺陷进行处理和预防。总的原则如下。

（1）钢结构的先天性材质缺陷应由冶金部门处理，从炼钢工艺上得到根本性解决，钢材的选用应根据设计要求且必须符合现行国家标准，并应具有质量证明书。

（2）钢结构的加工、制作、安装及使用的缺陷应从下列几方面处理并预防：

① 钢材放样、下料前必须先矫正原材料的偏差、弯曲和扭曲，合格后方可使用。梁、桁架等受弯构件在放样和下料时，要考虑起拱量。

② 组装前零、部件应经检查合格；连接接触面和沿焊缝边缘 30～50mm 范围内的铁锈、毛刺、污垢、冰雪等，应清除干净；板材、型材的拼接应在组装前进行；构件的组装应在部件组装、焊接、矫正后进行。

③ 加强质量监控和检验工作，重视安装工序的合理性，加强各项安全措施的保证，重视定期维护工作。

④ 建立、健全建筑法律法规，提高施工人员素质，重视加工制作各环节工艺的合理性和设备的先进性，尽量降低残余应力、残余变形和应力集中等缺陷的影响。

任务二　钢结构的事故及其影响因素

钢结构的事故按破坏形式大致可分为：钢结构承载力和刚度失效、钢结构失稳、钢结构脆性断裂、钢结构疲劳破坏、钢结构腐蚀破坏、钢结构的火灾事故等。这些破坏形式相互之间并不独立，一个钢结构事故中往往会同时出现几种破坏形式。

一、钢结构承载力和刚度失效

（1）钢结构承载力失效是指正常使用状态下结构构件或连接因超过材料强度而导致的破坏，其主要原因有以下几方面。

① 钢材本身强度指标不合格。钢材本身性能的好坏直接影响到钢结构的可靠性，钢材的强度指标分为屈服强度 f_y 和抗拉极限强度 f_u。f_y 是钢结构静力强度设计的依据，f_u 反映了钢材安全储备的大小。另外，当结构构件承受较大剪力或扭矩时，钢材的抗剪强度 f_v 也是重要指标。

② 连接强度不满足要求。钢结构焊接连接的强度主要取决于焊接材料的强度、与母材的匹配、焊接工艺、焊缝质量和缺陷及其检查和控制、焊接对母材热影响区强度的影响等；螺栓连接的强度主要取决于螺栓及其附件材料的质量以及热处理效果（高强度螺栓）、螺栓连接的施工工艺控制，特别是高强度螺栓预应力控制和摩擦面的处理，螺栓孔引起被连接构件截面的削弱和应力集中等。

③ 使用荷载和条件的改变。包括：计算荷载超载、部分构件退出工作引起的其他构件荷载的增加；温度荷载、基础不均匀沉降引起的附加荷载；意外的冲击荷载；结构加固过程中引起的计算简图的改变等。

（2）钢结构刚度失效是指结构构件产生影响其继续承载或正常使用的塑性变形或振动，其主要原因有以下几点。

① 结构或构件的刚度不满足设计要求。在钢结构构件设计中，轴心受压构件不满足允许长细比的要求；受弯构件（梁）不满足允许挠度要求；压弯构件不满足长细比和挠度要求等。

② 结构支撑体系不够。

二、钢结构失稳

钢结构强度高，塑性、韧性好，组成结构的构件相对较细长，所用板件宽而薄，设计常常不是由强度控制而是由稳定性控制。工程上因构件失稳而导致结构倒塌的重大事故屡见不鲜，如 1907 年加拿大魁北克大桥在施工中出现事故，9000t 钢结构全部坠入河中，桥上 75 名施工人员遇难，其破坏是因悬臂的受压下弦失稳造成的。同时结构失稳又常常是突然发生，事先无明显征兆，因此会带来很大灾害。

钢结构失稳主要发生在轴压、受弯和压弯构件。它可分为两类：丧失整体稳定性和丧失局部稳定性。两类失稳都将影响结构构件的正常使用，也可能引发其他形式的破坏。

1. 结构构件整体失稳原因分析

（1）设计错误　设计人员缺乏稳定概念；稳定验算公式错误；只验算基本构件的稳定，忽视整体结构的稳定验算；计算简图及支座约束与实际受力不符，设计安全储备过小。

（2）构件有各类初始缺陷　在构件的稳定性分析中，各类初始缺陷对其极限承载力的影响比较显著。这些初始缺陷通常包括构件的初弯曲、初偏心、热轧冷加工以及焊接产生的残余应力、残余变形等。这些缺陷将对钢结构的稳定承载力产生显著的影响。

（3）构件受力条件的改变 钢结构施工荷载、使用荷载和使用条件的改变，环境条件（如气温、地基情况等）的改变，意外的冲击荷载，结构加固过程中计算简图的改变等，引起受压构件应力增加，或使受拉构件转变为受压构件，从而导致构件整体失稳。

（4）施工临时支撑体系不够 钢结构在安装过程中，当尚未完全形成整体结构之前，属几何可变体系，构件的稳定性很差。因此必须设置足够的临时支撑体系来维持安装过程中的整体稳定性。若临时支撑不合理或者数量不足，轻则会使部分构件丧失稳定，重则造成整个结构在施工过程中倒塌或倾覆。

（5）使用不当 结构竣工投入使用后，使用不当或意外因素也是结构失稳的主要原因。如盲目地增加使用荷载、随意变更使用要求、盲目增加支撑、对结构不进行正常的维护等。

2. 结构构件局部失稳原因分析

局部失稳主要针对构件而言，在钢结构构件设置中，特别是组合截面构件，如工字形、槽形等截面，若翼缘的宽厚比和腹板的高厚比大于规范规定的允许值，易发生局部失稳，而产生平面凹凸鼓曲变形现象，此时虽然构件还能继续承受荷载，但鼓曲部分退出工作，使构件应力分布恶化，可能导致构件提早破坏。因此，构件局部失稳也应引起足够的重视。

（1）设计错误 设计人员忽视甚至不进行构件的局部稳定验算，致使组成构件的各类板件宽厚比和高厚比大于规范限值。

（2）构造不当 当在构件的局部受力较大的部位（如支座、较大集中荷载作用点），没有设支撑加劲肋，使外力直接传给较薄的腹板而产生局部失稳。构件运输单元的两端以及较长构件的中间如没有设置横隔，难以保证截面的几何形状不变且易丧失局部稳定性。

（3）吊点位置不合理 在钢结构构件吊装过程中，合理选择吊点位置十分重要。吊点位置的不同直接导致构件受力的状态也不同。有时吊点位置选择不当，会使构件内部产生过大的压应力导致构件在吊装过程中局部失稳。因此，在钢结构的设计中，图纸应详细说明正确的起吊方法和吊点位置。

【吊点位置小知识】

（1）钢柱 平运两点起吊，安装一点立吊。立吊时，需在柱子根部垫上垫木，以回转法起吊，严禁根部拖地。吊装 H 型钢柱、箱形柱时，可利用其接头耳板作吊环，配以相应的吊索、吊架和销钉。钢柱起吊如图 10-2 所示。

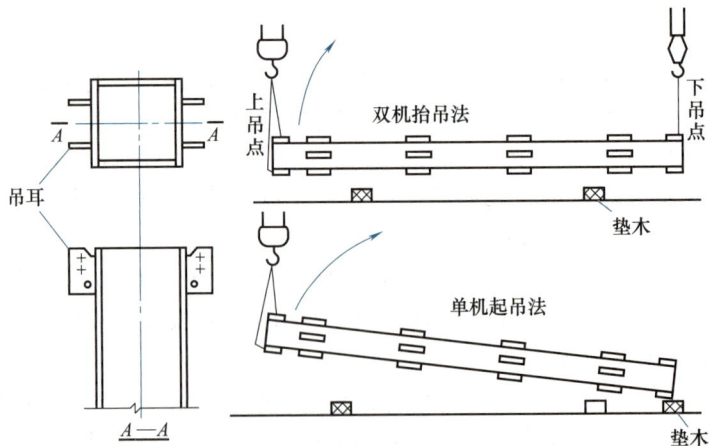

图 10-2 钢柱起吊示意图

（2）钢梁　距梁端 500mm 处开孔，用特制卡具两点平吊，次梁可三层串吊，如图 10-3 所示。

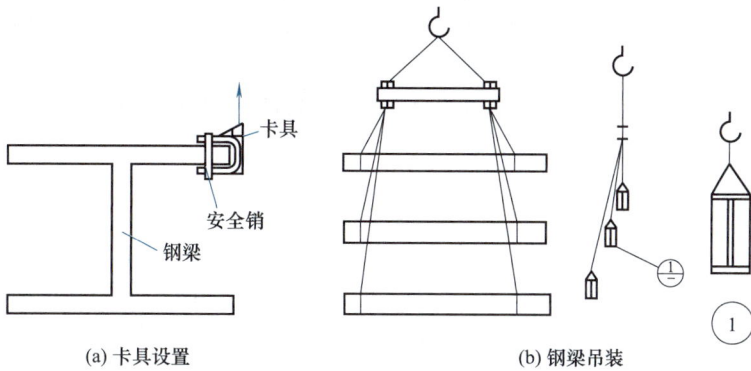

(a) 卡具设置　　　　　　　　(b) 钢梁吊装

图 10-3　钢梁吊装示意图

（3）组合件　因组合件形状、尺寸不同，可计算重心确定吊点，采用两点吊、三点吊或四点吊。凡不易计算者，可加设倒链协助找重心，构件平衡后起吊。

（4）零件及附件　钢构件的零件及附件应随构件一并起吊。尺寸较大、重量较重的节点板，钢柱上的爬梯，大梁上的轻便走道等，应牢固固定在构件上。

三、钢结构脆性断裂

脆性断裂是指钢材或钢结构在低名义应力（低于钢材屈服强度或抗拉强度）情况下发生的突然断裂破坏。它是钢结构极限状态中最危险的破坏形式，脆性断裂的突发性，往往会导致灾难性后果。钢结构的脆性断裂通常具有以下特征：①破坏时的应力常小于钢材的屈服强度，有时仅为屈服强度的 0.2 倍。②破坏之前没有显著变化，吸收能量很小，破坏突然发生，无事故先兆。③断口平齐光亮。

影响钢结构脆性断裂的因素如下。

1. 材质缺陷

当钢材中碳、硫、磷、氧、氮、氢等元素的含量过高时，将会严重降低其塑性和韧性，脆性则相应增大。钢材的冶金缺陷，如偏析、非金属夹杂、裂纹以及分层等也将大大降低钢材抗脆性断裂的能力。

2. 构件制作加工缺陷

在钢结构的设计和制作中，孔洞、刻槽、凹角、缺口、裂纹以及截面突变等缺陷在所难免。在荷载作用下，这些部位将产生局部应力高峰，而其余部位应力较低且分布不均匀的现象，即应力集中现象。它们将影响构件局部的塑性和韧性，限制其塑性变形，从而提高构件脆性断裂的可能。此外，焊接作为钢结构的主要连接方法，虽然有众多的优点，但不利的是：焊缝缺陷以及残余应力的存在往往成为应力集中源。因而，据资料统计，焊接结构脆性破坏事故远远多于铆接结构和螺栓连接结构。

3. 钢材抗脆性断裂性能差

钢材的塑性、韧性和对裂纹的敏感性都影响其抗脆性断裂性能，其中冲击韧性起决定作用。低合金钢材的抗脆性断裂性能比普通碳素钢优越，普通碳素钢中镇静钢、半镇静钢和沸腾钢的抗脆性断裂性能依次降低。

4. 低温和动载

当钢结构受到较大的动载作用或者处于较低的环境温度下工作时，钢结构脆性破坏的可能性增大。众所周知，当温度在 0℃ 以下时，随温度降低，钢材塑性和韧性降低，脆性增大。尤其当温度下降到某一温度区间时，钢材的冲击韧性值急剧下降，出现低温脆断。通常把钢结构在低温下的脆性破坏称为低温冷脆现象，产生的裂纹称为冷裂纹。因此，在低温下工作的钢结构，特别是受动力荷载作用的钢结构，钢材应具有负温冲击韧性的合格保证，以提高抗低温脆断的能力。

四、钢结构疲劳破坏

当钢结构承受重复变化的荷载作用时，材料强度降低，破坏提前。这种现象称为疲劳破坏。习惯上当循环次数 $n < 10^5$ 时称为低周疲劳；$n > 10^5$ 时称为高周疲劳。经常承受动力荷载的钢结构（如吊车梁、桥梁等）在工作期限内经历的循环应力次数往往超过 10^5。应力集中对钢结构的疲劳性能影响显著，而构造细节是应力集中产生的根源。构造细节常见的不利因素如下。

(1) 钢材的内部缺陷，如偏析、夹渣、分层、裂纹等。

(2) 制作过程中剪切、冲孔、切割。

(3) 焊接结构中产生的残余应力。

(4) 焊接缺陷的存在，如气孔、夹渣、咬肉、未焊透等。

(5) 非焊接结构的空洞、刻槽等。

(6) 构件的截面突变。

(7) 构件由于安装、温度应力、不均匀沉降等产生的附加应力集中。

此外，所用钢材的抗疲劳性能差也会使钢结构发生疲劳破坏。由上可知，对于动载作用的钢结构或构件，应严格控制钢材的缺陷，并选择优质钢材。力求减少截面突变，避免焊缝集中，努力采取各种有效措施缓解应力集中，如修补焊缝，磨去对接焊缝的余高；采用喷丸或锤击等方法在焊缝附近引入残余压应力以改善疲劳性能。

值得一提的是疲劳破坏虽然具有脆性破坏的特征，但并不完全相同。疲劳破坏经历了裂缝起始、扩展和断裂的漫长过程，而脆性破坏往往是在无任何先兆的情况下瞬间突然发生。

五、钢结构腐蚀破坏

钢材的腐蚀是钢结构的一个致命缺点，国内外因钢材锈蚀导致的钢结构事故时有发生。钢材锈蚀后，钢构件的截面减损，逐步削弱结构的承载力和可靠度。特别是当腐蚀变成锈坑时，将促使钢结构产生脆性破坏，抗冷脆性能下降。同时，钢材的锈蚀还会严重地影响钢结构的耐久性，使得其维护费用昂贵。如法国巴黎埃菲尔铁塔 1907 年、1932 年、1939 年和 1947 年，分别进行涂漆维护工作，先刷净灰尘污染的表面，对油脂进行清洗，锈蚀部位用敲锈锤和钢丝刷进行了处理，先对生锈部位进行局部补漆，然后统涂面漆，每次用漆约 35t，耗人工 40000h；到 2001 年，选用新型无铅环保涂料进行涂装维护，涂料用量达到 60t。据统计，全世界每年有年产量 30%～40% 的钢铁因腐蚀而失效，除废料回收外，净损失约 10%。因此，开展钢结构锈蚀事故的分析研究有重要意义。

钢结构在使用过程中要定期检查，如发现构件表面有锈蚀，要采用测试仪器查明构件断面削弱程度，通过计算确定是否要采用更换或加固措施。一般来说，钢结构下列部位易发生锈蚀，检查中应予以重视。

① 埋入地下的地面附近部位，如柱脚等。

② 可能存积水或遭受水蒸气侵蚀部位。

③ 经常干湿交替又未包混凝土的构件。

④ 易积灰又湿度大的构件部位。

⑤ 组合截面净空小于 12mm、难以涂刷油漆的部位。

《钢结构设计标准》规定：设计年限大于或等于 25 年的建筑物，对使用期间不能重新油漆的结构部位应采取特殊的防锈措施。一般常用油漆等涂料来保护钢结构，近年来也有采用在低碳钢冶炼时加入适量的铜、铬、镍等合金元素的方法，使之和钢材表面外的大气发生反应并化合成致密的防锈层，从而起到隔离大气的覆盖层的作用，并不易老化和脱落。这是目前国外金属抗腐蚀研究的发展趋势。

任务三　钢结构质量事故实例分析

一、钢屋架结构事故

钢屋架承重构件是由薄壁、细长杆件组成的。其特点是：截面形状复杂，节点应力集中，且又有偏心。同时，屋架结构的计算和荷载计算简图较正确（与实际值较接近），屋架经常在接近计算极限状态条件下工作，屋架系统承载能力安全储备最小，所以屋架承重构件对超载、温度和腐蚀作用十分敏感，容易因偶然因素失稳或破坏。再加上制造、安装和使用中出现的各种质量问题，钢结构屋架成为钢结构破坏最严重的构件之一。

钢屋架质量事故主要包括以下类型。

① 屋架倒塌。

② 桁（网）架杆件断裂，包括节点板和连接的断裂。

二维码 10-1

③ 桁（网）架杆件弯曲（上弦出现较少，因其截面面积较大，且有屋面板和支撑相连接）。

④ 屋架挠度超标准。

⑤ 屋架支撑受压屈等。

【案例 10-1】　辽宁某县医院会议室钢屋架倒塌事故

1. 事故概况

该会议室总长 54.8m，柱距 3.43m，进深 7.32m，檐口高 3m（图 10-4）。结构为砖墙承重，轻钢屋架，屋面为圆木檩条，上铺苇箔两层，抹一层大泥。后来医院一方决定铺瓦，于是在原泥顶面上又铺了 250mm 秫秸和旧草垫子、100mm 厚的炉灰渣子、100mm 厚的黄土，最后铺上厚 20mm 的水泥瓦。12 月 15 日铺完最后一间房屋面的水泥瓦时，工程尚未验收，医院即启用。当天下午 3：30 左右约 130 人在该会议室开会时，五间房的屋架全部倒塌，造成 8 人死亡、7 人重伤、3 人轻伤的重大事故。

2. 事故原因分析

事故发生后进行调查分析，得出事故的原因是多方面的。

（1）屋架的构造不合理。由图 10-4（c）可见，端部第二节间内未设斜腹杆，BDCE 很难成为坚固的不变体系，因而 BC 杆为零杆，很难起到支撑上弦的作用。这样，杆 ABD 在轴力作用下，因计算长度增大而大大地降低其承载力。另外屋架上弦为单角钢 L40×4，在檩条集中力的作用下构件还可能发生扭转，使其受力条件恶化，且单角钢 L40×4 的回转半径为 7.9mm，这样上弦 AD 杆的长细比接近 195，比规范要求的 150 超出很多。经计算 AD

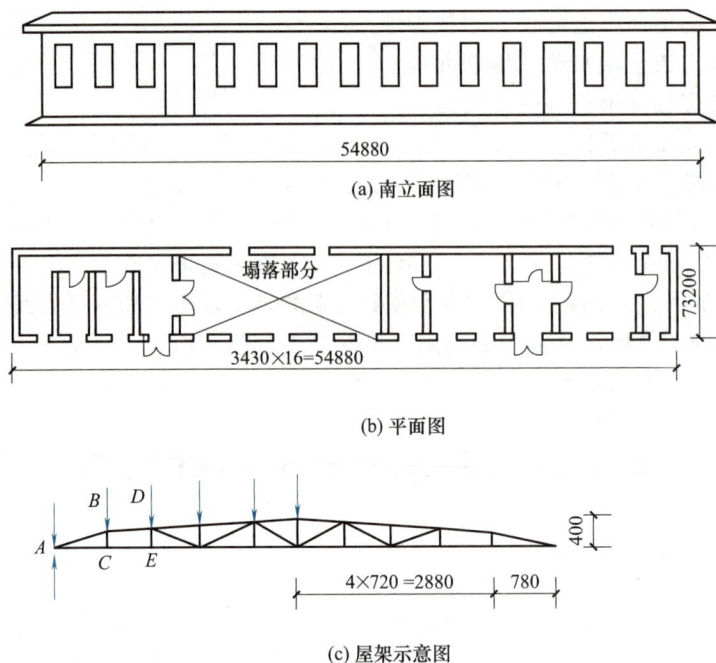

(a) 南立面图

(b) 平面图

(c) 屋架示意图

图 10-4　某县医院会议室钢屋架及会议室平、立面示意图

杆的强度及稳定性均严重不足，这是屋架破坏的主要原因。

（2）屋架之间缺乏可靠的支撑系统。圆木檩条未与屋架上弦锚固，很难起到系杆或支撑的作用。屋架间虽设有三道 $\phi 8$ 钢筋的系杆，但过于柔软，不能起到支撑作用；即使能起支撑作用，由于间距过大，上弦杆的平面外长细比达 302，和规范要求相差甚远。加之屋架支座处与墙体也无锚固措施，整个屋架的空间稳定性很差，只要有一榀屋架首先失稳则整个屋架必会大面积倒塌。

（3）屋架制作质量很差，尤其是腹杆与弦杆的焊接，只有点焊接，许多地方焊缝长度达不到规范要求的 8 倍焊缝厚度。

（4）工程管理混乱。设计上审查不严，医院领导盲目指挥，尤其是不考虑屋架的承载力而盲目增加屋架的重量，终酿成严重的事故。

二、钢网架结构事故

网架（网壳）结构以其适用性、美观性、可靠性、安全性和经济性而得到广泛的应用和迅猛的发展。特别是近几年来，我国网架结构无论在规模上还是在数量上都居于世界的领先地位。但是，随着网架结构大量应用的同时，也发生了一些大小不等的工程事故，且有分析表明，这些事故中，自然灾害、意外事故者较少，而大多数事故是责任事故，表 10-2 列出了部分网架结构工程事故实例，从中可以看出设计、制作、运输、安装和管理等方面都曾发生过事故，但这些事故并未引起足够的重视，因而事故不时重复发生。

表 10-2　网架结构工程事故实例

工程名称	结构形式	结构尺寸	发生时间及情况	发生事故的主要原因
山西某矿区通讯楼	棋盘形四角锥焊接球网架	13m×18m	1986 年 6 月在大雨后突然倒塌	设计有严重错误，超载，焊接质量很差，腹杆失稳

工程名称	结构形式	结构尺寸	发生时间及情况	发生事故的主要原因
郑州国际展览中心	正放四角锥螺旋球节点网架	2m×45m×45m	1993年初施工时,网架下沉约6cm,破坏严重	焊接质量太差,3根下弦杆在钢管与锥头连接处断裂
深圳国际展览中心4号展厅	四点支撑的四角锥螺栓球节点网架	21.9m×27.7m	1992年9月7日网架塌落,螺栓断裂	大雨后屋面积水,严重超载,屋面排水系统有严重缺陷
某煤矿筒仓顶盖	球面钢-钢混凝土组合网壳	直径31.4m,跨度34.1m	1993年10月22日下午网壳顶部塌陷	未保证网壳在施工阶段的刚度、稳定性,局部堆积混凝土太多
天津地毯进出口公司仓库	正放四角锥螺栓球节点网架	48m×72m	1995年12月4日在通过阶段验收后塌落,死1人,伤13人	采用的简化计算方法与网架的实际不符,螺栓假拧紧,腹杆失稳
唐山机车车辆厂客车总装厂房	正放抽空四角锥板节点网架	面积16000m²,柱网18m×18m	1984年5月有5个钢立柱发生焊缝开裂,局部失稳	柱脚构造复杂,零件加工及焊缝有严重缺陷,温度应力影响
湖南莱阳电厂干煤棚	落地式双层正放四角锥柱面网壳	跨度72m,长度120m	1994年11月12日采取滑移法施工时,一些支座向外滑动	过早地割除了施工用的临时拉杆,最大位移0.9m,网壳破坏严重
大连国际会展中心A馆	屋面结构采用螺栓球节点网架,下弦柱点支承,网架屋面材质为Q235B。网架最高点的标高为23.157m,矢高2.38~4.5m	172m×73m	2007年2月2日,9时30分左右,A馆在作业时突然坍塌	桁架间未设置交叉支撑,纵向系杆刚度差,施工操作方式不当,更换杆件时未采取加固措施,螺栓球存在假拧紧现象
黑龙江齐齐哈尔市第三十四中学体育馆	屋顶网架	该体育馆建筑面积1200m²,建筑高度13.8m	2023年7月23日14时52分许,该体育馆屋顶发生坍塌事故	与体育馆毗邻的教学综合楼的施工单位,违规将珍珠岩堆放在体育馆屋顶引发坍塌

1. 钢网架结构事故的主要表现形式

（1）杆件弯曲。

（2）杆件断裂。

（3）杆件与节点焊缝连接破坏。

（4）节点板变形或断裂。

（5）焊缝不饱满或有气泡、夹渣,微裂缝超过标准。

（6）高强度螺栓断裂或从球节点中拔出。

（7）杆件在节点相碰,支座腹杆与支撑结构相碰。

（8）支座节点移位。

（9）网架挠度过大,超过了规定的要求。

（10）网架结构倒塌。

2. 钢网架结构事故发生的原因

钢网架结构事故发生的原因总体来说分为设计原因、制作原因、拼装和吊装原因、使用原因四类,在每一类中具体又有很多影响因素。

（1）设计原因。结构形式选择不合理；力学模型、计算简图与实际不符；荷载低算、漏算；钢材和焊条选择不合理等。

（2）制作原因。

① 杆件下料尺寸不准,特别是压杆超长、拉杆超短。

② 球体或螺栓的机加工有缺陷，球孔角度偏差过大。

③ 焊缝质量差，焊缝强度不足，未达到设计要求。

（3）拼装和吊装原因。

① 拼装平台不合规格即进行网架拼装，使单元体产生偏差，最后导致整个网架累计误差很大。

② 对网架施工阶段的吊点反力，杆件内力、挠度等不进行验算，也不采取必要的加固措施。

③ 网架整体吊装时采用多台起重机，各吊点起升或下降时不同步，使部分杆件弯曲。

④ 不经计算校核，随意增加杆件或网架支撑点。

（4）使用原因。

① 使用荷载超过设计荷载。

如屋面排水不畅，积灰不及时清扫，积雪严重及屋面上随意堆料、堆物等。

② 使用环境的变化（包括温度、湿度、腐蚀性介质的变化），以及使用用途的改变。

③ 基础的不均匀沉降。

④ 地震作用。

三、钢桥结构事故

【案例 10-2】 韩国圣水大桥倒塌（图 10-5）

图 10-5　韩国圣水大桥倒塌事故现场

1. 事故概况

1994 年 10 月 21 日韩国圣水大桥中段 50m 长的桥体像刀切一样坠入江中，当时正值交通繁忙时间，多辆车辆掉进河里，其中包括一辆满载乘客的巴士，造成 32 人死亡、17 人重伤的重大事故。圣水大桥是横跨汉江的十七座桥梁之一，桥长 1000m 以上，宽 19.9m，由韩国最大的建筑公司之一——东亚建设产业公司于 1979 年建成。

2. 事故原因分析

事故原因调查团经五个多月的各种试验和研究，于次年 4 月 2 日提交了事故报告。报告指出：用相同材料进行疲劳试验表明，圣水大桥支撑材料的疲劳寿命仅为 12 年，即在 12 年后就会因疲劳而断裂。大型汽车在类似桥上反复行驶的试验也表明，这些支撑材料约在 8.5 年后开始损坏。而用这些材料制成的圣水大桥，加上施工缺陷的影响，在建成后 6～9 年就有坍塌的可能。

实际上，圣水大桥的倒塌发生在建成后 15 年，而不是以上所说的 12 年或 8.5 年，一方面是由于桥墩上的覆盖物起着抗疲劳的作用，另一方面是由于桥墩里的六个支撑架并没有全部断裂，因此大桥的倒塌时间才得以推迟。

根据分析结果，事故原因主要有以下两个方面。

① 东亚建设产业公司没有按图纸施工，在施工中偷工减料，利用疲劳性能很差的劣质钢材，这是事故的直接原因。

② 当时韩国缩短工期及该市政当局在交通管理上有疏漏也是大桥倒塌的主要原因。设计负载限制为32t，建成后交通流量逐年增加，超常负荷，倒塌时负载为43.2t。

四、其他事故

【案例 10-3】 钢贮罐脆性断裂

1. 事故概况

1989 年 1 月 22 日，某糖厂刚交工验收不久的废糖蜜钢贮罐在气温 $-11.9℃$ 发生断裂。破坏过程呈突发性，没有任何先兆，非常迅速。该罐直径 20m，高 15.76m，罐身共上下 10 层，由 6～18mm 钢板焊成，容量 5600t，破坏时罐内糖蜜贮量为 4027t，不仅未达到设计贮量，并低于试用期间曾达到的 4559t 的水平，罐体内应力并不太高，距钢材屈服强度相差较远，地震和人为破坏及废糖蜜自燃爆炸的因素可排除。破坏时整个罐体炸裂为五大部分，其中上部 7 层和盖帽甩出后将相距 25.3m 处糖库的西墙及西南墙角（连续约长 27m 范围）砸到，废蜜罐冲击力将相距 4m 处的 6.5m×6.5m 两层废蜜罐泵房夷为平地，楼板等被推出原址约 21.4m。

2. 事故原因分析

塑性断裂在发生前有明显预兆，而脆性断裂是突发性的。事后调查该起事故是一些焊缝严重未焊透和质量差引起裂纹扩展。调查表明，其裂口特征：罐体下部第 1、2 层母材撕裂，断口呈颗粒状，人字形纹尖端朝上，呈脆性断裂。对钢材材质进行复验，发现部分钢板含碳量和含硫量较高，降低了钢材的塑性和可焊性，其常温冲击韧性比规定值偏低，故该钢材易出现脆性断裂。且焊接质量差，综合分析可知，罐体破坏的根源是焊接质量低而导致的低温脆性断裂。对接焊缝中大量未焊透部位如同张开型的焊接裂纹，在罐壁环向拉力的作用下，能引起严重的应力集中，成为罐体断裂的引发点。在荷载变化、应力集中、残余应力和温差应力的作用下，会缓慢扩展。而钢材的韧性较差，不能阻止裂纹的扩展，最后达到临界值，而突然断裂。

任务四　钢结构的加固

一、钢结构的加固原则

钢结构存在着严重缺陷和损伤或改变使用条件，经检查和验算结构的强度、刚度及稳定性不能满足要求时，应对钢结构进行加固或修复。钢结构加固除遵循有关规定外，重点应注意以下几点。

（1）选择合理的连接方式，钢结构加固应优先采用电焊连接。当使用焊接法确有困难时，可用高强度螺栓或铆钉。轻钢结构在负荷条件下，不准采用电焊加固。

（2）正确选择焊接工艺。力求减少焊接变形和降低焊接应力。

（3）注意环境温度影响。加固焊接应在 0℃ 以上环境进行。

（4）注意高温对结构安全的影响。在符合条件的情况下，做电焊加固或加热校正变形时，应注意被加固构件过热而降低承载力。

二、钢结构的一般加固方法

钢结构加固的主要方法有：减轻荷载、改变结构计算图形、加大原结构构件截面和连接强度、阻止裂纹扩展等。当有成熟经验时，亦可采用其他加固方法。

1. 改变结构计算图形

采用改变荷载分布状况、传力途径、边界条件，增设附加杆件和支撑，施加预应力，考虑空间协同工作等措施对结构进行加固。改变结构计算图形的一般加固方法如下。

（1）对结构可采用下列增加结构或构件刚度的方法进行加固。

① 增加支撑形成空间结构并按空间结构验算。

② 加设支撑增加结构刚度，或者调整结构的自振频率等以提高结构承载力和改善结构动力特性。

③ 增设支撑或辅助杆件使结构的长细比降低以提高其稳定性。

④ 在排架结构中重点加强某一列柱的刚度，使之承受大部分水平力，以减轻其他柱列负荷。

⑤ 在塔架等结构中设置拉杆或适度张紧拉索以加强结构的刚度。

（2）对受弯杆件可采用下列改变其截面内力的方法进行加固。

① 改变荷载的分布，例如，将一个集中荷载转化为多个集中荷载。

② 改变端部支撑情况，例如，变铰接为刚接。

③ 增加中间支座或将简支结构端部连接成为连续结构。

④ 调整连续结构的支座位置。

⑤ 将结构变为撑杆式结构。

（3）对桁架可采取下列改变其杆件内力的方法进行加固。

① 增设撑杆，变桁架为撑杆式结构。

② 加设预应力拉杆。

2. 加大构件截面

采用加大截面加固钢构件时，所选截面形式可根据加固要求、现有钢材种类、施工方便等因素选定，应有利于加固技术要求并考虑已有缺陷和损伤的状况。

3. 裂纹的修复与加固

结构因荷载反复作用及材料选择、构造、制造、施工安装不当等产生具有扩展或脆断倾向的裂纹损伤时，应设法修复。在修复前，必须分析产生裂纹的原因及其影响的严重程度，有针对地采取改善结构实际工作或进行加固的措施，对不宜采用修复加固的构件，应予拆除更换。

三、钢结构加固施工中应注意的问题

加固时，必须保证结构的稳定，应事先检查各连接点是否牢固，必要时可先加固连接点或增设临时支撑，待加固完毕后拆除。原结构在加固前必须清除表面、刮除锈迹，以利施工。加固完毕后，再涂刷油漆。

在承载状态下加固时，确定施工焊接程序应遵循以下原则。

（1）应尽量减小焊接应力，并能促使构件卸载。为此，在实腹梁中宜先加固下翼缘；在桁架结构中应先加固下弦后加固上弦。

（2）先加固最薄弱的部位和应力较高的杆件。

（3）凡立即能起到补强作用，并对原断面强度影响较小的部位应先予施焊。如加固腹杆时，应先焊好两端的节点部位，然后焊中段的焊缝。

📖 项目小结

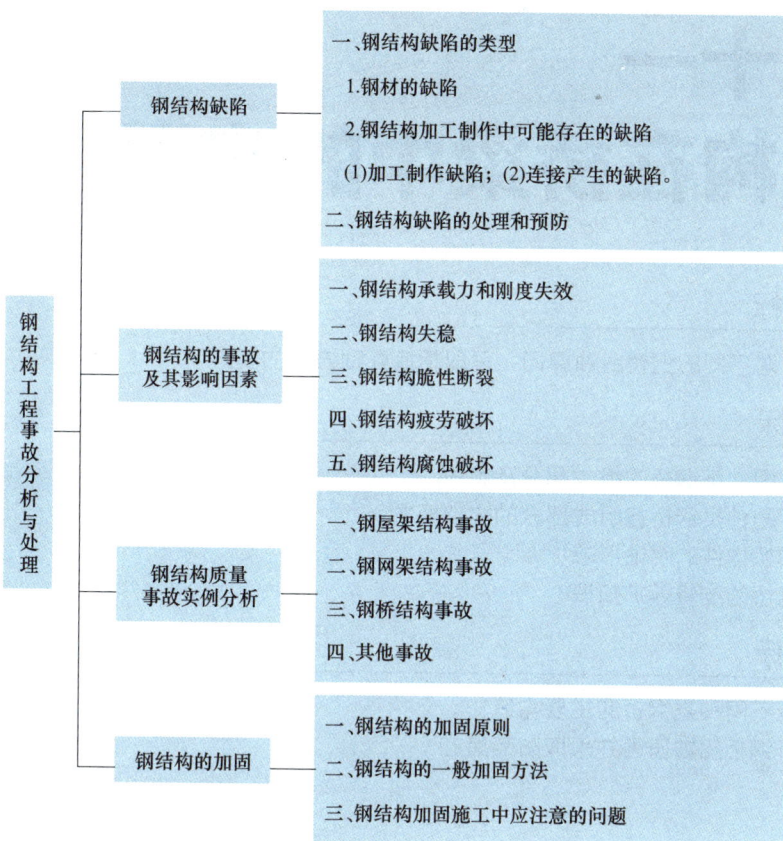

钢结构工程事故分析与处理

钢结构缺陷
一、钢结构缺陷的类型
1.钢材的缺陷
2.钢结构加工制作中可能存在的缺陷
(1)加工制作缺陷;(2)连接产生的缺陷。
二、钢结构缺陷的处理和预防

钢结构的事故及其影响因素
一、钢结构承载力和刚度失效
二、钢结构失稳
三、钢结构脆性断裂
四、钢结构疲劳破坏
五、钢结构腐蚀破坏

钢结构质量事故实例分析
一、钢屋架结构事故
二、钢网架结构事故
三、钢桥结构事故
四、其他事故

钢结构的加固
一、钢结构的加固原则
二、钢结构的一般加固方法
三、钢结构加固施工中应注意的问题

✏️ 能力训练题

问答题

1. 试述钢结构所用钢材可能发生的缺陷,并简要分析这些缺陷产生的原因。
2. 总结钢结构产生事故的类型及主要原因。
3. 钢结构的一般加固方法有哪些?
4. 钢结构加固的原则有哪些?

项目十一 钢结构在桥梁中的应用

素质目标

- 培养针对不同的钢桥腐蚀原因，采取相应处理方法的能力

知识目标

- 掌握不同种类钢桥的组成部分及用途
- 掌握不同种类钢桥各组成部分的构造要求
- 掌握钢桥构件的腐蚀形态
- 掌握钢桥的维修养护知识

能力目标

- 能辨析不同种类钢桥的主要构造
- 能分析钢桥腐蚀原因并采取防范措施

任务一 我国钢结构桥梁发展概况

由于钢材的强度较高，塑性和韧性都比较好，加工简单，安装方便，施工工期短，因此钢结构桥梁以轻质、高强、美观、抗震性能好、安全系数高、架设快速及跨径大等优点成为首选桥型。此外，钢结构在拆除时还可以回收再利用，具有节水环保等优点，再加上我国日益增长的钢铁产量，使得钢桥成为城市立交桥等的主要结构形式，特别是在跨江、跨海大桥中有广泛的应用前景。

我国的钢结构桥梁发展起步较晚。新中国成立前，我国自行建造钢桥的代表为1934—1937年我国著名桥梁专家茅以升带领中国工程师主持全部结构设计工作的钱塘江大桥，这是中国自行设计、建造的第一座双层铁路、公路两用桥，该桥主跨跨径65.84m，全长1453m。

1949年新中国成立之后，我国钢结构桥梁建设发扬自力更生、奋发图强的精神，克服重重困难，也蓬勃发展起来。其发展过程大致经历了以下四个阶段，目前已经形成了较为完整的设计、制造和施工技术体系。

第一阶段的代表桥梁是1957年10月建成通车的武汉长江大桥（图11-1），线路全长1670.4m，主桥全长1155.5m；上层桥面为双向四车道城市主干道，设计速度100km/h；下层为双线铁轨，设计速度160km/h；总投资额为1.38亿元人民币。这座大桥是中华人民共和国成立后修建的第一座公铁两用的长江大桥，素有"万里长江第一桥"的美誉。

第二阶段的代表桥梁是1968年建成通车的南京长江大桥（图11-2）。大桥位于江苏省南京市鼓楼区下关和浦口区桥北之间，是长江上第一座由中国自行设计和建造的双层式铁路、公路两用桥梁。上层为公路桥，长4589m，车行道宽15m，可容4辆大型汽车并行，两侧各有2m多宽的人行道，连通104国道、312国道等跨江公路，是沟通南京江北新区与江南主城的要道之一。下层为双轨复线铁路桥，宽14m、全长6772m，连接津浦铁路与沪宁铁路干线，是国家南北交通要津和命脉。大桥由正桥和引桥两部分组成，正桥9墩10跨，长1576m，最大跨度160m。通航净空宽度120m，桥下通航净空高度为设计最高通航水位以上24m，可通过5000吨级海轮。南京长江大桥不仅是新中国技术成就与现代化的象征，更承载了中国几代人的特殊情感与记忆，在中国桥梁史和世界桥梁史上具有重要意义，是中国经济建设的重要成就、中国桥梁建设的重要里程碑，具有极大的经济意义、政治意义和战略意义，有"争气桥"之称。这座桥是完全依靠我国自己的技术力量和材料建成的，标志着我国的建桥技术达到了一个独立自主的新水平。

图11-1　武汉长江大桥

图11-2　南京长江大桥

第三阶段的代表桥梁是九江长江大桥（图11-3）。大桥位于江西省九江市浔阳区和湖北省黄冈市黄梅县之间的长江水面上，是双层双线铁路、公路两用桥。其中上层公路桥全长4460m，下层双线轨道铁路桥全长7675m，设计速度60km/h。九江长江大桥于1993年建成通车，是当时世界最长的铁路、公路两用的钢桁梁大桥。主航道为三孔刚性桁、柔性拱，桁高16m，跨度180m，中间一孔最大跨度达216m，通航净空高度为24m，采用十五锰钡钒氮高强度低合金钢种制造，钢板最大厚度为56mm，并用直径27mm的高强度螺栓铆接钢梁杆件。其跨度、材料、技术、工艺以及焊接、制造、架设等多项技术均实现了历史性突破，达到了当时国际先进水平，是中国桥梁建设史上第三座"里程碑"式的桥梁。

第四阶段的代表桥梁是2000年9月建成的芜湖长江大桥（图11-4）。大桥西起二坝枢纽，上跨长江水道，东至九华北路；正桥全长2193m，主跨312m；上层公路桥桥面为双向四车道高速公路，设计速度100km/h；下层铁路桥为双线铁轨，设计速度160km/h；项目总投资45.46亿元。在设计芜湖长江大桥时，遇到了罕见的"三夹一"难题：正桥上部结构的梁底高程受通航净空控制；铁路桥线路高程受既有编组站的接线高程控制；桥梁位于机场侧净空范围内，桥梁建筑高度受飞行净空控制。由于受这3条高程控制线的严格限制，正桥采用了矮塔公铁两用斜拉桥的形式，斜拉桥加劲桁梁采用14锰铌钢厚板焊接整体节点，并采用钢筋混凝土板与钢桁梁结合的桁梁。芜湖长江大桥是世界上第一座结合型钢桁梁低塔斜拉桥，开启了我国钢结构桥梁建设的新纪元。此后，我国相继建成了多座世界领先的桥梁，如南京大胜关长江大桥、苏通长江大桥、港珠澳大桥。目前在我国运营的铁路线上，钢桥的长度占桥梁总长的 7%～8%，我国桥梁的结构形式、设计理论、用料、工艺均已达到国际先进水平。

二维码 11-1　　　　图 11-3　　九江长江大桥　　　　　　图 11-4　　芜湖长江大桥

任务二　钢桥的分类及特点、组成与主要类型

一、钢桥的分类及特点

由于钢材的抗拉、抗压和抗剪强度均较高，材质较为均匀，桥的工作情况与计算图示、假定比较符合，因此钢桥具有很大的跨越能力。另外钢桥一般由工厂预制，工地拼接，施工周期短，加工方便且不受季节影响，因此当需要建造的桥梁跨度特别大、荷载特别重时，一般常采用钢桥。但钢桥的耐火性、耐腐蚀性差，需要经常检查、维修，养护费用高。

根据不同的分类方法，钢桥可以被分为不同的类型。按用途分，钢桥可分为公路桥、铁路桥、公铁两用桥、人行桥、管道桥、水路桥；按结构形式分类，可分为梁桥、拱桥、悬索桥、斜拉桥、刚架桥等；按行车位置分：可分为上承式桥、中承式桥、下承式桥。我国《公路工程技术标准》（JTG B01—2014）还按跨径划分了特大桥、大桥、中桥、小桥，见表 11-1。

表 11-1　桥梁按跨径分类

桥梁分类	多孔跨径总长 L/m	单孔跨径 L_k/m
特大桥	$L>1000$	$L_k>150$
大桥	$100 \leqslant L \leqslant 1000$	$40 \leqslant L_k \leqslant 150$
中桥	$30<L<100$	$20 \leqslant L_k <40$
小桥	$8 \leqslant L \leqslant 30$	$5 \leqslant L_k <20$

注：1. 单孔跨径系指标准跨径。
　　2. 梁式桥、板式桥的多孔跨径总长为多孔标准跨径的总长；拱式桥的多孔跨径总长为两端桥台内起拱线间的距离；其他形式桥梁的多孔跨径总长为桥面系车道长度。
　　3. 梁式桥、板式桥标准跨径以两桥墩中线间距离或桥墩中线与台背前缘间距为准；拱式桥标准跨径以净跨径为准。

钢桥的基本特点是：

① 钢构件特别适合用工业化方法来制造，便于运输，工地安装速度快，施工工期较短；

② 在受到损伤和破坏后，钢构件易于修复和更换；

③ 耐候性差，易锈蚀，维护费用较高，材料价格较高；

④ 铁路钢桥采用明桥面时噪声大。

二、简支钢板梁桥和钢桁梁桥的组成与主要类型

钢桥的结构形式多种多样，一座钢桥采用哪种结构形式，主要根据桥梁技术要求和桥址的水文、地形和地质情况来决定。下面主要介绍简支钢板梁桥和钢桁梁桥的组成及构造特点。

1. 钢板梁桥

钢板梁桥有着悠久的历史，它与桁架桥等相比，具有外形简单、制造和架设费用较低的特点，所以在铁路上广泛使用。钢板梁桥是指由实腹式 H 形截面钢板梁作为主要承重结构的桥梁。钢板梁一般采用焊接连接，如果钢材不能满足承受动力荷载对焊接结构的要求，也可采用铆接。

钢板梁桥是中小跨径桥梁最常用的形式，主要有全焊接板梁和栓焊板梁两种形式。全焊接板梁是指板梁的全部结构均在工厂焊接完成，主梁在工厂用自动焊做成工字形梁，两片工字形梁之间的联结系则用手工焊于主梁上，然后以整孔梁出厂，工地不需再进行连接工作即可进行架设。当跨径较小时，一般采用全焊接板梁。我国目前的全焊接板梁，主要是上承式板梁，跨度最大为 32m。栓焊板梁是指主梁桥面系和联结杆件分别在工厂焊成，然后运至工地，用高强度螺栓连接成整孔。它适用于不能整孔运输的情况。在现有的铁路钢板梁标准设计中，上承式钢板梁跨度为 24m 和 32m 时，是全焊梁设计；跨度为 40m 时，是栓焊梁设计。下承式栓焊钢板梁的标准设计跨度为 20m、24m、32m、40m 四种。

（1）上承式板梁桥。

上承式板梁桥（图 11-5）的主要承重结构是两片工字形截面的板梁，该板梁称为主梁。在它的上面铺设有明桥面。活载及板梁桥的自重由这两片板梁承受，通过支座将力传至墩台。在两片主梁之间，有许多杆件联系着，使它成为一个稳定的空间结构。上面的杆件与主梁的上部翼缘组成一个水平桁架，称为上面水平纵向联结系，简称上平纵联，下面的就简称为下平纵联。在两主梁之间设有交叉杆，与上下横撑及主梁的加劲肋和一部分腹板组成一个横向平面结构，称为横向联结系，简称横联；位于中间者称为中间横联；位于主梁两端者称为端横联。跨度小于 16m 的上承式钢板梁，可以不设下平纵联。

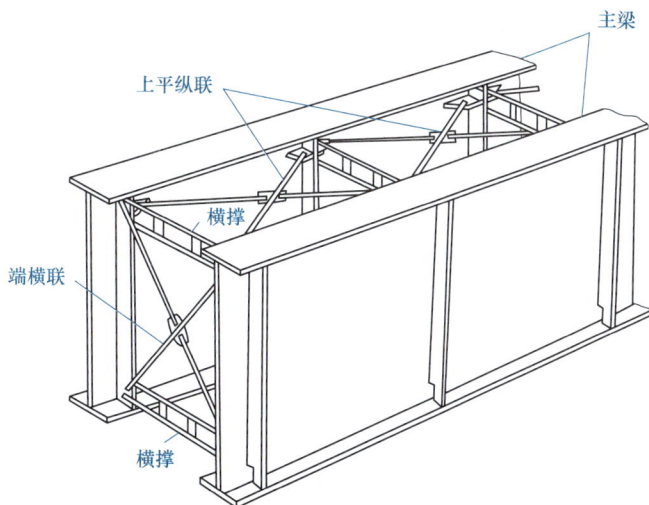

图 11-5　上承式板梁桥的组成

桥面主要由桥枕、护木、正轨等组成，当主梁间距为 2m 时，桥枕尺寸一般为 20cm× 24cm×300cm（宽×高×长）。桥枕下刻槽，搁置于主梁上，用钩螺栓与主梁上翼缘扣紧，以免行车时桥枕跳动。桥枕间的净距不宜超过 21cm，这是为了当列车在桥上掉道时，使车轮不致卡于两桥枕之间，列车还能在桥枕上继续滚动前进，以免发生重大的事故。桥面上除正轨外，还设有护轨。护轨两端应延伸到桥台以外一段距离，并弯向轨道中心。护轨的作用就是当列车掉道后，控制车轮前进的方向，避免发生翻车事故。在桥枕两端设有护木，用螺栓与桥枕连接牢固，护木的作用是固定桥枕之间的相对位置。上述的这种桥面，叫作明桥面（图 11-6），明桥面设置在主梁顶上的这种板梁桥，就叫作上承式板梁桥。

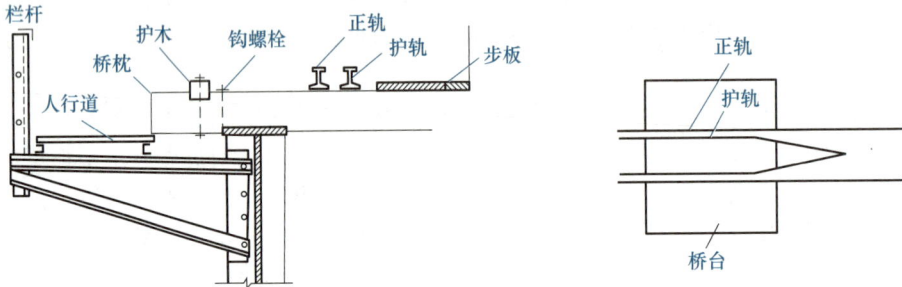

图 11-6　明桥面

　　当跨度小于 40m 时，钢板梁桥比钢桁梁桥经济，故小跨度的钢桥常用板梁桥。上承式板梁桥的构造较简单，钢料也较省，可以整孔装运，整孔架设。因此，它是用得最多的一种钢板梁桥。

　　（2）下承式板梁桥。

　　下承式板梁桥（图 11-7）的主要承重结构，也是两片工字形截面的板梁，称为主梁。在两片主梁之间，设置有由纵梁和横梁组成的桥面系，桥面不是搁置在主梁上，而是搁置在纵梁上。由于纵梁高度较主梁高度小得多，这样就大大缩小了建筑高度（自轨底至梁底）。

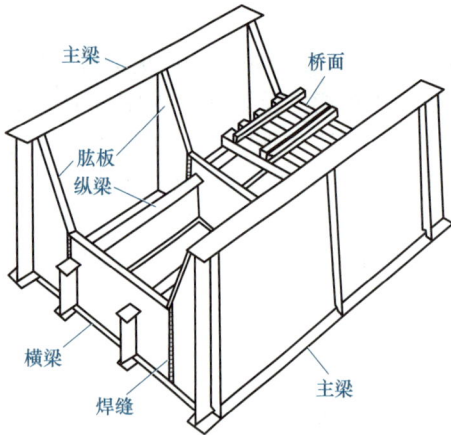

图 11-7　下承式板梁桥的组成

　　由于桥面布置在两片主梁之间，列车在两片主梁之间通过，这样就要求两片主梁之间的净空能满足桥梁净空的规定。桥梁净空的宽度为 4.88m。

　　为了使下承式板梁桥成为一个空间稳定结构，在其主梁之下同样也设有下平纵联。由于要满足桥梁净空的要求，无法设置上平纵联，故在横梁与主梁之间，加设肪板。一方面，肪板对主梁上翼缘起支撑作用，保证上翼缘的稳定；另一方面，肪板与横梁连成一块，可起横联的作用。

　　下承式板梁桥与上承式板梁桥相比，在结构方面增加了桥面系，因此用料较多，制造也费工；由于它的宽大，无法整孔运送，因此，增加了装运与架梁的工作量。所以，当铁路桥梁采用板梁桥时，应尽可能不采用下承式而采用上承式。但是，由于下承式板桥具有较小的建筑高度，在某些条件下仍有采用下承式板梁桥的必要。例如，对跨线铁路桥，当桥上线路标高不宜提高而又要求桥下有一定的净空时，如采用上承式板梁桥，则建筑高度过大，此时可考虑采用下承式板梁桥。

2. 简支钢桁梁桥

(1) 简支钢桁梁桥各组成部分及其作用。

钢桁梁桥结合了钢材和桁架结构的优点，广泛应用于大中跨桥梁及超大跨桥梁中。按桥面位置的不同，钢桁梁桥可分为上承式钢桁梁桥和下承式钢桁梁桥。上承式钢桁梁桥的桥面位于主桁架的上部，下承式钢桁梁桥的桥面位于主桁架的下部。下面主要详细讨论下承式简支栓焊钢桁梁桥的组成及构造。简支钢桁梁桥一般由以下五个部分组成：桥面、桥面系、主桁、联结系和支座。图 11-8 为我国常用的下承式简支钢桁梁桥示意图。

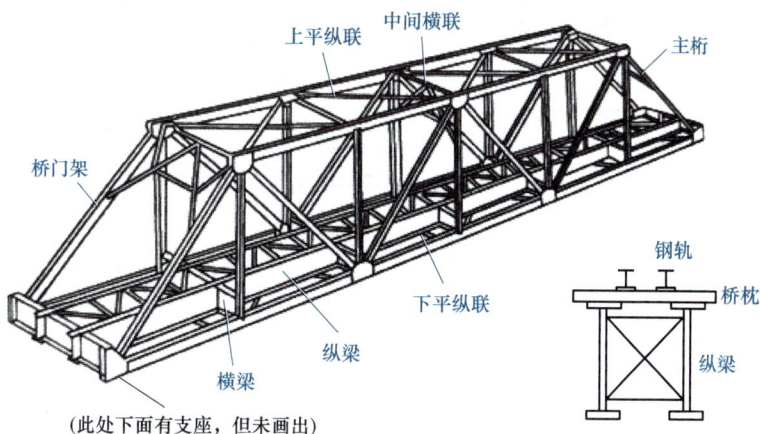

(此处下面有支座，但未画出)

图 11-8 下承式简支钢桁梁桥示意图

钢桁梁桥多采用明桥面，主要由正轨、护轨、桥枕、护木、钩螺栓及人行道组成。实践证明，这种桥面体系施工方便、安全可靠；但也存在一些弊端，主要是列车过桥时噪声大，枕木与纵梁接触处易锈蚀，且此处纵梁翼缘与腹板的连接焊缝易发生疲劳破坏等。为了改善这种状况，第一次世界大战后，多个国家采用了正交异性板道砟桥面。这种钢桥面体系噪声小，整体刚度好，荷载分布能力强，桥面板可作为主梁一部分参与共同受力，同时还具有可降低桥头引线标高、维修量小、综合投资省等优点，因此得到越来越广泛的应用。

钢桁梁桥的桥面系由纵梁、横梁及纵梁间的联结系组成。在竖向荷载作用下，其受力实质是格构式的梁，所承受的竖向荷载通过桥面传给纵梁，由纵梁传给横梁，再由横梁传给主桁节点，通过主桁传给支座，再由支座传给墩台。

钢桁梁除承受竖向荷载外，还承受横向水平荷载（如风力、列车横向摇摆力和曲线桥上的离心力）。在两主桁弦杆之间，加设若干水平布置的撑杆，并与主桁弦杆共同组成一个水平桁架，以承受横向水平力。这个桁架就叫作水平纵向联结系，简称平纵联，横向水平荷载就由平纵联承受。在上弦平面的平纵联，称为上平纵联；在下弦平面的平纵联，称为下平纵联。钢桁梁承受的横向荷载一部分通过上平纵联与上弦杆组成的水平桁架的两端传递到桥门架，再经由桥门架传到支座和墩台；另一部分通过下平纵联与下弦杆组成的水平桁架的两端直接传递到支座和墩台。

(2) 主桁的几何图式。

主桁是钢桁梁的主要承重结构，它由上弦杆、下弦杆、腹杆及节点组成。它的图式选择是否合理，对钢桁梁桥的设计质量常常起着重要作用。在拟定主桁图式时，应根据桥位当地具体情况（如地形、地质、水文、气象、运输条件等），选择一个较为经济、合理的方案。它不仅能满足桥上运输及桥下净空的要求，还能节约钢材，便于制造、运输、安装和养护。

对于位于城市的桥梁，还应适当考虑美观问题。常用的主桁几何图式见图 11-9。

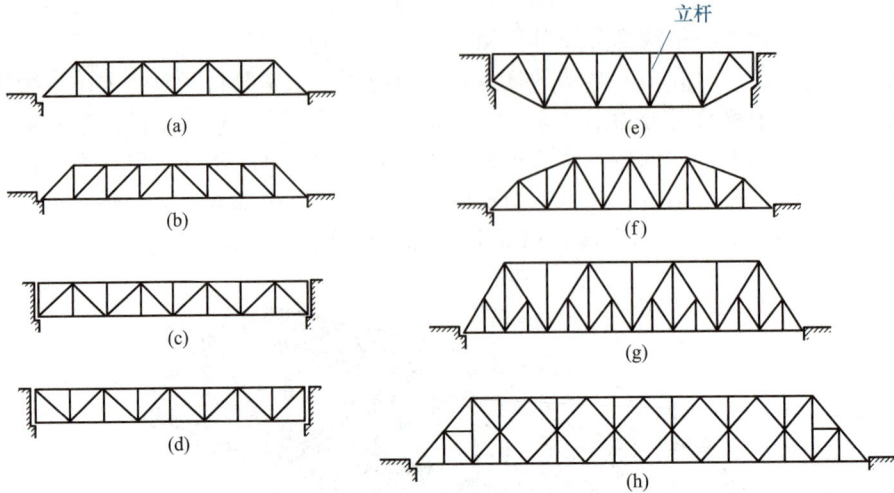

图 11-9　主桁的几种图式

在我国铁路下承式栓焊桁梁的标准设计中，中等跨度（48m、64m、80m）的下承式钢桁梁桥主桁的几何图式均采用平行弦三角形桁架，如图 11-9(a) 所示。对于中等跨度的上承式钢桁梁桥，其主桁图式多采用图 11-9(c) 的图式，很少采用图 11-9(d) 的图式。由于图 11-9(d) 图式的端竖杆要传递较大的支承反力，端竖杆用料较多，因此，图 11-9(d) 的图式不宜作为上承式桁梁的主桁图式，但对于拆装式桁梁，为了满足多种跨度的需要，某些跨度也采用这种图式。

对于大跨度的下承式铁路钢桁梁桥（跨度在 80～128m），采用过上弦为折线形的主桁图式，如图 11-9(f) 所示。由于这种形式的主桁高度变化符合主桁弯矩图，因此，采用这种图式的钢桁梁桥较平行弦要省钢材 2%～3%；但由于它的杆件类型多，节点类型也多，不利于制造、安装与修复，因此，这种形式在我国已很少使用。现较多采用平弦尖头菱形 [图 11-9(h)] 和平弦三角形 [图 11-9(a)]。

对于大跨度或特大跨度钢桁梁桥，为了适应桥梁厂目前的设备条件，节间长度仍采用 8m，在保持斜杆具有适当倾度（斜杆与竖直线之交角不宜小于 30°）的情况下，采用图 11-9(g) 与图 11-9(h) 的图式可以增大桁高。图 11-9(g) 的图式称为再分式，图 11-9(h) 的图式称为米字形。我国修建的许多大跨度钢桁梁桥，大多采用米字形腹杆体系的图式。

（3）主桁的主要尺寸。

主桁的主要尺寸是指主桁高度（简称桁高）、节间长度、斜杆倾度及两主桁的中心距离（中心距）。这些尺寸的拟定和主桁杆件的截面形式及宽度的确定，对钢桁梁桥的技术、经济指标起着重要的作用。

① 主桁高度。

主桁高度由用钢量、刚度等要求来确定。在上承式钢桁梁桥中，应考虑容许建筑高度的要求，下承式钢桁梁桥应保证满足桥梁净空要求。主桁高度较大时，弦杆受力较小，弦杆的用钢量可较省；但主桁高度增大会使腹杆变长，因而腹杆的用钢量将有所增加。对于一定跨度的钢桁梁桥，相应地有某一桁高对用钢量而言是较经济的，这个高度被称为经济高度。根据大量统计资料，铁路下承式简支钢桁梁桥的桁梁经济高度一般为跨长的 1/5～1/10。铁路桥梁的荷载较大，容许拱度较小，其高跨比宜取大些。

② 节间长度。

主桁的节间长度视桁架形式而略有不同。节间长度直接影响主桁纵横梁的跨度和斜腹杆的倾角，同时对钢桁梁桥的用钢量也有影响。节间长度小，则纵梁、横梁数量增多，横梁用钢量也增大，但如果跨度或外力减小，则梁截面可减小，主桁腹杆也相应变短，因此也有一个较为经济的节间长度。在一般情况下，斜杆的水平倾角取 $45°\sim55°$ 最为经济，杆件之间的连接也比较容易。一般下承式钢桁梁桥节间长度可为 $5.5\sim12m$，或为桁高的 $0.8\sim1.2$ 倍。我国标准桁梁的设计节间长度为 $8m$，标准设计的跨度都是 $8m$ 的倍数。

③ 斜杆倾度。

斜杆倾度由上桁高度与节间长度的比值决定，对腹杆用钢量和节点构造有很大影响。斜度设置不当，不仅会影响节点板的形状及尺寸，而且使斜杆位置难以布置在靠近节点中心处，以致削弱节点平面外刚度，增加了节点平面内的刚度。根据以往设计经验，斜杆轴线与竖直线的交角以 $30°\sim50°$ 为宜。斜杆倾角与桁高、节间长度有矛盾时，可在合理范围内进行调整。

④ 主桁中心距。

主桁的中心距与钢桁梁桥的横向刚度有关。为了保证桥梁的横向刚度，主桁的中心距不应小于计算跨度的 $1/20$。对于下承式钢桁梁桥，主桁中心距还必须满足桥上净空的要求（单线铁路桥桥面上的净空宽度是 $4.88m$）。对于上承式钢桁梁桥来说，主桁中心距还要考虑横向倾覆稳定性的要求，抗倾覆稳定安全系数不得小于 1.3。

列车提速后，为增大桥梁横向刚度，减少横向振幅，标准设计的单线铁路下承式钢桁梁桥的主桁中心距由 $5.75m$ 改为 $6.4m$，双线铁路下承式钢桁梁桥的主桁中心距由 $9.75m$ 改为 $10.0m$。

（4）桥面系。

钢桁梁桥的桥面系结构是指列车行驶部分的结构系统，由纵梁、横梁及纵梁之间的联结系组成。钢桥宜优先采用有砟桥面，当钢桥采用明桥面时，其明桥面的纵梁中心距不得小于 $2m$。纵梁、横梁为用钢板焊接成的工字形梁，纵梁结构比较简单，联结系杆件一般采用角钢。

纵梁与横梁的连接及纵梁联结系的连接采用高强度螺栓。

由于桁梁的每个节间都设有横梁，所以纵梁必须在横梁处断开，纵梁长度与节间长度相同，纵梁与纵梁通过鱼形板或鱼形板加牛腿连接起来，这种结构形式传力较好。纵梁端与横梁用连接角钢连接。

任务三　钢桥的防腐、养护与维修

钢桥具有跨越能力大、强度高、建设速度快和施工时间短等特点。近年来，随着我国钢产量的增加，钢结构桥梁的发展非常迅猛。但大气腐蚀、应力腐蚀和腐蚀疲劳会大大降低钢桥构件的承载力并减少桥梁的剩余寿命。因此如何防止钢结构腐蚀、延长钢桥的使用寿命、保证桥梁正常运营状态，逐渐成为人们关注的焦点。

一、钢桥的防腐

1. 钢桥的腐蚀环境

现在的桥梁防腐设计，无论是铁路桥梁还是公路桥梁，或者是两用桥梁，参考的都是环境腐蚀特征，主要包括大气腐蚀、水腐蚀和土壤腐蚀等。

首先，桥梁根据需要而建设，它往往横跨各类山川、海湾，连接陆地和岛屿，地理位置千变万化，各处气候条件复杂，腐蚀环境亦各不相同。如南方的湿热和酸雨，北方的寒冷和冰盐，沿海的盐雾等，都是造成钢桥腐蚀的主要因素，因此研究环境对钢桥的腐蚀对于钢桥的保护至关重要。

其次，由于桥梁长期暴露在空气中，空气中的水分、氧气和腐蚀介质（如雨水中杂质、烟尘、表面沉积物等的联合作用）的化学和电化学作用都会引起金属的腐蚀。大桥横跨江河湖海，桥梁的墩和梁不可避免地会处于水的腐蚀环境中。

最后，大桥的支撑梁、柱必然要立足于土壤之中，而土壤是由气相、液相和固相所构成的一个复杂系统，其中还生存着很多微生物，这些都会引起钢铁或混凝土的腐蚀，直接影响着大桥的安全。

由于按照环境腐蚀的严酷性程度进行防腐设计更接近于实际应用，因此其被许多防腐蚀工作者所采用。

2. 钢桥的防腐特性

我国幅员辽阔，铁路钢桥所处的环境条件很不相同，涉及了我国几乎所有的气候类型，如东北、华北、中原地区的钢桥分别处于寒冷、寒温、暖温性的气候条件下，华东、华南地区的钢桥处于亚湿热、湿热、含有盐雾的海洋性的气候条件下，西北的钢桥处于风沙性的气候条件下，西南的钢桥处于湿热、酸雨性的气候条件下，青藏线上的钢桥处于强紫外线的照射条件下。

由于所处的外部环境不同，钢桥的腐蚀特性、腐蚀严重程度也不尽相同。另外，钢桥的不同部位所接触的腐蚀介质也不尽相同，腐蚀情况也有些差异。

（1）钢铁（金属）腐蚀机理。

钢铁的腐蚀在自然界里是不可避免的，防止钢桥的腐蚀、延长大桥的使用寿命，是桥梁建设中的重要任务。要防止钢铁的腐蚀，就有必要了解钢铁腐蚀的机理。

除了少数贵金属外，金属都是由其自然态的矿石，通过消耗能量的冶炼、电解等方法而获得的。在自然界里发现的铁矿石都不是纯铁，铁是铁矿石放在高炉里或是加热炉里提炼出来的。冶炼过程中还加入了煤矿或焦炭，并加热至很高的温度。在这个过程中，铁矿石吸收了大量的能量，这种能量一部分就贮藏在钢铁中。因此，任何一块钢铁都可以看作一个充了电的蓄电池。这块钢铁以后就会以电的形式将贮存的能量释放出来。钢铁在能量释放过程中，某些成分耗费了，即钢铁发生了腐蚀。这样钢铁就回到了能够稳定存在的自然态。因此，金属随时随地都有恢复到自然化合态（矿石）的倾向，并释放出能量。腐蚀的过程就是金属从热力学不稳定的原子态转变成热力学稳定的离子态，即金属的能量降低的过程，这就是金属自然腐蚀的机理。

腐蚀可以分为化学腐蚀和电化学腐蚀。

化学腐蚀是金属与腐蚀介质间发生化学作用而产生的腐蚀，比如钢铁在非电解质溶液和有机溶剂中发生的腐蚀。化学腐蚀的过程中没有电流的产生。

电化学腐蚀是金属和介质发生电化学反应而引起的腐蚀，在腐蚀过程中有隔离的阴极区和阳极区，电流可以通过金属在一定的距离内流动。钢铁的腐蚀在绝大多数情况下是电化学腐蚀。在金属表面形成原电池是电化学腐蚀最为主要的条件。当两种不同的金属放在电解质溶液中，并以导线连接，我们可以发现导线上有电流通过，这种装置称为原电池。原电池放电会发生电化学反应，在阳极进行的是氧化反应，在阴极进行的是还原反应。

从理论上说，单一金属在电解质溶液里只能形成双电层，不会发生腐蚀。实际上除了金、铂等呈现惰性的金属外，其他金属单独放在电解质溶液中，由于表面电化学性的不均匀，从而产生了许多极小的阴极和阳极，构成了无数的微电池，也会发生电化学腐蚀。

此外，有一些特殊环境下的化学物质也会加快钢铁腐蚀的发生。例如，一些酸性物质会增加水的离子化程度，使钢铁表面上有更多的氧离子和氢离子生成，进一步加快了钢铁腐蚀的过程。

（2）钢桥构件的腐蚀形态。

钢结构桥梁的腐蚀形态多种多样，可以分为局部腐蚀和均匀腐蚀。局部腐蚀是指钢铁表面的局部区域在腐蚀环境中受到比周围环境更强烈的腐蚀。局部腐蚀可细分为多种形态，包括点蚀、孔蚀、晶间腐蚀、应力腐蚀等。富含氯离子的环境、软化水中的溶解氧等常常会引发局部腐蚀。均匀腐蚀的腐蚀作用均匀地发生在整个金属表面上，并在平面上逐步地使金属腐蚀并降低其各项性能。

① 点蚀，为局部性腐蚀状态，可以形成大大小小的孔眼，但绝大多数情况下是相对较小的孔隙。从表面上看，点蚀互相隔离或靠得很近，看上去呈粗糙表面。点蚀是大多数内部腐蚀形态的一种，即使是很少的金属腐蚀也会引起设备的报废。

② 电偶腐蚀，也称为双金属腐蚀。由多种金属如铝与铜、铁与锌、铜与铁等组合而成的部位，在电解质水膜下，形成腐蚀宏电池，会加速其中负电位金属的腐蚀。影响电偶腐蚀的因素有环境、介质导电性、阴阳极的面积比等。在潮湿大气中也会发生电偶腐蚀，湿度越大或大气中含盐越多（如靠近海边），则电偶腐蚀越快。大阴极、小阳极组成的电偶，阳极腐蚀电流密度愈大，腐蚀愈严重。电偶腐蚀首先取决于异种金属之间的电位差。这里的电位指的是两种金属分别在电解质溶液（腐蚀介质）中的实际电位，即该金属在溶液中的腐蚀电位。其他条件不变，电位差越大，腐蚀可能越大。

为了防止电偶腐蚀，要尽量避免电位差悬殊的异种金属有电接触；避免形成大阴极、小阳极的不利面积比，面积小的部件宜用腐蚀电位较正的金属；电位差大的异种金属组装在一起时，中间一般要加绝缘片，垫片紧固不吸湿，避免形成缝隙腐蚀；设计时，选用容易更换的阳极部件，或将它加厚以延长寿命；可能时加入缓蚀剂或涂漆以减轻介质的腐蚀，或者加上第三块金属进行阴极保护等。

③ 缝隙腐蚀，是一种严重的局部腐蚀，经常发生于金属表面缝隙中。桥梁结构非常复杂，金属孔隙、密封垫片表面、螺钉和铆钉下的缝隙内等，都会因溶液的积留而引起缝隙腐蚀。并不是一定要有缝隙才可以发生这种腐蚀，它也可能因为在金属表面上所覆盖的泥沙、灰尘、脏物等而发生。几乎所有的腐蚀性介质，包括淡水，都能引起金属的缝隙腐蚀，而含氯离子的溶液通常是最敏感的介质。

为了防止缝隙腐蚀，主要做法是在结构设计中避免形成缝隙，避免给表面沉积的产生提供条件。因此，对接焊比铆接或螺栓连接要好。容器设计上要避免死角和尖角，以便于排出液体。垫片要采用非吸湿性材料，以免吸水后给腐蚀形成条件。此外，也可采用电化学保护的方法（外加电流）来防止。

④ 应力腐蚀是指在一定环境中外加或本身残余的应力加之腐蚀的作用，导致的金属早期破裂现象。

金属应力腐蚀破裂只在对应力腐蚀敏感的合金上发生，纯金属极少发生。合金的化学成分、金相组织、热处理对合金的应力腐蚀破裂有很大影响。处于应力状态下，残余应力、组织应力、焊接应力或工作应力都可以引起应力腐蚀破裂。对于一定的合金来说，要在特定的环境中才会发生应力腐蚀破裂。例如，不锈钢在海水中，铜合金在氨水中，碳钢在硝酸溶液中。

防止应力腐蚀破裂的主要方法是消除拉应力或施以压应力，设备加工或焊接后最好进行除应力退火，或进行喷砂处理以增加表面压应力。改变介质的腐蚀性，使其完全不腐蚀（添加缓蚀剂），或者使其转变为全面腐蚀。选用耐应力腐蚀破裂的金属材料，使其不能构成材料-环境组合，也可防止应力腐蚀破裂。

⑤ 腐蚀疲劳是指钢铁在交变应力作用和腐蚀介质的共同作用下产生的腐蚀。它往往成群出现。高强度钢丝绳经常出现腐蚀疲劳。

1967 年 12 月，美国西弗吉尼亚州和俄亥俄州之间的俄亥俄大桥突然倒塌，事故调查的结果就是事故由应力腐蚀和腐蚀疲劳产生的裂缝所致。

减少腐蚀疲劳的主要方法是选择在预定环境中抗腐蚀的材料，以及在材料表面镀锌、涂漆等以减轻腐蚀疲劳的作用。

3. 铁路钢桥不同部位的腐蚀特性

由于桥梁的结构形态不同，所以各部位的腐蚀特性各有不同。铁路钢桥采用最多的钢桁梁结构最为复杂；箱形的加劲梁由于内部采用抽湿系统，大大缓解了腐蚀带来的隐患；由于斜拉索和悬索是线形结构，又处在高空，其腐蚀特点又不同于其他钢结构。

（1）铁路钢桥的桁梁结构。

桥梁的主体部分是上部结构，主要受到大气腐蚀。随着大气环境的不同，桥梁受到的腐蚀也不同。跨海大桥受到海洋性气体中氯离子的侵蚀，腐蚀环境最为恶劣。处于工业区和城市的桥梁，由于大气环境很差，受到的腐蚀也很严重。铁路钢桥大多采用明桥面，列车垃圾及废水对铁路桥面的腐蚀产生最直接的影响。

桥梁的结构复杂，各部位的腐蚀情况也有很大的不同。铁路桥梁或公路铁路两用桥梁，多采用复杂的钢桁梁结构，腐蚀情况多种多样。

铁路钢桥的腐蚀部位可以分为两个，即钢桥和钢轨以下和以上的部位，由于两者所处位置不同，腐蚀条件也有差异。

对于钢桥、钢轨以下的部位，如上承式桁梁的下弦杆、纵梁和横梁等，上承式板梁的所有部位等，主要腐蚀物的来源有客车上自由排放的各种污物、污水，通过轨道污染下面的钢结构；再者就是货车运行中飘落的各种粉尘，如煤粉尘、含酸或碱性货物的粉尘等。受腐蚀最严重的部位是桥枕下的纵梁上盖板顶面与上承式板梁的上翼缘顶面，其腐蚀物是雨水和紫外线。

钢桥、钢轨以上部位的钢结构，如下承式桁梁的上弦杆、竖杆、斜杆等，腐蚀因素主要是雨水的侵蚀、紫外线的照射等。在钢桥的上弦和下弦的箱形杆内部的主要腐蚀介质是大气中的潮湿气体，阴暗潮湿是腐蚀的主要根源。

钢桥高强度螺栓的栓接点是不允许有上下贯穿的缝隙存在的，就是说在板缝之间不能有流锈水的现象存在。由于栓接点的腐蚀是雨水产生的缝隙锈蚀，因此该部位必须使用高质量的涂料防腐体系，以防止缝隙腐蚀的产生。

纵梁上盖板顶面与板梁上翼缘顶面是全桥腐蚀最严重的地方，也是最难处理的地方，该处受腐蚀的原因主要是行车时桥枕振动对涂层的破坏，以及列车下落的各污染物的侵蚀，因此要求涂层有耐磨性。上桁梁表面由于积水、积灰，腐蚀最厉害。铆钉、焊缝等处，由于最早的涂装没有引起足够重视，漆膜有缺陷，因此是最容易腐蚀的地方。

（2）钢箱梁。

悬索桥和斜拉桥的钢箱梁的外表面，主要发生大气腐蚀。箱梁的内部通风很差，湿气的聚集会引起涂层的起泡锈蚀等。1970 年建成的丹麦小贝尔特桥，首先采用了箱梁内部的空气干燥装置，起了很好的防腐蚀作用。现在新建的大桥，都采用了控制内部湿度的方法，腐蚀情况减轻很多。

（3）缆索系统。

桥梁的缆索系统主要指斜拉桥的斜拉索、悬索桥的主缆和吊索以及一些拱桥的吊索等。缆索系统处于高空之中，主要的腐蚀环境是大气腐蚀。在高纬度地区，还要考虑到积雪对缆索的影响。

缆索的材料是高强度冷拔碳素钢丝，强度在1500MPa以上，延伸率≥4%。但是由于含碳量高（在0.75%～0.85%之间），塑性较差，在没有进行防护措施时，抗腐蚀性很差。缆索系统是在高应力状态下工作的，尽管对于工作疲劳没有影响，但是腐蚀是在高应力状态下进行的，它将影响钢丝的强度。主缆在桥梁史上还没有发生过什么事故，但是吊索，特别是斜拉索，由于腐蚀介质和应力的相互作用，在桥梁史上出现了多次严重事故。

吊索、斜拉索绞成形后，会有孔隙、沟槽等，即使灌浆也难防止缝隙出现。悬索桥拉索和主梁、立柱、索夹、索鞍等的结合处，通常也是最易受腐蚀的地方。

（4）栓焊连接部位。

高强度螺栓连接部位应力比较集中，较钢梁大面积部位易积水和存留灰尘，易产生缝隙腐蚀等局部腐蚀。

焊缝部位易出现缺陷，在焊接过程中产生的焊渣是由铁的氧化物和无机盐类（如氯化铵、氯化锌等）、松香等组成的多孔混杂体，极易吸收水汽和有害气体，产生腐蚀，该部位的腐蚀属焊缝腐蚀。

二、钢材的防腐措施

根据钢材的锈蚀机理，可以采取多种措施来防腐。例如，使用保护涂层（如油漆、金属涂层、防腐漆等）来隔离钢铁和环境的接触。在一些特殊场合，还可以采用被动防护措施，如使用不锈钢、镀层等高抗腐蚀材料制作钢铁构件。此外，还可以通过电化学方法来防止腐蚀，如阴极保护。综合而言，钢材的防腐蚀方法有以下四种：

① 改变钢材的组成结构。即在钢材的冶炼过程中加入铜、铬、镍等合金元素以提高钢材的抗锈能力，即不锈钢，但由于造价太高，难以在工程中大量应用。

② 阴极保护法。即将构件与电源阴极相连，使构件失去的电子得到补充，钢材内部始终维持电位平衡而不致生锈。此种方法目前仅用于对地下或水下结构的保护。

③ 在构件表面用金属覆盖层保护。如电镀或热浸镀锌等方法，一般用于薄板材和小直径装饰性管材，如网架用钢管。

④ 在钢材表面喷涂非金属保护层。即隔断钢材与空气的接触，从而达到防锈的目的。此种方法施工方便，造价较低，因而在工程中广泛应用，但耐久性差，一般几年后须再次喷涂。

三、铁路钢桥的防腐蚀用涂料

防止钢梁锈蚀的方法很多，目前最广泛采用的方法是对钢梁进行保护涂装（在钢材表面喷涂油漆）。涂料的前身为油漆，随着科学技术的发展，涂料已完全超越了油漆范畴。涂料的施工称为涂装。一百多年来，涂料在经济建设中发挥了重要作用。为满足不同用途，现在涂料已发展到上千种，不仅有机涂料得到很大发展，而且还研究出多种无机涂料，并且针对不同腐蚀环境，开发了与之相匹配的涂装体系，这对金属防腐蚀起到了重要作用。常用的涂料有红丹、氧化铁红、锌铬黄、钼酸锌和锶盐等。

采用涂料防腐蚀主要有以下几方面的作用：

（1）屏蔽作用。

涂料被涂装至钢结构构件表面，并形成一定厚度的涂层，它直接将钢铁和腐蚀环境隔离开，使金属产生一道防腐蚀保护屏障，推迟腐蚀介质与钢铁相接触的时间，即只有等漆膜在所处腐蚀环境中失效损坏后，钢铁被暴露，才与腐蚀介质相接触，发生腐蚀，从而实现了对钢铁的防腐蚀保护，所有涂料涂层均具备这一性能。

（2）钝化缓蚀作用。

在涂料家族中，有磷化底漆、铬酸底漆和各类车间底漆等，它们在工序间起到防锈或增加涂装底漆附着力和钝化缓蚀的作用，其自身防腐效果较弱。

（3）阴极保护作用。

防腐底漆中添加锌粉、铝粉形成富锌（铝）涂料，锌、铝粉的存在使得涂装底层对钢铁构件提供阴极保护作用。

随着科技的发展，我国铁路钢桥的涂料防腐蚀技术也在不断发展和逐渐完善。20世纪50年代，钢梁涂料保护寿命仅为2～3年；60年代后期至80年代，我国先后采用了红丹防锈（底）漆与灰铝锌醇酸面漆（即66醇酸面漆）或灰云母氧化铁醇酸面漆配套体系，涂料保护寿命提高到了10年左右；90年代采用环氧富锌防锈底漆、环氧云铁中间漆、灰铝粉石墨酸面漆（即018醇酸面漆）配套体系，涂料保护寿命达到了15年以上。

铁路钢桥涂料与底面漆配套使用，充分发挥底漆的防锈作用和面漆的耐老化作用。国内外常用的涂料品种见表11-2。

表 11-2　国内外常用的钢桥涂料

国别	底漆	中间漆	面漆
中国	红丹防锈漆,富锌防锈漆	云铁环氧漆	灰铝锌醇酸面漆,灰云母氧化铁醇酸面漆,灰铝粉石墨酸面漆,聚氨酯面漆等
德国	红丹醇酸底漆,油性红丹漆		云铁铝粉醇酸面漆
英国	锌黄酚醛底漆,富锌底漆		云铁酚醛面漆,云铁聚氨酯面漆
法国	红丹底漆		云铁面漆
美国	富锌底漆	流平罩漆,环氧漆	铝粉酚醛面漆,铝粉聚乙烯面漆,聚氨酯面漆
日本	富锌底漆,油性红丹底漆	云铁环氧漆	聚氨酯面漆,氯化橡胶面漆,醇酸面漆

其中，红丹防锈漆可以是红丹酚醛防锈漆，也可以是红丹醇酸防锈漆，红丹含量在不挥发物中不低于65%。需要注意的是，虽然红丹防锈漆是优异的防锈底漆，并且价格低廉，但是含铅量高的涂料都呈橘红色，而其他一些不同颜色的涂料也可能含有铅。20世纪80年代前，铅一直是涂料生产中的重要成分，很多钢铁桥梁都是用含铅量达50%以上的涂料进行涂装的。如果铅被吸入或摄入，对人体是极其有害的。

涂漆中的打磨或相似工序可产生含铅灰尘，电焊切割等也可造成含铅烟雾，这些含铅灰尘（或烟雾）都会被人吸入呼吸系统。工人在吃饭时没有洗去手上的铅尘，就会摄入铅。铅一旦进入血管，就可以到达肾脏。肾的工作是在血液到达其他身体部位前对血液进行净化，然而肾不能有效地除去铅，这样铅就会随着血液到达身体的其他部位，停留在骨骼和其他的器官里，比如肺、肾等里面。铅在骨骼里停留的时间最长，从身体内排出需要很长的时间。这就意味着从事桥梁维修涂装的工人，只要接触到了铅，就会受其害数月甚至数年。

接触铅后有两种表现：急性（短期）和慢性（长期）中毒。

急性中毒症状会在严重铅接触后表现出来。接触过多的铅会有多种症状，包括胃痛、呕吐、腹泻和黑便等。严重的铅接触会导致神经系统受损，进而昏迷、呼吸急促甚至死亡。

慢性中毒症状表现为没有胃口、便秘、呕吐和胃痛等，也会表现为乏力、虚弱、体重下降、失眠、头痛、紧张、轻微颤抖、麻木、头昏眼花、忧虑以及过分活跃。

对铅中毒的工人进行医疗处置时，首先是不让其继续接触铅，然后要由特殊药品部门来进行螯合物制剂治疗，这种特殊的螯合物制剂可以封闭住体内的铅，让铅随尿排出体外。不过这不会治愈因铅受损的组织，它只是限制了铅对人体的损害作用。

由于铅毒的存在，为了保护环境，现在红丹防锈漆正逐渐为其他防锈底漆所代替。但由于铁路钢桥作为永久性的重要钢结构，所以以红丹防锈漆在我国钢桥上仍普遍使用。

四、热喷涂长效防腐蚀技术

热喷涂是依靠专用设备产生的热源（火焰、电弧、等离子等），把金属或非金属固体材料加热熔融或软化，并利用热源自身的动力或外加高速气流雾化，使雾化的喷涂材料快速喷射到经过预处理干净的基体表面形成喷涂层。这些喷涂层具有很多特异功能，如防腐蚀、耐磨、耐热、抗氧化、绝缘、导电、屏蔽等性能，使基体材料本身不具备的性能得到合理的补偿，表现出强大的生命力。

热喷涂技术的特点如下：

① 适用于几乎所有金属、非金属材料表面的喷涂加工，适用范围广泛；

② 喷涂材料范围广泛，金属、非金属的棒丝、粉或粉芯丝材等均可用于喷涂形成涂层；

③ 喷涂过程中对工件热影响力小，从而保证基体材料不变形，性能不降低，也不影响其他各种机加工工艺性能；

④ 被喷涂零件的尺寸不受限制，既可对大型构件进行大面积现场喷涂，又可对尺寸较小的零件进行车间喷涂；

⑤ 喷涂加工工艺适应性广泛，可以对各类零件进行预保护，也可以对不同零件（构件）进行热喷涂维修，喷涂层有防腐蚀、耐磨等不同功能，涂层可以很方便地进行各种加工而没有任何限制；

⑥ 喷涂效率高，热喷涂设备有手持式，灵活机动，也有大功率自动化喷涂生产线。

热喷涂方法有很多种，用于热喷涂的材料更是有几百种，常用的热喷涂方法主要有：火焰线材喷涂、火焰粉末喷涂、电弧喷涂、等离子喷涂、爆炸喷涂、超音速火焰喷涂、激光喷涂等。其中电弧喷涂是钢结构防腐蚀、耐磨损和机械零件维修等实际工程应用中普遍使用的一种热喷涂方法，它是利用电弧喷涂设备的电源发生装置使喷枪的两根金属丝分别带正、负电荷，并在喷枪端头交汇点起弧熔化，同时喷枪内压缩空气穿过电弧和熔化的熔滴使之雾化（电弧最高温度可超过5000℃，雾化的金属颗粒速度可达到180~350m/s），并以一定速度喷射到预先准备好的喷砂表面形成涂层。锌、铝及其合金喷涂层是最常用的钢结构防腐蚀涂层。电弧喷涂工艺是这类防腐涂层大面积涂装施工中最经济和最高效的热喷涂方法。与线材火焰喷涂相比，电弧喷涂具有能量消耗低、生产效率高、涂层结合强度高、生产成本低等特点，但电弧喷涂只能使用导电的线材，如金属、合金、金属-金属氧化物的混合物等制成的实芯或粉芯线材。如果使用两根材料不同的线材进行电弧喷涂，还可获得"伪合金"涂层。

电弧喷涂过程是将两根金属丝送至电弧喷枪端头某一交汇处。两根金属丝分别带正、负电荷，并维持直流电弧，使金属丝起弧、稳弧熔化，熔融或半熔化的金属液滴被压缩空气雾化，形成无数雾化高温金属液滴，其以一定的速度向工件撞击形成电弧喷涂防腐蚀涂层。

电弧喷涂长效防腐蚀施工主要工艺过程为：表面净化→喷砂除锈→电弧喷涂→封闭底漆→封闭面漆。

① 表面净化。

用有机溶剂或金属清洗剂清洗工件表面油污，得到无油、无水、无污物的洁净表面。

② 喷砂除锈。

采用压力式或射吸式喷砂机对工件表面进行喷砂除锈，钢材表面原始锈蚀等级通常被分为 A、B、C、D 四个等级，除锈后分别达到 ASa3 级、BSa3 级、CSa3 级和 DSa3 级。喷砂表面粗糙度应达到 $25\sim100\mu m$。

喷砂所用砂材可以为钢砂、石英砂、铜矿渣等，砂材粒径应在 $0.5\sim3.0\mu m$ 之间，不同大小颗粒合理匹配、混合，砂粒外形应带有尖锐棱角，喷砂空气压力应达到 0.6MPa。

③ 电弧喷涂。

在进行电弧喷涂防腐蚀施工时，可根据工期、工件形状和质量要求对设备进行合理的配置。目前主要应用的电弧喷涂设备有普通电弧喷枪、大功率电弧喷枪、二次雾化电弧喷枪等。

电弧喷涂的操作工艺参数包括喷涂电压、喷涂电流、雾化气体压力和流量、喷涂距离、喷涂角度、喷枪移动速度等。

④ 封闭。

封闭涂装施工通常有刷涂、滚涂、空气喷涂和高压无气喷涂几种方法。其施工设备和方法与油漆涂装相同。对于封闭面漆，为了美观一般都采用高压无气喷涂施工。

电弧喷涂质量控制。电弧喷涂防腐技术质量控制应从人、机、料、法、环等五方面进行全面质量管理。电弧喷涂层质量控制指标：涂层厚度应达到设计要求；涂层外观应均匀一致，无漏喷涂和附着不牢涂层，无未完全熔化大颗粒；电弧喷涂层结合力应达到 5.9MPa 以上（喷锌）、9.8MPa 以上（喷铝）；封闭涂层厚度达到设计要求，附着力达划圈 1 级以上。

五、钢桥的养护与维修

桥梁是国民经济建设和人民生活中重要的基础设施，为了保证桥梁的畅通，必须加强现有桥梁的保养和维护工作。桥梁的维修涂装主要涉及日常的计划性维修保养，以及当涂层达到使用寿命终点时的全面重新涂装工作，而且还将涉及钢结构的检查、加固和更换工作。大型桥梁每 5 年或 10 年都要进行加固维修，小型钢桥需要进行重涂。

1. 桥梁的检测评估

在使用过程中，由于频繁承载，加上自然界的侵袭以及人为侵害等，桥梁就会有损伤和局部破坏。随着使用年限的增加，损伤程度也就会越来越严重。为了保证桥梁在设计使用寿命期内安全运营，延长其使用寿命，就要定期对桥梁进行检测评估。主要内容包括承载能力评估、耐久性评估、使用性评估。其中，钢结构构件的使用现状以及涂层的维修保养是其重要事项和工作内容之一。

钢结构的穿孔、硬伤、硬弯、歪扭、裂纹等是检查的重点内容。重点检查内容有：

① 承受拉力或反复应力的杆件与节点板连接处或杆件接头处；

② 纵梁和横梁的连接角钢；

③ 无盖板的上梁翼缘角钢；

④ 主梁间的纵向连接处、单剪铆钉处；

⑤ 焊缝端部和附近基材；

⑥ 钢箱梁工地拼接大环形焊缝；

⑦ 铆钉头的锈蚀、松动；

⑧ 高强度螺栓的完好程度，有无降低摩擦力的因素等；

⑨ 中承式和下承式拱桥的吊杆和锚头的锈蚀；

⑩ 焊缝或高强度螺栓是否有裂缝、松动；

⑪ 系杆拱的系杆及其连接处；

⑫ 钢管拱的钢管焊缝、支承端的焊缝等。

从以上列举的一些检查内容来看，除了结构本身的状态外，其中很重要的内容就是锈蚀状况及其对于结构件的影响。对于钢结构涂层的检查，要特别注意容易积水、积灰和通风不良的部位。锈蚀严重的，要进行钢结构剩余厚度的检测。

2. 涂层老化的评价

外界的强烈影响，如温差、磨蚀、太阳暴晒、紫外线、风雨、潮气、烟雾、接触腐蚀、微生物影响和阴极保护等，都会造成涂层的老化或者缺陷。所以涂层的使用寿命通常都短于钢结构或其他结构的设计寿命，涂层的保养和维修就显得同最初进行的涂装一样重要。当旧有的涂层受到机械损伤等外力作用或涂层本身的使用寿命快到终点而发生锈蚀、剥落、粉化、点蚀等，都说明涂层需要维修了。

受防腐蚀体系的影响，涂层老化失效主要可以分为以下三种。

（1）有机涂层老化。有机涂层的老化主要是指涂膜的老化，主要是受到化学物质的侵蚀，或受外界使用环境（如紫外线、冷热、雨水等）的长期作用，以及腐蚀介质对涂层的溶胀扩散等导致其受到破坏等。

（2）金属涂层的失效。对于金属涂层，主要有热喷锌、热喷铝、热浸镀锌和无机富锌涂层。它们都是利用锌或铝在使用过程中起到的阴极保护作用，牺牲自身来保护钢铁结构。

早期的一些钢结构桥梁，是只以金属涂层进行保护的。在大气环境中，金属涂层的腐蚀通常较为均匀，速率较低。在大气环境中，铝的耐腐蚀性能要比锌好，因为铝很容易在表面外层生成不溶于水的氧化膜，而且一旦氧化膜破坏，会马上重新生成。研究表明，在中等腐蚀性大气中，喷铝层要比热浸镀锌的耐腐蚀性能高 2 倍，在腐蚀性严重地区高出 4 倍。

富锌涂层由于锌粉含量高达 $80\% \sim 90\%$，可以看作某种程度上的金属涂层。一方面它对钢铁起着阴极保护作用，另一方面黏结剂（如环氧树脂等）的失效会使锌粉附着不良而失去作用。

（3）复合涂层失效。现代桥梁的防腐体系，是金属喷涂层和有机涂层相结合的双重复合保护。外层的有机涂层可以有效地阻挡住腐蚀因子对金属涂层和钢铁的侵蚀。复合涂层的失效，首先也就是外层有机涂层的失效，常见情况为粉化、剥落等。由于有机涂层的破损，腐蚀因子有机会渗入底面，再引起金属涂层的腐蚀，而腐蚀产物的生成和积累又会引起有机涂层的附着力下降等。

对有机涂层进行检查时，在选定的几个地方，根据相应的标准，进行目测和相应的仪器测试，以评定涂层的状态。

3. 桥梁维修保养

制定桥梁的维修涂装规格书比制定一个新建结构涂装规格书要复杂得多。必须要有一套系统的方法来进行这项工作。必须进行一些特定的测试，然后才能有目的、有针对性地制定所要维修的项目的涂装方案，而后延长其使用寿命。

除了暴露环境外，还要考虑每一座桥的表面处理和涂料类型、维修历史记录及桥梁状态、桥梁结构的类型以及有关环境和工人保护的法规限制。环境和安全法规会影响涂料的选择，比如，喷砂会使废漆皮掉进河里而影响水质，这是不允许的。

项目十一

有关红丹漆的法规越来越严格，全部除去红丹漆会使费用增加很多。所以对于每一座桥要仔细考虑涂装方案，如地点、旧涂层状态、结构的完整性、特殊部件以及相关的法规等。

若根据试验室数据以及其他类似钢桥的使用情况选择涂料，通常要考虑以下几个方面的问题：

① 涂层系统的使用寿命是多久？

② 有否必要全部除去旧涂层？

③ 如果使用特殊涂料，要使用特殊设备和技术吗？

④ 涂料易于施工吗？

4. 涂装时的注意要点

涂装的施工环境温度为 5～38℃，空气相对湿度不大于 85%；在有雨、雾、雪、大风和较大灰尘的条件下，禁止户外施工。施工环境温度−5～5℃时，应采用低温固化产品或采用其他措施。

涂料充分搅拌均匀后方可施工，推荐采用电动或气动搅拌装置。对于双组分或多组分涂料，应先将各组分分别搅拌均匀，再按比例配制并搅拌均匀。混合好的涂料按照产品说明书的规定熟化。涂料的使用时间按产品说明书规定的适用期执行。

涂装时可以用喷涂、刷涂或辊（滚）涂。修补时也可用刷涂或辊涂，复杂结构可以刷涂或辊涂，以避免飞喷、干喷或过多地浪费涂料。刷涂和辊涂要求进行多道施工才能达到规定膜厚。涂装时需要注意以下几点：

① 锐边和复杂结构，每道漆前需要进行条涂。

② 中间漆必须是同一种颜色，且有利于面漆有很好遮盖率。

③ 污染物可能来自施工过程中和固化干燥时，将影响以后的涂层性能。

④ 规定的环境要求（如涂料的温度限制）：有时可能需要采用低温催化剂；低温时的固化如果受到高温，可能就会有溶剂性起泡或表面层结皮出现；大风会使涂料浪费现象加剧，出现干喷和表皮干燥。

⑤ 取得涂层最佳结果应该在 85% 湿度下，底材温度应高于露点温度 3℃以上。

⑥ 溶剂和稀释剂应根据产品手册进行选择。

⑦ 加锌盐可以扫砂后用淡水冲洗，也可采用高压淡水与动力工具打磨。

⑧ 油脂、污物等可以用合适的溶剂、乳化剂吸收或除去。

📝 项目小结

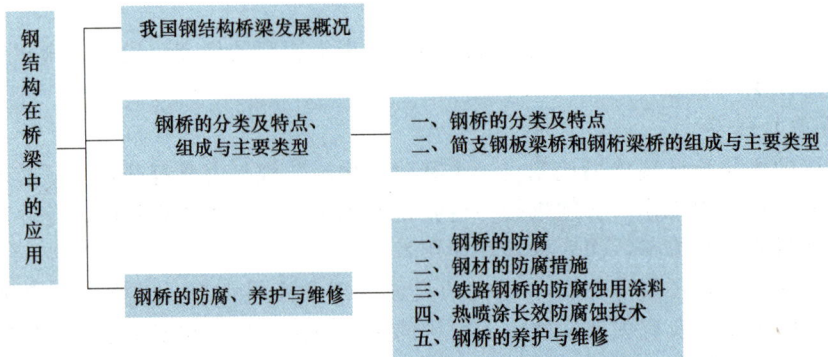

✎ 能力训练题

一、问答题

1. 试说明上承式和下承式钢板桥的主要构造特点。
2. 钢桥构件的腐蚀形态有哪些？
3. 简述钢桥的防腐措施。
4. 钢桥的重点检查部位有哪些？
5. 简述热喷涂技术及其特点。
6. 简述涂装施工注意事项。

二、填空题

1. 新中国钢桥的四个里程碑是（   ）、（   ）、（   ）、（   ）。
2. 我国铁路钢板梁标准设计中，下承式栓焊钢板梁标准跨径有（   ）、（   ）、（   ）、（   ）四种。
3. 铁路下承式钢板梁桥的桥面系由（   ）和（   ）组成。
4. 涂层老化失效主要可以分为（   ）、（   ）、（   ）三种。

项目十一

附　录

附表1　钢材和连接的强度设计值

附表 1-1　钢材的强度设计值　　　　　　　　　　　　　单位：N/mm²

钢材		抗拉、抗压和抗弯 f	抗剪 f_v	端面承压(刨平顶紧) f_{ce}
牌号	厚度或直径/mm			
Q235 钢	≤16	215	125	325
	>16~40	205	120	
	>40~60	200	115	
	>60~100	190	110	
Q345 钢	≤16	310	180	400
	>16~40	295	170	
	>40~60	265	155	
	>60~100	250	145	
Q390 钢	≤16	350	205	415
	>16~40	335	190	
	>40~63	315	180	
	>63~100	295	170	
Q420 钢	≤16	380	220	440
	>16~40	360	210	
	>40~63	340	195	
	>63~100	325	185	
Q460 钢	≤16	410	235	470
	>16~40	390	225	
	>40~63	355	205	
	>63~100	340	195	

注：1. 厚度系指计算点的钢材或钢管壁厚度，对轴心受拉和轴心受压构件系指截面中较厚板件的厚度。

2. 冷弯型材和冷弯钢管，其强度设计值应按国家现行有关标准的规定采用。

附表 1-2　焊缝的强度设计值　　　　　　　　　　　　　单位：N/mm²

焊接方法和焊条型号	构件钢材		对接焊缝				角焊缝
	牌号	厚度或直径/mm	抗压 f_c^w	焊接质量为下列等级时，抗拉 f_t^w		抗剪 f_v^w	抗拉、抗压和抗剪 f_f^w
				一级、二级	三级		
自动焊、半自动焊和 E43 型焊条的手工焊	Q235 钢	≤16	215	215	185	125	160
		>16~40	205	205	175	120	
		>60~100	200	200	170	115	

焊接方法和焊条型号	构件钢材		对接焊缝				角焊缝
	牌号	厚度或直径/mm	抗压 f_c^w	焊接质量为下列等级时,抗拉 f_t^w		抗剪 f_v^w	抗拉、抗压和抗剪 f_f^w
				一级、二级	三级		
自动焊、半自动焊和 E50 型焊条的手工焊	Q345 钢	≤16	310	310	265	180	200
		>16～40	295	295	250	170	
		>40～63	265	265	225	155	
		>63～100	250	250	210	145	
自动焊、半自动焊和 E55 型焊条的手工焊	Q390 钢	≤16	350	350	300	205	220
		>16～40	335	335	285	190	
		>40～63	315	315	270	180	
		>63～100	295	295	250	170	
自动焊、半自动焊和 E55 型、E60 型焊条手工焊	Q420 钢	≤16	370	370	320	215	220（E55 型）
		>16～40	355	355	300	205	240（E60 型）
		>40～63	320	320	270	185	
		>63～100	305	305	260	175	
自动焊、半自动焊和 E55 型、E60 型焊条手工焊	Q460 钢	≤16	410	410	350	235	220（E55 型）
		>16～40	390	390	330	225	240（E60 型）
		>40～63	355	355	300	205	
		>63～100	340	340	290	195	
自动焊、半自动焊和 E50 型、E55 型焊条手工焊	Q345GJ 钢	>16～35	310	310	265	180	200
		>35～50	290	290	245	170	
		>50～100	285	285	240	165	

注:1. 手工焊用焊条、自动焊和半自动焊所采用的焊丝和焊剂,应保证其熔敷金属的力学性能不低于母材的性能。

2. 焊缝质量等级应符合现行国家标准《钢结构焊接规范》(GB 50661—2011) 的规定,其检验方法应符合现行国家标准《钢结构工程施工质量验收标准》(GB 50205—2020) 的规定。其中厚度小于 6mm 钢材的对接焊缝,不应采用超声波探伤确定焊缝质量等级。

3. 对接焊缝在受压区的抗弯强度设计值取 f_c^w,在受拉区的抗弯强度设计值取 f_t^w。

4. 厚度系指计算点的钢材厚度,对轴心受拉和轴心受压构件系指截面中较厚板件的厚度。

附表 1-3　螺栓连接的强度设计值　　　　　单位:N/mm²

螺栓的性能等级、锚栓和构件钢材的牌号		普通螺栓						锚栓	承压型连接高强度螺栓		
		C 级螺栓			A 级、B 级螺栓						
		抗拉 f_t^b	抗剪 f_v^b	承压 f_c^b	抗拉 f_t^b	抗剪 f_v^b	承压 f_c^b	抗拉 f_t^b	抗拉 f_t^b	抗剪 f_v^b	承压 f_c^b
普通螺栓	4.6 级、4.8 级	170	140	—	—	—	—	—	—	—	—
	5.6 级	—	—	—	210	190	—	—	—	—	—
	8.8 级	—	—	—	400	320	—	—	—	—	—
锚栓	Q235 钢	—	—	—	—	—	—	140	—	—	—
	Q345 钢	—	—	—	—	—	—	180	—	—	—
	Q390 钢	—	—	—	—	—	—	185	—	—	—
承压型连接高强度螺栓	8.8 级	—	—	—	—	—	—	—	400	250	—
	10.9 级	—	—	—	—	—	—	—	500	310	—
构件	Q235 钢	—	—	305	—	—	405	—	—	—	470
	Q345 钢	—	—	385	—	—	510	—	—	—	590
	Q390 钢	—	—	400	—	—	530	—	—	—	615
	Q420 钢	—	—	425	—	—	560	—	—	—	655
	Q460 钢	—	—	450	—	—	595	—	—	—	695
	Q345GJ 钢	—	—	400	—	—	530	—	—	—	615

注:1. A 级螺栓用于 $d≤24mm$ 和 $l≤10d$ 或 $l≤150mm$（按较小值）的螺栓;B 级螺栓用于 $d>24mm$ 和 $l>10d$ 或 $l>150mm$（按较小值）的螺栓。d 为公称直径,l 为螺杆公称长度。

2. A、B 级螺栓孔的精度和孔壁表面粗糙度,C 级螺栓孔的允许偏差和孔壁表面粗糙度,均应符合现行国家标准《钢结构工程施工质量验收标准》(GB 50205—2020) 的要求。

附录

附表 2 轴心受压构件的稳定系数

附表 2-1 a 类截面轴心受压构件的稳定系数 φ

$\lambda\sqrt{\dfrac{f_y}{235}}$	0	1	2	3	4	5	6	7	8	9
0	1.000	1.000	1.000	1.000	0.999	0.999	0.998	0.998	0.997	0.996
10	0.995	0.994	0.993	0.992	0.991	0.989	0.988	0.986	0.985	0.983
20	0.981	0.979	0.977	0.976	0.974	0.972	0.970	0.968	0.966	0.964
30	0.963	0.961	0.959	0.957	0.955	0.952	0.950	0.948	0.946	0.944
40	0.941	0.939	0.937	0.934	0.932	0.929	0.927	0.924	0.921	0.919
50	0.916	0.913	0.910	0.907	0.904	0.900	0.897	0.894	0.890	0.886
60	0.883	0.879	0.875	0.871	0.867	0.863	0.858	0.854	0.849	0.844
70	0.839	0.834	0.829	0.824	0.818	0.813	0.807	0.801	0.795	0.789
80	0.783	0.776	0.770	0.763	0.757	0.750	0.743	0.736	0.728	0.721
90	0.714	0.706	0.699	0.691	0.684	0.676	0.668	0.661	0.653	0.645
100	0.638	0.630	0.622	0.615	0.607	0.600	0.592	0.585	0.577	0.570
110	0.563	0.555	0.548	0.541	0.534	0.527	0.520	0.514	0.507	0.500
120	0.494	0.488	0.481	0.475	0.469	0.463	0.457	0.451	0.445	0.440
130	0.434	0.429	0.423	0.418	0.412	0.407	0.402	0.397	0.392	0.387
140	0.383	0.378	0.373	0.369	0.364	0.360	0.356	0.351	0.347	0.343
150	0.339	0.335	0.331	0.327	0.323	0.320	0.316	0.312	0.309	0.305
160	0.302	0.298	0.295	0.292	0.289	0.285	0.282	0.279	0.276	0.273
170	0.270	0.267	0.264	0.262	0.259	0.256	0.253	0.251	0.248	0.246
180	0.243	0.241	0.238	0.236	0.233	0.231	0.229	0.226	0.224	0.222
190	0.220	0.218	0.215	0.213	0.211	0.209	0.207	0.205	0.203	0.201
200	0.199	0.198	0.196	0.194	0.192	0.190	0.189	0.187	0.185	0.183
210	0.182	0.180	0.179	0.177	0.175	0.174	0.172	0.171	0.169	0.168
220	0.166	0.165	0.164	0.162	0.161	0.159	0.158	0.157	0.155	0.154
230	0.153	0.152	0.150	0.149	0.148	0.147	0.146	0.144	0.143	0.142
240	0.141	0.140	0.139	0.138	0.136	0.135	0.134	0.133	0.132	0.131
250	0.130	—								

附表 2-2 b 类截面轴心受压构件的稳定系数 φ

$\lambda\sqrt{\dfrac{f_y}{235}}$	0	1	2	3	4	5	6	7	8	9
0	1.000	1.000	1.000	0.999	0.999	0.998	0.997	0.996	0.995	0.994
10	0.992	0.991	0.989	0.987	0.985	0.983	0.981	0.978	0.976	0.973
20	0.970	0.967	0.963	0.960	0.957	0.953	0.950	0.946	0.943	0.939
30	0.936	0.932	0.929	0.925	0.922	0.918	0.914	0.910	0.906	0.903
40	0.899	0.895	0.891	0.887	0.882	0.878	0.874	0.870	0.865	0.861
50	0.856	0.852	0.847	0.842	0.838	0.833	0.828	0.823	0.818	0.813
60	0.807	0.802	0.797	0.791	0.786	0.780	0.774	0.769	0.763	0.757
70	0.751	0.745	0.739	0.732	0.726	0.720	0.714	0.707	0.701	0.694
80	0.688	0.681	0.675	0.668	0.661	0.655	0.648	0.641	0.635	0.628
90	0.621	0.614	0.608	0.601	0.594	0.588	0.581	0.575	0.568	0.561
100	0.555	0.549	0.542	0.536	0.529	0.523	0.517	0.511	0.505	0.499
110	0.493	0.487	0.481	0.475	0.470	0.464	0.458	0.453	0.447	0.442
120	0.437	0.432	0.426	0.421	0.416	0.411	0.406	0.402	0.397	0.392
130	0.387	0.383	0.378	0.374	0.370	0.365	0.361	0.357	0.353	0.349
140	0.345	0.341	0.337	0.333	0.329	0.326	0.322	0.318	0.315	0.311
150	0.308	0.304	0.301	0.298	0.295	0.291	0.288	0.285	0.282	0.279
160	0.276	0.273	0.270	0.267	0.265	0.262	0.259	0.256	0.254	0.251
170	0.249	0.246	0.244	0.241	0.239	0.236	0.234	0.232	0.229	0.227
180	0.225	0.223	0.220	0.218	0.216	0.214	0.212	0.210	0.208	0.206
190	0.204	0.202	0.200	0.198	0.197	0.195	0.193	0.191	0.190	0.188
200	0.186	0.184	0.183	0.181	0.180	0.178	0.176	0.175	0.173	0.172
210	0.170	0.169	0.167	0.166	0.165	0.163	0.162	0.160	0.159	0.158
220	0.156	0.155	0.154	0.153	0.151	0.150	0.149	0.148	0.146	0.145
230	0.144	0.143	0.142	0.141	0.140	0.138	0.137	0.136	0.135	0.134
240	0.133	0.132	0.131	0.130	0.129	0.128	0.127	0.126	0.125	0.124
250	0.123									

附表 2-3　c 类截面轴心受压构件的稳定系数 φ

$\lambda\sqrt{\dfrac{f_y}{235}}$	0	1	2	3	4	5	6	7	8	9
0	1.000	1.000	1.000	0.999	0.999	0.998	0.997	0.996	0.995	0.993
10	0.992	0.990	0.988	0.986	0.983	0.981	0.978	0.976	0.973	0.970
20	0.966	0.959	0.953	0.947	0.940	0.934	0.928	0.921	0.915	0.909
30	0.902	0.896	0.890	0.884	0.877	0.871	0.865	0.858	0.852	0.846
40	0.839	0.833	0.826	0.820	0.814	0.807	0.801	0.794	0.788	0.781
50	0.775	0.768	0.762	0.755	0.748	0.742	0.735	0.729	0.722	0.715
60	0.709	0.702	0.695	0.689	0.682	0.676	0.669	0.662	0.656	0.649
70	0.643	0.636	0.629	0.623	0.616	0.610	0.604	0.597	0.591	0.584
80	0.578	0.572	0.566	0.559	0.553	0.547	0.541	0.535	0.529	0.523
90	0.517	0.511	0.505	0.500	0.494	0.488	0.483	0.477	0.472	0.467
100	0.463	0.458	0.454	0.449	0.445	0.441	0.436	0.432	0.428	0.423
110	0.419	0.415	0.411	0.407	0.403	0.399	0.395	0.391	0.387	0.383
120	0.379	0.375	0.371	0.367	0.364	0.360	0.356	0.353	0.349	0.346
130	0.342	0.339	0.335	0.332	0.328	0.325	0.322	0.319	0.315	0.312
140	0.309	0.306	0.303	0.300	0.297	0.249	0.291	0.288	0.285	0.282
150	0.280	0.277	0.274	0.271	0.269	0.266	0.264	0.261	0.258	0.256
160	0.254	0.251	0.249	0.246	0.244	0.242	0.239	0.237	0.235	0.233
170	0.230	0.228	0.226	0.224	0.222	0.220	0.218	0.216	0.214	0.212
180	0.210	0.208	0.206	0.205	0.203	0.201	0.199	0.197	0.196	0.194
190	0.192	0.190	0.189	0.187	0.186	0.184	0.182	0.181	0.179	0.178
200	0.176	0.175	0.173	0.172	0.170	0.169	0.168	0.166	0.165	0.163
210	0.162	0.161	0.159	0.158	0.157	0.156	0.154	0.153	0.152	0.151
220	0.150	0.148	0.147	0.146	0.145	0.144	0.143	0.142	0.140	0.139
230	0.138	0.137	0.136	0.135	0.134	0.133	0.132	0.131	0.130	0.129
240	0.128	0.127	0.126	0.125	0.124	0.124	0.123	0.122	0.121	0.120
250	0.119	—	—	—	—	—	—	—	—	—

附表 2-4　d 类截面轴心受压构件的稳定系数 φ

$\lambda\sqrt{\dfrac{f_y}{235}}$	0	1	2	3	4	5	6	7	8	9
0	1.000	1.000	0.999	0.999	0.998	0.996	0.994	0.992	0.990	0.987
10	0.984	0.981	0.978	0.974	0.969	0.965	0.960	0.955	0.949	0.944
20	0.937	0.927	0.918	0.909	0.900	0.891	0.883	0.874	0.865	0.857
30	0.848	0.840	0.831	0.823	0.815	0.807	0.799	0.790	0.782	0.774
40	0.766	0.759	0.751	0.743	0.735	0.728	0.720	0.712	0.705	0.697
50	0.690	0.683	0.675	0.668	0.661	0.654	0.646	0.639	0.632	0.625
60	0.618	0.612	0.605	0.598	0.591	0.585	0.578	0.572	0.565	0.559
70	0.552	0.546	0.540	0.534	0.528	0.522	0.516	0.510	0.504	0.498
80	0.493	0.487	0.481	0.476	0.470	0.465	0.460	0.454	0.449	0.444
90	0.439	0.434	0.429	0.424	0.419	0.414	0.410	0.405	0.401	0.397
100	0.394	0.390	0.387	0.383	0.380	0.376	0.373	0.370	0.366	0.363
110	0.359	0.356	0.353	0.350	0.346	0.343	0.340	0.337	0.334	0.331
120	0.328	0.325	0.322	0.319	0.316	0.313	0.310	0.307	0.304	0.301
130	0.299	0.296	0.293	0.290	0.288	0.285	0.282	0.280	0.277	0.275
140	0.272	0.270	0.267	0.265	0.262	0.260	0.258	0.255	0.253	0.251
150	0.248	0.246	0.244	0.242	0.240	0.237	0.235	0.233	0.231	0.229
160	0.227	0.225	0.223	0.221	0.219	0.217	0.215	0.213	0.212	0.210
170	0.208	0.206	0.204	0.203	0.201	0.199	0.197	0.196	0.194	0.192
180	0.191	0.189	0.188	0.186	0.184	0.183	0.181	0.180	0.178	0.177
190	0.176	0.174	0.173	0.171	0.170	0.168	0.167	0.166	0.164	0.163
200	0.162	—	—	—	—	—	—	—	—	—

附表 3 柱的计算长度系数

附表 3-1 无侧移框架柱的计算长度系数 μ

K_2	K_1												
	0	0.05	0.1	0.2	0.3	0.4	0.5	1	2	3	4	5	≥10
0	1.000	0.990	0.981	0.964	0.949	0.935	0.922	0.875	0.820	0.791	0.773	0.760	0.732
0.05	0.990	0.981	0.971	0.955	0.940	0.926	0.914	0.867	0.814	0.784	0.766	0.754	0.726
0.1	0.981	0.971	0.962	0.946	0.931	0.918	0.906	0.860	0.807	0.778	0.760	0.748	0.721
0.2	0.964	0.955	0.946	0.930	0.916	0.903	0.891	0.846	0.795	0.767	0.749	0.737	0.711
0.3	0.949	0.940	0.931	0.916	0.902	0.889	0.878	0.834	0.784	0.756	0.739	0.728	0.701
0.4	0.935	0.926	0.918	0.903	0.889	0.877	0.866	0.823	0.774	0.747	0.730	0.719	0.693
0.5	0.922	0.914	0.906	0.891	0.878	0.866	0.855	0.813	0.765	0.738	0.721	0.710	0.685
1	0.875	0.867	0.860	0.846	0.834	0.823	0.813	0.774	0.729	0.704	0.688	0.677	0.654
2	0.820	0.814	0.807	0.795	0.784	0.774	0.765	0.729	0.686	0.663	0.648	0.638	0.615
3	0.791	0.784	0.778	0.767	0.756	0.747	0.738	0.704	0.663	0.640	0.625	0.616	0.593
4	0.773	0.766	0.760	0.749	0.739	0.730	0.721	0.688	0.648	0.625	0.611	0.601	0.580
5	0.760	0.754	0.748	0.737	0.728	0.719	0.710	0.677	0.638	0.616	0.601	0.592	0.570
≥10	0.732	0.726	0.721	0.711	0.701	0.693	0.685	0.654	0.615	0.593	0.580	0.570	0.549

注：1. 计算长度系数 μ 值系按下式所得

$$\left[\left(\frac{\pi}{\mu}\right)^2 + 2(K_1+K_2) - 4K_1K_2\right]\frac{\pi}{\mu}\sin\frac{\pi}{\mu} - 2\left[(K_1+K_2)\left(\frac{\pi}{\mu}\right)^2 + 4K_1K_2\right]\cos\frac{\pi}{\mu} + 8K_1K_2 = 0$$

式中，K_1、K_2 分别为相交于柱上端、柱下端的横梁线刚度之和与柱线刚度之和的比值。当横梁远端为铰接时，应将横梁线刚度乘以 1.5；当横梁远端为嵌固时，将横梁线刚度乘以 2。

2. 当横梁与柱铰接时，取横梁线刚度为零。

3. 对底层框架柱：当柱与基础铰接时，取 $K_2=0$（对平板支座可取 $K_2=0.1$）；当柱与基础刚接时，取 $K_2=10$。

4. 当与柱刚性连接的横梁轴力较大时，横梁线刚度应乘以折减系数，具体计算方法详见《钢结构设计标准》。

附表 3-2 有侧移框架柱的计算长度系数 μ

K_2	K_1												
	0	0.05	0.1	0.2	0.3	0.4	0.5	1	2	3	4	5	≥10
0	∞	6.02	4.46	3.42	3.01	2.78	2.64	2.33	2.17	2.11	2.08	2.07	2.03
0.05	6.02	4.16	3.47	2.86	2.58	2.42	2.31	2.07	1.94	1.90	1.87	1.86	1.83
0.1	4.46	3.47	3.01	2.56	2.33	2.20	2.11	1.90	1.79	1.75	1.73	1.72	1.70
0.2	3.42	2.86	2.56	2.23	2.05	1.94	1.87	1.70	1.60	1.57	1.55	1.54	1.52
0.3	3.01	2.58	2.33	2.05	1.90	1.80	1.74	1.58	1.49	1.46	1.45	1.44	1.42
0.4	2.78	2.42	2.20	1.94	1.80	1.71	1.65	1.50	1.42	1.39	1.37	1.37	1.35
0.5	2.64	2.31	2.11	1.87	1.74	1.65	1.59	1.45	1.37	1.34	1.32	1.32	1.30
1	2.33	2.07	1.90	1.70	1.58	1.50	1.45	1.32	1.24	1.21	1.20	1.19	1.17
2	2.17	1.94	1.79	1.60	1.49	1.42	1.37	1.24	1.16	1.14	1.12	1.12	1.10
3	2.11	1.90	1.75	1.57	1.46	1.39	1.34	1.21	1.14	1.11	1.10	1.09	1.07
4	2.08	1.87	1.73	1.55	1.45	1.37	1.32	1.20	1.12	1.10	1.08	1.08	1.06
5	2.07	1.86	1.72	1.54	1.44	1.37	1.32	1.19	1.12	1.09	1.08	1.07	1.05
≥10	2.03	1.83	1.70	1.52	1.42	1.35	1.30	1.17	1.10	1.07	1.06	1.05	1.03

注：1. 计算长度系数 μ 值系按下式所得

$$\left[36K_1K_2 - \left(\frac{\pi}{\mu}\right)^2\right]\sin\frac{\pi}{\mu} + 6(K_1+K_2)\frac{\pi}{\mu}\cos\frac{\pi}{\mu} = 0$$

式中，K_1、K_2 分别为相交于柱上端、柱下端的横梁线刚度之和与柱线刚度之和的比值。当横梁远端为铰接时，应将横梁线刚度乘以 0.5；当横梁远端为嵌固时，应乘以 2/3。

2. 当横梁与柱铰接时，取横梁线刚度为零。

3. 对底层框架柱：当柱与基础铰接时，取 $K_2=0$（对平板支座可取 $K_2=0.1$）；当柱与基础刚接时，取 $K_2=10$。

4. 当与柱刚性连接的横梁轴力较大时，横梁线刚度应乘以折减系数，具体计算方法详见《钢结构设计标准》。

$i_x = 0.30h$ $i_y = 0.90b$ $i_z = 0.195h$	$i_x = 0.40h$ $i_y = 0.21b$	$i_x = 0.38h$ $i_y = 0.44b$	$i_x = 0.32h$ $i_y = 0.49b$
$i_x = 0.32h$ $i_y = 0.28b$ $i_z = 0.09(b+h)$	$i_x = 0.45h$ $i_y = 0.235b$	$i_x = 0.32h$ $i_y = 0.58b$	$i_x = 0.29h$ $i_y = 0.50b$
$i_x = 0.30h$ $i_y = 0.215b$	$i_x = 0.43h$ $i_y = 0.43b$	$i_x = 0.32h$ $i_y = 0.40b$	$i_x = 0.29h$ $i_y = 0.45b$
$i_x = 0.32h$ $i_y = 0.20b$	$i_x = 0.39h$ $i_y = 0.20b$	$i_x = 0.38h$ $i_y = 0.21b$	$i_x = 0.39h$ $i_y = 0.53b$
$i_x = 0.28h$ $i_y = 0.24b$	$i_x = 0.42h$ $i_y = 0.22b$	$i_x = 0.44h$ $i_y = 0.32b$	$i_x = 0.28h$ $i_y = 0.37b$
$i_x = 0.30h$ $i_y = 0.17b$	$i_x = 0.43h$ $i_y = 0.24b$	$i_x = 0.44h$ $i_y = 0.38b$	$i_x = 0.29h$ $i_y = 0.29b$
$i_x = 0.28h$ $i_y = 0.21b$	$i_x = 0.365h$ $i_y = 0.275b$	$i_x = 0.37h$ $i_y = 0.54b$	$i_x = 0.25d$ $i_y = 0.25b$
$i_x = 0.21h$ $i_y = 0.21b$ $i_z = 0.185h$	$i_x = 0.35h$ $i_y = 0.56b$	$i_x = 0.37h$ $i_y = 0.45b$	$i_x = i_y =$ $0.175(D+d)$
$i_x = 0.21h$ $i_y = 0.21b$	$i_x = 0.39h$ $i_y = 0.29b$	$i_x = 0.40h$ $i_y = 0.24b$	$i_x = 0.40h_平$ $i_y = 0.40b_平$
$i_x = 0.45h$ $i_y = 0.24b$	$i_x = 0.38h$ $i_y = 0.60b$	$i_x = 0.41h$ $i_y = 0.29b$	$i_x = 0.47h$ $i_y = 0.40b$

附录

附表 5　热轧等边角钢截面特性表

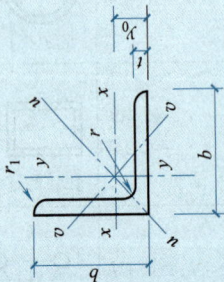

1. 表中双线的左侧为一个角钢的截面特性
2. 趾尖圆弧半径 $r_1 \approx t/3$
3. $I_u = Ai_u^2$，$I_v = Ai_v^2$

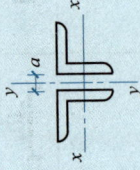

规格	尺寸/mm b	尺寸/mm t	尺寸/mm r	截面面积 A/cm^2	质量 /(kg/m)	重心距 y_0/cm	惯性矩 I_x/cm^4	抵抗矩/cm^3 $W_{x\,max}$	$W_{x\,min}$	W_u	回转半径/cm i_x	i_u	i_v	双角钢回转半径 i_y/cm 间距 a/mm 6	8	10	12	14	16
L20×3	20	3	3.5	1.132	0.889	0.60	0.40	0.67	0.29	0.445	0.59	0.746	0.388	1.08	1.17	1.25	1.34	1.43	1.52
4		4	3.5	1.459	1.145	0.64	0.50	0.78	0.36	0.552	0.58	0.731	0.388	1.11	1.19	1.28	1.37	1.46	1.55
L25×3	25	3	3.5	1.432	1.124	0.73	0.82	1.12	0.46	0.730	0.76	0.949	0.487	1.27	1.36	1.44	1.53	1.61	1.71
4		4	3.5	1.859	1.459	0.76	1.03	1.36	0.59	0.916	0.74	0.934	0.481	1.3	1.38	1.47	1.55	1.64	1.73
L30×3	30	3	4.5	1.749	1.373	0.85	1.46	1.72	0.68	1.089	0.91	1.149	0.591	1.47	1.55	1.63	1.71	1.80	1.88
4		4	4.5	2.276	1.786	0.89	1.84	2.07	0.87	1.376	0.90	1.133	0.582	1.49	1.57	1.65	1.74	1.82	1.91
L36×3	36	3	4.5	2.109	1.656	1.00	2.58	2.59	0.99	1.607	1.11	1.393	0.712	1.71	1.78	1.86	1.94	2.03	2.11
4		4	4.5	2.756	2.163	1.04	3.29	3.18	1.28	2.051	1.09	1.376	0.705	1.73	1.81	1.89	1.97	2.05	2.14
5		5	4.5	3.382	2.654	1.07	3.95	3.68	1.56	2.451	1.08	1.358	0.698	1.75	1.83	1.91	1.99	2.08	2.16
L40×3	40	3	5	2.359	1.852	1.09	3.59	3.28	1.23	2.012	1.23	1.553	0.795	1.86	1.94	2.01	2.09	2.18	2.26
4		4	5	3.086	2.422	1.13	4.60	4.05	1.60	2.577	1.22	1.537	0.787	1.88	1.96	2.04	2.12	2.20	2.29
5		5	5	3.791	2.976	1.17	5.53	4.72	1.96	3.097	1.21	1.520	0.779	1.90	1.98	2.06	2.14	2.23	2.31
L45×3	45	3	5	2.659	2.088	1.22	5.17	4.25	1.58	2.577	1.40	1.756	0.897	2.06	2.14	2.21	2.29	2.37	2.45
4		4	5	3.486	2.736	1.26	6.65	5.29	2.05	3.319	1.38	1.740	0.888	2.08	2.16	2.24	2.32	2.4	2.48
5		5	5	4.292	3.369	1.30	8.04	6.20	2.51	4.004	1.37	1.723	0.881	2.11	2.18	2.26	2.34	2.42	2.51
6		6	5	5.076	3.985	1.33	9.33	6.99	2.95	4.639	1.36	1.705	0.875	2.12	2.2	2.28	2.36	2.44	2.53
L50×3	50	3	5.5	2.971	2.332	1.34	7.18	5.36	1.96	3.216	1.55	1.956	1.002	2.26	2.33	2.41	2.48	2.56	2.64
4		4	5.5	3.897	3.059	1.38	9.26	6.70	2.56	4.155	1.54	1.942	0.990	2.28	2.36	2.43	2.51	2.59	2.67
5		5	5.5	4.803	3.770	1.42	11.21	7.90	3.13	5.032	1.53	1.925	0.982	2.30	2.38	2.45	2.53	2.61	2.7
6		6	5.5	5.688	4.465	1.46	13.05	8.95	3.68	5.849	1.52	1.907	0.976	2.32	2.4	2.48	2.56	2.64	2.72

续表

规格	b	t	r	截面面积 A/cm²	质量/(kg/m)	重心距 y₀/cm	惯性矩 Ix/cm⁴	Wxmax	Wxmin	Wu	ix	iu	iv	iy(6)	iy(8)	iy(10)	iy(12)	iy(14)	iy(16)
∟56×3	56	3	6	3.343	2.624	1.48	10.19	6.86	2.48	4.076	1.75	2.197	1.126	2.50	2.57	2.64	2.72	2.8	2.88
4		4		4.390	3.446	1.53	13.18	8.63	3.24	5.283	1.73	2.183	1.114	2.52	2.59	2.67	2.74	2.82	2.90
5		5		5.415	4.251	1.57	16.02	10.22	3.97	6.419	1.72	2.167	1.105	2.54	2.61	2.69	2.77	2.85	2.93
8		8	6	8.367	6.568	1.68	28.63	14.06	6.03	9.437	1.68	2.113	1.087	2.60	2.67	2.75	2.83	2.91	3.00
∟63×4	63	4		4.978	3.907	1.70	19.03	11.22	4.13	6.772	1.96	2.462	1.259	2.79	2.87	2.94	3.02	3.09	3.17
5		5		6.143	4.822	1.74	23.17	13.33	5.08	8.254	1.94	2.447	1.248	2.82	2.89	2.96	3.04	3.12	3.20
6		6		7.288	5.721	1.78	27.12	15.26	6.00	9.659	1.93	2.430	1.240	2.83	2.91	2.98	3.06	3.14	3.22
8		8	7	9.515	7.469	1.85	34.46	18.59	7.75	12.247	1.90	2.395	1.227	2.87	2.95	3.03	3.10	3.18	3.26
10		10		11.657	9.151	1.93	41.09	21.34	9.39	14.557	1.88	2.359	1.219	2.91	2.99	3.07	3.15	3.23	3.31
∟70×4	70	4		5.570	4.372	1.86	26.39	14.16	5.14	8.445	2.18	2.739	1.405	3.07	3.14	3.21	3.29	3.36	3.44
5		5		6.875	5.397	1.91	32.21	16.89	6.32	10.320	2.16	2.726	1.393	3.09	3.16	3.24	3.31	3.39	3.47
6		6	8	8.160	6.406	1.95	37.77	19.39	7.48	12.108	2.15	2.710	1.383	3.11	3.18	3.26	3.33	3.41	3.49
7		7		9.424	7.398	1.99	43.09	21.68	8.59	13.809	2.14	2.693	1.375	3.13	3.21	3.28	3.36	3.43	3.51
8		8		10.667	8.373	2.03	48.17	23.79	9.68	15.429	2.12	2.676	1.369	3.15	3.22	3.30	3.38	3.46	3.54
∟75×5	75	5		7.412	5.818	2.04	39.96	19.73	7.32	11.936	2.33	2.922	1.497	3.29	3.36	3.43	3.5	3.58	3.66
6		6		8.797	6.905	2.07	46.95	22.69	8.64	14.025	2.31	2.908	1.486	3.31	3.38	3.45	3.53	3.61	3.68
7		7	9	10.160	7.976	2.11	53.57	25.42	9.93	16.020	2.30	2.892	1.478	3.33	3.40	3.47	3.55	3.63	3.71
8		8		11.503	9.030	2.15	59.96	27.93	11.20	17.926	2.28	2.875	1.470	3.35	3.42	3.50	3.57	3.65	3.73
10		10		14.126	11.089	2.22	71.98	32.40	13.64	21.481	2.26	2.840	1.459	3.38	3.46	3.54	3.61	3.69	3.77
∟80×5	80	5		7.912	6.211	2.15	48.79	22.70	8.34	13.670	2.48	3.126	1.600	3.49	3.56	3.63	3.71	3.78	3.86
6		6		9.397	7.376	2.19	57.35	26.16	9.87	16.083	2.47	3.112	1.589	3.51	3.58	3.65	3.73	3.8	3.88
7		7		10.860	8.525	2.23	65.58	29.38	11.37	18.397	2.46	3.096	1.580	3.53	3.6	3.67	3.75	3.83	3.90
8		8	9	12.303	9.658	2.27	73.49	32.36	12.83	20.612	2.44	3.079	1.572	3.55	3.62	3.7	3.77	3.85	3.93
10		10		15.126	11.874	2.35	88.43	37.68	15.64	24.764	2.42	3.043	1.559	3.58	3.66	3.74	3.81	3.89	3.97

规格	尺寸/mm b	尺寸/mm t	尺寸/mm r	截面面积 A/cm²	质量 /(kg/m)	重心距 y₀/cm	惯性矩 I_x/cm⁴	抵抗矩/cm³ $W_{x\max}$	$W_{x\min}$	W_u	回转半径/cm i_x	i_u	i_v	双角钢回转半径 i_y/cm 间距 a/mm 6	8	10	12	14	16
L90×6	90	6	10	10.637	8.350	2.44	82.77	33.99	12.61	20.625	2.79	3.513	1.795	3.91	3.98	4.05	4.12	4.20	4.27
7		7		12.301	9.656	2.48	94.83	38.28	14.54	23.644	2.78	3.497	1.785	3.93	4.00	4.07	4.14	4.22	4.30
8		8		13.944	10.946	2.52	106.47	42.30	16.42	26.551	2.76	3.481	1.776	3.95	4.02	4.09	4.17	4.24	4.32
10		10		17.167	13.476	2.59	128.58	49.57	20.07	32.039	2.74	3.446	1.761	3.98	4.06	4.13	4.21	4.28	4.36
12		12		20.306	15.940	2.67	149.22	55.93	23.57	37.116	2.71	3.411	1.750	4.02	4.09	4.17	4.25	4.32	4.40
L100×6	100	6	12	11.932	9.366	2.67	114.95	43.04	15.68	25.736	3.10	3.905	2.004	4.30	4.37	4.44	4.51	4.58	4.66
7		7		13.796	10.830	2.71	131.86	48.57	18.10	29.553	3.09	3.892	1.992	4.32	4.39	4.46	4.53	4.61	4.68
8		8		15.638	12.276	2.76	148.24	53.78	20.47	33.244	3.08	3.877	1.982	4.34	4.41	4.48	4.55	4.63	4.7
10		10		19.261	15.120	2.84	179.51	63.29	25.06	40.259	3.05	3.844	1.965	4.38	4.45	4.52	4.6	4.67	4.75
12		12		22.800	17.898	2.91	208.90	71.72	29.48	46.803	3.03	3.810	1.952	4.41	4.49	4.56	4.64	4.71	4.79
14		14		26.256	20.611	2.99	236.53	79.19	33.73	52.900	3.00	3.774	1.942	4.45	4.53	4.60	4.68	4.75	4.83
16		16		29.627	23.257	3.06	262.53	85.81	37.82	58.571	2.98	3.739	1.935	4.49	4.56	4.64	4.72	4.8	4.87
L110×7	110	7	12	15.196	11.928	2.96	177.16	59.78	22.05	36.119	3.41	4.300	2.196	4.72	4.79	4.86	4.94	5.01	5.08
8		8		17.238	13.532	3.01	199.46	66.36	24.95	40.689	3.40	4.285	2.187	4.74	4.81	4.88	4.96	5.03	5.11
10		10		21.261	16.690	3.09	242.19	78.48	30.60	49.419	3.38	4.252	2.169	4.78	4.85	4.92	5.00	5.07	5.15
12		12		25.200	19.782	3.16	282.55	89.34	36.05	57.618	3.35	4.217	2.154	4.82	4.89	4.96	5.04	5.11	5.19
14		14		29.056	22.809	3.24	320.71	99.07	41.31	65.312	3.32	4.181	2.143	4.85	4.93	5.00	5.08	5.15	5.23
L125×8	125	8	14	19.750	15.504	3.37	297.03	88.14	32.52	53.275	3.88	4.883	2.497	5.34	5.41	5.48	5.55	5.62	5.69
10		10		24.373	19.133	3.45	361.67	104.81	39.97	64.928	3.85	4.852	2.476	5.38	5.45	5.52	5.59	5.66	5.74
12		12		28.912	22.696	3.53	423.16	119.88	41.17	75.964	3.83	4.819	2.459	5.41	5.48	5.56	5.63	5.71	5.78
14		14		33.367	26.193	3.61	481.65	133.56	54.16	86.405	3.80	4.784	2.446	5.45	5.52	5.59	5.67	5.74	5.82

规格	尺寸/mm b	t	r	截面面积 A/cm²	质量/(kg/m)	重心距 y₀/cm	惯性矩 I_x/cm⁴	抵抗矩/cm³ W_xmax	W_xmin	W_u	回转半径/cm i_x	i_u	i_v	双角钢回转半径 i_y/cm 间距 a/mm 6	8	10	12	14	16
∟140×10		10	14	27.373	21.488	3.82	514.65	134.55	50.58	82.556	4.34	5.464	2.783	5.98	6.05	6.12	6.20	6.27	6.34
12	140	12		32.512	25.522	3.90	603.68	154.62	59.80	96.851	4.31	5.431	2.765	6.02	6.09	6.16	6.23	6.31	6.38
14		14		37.567	29.490	3.98	688.81	173.02	68.75	110.465	4.28	5.395	2.750	6.06	6.13	6.20	6.27	6.34	6.42
16		16		42.539	33.393	4.06	770.24	189.90	77.46	123.420	4.26	5.359	2.737	6.09	6.16	6.23	6.31	6.38	6.46
∟160×10		10	16	31.502	24.729	4.31	779.53	180.77	66.70	109.362	4.98	6.267	3.196	6.78	6.85	6.92	6.99	7.06	7.13
12	160	12		37.441	29.391	4.39	916.58	208.58	78.98	128.664	4.95	6.235	3.175	6.82	6.89	6.96	7.03	7.10	7.17
14		14		43.296	33.987	4.47	1048.36	234.37	90.95	147.167	4.92	6.201	3.158	6.86	6.93	6.99	7.07	7.14	7.21
16		16		49.067	38.518	4.55	1175.08	258.27	102.63	164.893	4.89	6.166	3.143	6.89	6.96	7.03	7.1	7.18	7.25
∟180×12		12	16	42.241	33.159	4.89	1321.35	270.03	100.82	164.998	5.59	7.051	3.584	7.63	7.70	7.77	7.84	7.91	7.98
14	180	14		48.896	38.383	4.97	1514.48	304.57	116.25	189.143	5.56	7.020	3.570	7.67	7.74	7.81	7.88	7.95	8.02
16		16		55.467	43.542	5.05	1700.99	336.86	131.13	212.395	5.54	6.981	3.549	7.7	7.77	7.84	7.91	7.98	8.06
18		18		61.955	48.634	5.13	1875.12	367.05	145.64	234.776	5.50	6.945	3.535	7.73	7.80	7.87	7.95	8.02	8.09
∟200×14		14	18	54.642	42.894	5.46	2103.55	385.08	144.70	236.402	6.20	7.822	3.976	8.47	8.54	8.61	8.67	8.75	8.82
16	200	16		62.013	48.680	5.54	2366.15	426.99	163.65	265.932	6.18	7.788	3.958	8.50	8.57	8.64	8.71	8.78	8.85
18		18		69.301	54.401	5.62	2620.64	466.45	182.22	294.473	6.15	7.752	3.942	8.53	8.6	8.67	8.75	8.82	8.89
20		20		76.505	60.056	5.69	2867.30	503.58	200.42	322.052	6.12	7.716	3.927	8.57	8.64	8.71	8.78	8.85	8.92
24		24		90.661	71.168	5.87	3338.25	568.70	236.17	374.407	6.07	7.642	3.904	8.66	8.71	8.78	8.85	8.92	9.02

注：等边角钢的通常长度：∟20~∟90，为4~12m；∟100~∟140，为4~19m；∟160~∟200，为6~19m。

附表6 热轧不等边角钢截面特性表

附表6-1 热轧不等边角钢的规格及截面特性

1. 趾尖圆弧半径 $r_1 \approx t/3$
2. $I_u = I_x + I_y - I_v$

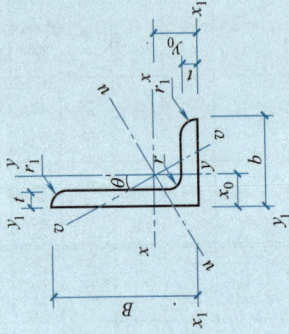

规格	尺寸/mm				截面面积 A/cm²	质量/(kg/m)	重心距/cm		惯性矩/cm⁴			抵抗矩/cm³				回转半径/cm			tanθ
	B	b	t	r			x_0	y_0	I_x	I_y	I_v	$W_{x\max}$	$W_{x\min}$	$W_{y\max}$	$W_{y\min}$	i_x	i_y	i_v	
L25×16×3	25	16	3	3.5	1.162	0.912	0.42	0.86	0.70	0.22	0.13	0.82	0.43	0.53	0.19	0.78	0.435	0.34	0.392
4		16	4		1.499	1.176	0.46	0.90	0.88	0.27	0.17	0.98	0.55	0.60	0.24	0.77	0.424	0.34	0.381
L32×20×3	32	20	3	3.5	1.492	1.171	0.49	1.08	1.53	0.46	0.28	1.41	0.72	0.93	0.30	1.01	0.555	0.43	0.382
4		20	4		1.939	1.522	0.53	1.12	1.93	0.57	0.35	1.72	0.93	1.08	0.39	1.00	0.542	0.42	0.374
L40×25×3	40	25	3	4	1.89	1.484	0.59	1.32	3.08	0.93	0.56	2.32	1.15	1.59	0.49	1.28	0.701	0.54	0.386
4		25	4		2.467	1.936	0.63	1.37	3.93	1.18	0.71	2.88	1.49	1.88	0.63	1.26	0.692	0.54	0.381
L45×28×3	45	28	3	5	2.149	1.687	0.64	1.47	4.45	1.34	0.8	3.02	1.47	2.08	0.62	1.44	0.79	0.61	0.383
4		28	4		2.806	2.203	0.68	1.51	5.69	1.70	1.02	3.76	1.91	2.49	0.8	1.42	0.778	0.60	0.38
L50×32×3	50	32	3	5.5	2.431	1.908	0.73	1.60	6.24	2.02	1.20	3.89	1.84	2.78	0.82	1.6	0.912	0.70	0.404
4		32	4		3.177	2.494	0.77	1.65	8.02	2.58	1.53	4.86	2.39	3.36	1.06	1.59	0.901	0.69	0.402
L56×36×3	56	36	3	6	2.743	2.153	0.80	1.78	8.88	2.92	1.73	5.00	2.32	3.63	1.05	1.80	1.032	0.79	0.408
4		36	4		3.59	2.818	0.85	1.82	11.45	3.76	2.21	6.28	3.03	4.43	1.37	1.79	1.023	0.78	0.407
5		36	5		4.415	3.466	0.88	1.87	13.86	4.49	2.67	7.43	3.71	5.09	1.65	1.77	1.008	0.78	0.404

规格	尺寸/mm B	b	t	r	截面面积 A/cm²	质量/(kg/m)	重心距/cm x₀	y₀	惯性矩/cm⁴ Ix	Iy	Iv	抵抗矩/cm³ Wxmax	Wxmin	Wymax	Wymin	回转半径/cm ix	iy	iv	tanθ
∟63×40×4	63	40	4	7	4.058	3.185	0.92	2.04	16.49	5.23	3.12	8.1	3.87	5.72	1.7	2.02	1.135	0.88	0.398
5		40	5		4.993	3.92	0.95	2.08	20.02	6.31	3.76	9.62	4.74	6.61	2.07	2.00	1.124	0.87	0.396
6		40	6		5.908	4.638	0.99	2.12	23.36	7.29	4.38	11.01	5.59	7.36	2.43	1.99	1.111	0.86	0.393
7		40	7		6.802	5.339	1.03	2.16	26.53	8.24	4.97	12.27	6.40	8.00	2.78	1.97	1.101	0.86	0.389
∟70×45×4	70	45	4	7.5	4.553	3.574	1.02	2.23	22.97	7.55	4.47	10.28	4.82	7.43	2.17	2.25	1.288	0.99	0.408
5		45	5		5.609	4.403	1.06	2.28	27.95	9.13	5.40	12.26	5.92	8.64	2.65	2.23	1.276	0.98	0.407
6		45	6		6.644	5.215	1.10	2.32	32.7	10.62	6.29	14.08	6.99	9.69	3.12	2.22	1.264	0.97	0.405
7		45	7		7.657	6.011	1.13	2.36	37.22	12.01	7.16	15.75	8.03	10.6	3.57	2.2	1.252	0.97	0.402
∟75×50×5	75	50	5	8	6.125	4.808	1.17	2.40	34.86	12.61	7.32	14.65	6.83	10.75	3.30	2.39	1.435	1.09	0.436
6		50	6		7.26	5.699	1.21	2.44	41.12	14.7	8.54	16.86	8.12	12.12	3.88	2.38	1.423	1.08	0.435
8		50	8		9.467	7.431	1.29	2.52	52.39	18.53	10.87	20.79	10.52	14.39	4.99	2.35	1.399	1.07	0.429
10		50	10		11.59	9.098	1.36	2.6	62.71	21.96	13.1	24.15	12.79	16.14	6.04	2.33	1.376	1.06	0.423
∟80×50×5	80	50	5	8	6.375	5.005	1.14	2.6	41.96	12.82	7.66	16.11	7.78	11.28	3.32	2.57	1.418	1.10	0.388
6		50	6		7.56	5.935	1.18	2.65	49.49	14.95	8.94	18.58	9.25	12.71	3.91	2.56	1.406	1.09	0.386
7		50	7		8.724	6.848	1.21	2.69	56.16	16.96	10.18	20.87	10.58	13.96	4.48	2.54	1.394	1.08	0.384
8		50	8		9.867	7.745	1.25	2.73	62.83	18.85	11.38	23.01	11.92	15.06	5.03	2.52	1.382	1.07	0.381
∟90×56×5	90	56	5	9	7.212	5.661	1.25	2.91	60.45	18.32	10.98	20.81	9.92	14.7	4.21	2.9	1.594	1.23	0.385
6		56	6		8.557	6.717	1.29	2.95	71.03	21.42	12.82	24.06	11.74	16.65	4.96	2.88	1.582	1.22	0.384
7		56	7		9.88	7.756	1.33	3.00	81.01	24.36	14.6	27.12	13.49	18.38	5.70	2.86	1.57	1.22	0.383
8		56	8		11.183	8.799	1.36	3.04	91.03	27.15	16.34	29.98	15.27	19.91	6.41	2.85	1.558	1.21	0.38
∟100×63×6	100	63	6	10	9.617	7.55	1.43	3.24	99.06	30.94	18.42	30.62	14.64	21.69	6.35	3.21	1.794	1.38	0.394
7		63	7		11.111	8.722	1.47	3.28	133.45	35.26	21.00	34.59	16.88	24.06	7.29	3.47	1.781	1.37	0.393
8		63	8		12.584	9.878	1.50	3.32	127.37	39.39	23.50	38.33	19.08	26.18	8.21	3.18	1.769	1.37	0.391
10		63	10		15.467	12.142	1.58	3.4	153.81	47.12	28.33	45.18	23.32	29.83	9.98	3.15	1.745	1.35	0.387
∟100×80×6	100	80	6	10	10.637	8.35	1.97	2.95	107.04	61.24	31.65	36.24	15.19	31.03	10.16	3.17	2.399	1.73	0.627
7		80	7		12.301	9.656	2.01	3.00	122.73	70.08	36.17	40.96	17.52	34.79	11.71	3.16	2.387	1.71	0.626
8		80	8		13.944	10.946	2.05	3.04	137.92	78.58	40.58	45.4	19.81	38.27	13.21	3.14	2.374	1.71	0.625
10		80	10		17.167	13.476	2.13	3.12	166.87	94.65	49.1	53.54	24.24	44.45	16.12	3.12	2.348	1.69	0.622

附 录

规格	B	b	t	r	截面面积 A/cm²	质量/(kg/m)	x₀	y₀	Ix	Iy	Iv	Wxmax	Wxmin	Wymax	Wymin	ix	iy	iv	tanθ
							重心距/cm		惯性矩/cm⁴			抵抗矩/cm³				回转半径/cm			
∟110×70×6	110	70	6	10	10.637	8.35	1.57	3.53	133.37	42.92	25.36	37.8	17.85	27.36	7.90	3.54	2.009	1.54	0.403
7		70	7		12.301	9.656	1.61	3.57	153.00	49.01	28.96	42.82	20.6	30.48	9.09	3.53	1.996	1.53	0.402
8		70	8		13.944	10.946	1.65	3.62	172.04	54.87	32.45	47.57	23.3	33.31	10.25	3.51	1.984	1.53	0.401
10		70	10		17.167	13.476	1.72	3.7	208.39	65.88	39.20	56.36	28.54	38.24	12.48	3.48	1.959	1.51	0.397
∟125×80×7	125	80	7	11	14.096	11.066	1.8	4.01	227.98	74.42	43.81	56.81	26.86	41.24	12.01	4.02	2.298	1.76	0.408
8		80	8		15.989	12.551	1.84	4.06	256.77	83.49	49.15	63.28	30.41	45.28	13.56	4.01	2.285	1.75	0.407
10		80	10		19.712	15.474	1.92	4.14	312.04	100.67	59.45	75.35	37.33	52.41	16.56	3.98	2.26	1.74	0.404
12		80	12		23.351	18.33	2.00	4.22	364.41	116.67	69.35	86.34	44.01	58.46	19.43	3.95	2.235	1.72	0.40
∟140×90×8	140	90	8	12	18.038	14.16	2.04	4.5	365.64	120.69	70.83	81.3	38.48	59.15	17.34	4.5	2.587	1.98	0.411
10		90	10		22.261	17.475	2.12	4.58	445.50	146.03	85.82	97.19	47.31	68.94	21.22	4.47	2.561	1.96	0.409
12		90	12		26.4	20.724	2.19	4.66	521.59	169.79	100.21	111.81	55.87	77.38	24.95	4.44	2.536	1.95	0.406
14		90	14		30.456	23.908	2.27	4.74	594.1	192.1	114.13	125.26	64.18	84.68	28.54	4.42	2.511	1.94	0.403
∟160×100×10	160	100	10	13	25.315	19.872	2.28	5.24	668.69	205.03	121.74	127.69	62.13	89.94	26.56	5.14	2.846	2.19	0.39
12		100	12		30.054	23.592	2.36	5.32	784.91	239.06	142.33	147.54	73.49	101.45	31.28	5.11	2.82	2.18	0.388
14		100	14		34.709	27.247	2.43	5.40	896.3	271.2	162.23	165.97	84.56	111.53	35.83	5.08	2.795	2.16	0.385
16		100	16		39.281	30.835	2.51	5.48	1003.04	301.6	181.57	183.11	95.33	120.37	40.24	5.05	2.771	2.15	0.382
∟180×110×10	180	110	10	14	28.373	22.273	2.44	5.89	956.25	278.11	166.5	162.37	78.96	113.91	32.49	5.81	3.131	2.42	0.376
12		110	12		33.712	26.464	2.52	5.98	1124.72	325.03	194.87	188.23	93.53	129.03	38.32	5.78	3.105	2.40	0.374
14		110	14		38.967	30.589	2.59	6.06	1286.91	369.55	222.3	212.46	107.76	142.41	43.97	5.75	3.082	2.39	0.372
16		110	16		44.139	34.649	2.67	6.14	1443.06	411.85	248.94	235.16	121.64	154.26	49.44	5.72	3.055	2.37	0.369
∟200×125×12	200	125	12	14	37.912	29.761	2.83	6.54	1570.9	483.16	285.79	240.1	116.73	170.46	49.99	6.44	3.57	2.75	0.392
14		125	14		43.867	34.436	2.91	6.62	1800.97	550.83	326.58	271.86	134.65	189.24	57.44	6.41	3.544	2.73	0.39
16		125	16		49.739	39.045	2.99	6.70	2023.35	615.44	366.21	301.81	152.18	206.12	64.69	6.38	3.518	2.71	0.388
18		125	18		55.526	43.588	3.06	6.78	2238.3	677.19	404.83	330.05	169.33	221.3	71.74	6.35	3.492	2.7	0.385

附表 6-2　两个热轧不等边角钢的组合截面特性

长边相连：y_0——重心距；I——惯性矩；W——抵抗矩；i——回转半径；a——两脚钢背间距离

短边相连：y_0——重心距；I——惯性矩；W——抵抗矩；i——回转半径；a——两脚钢背间距离

规格	截面面积 A/cm²	质量/(kg/m)	长边相连 y_0/cm	I_x/cm⁴	$W_{x\max}$/cm³	$W_{x\min}$/cm³	i_x/cm	i_y/cm a=6	a=8	a=10	a=12	a=14	a=16	短边相连 y_0/cm	I_x/cm⁴	$W_{x\max}$/cm³	$W_{x\min}$/cm³	i_x/cm	i_y/cm a=6	a=8	a=10	a=12	a=14	a=16
L25×16×3	2.234	1.824	0.86	1.40	1.62	0.86	0.78	0.84	0.93	1.02	1.11	1.20	1.30	0.42	0.44	1.04	0.38	0.44	1.40	1.48	1.57	1.66	1.74	1.83
4	2.998	2.352	0.90	1.76	1.96	1.10	0.77	0.87	0.96	1.05	1.14	1.23	1.33	0.46	0.54	1.18	0.48	0.43	1.42	1.51	1.60	1.68	1.77	1.86
L32×20×3	2.984	2.342	1.08	3.06	2.84	1.44	1.01	0.97	1.05	1.14	1.23	1.32	1.41	0.49	0.92	1.88	0.60	0.55	1.71	1.79	1.88	1.96	2.05	2.14
4	3.878	3.044	1.12	3.86	3.44	1.86	1.00	0.99	1.08	1.16	1.25	1.34	1.44	0.53	1.14	2.16	0.78	0.54	1.74	1.82	1.90	1.99	2.08	2.17
L40×25×3	3.780	2.968	1.32	6.16	4.66	2.30	1.28	1.13	1.21	1.30	1.38	1.47	1.56	0.59	1.86	3.16	0.98	0.70	2.07	2.14	2.23	2.31	2.39	2.48
4	4.934	3.872	1.37	7.86	5.74	2.98	1.26	1.16	1.24	1.32	1.41	1.50	1.58	0.63	2.36	3.74	1.26	0.69	2.09	2.17	2.25	2.34	2.42	2.51
L45×28×3	4.298	3.374	1.47	8.90	6.06	2.94	1.44	1.23	1.31	1.39	1.47	1.56	1.64	0.64	2.68	4.18	1.24	0.79	2.28	2.36	2.44	2.52	2.60	2.69
4	5.612	4.406	1.50	11.38	7.54	3.82	1.42	1.25	1.33	1.41	1.50	1.59	1.67	0.68	3.40	5.00	1.60	0.78	2.31	2.39	2.47	2.55	2.63	2.72
L50×32×3	4.862	3.816	1.60	12.48	7.80	3.68	1.60	1.37	1.45	1.53	1.61	1.69	1.78	0.73	4.04	5.54	1.64	0.91	2.49	2.56	2.64	2.72	2.81	2.89
4	6.354	4.988	1.65	16.04	9.72	4.78	1.59	1.40	1.47	1.55	1.64	1.72	1.81	0.77	5.16	6.70	2.12	0.90	2.51	2.59	2.67	2.75	2.84	2.92
L56×36×3	5.486	4.306	1.78	17.76	9.98	4.64	1.80	1.51	1.59	1.66	1.74	1.83	1.91	0.80	5.84	7.30	2.10	1.03	2.75	2.82	2.90	2.98	3.06	3.14
4	7.180	5.636	1.82	22.90	12.58	6.06	1.79	1.53	1.61	1.69	1.77	1.85	1.94	0.85	7.52	8.84	2.74	1.02	2.77	2.85	2.93	3.01	3.09	3.17
5	8.830	6.932	1.87	27.72	14.82	7.42	1.77	1.56	1.63	1.71	1.79	1.88	1.96	0.88	8.98	10.20	3.30	1.01	2.80	2.88	2.96	3.04	3.12	3.20
L63×40×4	8.116	6.370	2.04	32.98	16.16	7.74	2.02	1.66	1.74	1.81	1.89	1.97	2.06	0.92	10.46	11.36	3.40	1.14	3.09	3.16	3.24	3.32	3.40	3.48
5	9.986	6.840	2.08	40.04	19.24	9.48	2.00	1.68	1.76	1.84	1.92	2.00	2.08	0.95	12.62	13.28	4.14	1.12	3.11	3.19	3.27	3.35	3.43	3.51
6	11.816	9.276	2.12	46.72	22.04	11.18	1.99	1.71	1.78	1.86	1.94	2.03	2.11	0.99	14.58	14.72	4.86	1.11	3.13	3.21	3.29	3.37	3.45	3.53
7	13.604	10.678	2.15	53.06	24.68	12.80	1.98	1.73	1.81	1.89	1.97	2.05	2.14	1.03	16.48	16.00	5.56	1.10	3.16	3.24	3.32	3.40	3.48	3.56

附录

说明：

- y_0 —— 重心距
- I —— 惯性矩
- W —— 抵抗矩
- i —— 回转半径
- a —— 两脚钢背间距离

长边相连

短边相连

规格	截面面积 A /cm²	质量 /(kg/m)	长边相连 y_0 /cm	I_x /cm⁴	$W_{x max}$ /cm³	$W_{x min}$ /cm³	i_x /cm	i_y /cm 间距 a/mm 6	8	10	12	14	16	短边相连 y_0 /cm	I_x /cm⁴	$W_{x max}$ /cm³	$W_{x min}$ /cm³	i_x /cm	i_y /cm 间距 a/mm 6	8	10	12	14	16
L70×45×4	9.094	7.140	2.24	46.34	20.68	9.72	2.26	1.84	1.91	1.99	2.07	2.15	2.23	1.02	15.10	14.80	4.34	1.29	3.39	3.46	3.54	3.62	3.69	3.77
5	11.218	8.806	2.28	55.90	24.52	11.84	2.23	1.86	1.94	2.01	2.09	2.17	2.25	1.06	18.26	17.22	5.30	1.28	3.41	3.49	3.57	3.64	3.72	3.80
6	13.294	10.436	2.32	65.08	28.06	13.90	2.21	1.88	1.96	2.04	2.11	2.20	2.28	1.09	21.24	19.48	6.24	1.26	3.44	3.51	3.59	3.67	3.75	3.83
7	15.314	12.022	2.36	74.44	31.54	16.06	2.20	1.90	1.98	2.06	2.14	2.22	2.30	1.13	24.02	21.26	7.14	1.25	3.46	3.54	3.61	3.69	3.77	3.86
L75×50×5	12.250	9.616	2.40	69.72	29.06	13.66	2.39	2.06	2.13	2.20	2.28	2.36	2.44	1.17	25.22	21.56	6.60	1.44	3.60	3.68	3.76	3.83	3.91	3.99
6	14.520	11.398	2.44	82.24	33.70	16.24	2.38	2.08	2.15	2.23	2.30	2.38	2.46	1.21	29.40	24.30	7.76	1.42	3.63	3.70	3.78	3.86	3.94	4.02
8	18.934	14.862	2.52	104.78	41.58	21.04	2.35	2.12	2.19	2.27	2.35	2.43	2.51	1.29	37.06	28.72	9.98	1.40	3.67	3.75	3.83	3.91	3.99	4.07
10	23.180	18.196	2.60	125.42	48.24	25.58	2.33	2.16	2.24	2.31	2.40	2.48	2.56	1.36	43.92	32.30	12.08	1.38	3.71	3.79	3.87	3.95	4.03	4.12
L80×50×5	12.750	10.010	2.60	83.92	32.28	15.56	2.56	2.02	2.09	2.17	2.24	2.32	2.40	1.14	25.64	22.50	6.64	1.42	3.88	3.95	4.03	4.10	4.18	4.26
6	15.120	11.870	2.65	98.98	37.36	18.50	2.56	2.04	2.11	2.19	2.27	2.34	2.43	1.18	29.90	25.34	7.82	1.41	3.90	3.98	4.05	4.13	4.21	4.29
7	17.448	13.696	2.69	112.32	41.76	21.16	2.54	2.06	2.13	2.21	2.29	2.37	2.45	1.21	33.92	28.04	8.96	1.39	3.92	4.00	4.08	4.16	4.23	4.32
8	19.374	15.490	2.73	125.66	46.02	23.84	2.52	2.08	2.15	2.23	2.31	2.39	2.47	1.25	37.70	30.16	10.06	1.38	3.94	4.02	4.10	4.18	4.26	4.34
L90×56×5	14.424	11.322	2.91	120.90	41.54	19.84	2.90	2.22	2.29	2.36	2.44	2.52	2.59	1.25	36.66	29.32	8.42	1.59	4.32	4.39	4.47	4.55	4.62	4.70
6	17.114	13.434	2.95	142.06	48.16	23.48	2.88	2.24	2.31	2.39	2.46	2.54	2.62	1.29	42.84	33.20	9.92	1.58	4.34	4.42	4.50	4.57	4.65	4.73
7	19.760	15.512	3.30	162.06	54.00	26.98	2.86	2.26	2.33	2.41	2.48	2.56	2.64	1.33	48.72	36.64	11.40	1.57	4.37	4.44	4.52	4.60	4.68	4.76
8	22.366	17.558	3.04	182.06	59.88	30.54	2.85	2.28	2.35	2.43	2.51	2.59	2.67	1.36	54.30	39.92	12.82	1.56	4.39	4.47	4.54	4.62	4.70	4.78

长边相连

y₀——重心距
I——惯性矩
W——抵抗矩
i——回转半径
a——两脚钢背间距离

短边相连

y₀——重心距
I——惯性矩
W——抵抗矩
i——回转半径
a——两脚钢背间距离

规格	截面面积 A /cm²	质量 /(kg/m)	长边相连 y_0 /cm	I_x /cm⁴	$W_{x\max}$ /cm³	$W_{x\min}$ /cm³	i_x /cm	i_y/cm 间距 a/mm 6	8	10	12	14	16	短边相连 y_0 /cm	I_x /cm⁴	$W_{x\max}$ /cm³	$W_{x\min}$ /cm³	i_x /cm	i_y/cm 间距 a/mm 6	8	10	12	14	16
L100×63×6	19.234	15.100	3.24	198.12	61.14	29.28	3.21	2.49	2.56	2.63	2.71	2.78	2.86	1.43	61.88	43.28	12.70	1.79	4.77	4.85	4.92	5.00	5.08	5.16
7	22.222	17.444	3.28	226.90	69.18	33.76	3.20	2.51	2.58	2.65	2.73	2.80	2.88	1.47	70.52	47.98	14.58	1.78	4.80	4.87	4.95	5.03	5.10	5.18
8	25.168	19.756	3.32	254.74	76.72	38.16	3.18	2.53	2.60	2.67	2.75	2.83	2.91	1.50	78.78	52.52	16.42	1.77	4.82	4.90	4.97	5.05	5.13	5.21
10	30.934	24.284	3.40	307.62	90.48	46.64	3.15	2.57	2.64	2.72	2.79	2.87	2.95	1.58	94.24	59.64	19.96	1.74	4.86	4.94	5.02	5.10	5.18	5.26
L100×80×6	21.274	16.700	2.95	214.08	72.56	30.38	3.17	3.31	3.38	3.45	3.52	3.59	3.67	1.97	122.48	62.18	20.32	2.40	4.54	4.62	4.69	4.76	4.84	4.91
7	24.602	19.312	3.00	245.46	81.82	35.04	3.16	3.32	3.39	3.47	3.54	3.61	3.69	2.01	140.16	69.74	23.42	2.39	4.57	4.64	4.71	4.79	4.86	4.94
8	27.888	21.892	3.04	275.84	90.74	39.62	3.14	3.34	3.41	3.49	3.56	3.64	3.71	2.05	157.16	76.66	26.42	2.37	4.59	4.66	4.73	4.81	4.88	4.96
10	34.334	26.952	3.12	333.74	106.96	48.48	3.12	3.38	3.45	3.53	3.60	3.68	3.75	2.13	189.30	88.88	32.24	2.35	4.63	4.70	4.78	4.85	4.93	5.01
L110×70×6	21.274	16.700	3.53	266.74	75.56	35.70	3.54	2.74	2.81	2.88	2.96	3.03	3.11	1.57	85.84	54.68	15.80	2.01	5.21	5.29	5.36	5.44	5.51	5.59
7	24.602	19.312	3.57	306.00	85.72	41.20	3.53	2.76	2.83	2.90	2.98	3.05	3.13	1.61	98.02	60.88	18.18	2.00	5.24	5.31	5.39	5.46	5.53	5.62
8	27.888	21.892	3.62	344.08	95.04	46.60	3.51	2.78	2.85	2.92	3.00	3.07	3.15	1.65	109.74	66.50	20.50	1.98	5.26	5.34	5.41	5.49	5.56	5.64
10	34.334	26.952	3.70	416.78	112.64	57.08	3.48	2.82	2.89	2.96	3.04	3.12	3.19	1.72	131.76	76.60	24.96	1.96	5.30	5.38	5.46	5.53	5.61	5.69
L125×80×7	28.192	22.132	4.01	455.96	113.70	53.72	4.02	3.13	3.18	3.25	3.33	3.40	3.47	1.80	148.84	82.68	24.02	2.30	5.90	5.97	6.04	6.12	6.20	6.27
8	31.978	25.102	4.06	513.54	126.48	60.82	4.01	3.15	3.20	3.27	3.35	3.42	3.49	1.84	166.98	90.76	27.12	2.28	5.92	5.99	6.07	6.14	6.22	6.30
10	39.424	30.948	4.14	624.08	150.74	74.66	3.98	3.17	3.24	3.31	3.39	3.46	3.54	1.92	201.34	104.86	33.12	2.26	5.96	6.04	6.11	6.19	6.27	6.34
12	46.702	36.660	4.22	728.82	172.70	88.02	3.95	3.20	3.28	3.35	3.43	3.50	3.58	2.00	233.34	116.68	38.86	2.24	6.00	6.08	6.16	6.23	6.31	6.39

附录

钢结构截面特性表（长边相连 / 短边相连）

规格	截面面积 A/cm²	质量/(kg/m)	长边相连 y_0/cm	长边相连 I_x/cm⁴	长边相连 $W_{x\max}$/cm³	长边相连 $W_{x\min}$/cm³	长边相连 i_x/cm	i_y/cm 间距 a/mm 6	8	10	12	14	16	短边相连 y_0/cm	短边相连 I_x/cm⁴	短边相连 $W_{x\max}$/cm³	短边相连 $W_{x\min}$/cm³	短边相连 i_x/cm	i_y/cm 间距 a/mm 6	8	10	12	14	16
∟140×90×8	36.076	28.320	4.50	731.28	162.50	76.96	4.50	3.49	3.56	3.63	3.70	3.77	3.84	2.04	241.38	118.32	34.68	2.59	6.58	6.65	6.73	6.80	6.88	6.95
10	44.522	34.950	4.58	891.00	194.54	94.62	4.47	3.52	3.59	3.66	3.73	3.81	3.88	2.12	292.06	137.76	42.44	2.56	6.62	6.70	6.77	6.85	6.92	7.00
12	52.800	41.448	4.66	1043.18	223.86	111.74	4.44	3.56	3.63	3.70	3.77	3.85	3.92	2.19	339.58	155.06	49.90	2.54	6.66	6.74	6.81	6.89	6.97	7.04
14	60.912	47.816	4.74	1188.20	250.68	128.36	4.42	3.59	3.66	3.74	3.81	3.89	3.97	2.27	384.20	169.26	57.08	2.51	6.70	6.78	6.86	6.93	7.01	7.09
∟160×100×10	50.630	39.744	5.24	1337.38	255.22	124.26	5.14	3.84	3.91	3.98	4.05	4.12	4.19	2.28	410.06	179.86	53.12	2.85	7.55	7.63	7.70	7.78	7.85	7.93
12	60.108	47.184	5.32	1569.82	295.08	146.98	5.11	3.87	3.94	4.01	4.09	4.16	4.23	2.36	478.12	202.60	62.56	2.82	7.60	7.67	7.75	7.82	7.90	7.97
14	69.418	54.494	5.40	1792.60	331.96	169.12	5.08	3.91	3.98	4.05	4.12	4.20	4.27	2.43	542.40	223.20	71.66	2.80	7.64	7.71	7.79	7.86	7.94	8.02
16	78.562	61.670	5.48	2006.08	366.08	190.66	5.05	3.94	4.02	4.09	4.16	4.24	4.31	2.51	603.20	240.32	80.48	2.77	7.68	7.75	7.83	7.90	7.98	8.06
∟180×110×10	56.746	44.546	5.89	1912.50	324.70	157.92	5.80	4.16	4.23	4.30	4.36	4.44	4.51	2.44	556.22	227.96	64.98	3.13	8.49	8.56	8.63	8.71	8.78	8.86
12	67.424	52.928	5.98	2249.44	376.16	187.06	5.78	4.19	4.26	4.33	4.40	4.47	4.54	2.52	650.06	257.96	76.64	3.10	8.53	8.60	8.68	8.75	8.83	8.90
14	77.934	61.178	6.06	2573.82	424.72	215.52	5.75	4.23	4.30	4.37	4.44	4.51	4.58	2.59	739.10	285.36	87.94	3.08	8.57	8.64	8.72	8.79	8.87	8.95
16	88.278	69.298	6.14	2886.12	470.06	243.28	5.72	4.26	4.33	4.40	4.47	4.55	4.62	2.67	823.70	308.50	98.88	3.06	8.61	8.68	8.76	8.84	8.91	8.99
∟200×125×12	75.824	59.522	6.54	3141.80	480.40	233.46	6.44	4.75	4.82	4.88	4.95	5.02	5.09	2.83	966.32	341.46	99.98	3.57	9.39	9.47	9.54	9.62	9.69	9.76
14	87.374	68.872	6.62	3601.94	544.10	269.30	6.41	4.78	4.85	4.92	4.99	5.06	5.13	2.91	1101.66	378.58	114.88	3.54	9.43	9.51	9.58	9.66	9.73	9.81
16	99.478	78.090	6.70	4046.70	603.98	304.36	6.38	4.81	4.88	4.95	5.02	5.09	5.17	2.99	1230.88	411.66	129.38	3.52	9.47	9.55	9.62	9.70	9.77	9.85
18	111.05	87.176	6.78	4476.60	660.26	338.66	6.35	4.85	4.92	4.99	5.06	5.13	5.21	3.06	1354.38	442.60	143.48	3.49	9.51	9.59	9.66	9.74	9.81	9.89

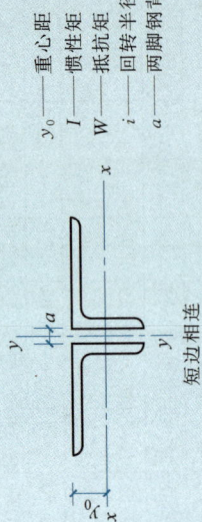

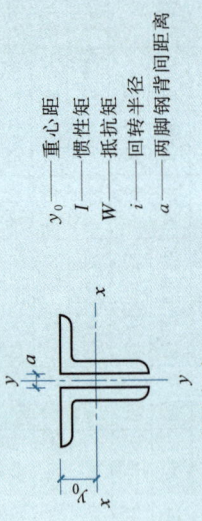

说明符号：
y_0——重心距；I——惯性矩；W——抵抗矩；i——回转半径；a——两脚钢背间距离

附表 7　热轧普通工字钢的规格及截面特性

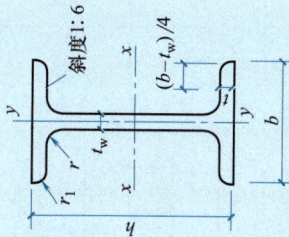

I——截面惯性矩
W——截面抵抗矩
S——半截面面积矩
i——截面回转半径

通常长度:
型号 10~18,为 5~19mm;
型号 20~63,为 6~19mm

型号	尺寸/mm						截面面积 A /cm²	质量 /(kg/m)	x—x 轴				y—y 轴		
	h	b	t_w	t	r	r_1			I_x /cm⁴	W_x /cm³	S_x /cm³	i_x /cm	I_y /cm⁴	W_y /cm³	i_y /cm
10	100	68	4.5	7.6	6.5	3.3	14.345	11.261	245	49.0	28.5	4.14	33.0	9.72	1.52
12.6	126	74	5.0	8.4	7.0	3.5	18.118	14.223	488	77.5	45.2	5.20	46.9	12.7	1.61
14	140	80	5.5	9.1	7.5	3.8	21.510	16.890	712	102	59.3	5.76	64.4	16.1	1.73
16	160	88	6.0	9.9	8.0	4.0	26.131	20.513	1130	141	81.9	6.58	93.1	21.2	1.89
18	180	94	6.5	10.7	8.5	4.3	30.756	24.113	1660	185	108	7.36	122	26.0	2.00
20a	200	100	7.0	11.4	9.0	4.5	35.578	27.929	2370	237	138	8.15	158	31.5	2.12
b		102	9.0				39.578	31.069	2500	250	148	7.96	169	33.1	2.06
22a	220	110	7.5	12.3	9.5	4.8	42.128	33.070	3400	309	180	8.99	225	40.9	2.31
b		112	9.5				46.528	36.524	3570	325	191	8.78	239	42.7	2.27
25a	250	116	8.0	13.0	10.0	5.0	48.541	38.105	5020	402	232	10.2	280	48.3	2.40
b		118	10.0				53.541	42.030	5280	423	248	9.98	309	52.4	2.40
28a	280	122	8.5	13.7	10.5	5.3	55.404	43.492	7110	508	289	11.3	345	56.6	2.50
b		124	10.5				61.004	47.888	7480	534	309	11.1	379	61.2	2.49

型号	尺寸/mm						截面面积 A /cm²	质量 /(kg/m)	x—x 轴				y—y 轴		
	h	b	t_w	t	r	r_1			I_x /cm⁴	W_x /cm³	S_x /cm³	i_x /cm	I_y /cm⁴	W_y /cm³	i_y /cm
32a	320	130	9.5	15.0	11.5	5.8	67.156	52.717	11100	692	404	12.8	460	70.8	2.62
32b		132	11.5				73.556	57.741	11600	726	428	12.6	502	76.0	2.61
32c		134	13.5				79.956	62.765	12200	760	455	12.3	544	81.2	2.61
36a	360	136	10.0	15.8	12.0	6.0	76.480	60.037	15800	875	515	14.4	552	81.2	2.69
36b		138	12.0				83.680	65.689	16500	919	545	14.1	582	84.3	2.64
36c		140	14.0				90.880	71.341	17300	962	579	13.8	612	87.4	2.60
40a	400	142	10.5	16.5	12.5	6.3	86.112	67.598	21700	1090	636	15.9	660	93.2	2.77
40b		144	12.5				94.112	73.878	22800	1140	679	15.6	692	96.2	2.71
40c		146	14.5				102.112	80.158	23900	1190	720	15.2	727	99.6	2.65
45a	450	150	11.5	18.0	13.5	6.8	102.446	80.420	32200	1430	834	17.7	855	114	2.89
45b		152	13.5				111.446	87.485	33800	1500	889	17.4	894	118	2.84
45c		154	15.5				120.446	94.550	35300	1570	939	17.1	938	122	2.79
50a	500	158	12.0	20.0	14.0	7.0	119.304	93.654	46500	1860	1086	19.7	1120	142	3.07
50b		160	14.0				129.304	101.504	48600	1940	1146	19.4	1170	146	3.01
50c		168	16.0				139.304	109.354	50600	2020	1211	19.0	1220	151	2.96
56a	560	166	12.5	1.0	14.5	7.3	135.435	106.316	65600	2340	1375	22.0	1370	165	3.18
56b		168	14.5				146.635	115.108	68500	2450	1451	21.6	1490	174	3.16
56c		170	16.5				157.835	123.900	71400	2550	1529	21.3	1560	183	3.16
63a	630	176	13.0	22.0	15.0	7.5	154.658	121.407	93900	2980	1732	24.6	1700	193	3.3
63b		178	15.0				167.258	131.298	98100	3110	1834	24.2	1810	204	3.29
63c		180	17.0				179.858	141.189	102000	3240	1928	23.8	1920	214	3.27

附表 8　热轧普通槽钢的规格及截面特性

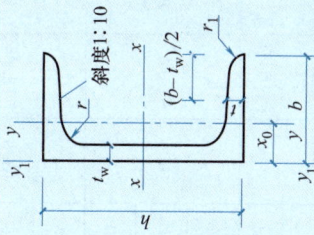

I—截面惯性矩
W—截面抵抗矩
S—半截面面积矩
i—截面回转半径

通常长度：
型号 5~8，为 5~12mm；
型号 10~18，为 5~19mm；
型号 20~40，为 6~19mm

型号	尺寸/mm h	b	t_w	t	r	r_1	截面面积 A /cm²	质量 /(kg/m)	x-x 轴 I_x/cm⁴	W_x/cm³	S_x/cm³	i_x/cm	y-y 轴 I_y/cm⁴	$W_{y\,min}$/cm³	$W_{y\,max}$/cm³	i_y/cm	y_1-y_1 轴 I_{y1}/cm⁴	重心距 x_0/cm
5	50	37	4.5	7.0	7.0	3.5	6.928	5.438	26.0	10.4	6.4	1.94	8.3	3.55	6.15	1.10	20.9	1.35
6.3	63	40	4.8	7.5	7.5	3.8	8.451	6.634	50.8	16.1	9.8	2.45	11.9	4.50	8.75	1.19	28.4	1.36
8	80	43	5.0	8.0	8.0	4.0	10.248	8.045	101	25.3	15.1	3.15	16.6	5.79	11.6	1.27	37.4	1.43
10	100	48	5.3	8.5	8.5	4.2	12.748	10.007	198	39.7	23.5	3.95	25.6	7.80	16.8	1.41	54.9	1.52
12.6	126	53	5.5	9.0	9.0	4.5	15.692	12.318	391	62.1	36.4	4.95	38.0	10.2	23.9	1.57	77.1	1.59
14a	140	58	6.0	9.5	9.5	4.8	18.516	14.535	564	80.5	47.5	5.52	53.2	13.0	31.1	1.70	107	1.71
b	140	60	8.0	9.5	9.5	4.8	21.316	16.733	609	87.1	52.4	5.35	61.1	14.1	36.6	1.69	121	1.67
16a	160	63	6.5	10.0	10.0	5.0	21.962	17.240	866	108	63.9	6.28	73.3	16.3	40.7	1.83	144	1.80
b	160	65	8.5	10.0	10.0	5.0	25.162	19.752	935	117	70.3	6.10	83.4	17.6	47.7	1.82	161	1.75
18a	180	68	7.0	10.5	10.5	5.2	25.699	20.174	1270	141	83.5	7.04	98.6	20.0	52.4	1.96	190	1.88
b	180	70	9.0	10.5	10.5	5.2	29.299	23.000	1370	152	91.6	6.84	111	21.5	60.3	1.95	210	1.84
20a	200	73	7.0	11.0	11.0	5.5	28.837	22.637	1780	178	104.7	7.86	128	24.2	63.7	2.1	244	2.01
b	200	75	9.0	11.0	11.0	5.5	32.837	25.777	1910	191	114.7	7.64	144	25.9	73.8	2.09	268	1.95

续表

| 型号 | 尺寸/mm | | | | | | 截面面积 A/cm² | 质量/(kg/m) | x—x 轴 | | | | y—y 轴 | | | | y₁—y₁ 轴 | 重心距 |
	h	b	t_w	t	r	r_1			I_x/cm⁴	W_x/cm³	S_x/cm³	i_x/cm	I_y/cm⁴	W_{ymin}/cm³	W_{ymax}/cm³	i_y/cm	I_{y1}/cm⁴	x_0/cm
22a	220	77	7.0	11.5	11.5	5.8	31.846	24.999	2390	218	127.6	8.67	158	28.2	75.2	2.23	298	2.10
b		79	9.0	11.5	11.5	5.8	36.246	28.453	2570	234	139.7	8.42	176	30.1	86.7	2.21	326	2.03
a	250	78	7.0	12.0	12.0	6.0	34.917	27.410	3370	270	157.8	9.82	176	30.6	85.0	2.24	322	2.07
25b		80	9.0	12.0	12.0	6.0	39.917	31.335	3530	282	173.5	9.41	196	32.7	99.0	2.22	353	1.98
c		82	11.0	12.0	12.0	6.0	44.917	35.260	3690	295	189.1	9.07	218	34.7	113	2.21	384	1.92
a	280	82	7.5	12.5	12.5	6.2	40.034	31.427	4760	340	200.2	10.9	218	35.7	104	2.33	388	2.10
28b		84	9.5	12.5	12.5	6.2	45.634	35.823	5130	366	219.8	10.6	242	37.9	120	2.30	428	2.02
c		86	11.5	12.5	12.5	6.2	51.234	40.219	5500	393	239.4	10.4	268	40.3	137	2.29	463	1.95
a	320	88	8.0	14.0	14.0	7.0	48.513	38.083	7600	475	276.9	12.5	305	46.5	136	2.50	552	2.24
32b		90	10.0	14.0	14.0	7.0	54.913	43.107	8140	509	302.5	12.2	336	49.2	156	2.47	593	2.16
c		92	12.0	14.0	14.0	7.0	61.313	48.131	8690	543	328.1	11.9	374	52.6	179	2.47	643	2.09
a	360	96	9.0	16.0	16.0	8.0	60.910	47.814	11900	660	389.9	14.0	455	63.5	186	2.73	818	2.44
36b		98	11.0	16.0	16.0	8.0	68.110	53.466	12700	703	422.3	13.6	497	66.9	210	2.70	880	2.37
c		100	13.0	16.0	16.0	8.0	75.310	59.118	13400	746	454.7	13.4	536	70.0	229	2.67	948	2.34
a	400	100	10.5	18.0	18.0	9.0	75.068	58.928	17600	879	524.4	15.3	592	78.8	238	2.81	1070	2.49
40b		102	12.5	18.0	18.0	9.0	83.068	65.208	18600	932	564.4	15.0	640	82.5	262	2.78	1140	2.44
c		104	14.5	18.0	18.0	9.0	91.068	71.488	19700	986	604.4	14.7	688	86.2	284	2.75	1220	2.42

附表 9　热轧 H 型钢和剖分 T 型钢的规格及截面特性

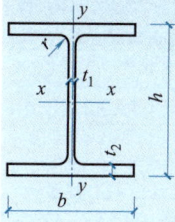

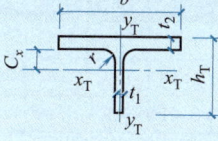

h—H 型钢截面高度；b—翼缘宽度；t_1—腹板厚度；t_2—翼缘厚度；W—截面模量；i—回转半径；S—半截面的静力矩；I—惯性矩

对 T 型钢：

截面高度 h_T，截面面积 A_T，质量 q_T，惯性矩 I_{yT} 等于相应 H 型钢数值的 1/2；

HW、HM、HN 分别代表宽翼缘、中翼缘、窄翼缘 H 型钢；

TW、TM、TN 分别代表各自 H 型钢剖分的 T 型钢

类别	H 型钢规格 ($h \times b \times t_1 \times t_2$)	截面积 A	质量 q	I_x	W_x	i_x	I_y	W_y	i_y, i_{yT}	重心 C_x	I_{xT}	i_{yT}	T 型钢规格 ($h_T \times b \times t_1 \times t_2$)	类别
		cm²	kg/m	cm⁴	cm³	cm	cm⁴	cm³	cm	cm	cm⁴	cm		
HW	100×100×6×8	21.90	17.2	383	76.5	4.18	134	26.7	2.47	1.00	16.1	1.21	50×100×6×8	TW
	125×125×6.5×9	30.31	23.8	847	136	5.29	294	47.0	3.11	1.19	35.0	1.52	62.5×125×6.5×9	
	150×150×7×10	40.55	31.9	1660	221	6.39	564	75.1	3.73	1.37	66.4	1.81	75×150×7×10	
	175×175×7.5×11	51.43	40.3	2900	331	7.50	984	112	4.37	1.55	115	2.11	87.5×175×7.5×11	
	200×200×8×12	64.28	50.5	4770	477	8.61	1600	160	4.99	1.73	185	2.40	100×200×8×12	
	#200×204×12×12	72.28	56.7	5030	503	8.35	1700	167	4.85	2.09	256	2.66	#100×204×12×12	
	250×250×9×14	92.18	72.4	10800	867	10.8	3650	292	6.29	2.08	412	2.99	125×250×9×14	
	#250×255×14×14	104.7	82.2	11500	919	10.5	3880	304	6.09	2.58	589	3.36	#125×255×14×14	
	#294×302×12×12	108.3	85.0	17000	1160	12.5	5520	365	7.14	2.83	858	3.98	#147×302×12×12	
	300×300×10×15	120.4	94.5	20500	1370	13.1	6760	450	7.49	2.47	798	3.64	150×300×10×15	
	300×305×15×15	135.4	106	21600	1440	12.6	7100	466	7.24	3.02	1110	4.05	150×305×15×15	
	#344×348×10×16	146.0	115	33300	1940	15.1	11200	646	8.78	2.67	1230	4.11	#172×348×10×16	
	350×350×12×19	173.9	137	40300	2300	15.2	13600	776	8.84	2.86	1520	4.18	175×350×12×19	
	#388×402×15×15	179.2	141	49200	2540	16.6	16300	809	9.52	3.69	2480	5.26	#194×402×15×15	
	#394×398×11×18	187.6	147	56400	2860	17.3	18900	951	10.0	3.01	2050	4.67	#197×398×11×18	
	400×400×13×21	219.5	172	66900	3340	17.5	22400	1120	10.1	3.21	2480	4.75	200×400×13×21	
	#400×408×21×21	251.5	197	71100	3560	16.8	23800	1170	9.73	4.07	3650	5.39	#200×408×21×21	
	#414×405×18×28	296.2	233	93000	4490	17.7	31000	1530	10.2	3.68	3620	4.95	#207×405×18×28	
	#428×407×20×35	361.4	284	119000	5580	18.2	39400	1930	10.4	3.90	4380	4.92	#214×407×20×35	

类别	H型钢规格 (h×b×t₁×t₂)	截面积A cm²	质量q kg/m	Iₓ cm⁴	Wₓ cm³	iₓ cm	I_y cm⁴	W_y cm³	i_y, i_yT cm	重心 C_x cm	I_xT cm⁴	i_yT cm	T型钢规格 (h_T×b×t₁×t₂)	类别
HM	148×100×6×9	27.25	21.4	1040	140	6.17	151	30.2	2.35	1.55	51.7	1.95	74×100×6×9	TM
	194×150×6×9	39.76	31.2	2740	283	8.3	508	67.7	3.57	1.78	125	2.5	97×150×6×9	
	244×175×7×11	56.24	44.1	6120	502	10.4	985	113	4.18	2.27	289	3.20	122×175×7×11	
	294×200×8×12	73.03	57.3	11400	779	12.5	1600	160	4.69	2.82	572	3.96	147×200×8×12	
	340×250×9×14	101.5	79.7	21700	1280	14.6	3650	292	6.00	3.09	1020	4.48	170×250×9×14	
	390×300×10×16	136.7	107	38900	2000	16.9	7210	481	7.26	3.40	1730	5.03	195×300×10×16	
	440×300×11×18	157.4	124	56100	2550	18.9	8110	541	7.18	4.05	2680	5.84	220×300×11×18	
	482×300×11×15	146.4	115	60800	2520	20.4	6770	451	6.80	4.90	3420	6.83	241×300×11×15	
	488×300×11×18	164.4	129	71400	2930	20.8	8120	541	7.03	4.65	3620	6.64	244×300×11×18	
	582×300×12×17	174.5	137	103000	3530	24.3	7670	511	6.63	6.39	6360	8.54	291×300×12×17	
	588×300×12×20	192.5	151	118000	4020	24.8	9020	601	6.85	6.08	6710	8.35	294×300×12×20	
	#594×302×14×23	222.4	175	137000	4620	24.9	10600	701	6.90	6.33	7920	8.44	#297×302×14×23	
HN	100×50×5×7	12.16	9.54	192	38.5	3.98	14.9	5.96	1.11	1.27	11.9	1.40	50×50×5×7	TN
	125×60×6×8	17.01	13.3	417	66.8	4.95	29.3	9.75	1.31	1.63	27.5	1.80	62.5×60×6×8	
	150×75×5×7	18.16	14.3	679	90.6	6.12	49.6	13.2	1.65	1.78	42.7	2.17	75×75×5×7	
	175×90×5×8	23.12	18.2	1220	140	7.26	97.6	21.7	2.05	1.92	70.7	2.47	87.5×90×5×8	
	198×99×4.5×7	23.59	18.5	1610	163	8.27	114	23.0	2.20	2.13	94.0	2.82	99×99×4.5×7	
	200×100×5.5×8	27.57	21.7	1880	188	8.25	134	26.8	2.21	2.27	115	2.88	100×100×5.5×8	
	248×124×5×8	32.89	25.8	3560	287	10.4	255	41.1	2.78	2.62	208	3.56	124×124×5×8	
	250×125×6×9	37.87	29.7	4080	326	10.4	294	47.0	2.79	2.78	249	3.62	125×125×6×9	
	298×149×5.5×8	41.55	32.6	6460	433	12.4	443	59.4	3.26	3.22	395	4.36	149×149×5.5×8	
	300×150×6.5×9	47.53	37.3	7350	490	12.4	508	67.7	3.27	3.38	465	4.42	150×150×6.5×9	
	346×174×6×9	53.19	41.8	11200	649	14.5	792	91.0	3.86	3.68	681	5.06	173×174×6×9	
	350×175×7×11	63.66	50.0	13700	782	14.7	985	113	3.93	3.74	816	5.06	175×175×7×11	
	#400×150×8×13	71.12	55.8	18800	942	16.3	734	97.9	3.21	—	—	—	—	
	396×199×7×11	72.16	56.7	20000	1010	16.7	1450	145	4.48	4.17	1190	5.76	198×199×7×11	
	400×200×8×13	84.12	66.0	23700	1190	16.8	1740	174	4.54	4.23	1400	5.76	200×200×8×13	
	#450×150×9×14	83.41	65.5	27100	1200	18.0	793	106	3.08	—	—	—	—	
	446×199×8×12	84.95	66.7	29000	1300	18.5	1580	159	4.31	5.07	1880	6.65	223×199×8×12	
	450×200×9×14	97.41	76.5	33700	1500	18.6	1870	187	4..38	5.13	2160	6.66	225×200×9×14	
	#500×150×10×16	98.23	77.1	38500	1540	19.8	907	121	3.04	—	—	—	—	
	496×199×9×14	101.3	79.5	41900	1690	20.3	1840	185	4.27	5.90	2840	7.49	249×199×9×14	
	500×200×10×16	114.2	89.6	47800	1910	20.5	2140	214	4.33	5.96	3210	7.50	250×200×10×16	
	#506×201×11×19	131.3	103	56500	2230	20.8	2580	257	4.43	5.95	3670	7.48	#253×201×11×19	
	596×199×10×15	121.2	95.1	69300	2330	23.9	1980	199	4.04	7.76	5200	9.27	298×199×10×15	
	600×200×11×17	135.2	106	78200	2610	24.1	2280	228	4.11	7.81	5820	9.28	300×200×11×17	
	#606×201×12×20	153.3	120	91000	3000	24.4	2720	271	4.21	7.76	6580	9.26	#303×201×12×20	
	#692×300×13×20	211.5	166	172000	4980	28.6	9020	602	6.53	—	—	—	—	
	700×300×13×24	235.5	185	201000	5760	29.3	10800	722	6.78	—	—	—	—	

注："#"表示的规格为非常用规格。

附表 10　锚栓规格

形式	Ⅰ				Ⅱ				Ⅲ		
锚栓直径 d/mm	20	24	30	36	42	48	56	64	72	80	90
锚栓有效面积/cm²	2.45	3.53	5.61	8.17	11.2	14.7	20.3	26.8	34.6	43.44	55.91
锚栓拉力设计值/kN(Q235 钢)	34.3	49.4	78.5	114.4	156.9	206.2	284.2	375.2	484.4	608.2	782.7
Ⅲ 型锚栓　锚板宽度 c/mm					140	200	200	240	280	350	400
锚板厚度 I/mm					20	20	20	25	30	40	40

附表 11　螺栓的有效面积

螺栓直径 d/mm	16	18	20	22	24	27	30
螺距 p/mm	2	2.5	2.5	2.5	3	3	3.5
螺栓有效直径 d_e/mm	14.1236	15.6545	17.6545	19.6545	21.1854	24.1854	26.7163
螺栓有效面积 A_e/mm²	156.7	192.5	244.8	303.4	352.5	459.4	560.6

注：表中的螺栓有效面积 A_e 值系按 $A_e = \dfrac{\pi}{A}\left(d - \dfrac{13}{24}\sqrt{3}\,p\right)^2$ 算得。

参 考 文 献

[1]　钢结构设计标准：GB 50017—2017 [S]．北京：中国建筑工业出版社，2017.

[2]　建筑结构可靠度设计统一标准：GB 50068—2018 [S]．北京：中国建筑工业出版社，2018.

[3]　钢结构工程施工质量验收标准：GB 50205—2020 [S]．北京：中国建筑工业出版社，2020.

[4]　魏明钟．钢结构 [M]．2 版．武汉：武汉理工大学出版社，2002.

[5]　周绥平，窦立军．钢结构 [M]．3 版．武汉：武汉理工大学出版社，2009.

[6]　刘声扬，王汝恒．钢结构——原理与设计 [M]．武汉：武汉理工大学出版社，2005.

[7]　邵英秀．建筑工程质量事故分析 [M]．4 版．北京：机械工业出版社，2021.

[8]　罗福午，王毅红．土木工程质量缺陷事故分析及处理 [M]．武汉：武汉理工大学出版社，2009.

[9]　沈祖炎，陈以一，陈扬骥，赵宪忠．钢结构基本原理 [M]．3 版．北京：中国建筑工业出版社，2018.

[10]　夏志斌，姚谏．钢结构——原理与设计 [M]．2 版．北京：中国建筑工业出版社，2011.

[11]　张学宏．建筑结构 [M]．4 版．北京：中国建筑工业出版社，2016.

[12]　张耀春，周绪红．钢结构设计原理 [M]．2 版．北京：高等教育出版社，2020.

[13]　陈志华．钢结构原理与设计 [M]．天津：天津大学出版社，2011.

[14]　戴国欣．钢结构 [M]．5 版．武汉：武汉理工大学出版社，2019.

[15]　崔佳，熊刚．钢结构基本原理 [M]．2 版．北京：中国建筑工业出版社，2019.

[16]　中国钢结构协会．建筑钢结构施工手册 [M]．北京：中国计划出版社，2002.

[17]　赵伟，张征文．钢结构桥梁 [M]．北京：人民交通出版社．2015.

[18]　王丽娟，徐光华．钢筋混凝土结构与钢结构 [M]．2 版．北京：中国铁道出版社，2021.